世界烟斗发展溯源

Our Pipe-Smoking Forebears

Ferenc Levárdy

〔匈〕费伦茨·勒瓦迪 著

长城斗坊 译

華夏出版社
HUAXIA PUBLISHING HOUSE

图书在版编目（CIP）数据

世界烟斗发展溯源 / (匈) 费伦茨 • 勒瓦迪著；长城斗坊译 . -- 北京：华夏出版社有限公司，2021.8
书名原文：Our Pipe-Smoking Forebears
ISBN 978-7-5222-0074-3

Ⅰ. ①世… Ⅱ. ①费… ②长… Ⅲ. ①吸烟 – 生活用具 – 历史 – 世界 Ⅳ. ① TS938.99-091

中国版本图书馆 CIP 数据核字 (2020) 第 253560 号

世界烟斗发展溯源

著　　者　〔匈〕费伦茨 • 勒瓦迪
译　　者　长城斗坊
责任编辑　霍本科

出版发行　华夏出版社有限公司
经　　销　新华书店
印　　装　三河市万龙印装有限公司
版　　次　2021 年 8 月北京第 1 版　2021 年 8 月北京第 1 次印刷
开　　本　880 × 1230　1/16
印　　张　13.75
插　　页　32
字　　数　345 千字
定　　价　99.00 元

华夏出版社有限公司　社址：北京市东直门外香河园北里 4 号　邮编：100028
网址：www.hxph.com.cn　电话：010-64663331（转）
投稿合作：010-64672903；hbk801 @ 163.com
若发现本版图书有印装质量问题，请与我社营销中心联系调换。

版权人序

从记事起，我就对古董烟斗充满热情。父亲用耐心和爱心向我解释了这些烟斗的历史和工艺，在我还是个孩子的时候，他就允许我欣赏这些采用不同材料制作的精雕细刻的古董艺术品。我继承了父亲对古董烟斗的热爱，经常和他以及本书作者费伦茨・勒瓦迪一起去参观欧洲的烟草博物馆，去拜访烟斗收藏家。今天，我继承了父亲的事业，继续收集古董烟斗，也经常与欧洲以及其他地方的古董烟斗收藏家进行烟斗交易。

我相信，我已故的父亲和勒瓦迪博士，如果得知凝结了他们毕生心血的作品，现在能够摆在中国的烟斗收藏家和烟斗爱好者面前，一定会深感欣慰，这也是他们最初的梦想——用三种语言出版本书。1982年，身为学生的我曾到中国留学，对中国文化也产生了浓厚的感情。因此，《世界烟斗发展溯源》能够翻译成中文，让我感到尤为荣幸。

我很自豪这本书将在中国出版发行。在此，特别感谢四川中烟工业有限责任公司彭传新博士对本书的肯定，以及白远良博士、郭佳女士等其他相关人员在本书翻译、校审、联系版权等方面所付出的辛勤努力。同时，希望本书能够成为沟通的桥梁，进一步加强中欧之间的文化交流与合作。

愿我父亲出版的《世界烟斗发展溯源》能得到你的喜爱，愿你与世界各地的烟斗爱好者们共享阅读此书的快乐。

谨以此书纪念我敬爱的父亲伊纳克•奥斯科，以及本书的作者——费伦茨•勒瓦迪博士！

皮罗斯卡•奥斯科

于慕尼黑，2020年5月

译者序

物品的历史，从来就不是单纯的功能或形态演变。

烟斗从诞生起，就浸到了各种生活场景中，承载着使用价值之外的诸多社会功能。烟斗的演变，不仅反映了烟草人文史，也为我们认识不同时期的文化、宗教、艺术和日常生活，提供了独特、新颖的视角。1994年出版的《世界烟斗发展溯源》一书，正是一次卓有成效的探索。

该书由匈牙利著名艺术史学家费伦茨·勒瓦迪博士撰写，德国著名烟斗收藏家伊纳克·奥斯科博士出版。书中论述了世界烟草与烟斗产业发展历史，介绍了烟斗材料、形制、设计、制作，以及不同地区烟斗文化差异、不同时期烟斗人文历史价值，提出了制作烟斗年度表、绘制世界烟斗地图等理论研究方法，为后续研究提供了行之有效的途径。

这本关于烟草和烟斗产业发展的综合性专著，对科学认识世界烟斗产业发展规律具有极高的实用价值，对填补中国烟斗研究空白也具有重要借鉴意义。作为中国雪茄领导者，“长城”雪茄担负国产烟斗、烟丝发展重任，有责任将这本专著引入中国，为尚处起步阶段的中国烟斗、烟斗丝产业提供科学有效的理论支持，为丰富中国烟草学术研究提供有益参考。

在本书出版之际，特别感谢匈牙利国家博物馆安娜·里多维奇（Anna Ridovics）博士、匈牙利巴拉托利博物馆巴林特·哈瓦西（Bálint Havasi）博士，以及佩奇大学的安德鲁·C. 劳斯（Andrew C. Rouse）博士。得益于他们的热心帮助，我们才能联系到本书版权所有人皮罗斯卡·奥斯科女士，并在她的授权下顺利出版发行。

如费伦茨·勒瓦迪博士、伊纳克·奥斯科博士所期望的，我们希望本书不仅能得到烟草行业研究者、烟斗从业者和烟斗客的喜爱，也能得到历史爱好者、烟斗收藏者的喜爱。

费伦茨博士属于非常罕见的学院派，本书内容还涉及材料学、类型学、诗歌、哲学、历史、艺术、人类学等众多领域，因译者水平所限，书中难免有误，欢迎专家读者批评指正。同时，由于时间久远，未能获取到作者的原版电子文档，书中图片只能采取扫描方式获得，质量或有些许减损，敬请各位读者谅解。

长城斗坊

2020年5月

出版人卷首语

每本书都有它独特的历史。本世纪[①]中叶，我被迫背井离乡，最后在德国找到了新的落脚点。经历过一段时间的艰辛努力后，我和妻子以兽医身份开始了新的生活。等到经济条件允许时，我便开始培养自己的业余爱好，当一个收藏者……收藏任何能让我怀想祖国的物件。

三十一年前[②]，我开始收藏烟斗。当时，我们都兴奋地期待着岳母的到来——她也是第一个从匈牙利过来看望我们的亲人。临来之前，她让女儿想出一个能带给我惊喜的礼物，一个我真正喜欢的礼物。妻子问我什么礼物能带来惊喜，我回答说："我们很快就要在德国建立新家，根据匈牙利传统，新家应该有一支海泡石烟斗。如果她能找到的话，我会非常高兴……"遗憾的是，由于离出发来德国的时间太短，她未能找到，但在寻找的过程中，告诉了不少亲友我喜欢海泡石烟斗。

这样一来，在随后的几年里，许多访客都会给我带支烟斗作为礼物。很快，我就收藏了十八支棕色海泡石烟斗，当然，这些第一批收集的烟斗非常精美。后来，我开始在各大拍卖行搜寻和购买各种雕刻精美的烟斗。到 1974 年，也就是结识艺术史学家费伦茨·勒瓦迪博士的那一年，我已经拥有了相当可观的匈牙利海泡石烟斗藏品，他在专业品鉴和分类方面给我提供了许多帮助。在此后的岁月里，我们一起快速地收集和参观其他收藏家的藏品，从而掌握了许多有关烟斗，特别是我所收藏烟斗的知识。随着了解的信息增多，我越发热爱和喜欢收集这些"腐败烟斗"[③]，或者叫"魔鬼烟筒"（devil's chimney）。作为环球旅行者，我和妻子去过世界上很多国家，在这些旅行中，我发现和收藏了全球五个大陆有关地区的传统型和经典烟斗。

这些来自世界各地、采用各种材料制成的烟斗，都收藏在我们巴伐利亚乡村的家中。其中大多数烟斗由海泡石制成，当然，我也收藏了一些其他材料的烟斗——木头、石头、钢铁、玻璃、象牙、铜、骨头、玉米棒、南瓜、黏土和陶瓷，一共有 3,500 支。

不过，我最喜欢的还是"白色女神"，一支海泡石烟斗。毋庸置疑，这支白色女神烟斗——"烟斗皇后"——诞生于我的祖国匈牙利，而且完成于十八世纪上半叶的某个时间。她首先征服了旧世界的整个欧洲，然后是整个世界。

在我与朋友费伦茨·勒瓦迪博士游历欧洲期间，我发现他的备忘录信息（与博物馆员工和收藏家谈话的详细信息）似乎在稳步增加。有一天，当看到一份打印版的烟斗历史时，我震惊了，这

① 指二十世纪。本书注释凡未标明"作者注"者，均为译者注。

② 1964 年。

③ 指高端烟斗。

是一份我们所了解的有关烟斗和抽烟信息的简要总结。我一直保存着这本图文并茂的“烟斗学”，它是我最主要的藏品之一。

后来，一家匈牙利出版社委托费伦茨博士撰写一本有关烟斗的图书。手稿于1982年完成，但此时发生的变动意味着手稿的出版将命运多舛，当初采用三种语言出版本书的计划更是未能付诸实施。想到手稿可能会被埋没无法出版，我感到非常惋惜。在本杰明•拉帕波特（Benjamin Rapaport）——一位朋友和多本烟斗图书的作者——的鼓励下，我决定把手稿的最终出版命运掌握在自己手中。鉴于本书倾注了作者大量心血，所以我希望它能拥有更多的读者，为此准备编写并出版英文版。在准备的过程中，考虑到绝大多数关于烟斗和烟斗制作的图书，都结合烟草文化发展历史一起进行论述，我们也决定采用相同的方式，但有许多困难需要解决。

正在我们为此一筹莫展的时候，伊姆雷•埃里亚斯（Imre Elias）博士适时地出现了，他拥有英语教学、组织和艺术背景。在七十年代末，伊姆雷和英国人安迪•劳斯（Andy Rouse）博士已经在联合国教科文组织资助下，开展国际雕塑研讨会出版物的合作。鉴于安迪•劳斯博士精通匈牙利语、拥有相关的文学背景和翻译能力，伊姆雷博士建议让安迪加入出版团队。很快我们就发现，除了图书的宏大规模之外，翻译也绝非易事，因为费伦茨博士属于非常罕见的学院派，其著述内容附带和补充了自己的许多真知灼见，学术味道尤为浓厚。如果费伦茨•勒瓦迪博士是英国人，那他就是英国的切斯特顿（G. K. Chesterton）或社会历史学家特里维廉（G. M. Trevelyan）。

本书主体部分的翻译完成后，费伦茨博士开始审定英文最终版本，以便尽快出版。1993年春他写道：

“本书至此收尾多少显得笨拙而粗糙……我今年七十七岁了，直到现在，我才明了这些‘考古文物’，这些由个人激情凝结而成的艺术品的难以捉摸的历史。我原本打算继续谱写的交响曲尚未完成……

“衷心希望我的朋友伊纳克•奥斯科博士在未来很长一段时间内能通过多种形式继续整理我所热爱的这些遗物。我们两人都热爱生活，也相信热爱艺术的本质就是为了使生活变得更加美好。”

他感觉到了死神的脚步。在圣灵降临节后的第一个周一，他永远地离开了我们，交响曲失去了作曲家。

费伦茨的离世对于他的朋友，以及匈牙利宗教艺术、历史遗迹保存和艺术史研究而言都是一个重大的损失。他在匈牙利帕农哈尔马的班尼迪克（Benedictine）大学附属中学度过了校园时光，然后开始研究神学、地理学、历史学和艺术史。在获得双修荣誉学位后，他到罗马继续学业。意大利成为他的第二故乡，此后，他也经常回到那里，因为罗马神奇的美丽在召唤他。

我热切地希望读者能感受到我们编著本书时所投入的激情，希望它也能得到你们的喜爱。同时，这本书也有助于读者更好地了解“魔鬼烟筒”的发展历史。

出版者：伊纳克•奥斯科

目 录

引言：世界烟斗发展溯源——倡导适度吸烟

五百年前，克里斯托弗•哥伦布从热那亚出发，寻找通往印度的航线。1492年10月，哥伦布在瓜纳阿尼岛（Guanahani）看到印第安人用烟斗抽烟。此后，印第安人的这一嗜好传遍了世界各地。世界上流传着各种关于烟草的神奇传说，虽然国王、教皇、苏丹、睿智的医生和无情的官僚也曾试图处罚抽（吸）烟者[①]，但“魔鬼烟筒”继续散发出她迷人的魅力，成千上万的人继续享受烟草的芳香。

在烟斗传入欧洲后不久，人们就为她唱起了颂歌。雅各布•凯兹（Jacob Cats）感叹道：

“通俗诗歌作者扬•范•吉森（Jan van Gijsen），将烟草谱写进了颂歌；一些人还称赞烟草具有神奇功效，是诗人获得灵感必不可少的源泉。尽管学识渊博的耶稣会教父雅各布•巴尔德（Jacob Balde）对这些无耻的作者进行了猛烈抨击，但显然是徒劳的，诗人们对烟草的讴歌热情依然无法浇灭。

“圣-阿曼（Saint-Aman）的十四行诗，以及佩罗（Perrault）夸张的颂词，都赞美了美洲‘银色’植物的益处和价值，就像高乃依（Corneille）用诗歌赞颂莫里哀《斯嘉纳赖尔》（*Sganarelle*）中的智慧一样。”

1891年，信奉天主教的吸烟者集资13,000法郎，在蒙马特（Montmartre）圣心教堂（Sacre-Coeur Cathedral）附近建立了一座吸烟的水手纪念碑（用以纪念水手们在烟草传播过程中所做出的伟大贡献）。

雷瑙（Lenau）、席勒（Schiller）、波德莱尔（Baudlaire）、科比耶（Corbiere）和兰波（Rimbaud）讴歌抽烟的益处，就像拜伦（Byron）赞美抚慰人心的雪茄一样：

烟草，我向您致敬！从东到西，您陪伴着水手的辛劳或土耳其人的闲暇；

当人们坐在长椅上，度过漫漫岁月，

您就像美丽的新娘、妖艳的罂粟花，令人痴迷；

在斯坦布尔，您盛况空前，

在沃平、在斯特兰德，您稍显落寞，但热度不减；

您是水烟之神，斗烟之魂，

伴随琥珀（烟嘴）的轻吸，您醇厚、丰满而浓郁，让人无法忘怀；

您像抚慰心灵的魔术师，让人迷醉，

您像身着盛装的魅力舞者，光芒四射；

您像令人爱慕的恋人，近在咫尺，

您就是那赤裸的女神——雪茄，给我来一支！（《岛》[②]）

① 在中文的语境里，吸烟与抽烟意义相同，本文的后续翻译会根据中文的习惯，混用两种称谓。

② 这首赞美雪茄的诗歌，据传是拜伦1823年所作，此前还未见中文翻译；罂粟花在诗歌原文中为鸦片，考虑到鸦片在中文语境里带有一定的贬义，为了诗歌的美感，此处切换为罂粟花。

托尔斯泰的《战争与和平》、托马斯·曼的《魔山》以及巴赫的音乐都证明，吸烟能为诗人和伟大的艺术家们带来创作灵感。

烟草最初作为药物进入人们的生活，后来演变成了一种消遣之物。有的人会毫不犹豫地接受抽烟，将其当成一种时尚，并花费巨资购买鼻烟壶和烟斗，而有的人则带着根深蒂固的仇恨予以抨击。当代科学支持抨击者的立场，同时，大多数吸烟用具随着时间的流逝也被丢入堆放过时物品的储藏室。怀着对过去“美好时光”的回味，人们开始寻找和收藏那些布满灰尘的旧烟斗，今天，一个几乎不抽烟的人也能成为烟斗收藏爱好者。一般来说，在众多的收藏者中，有的可能是希望拥有最多烟斗藏品的业余爱好者，但实际上他们可能并不真正了解哪些艺术风格的烟斗值得收藏。通常，这类人只是为了创造某个纪录而进行收藏，例如，想成为拥有某个类型或某个国家最多烟斗的收藏者。这些人最大的理想，就是尽可能多地收藏陶瓷烟斗、最昂贵且最精美的海泡石烟斗，或者四米长的木制烟斗等。

除了这些业余收藏者外，还有一些严谨的收藏家，他们是珍贵藏品的鉴赏家，主要收藏艺术大师和手工大师的杰作、成为精美的艺术典范的个人物品、不同风格和流派发展历程中的珍贵文献资料等。本书也主要为以下的人而写——希望理解自己收藏物品的人、将藏品视为关于过去人们生活鲜活片段的人、想了解某段时期顾客和工匠宝贵信息的人，而不是简单地将烟斗当作布满灰尘的博物馆藏品的人。

“卡尔曼·米克兹德（Kálmán Mikszáth）在其著述中指出，大约在1865年，佩斯住着一位名叫伊斯特万·纳吉（István Nagy）的海泡石烟斗雕刻师，他的手艺代表着全市最高水平。那一时期，全国人民从早到晚都会抽烟，而且烟草数量充足：地主种植烟草，其他人则窃取地主的烟草。可以这么说，贵族们将海泡石烟斗和烟斗着色视为一生追求的目标，成功实现该目标的人就可以宣称自己没有虚度光阴。如果有一把着色精美的烟斗，它就会像柯伊诺尔的钻石一样成为全国性话题：在某个地方，拉德万斯基男爵（Baron Radvanszky）或者可能是萨博奇斯的安德斯·雷斯基（András Recsky），拥有像圣·罗萨利亚（Saint Rosalia）的披风一样完美无瑕的红木烟斗，这支烟斗非常结实，就算货车在上面碾压两次也不会留下一点痕迹。那个时代，人们认为烟斗着色是一门艺术，但很少关注烟斗其他方面的艺术性。在这座城市，纳吉先生制作的烟斗是全市焦点，就像今天的话剧表演一样备受瞩目，也许有过之而无不及：烟斗的钵、盖、口柄，乃至每个细节都受到人们精心的审视。如果纳吉先生有一款新型烟斗在商店中展示，全镇人民就会像朝圣一样涌入尤利（Uri）大街去欣赏这一杰作，好奇的观众甚至会非常激动地传播工作室的各种私密八卦。”

没有哪本知名的烟斗图书会否认“烟斗皇后”——这支雕刻精美、黄褐色的海泡石烟斗产自布达佩斯。1733年，世界上第一支海泡石烟斗由卡洛·科瓦奇（Carlo Kovács）或者卡洛里·霍沃特（Károly Howáter）制作完成。此人是个鞋匠，在久拉·安德烈兹（Gyula Andrássy）从土耳其返回匈牙利后与其进行交易，获得了一块海泡石。这位心灵手巧的多面手鞋匠使用海泡石雕刻了一支像羽毛一样轻盈的烟斗，在雪白的矿物上，他苍白的手指触摸过的地方变成了彩色。另外一个版本是，在工匠制作完烟斗、点燃烟草时，有几滴热蜡滴落到了烟斗上，并浸染进去，将整个烟斗着色的想法由此产生。我们无法找到这位才华横溢的鞋匠的资料，但有一点是肯定的——海泡石烟斗从匈牙利传到了维也纳、鲁拉和纽伦堡，然后传遍了整个烟斗世界。

写作本书有两个目的，其中之一，就是利用口口相传的传说、书籍、文章和多数时间无法获得的档案材料，收集关于“魔鬼烟筒”、“干醉酒”[①]、鼻烟和烟斗的所有可知信息，让人们在旧有的烟草消费方式已经彻底改变的情况下，还能了解过去有关吸食烟草和抽烟斗的习惯、文化以及爱好。

目的之二，就是协助收藏家了解更多关于烟用器具的知识。烟斗、烟盒和鼻烟壶的制作都是基于特定时期的时尚品味。技艺超群的陶工、雕刻家和制作工匠们在大量生产日用品的同时，还会根据特定客户的要求制作出反映时代特征和历史环境的传世佳品，了解这些知识对做好收藏极为重要。

作为一名艺术史学家，当时我正在安排朋友伊纳克·奥斯科的珍品烟斗收藏展，这也让我在偶然间有机会接触到该领域的艺术宝藏。刚开始我的兴趣还在于收集更多的烟斗和烟盒，后来兴趣延伸到了与吸烟有关的其他文化历史现象。在定义和划分收藏物品类型的过程中，我发现烟斗的价值不仅仅体现为个人用品，还体现在制作人制作烟斗时采用的神话和宗教主题上面：巴洛克或洛可可风格、新古典主义、折中主义或分离主义、可爱和轻佻画面等所蕴含的艺术修养与文化品味。它与制作餐具、精美餐桌装饰或其他家具的要求完全相同，都需要顺应时代的时尚品味需求。要理解这些制作人，人们就应该熟悉艺术史（主要是装饰元素变动、肖像学、纹章学等），而且必然要借助类型比较学，通过采用类比和类型学知识，在伟大艺术作品之间进行类比分析，这样才能进一步理清发展脉络和真相。此外，因为任何类型的经典艺术都会有其民间的平行版本，所以普通人的吸烟用具会试图模仿上流社会的用具，同时保留世代相传的民间特征。还有，民间艺术中保留的民俗特征为经典艺术提供了养分，所以，拥有高级品味的上层社会所使用的烟斗也常常从田园艺术和乡村装饰艺术中汲取灵感。

我认为，只有理解创作人所处的经济、社会、历史和意识形态环境，才能鉴赏任何级别或质量的作品。因此，我的主要意图是改变目前死气沉沉的博物馆藏品展示方式，致力于将藏品展示同当时人们的日常生活有机地结合起来。

在本书的第一部分，我设法概述吸烟的历史和烟斗发展的源头。一个人必须了解某个时代才能理解这个时代的人，而这些人的思维方式和行为决定了他们所使用的日常器具是什么样的。考虑到列举乏味的数据即使对于知识渊博的研究人员而言也非常枯燥，更不用说只对日常生活需求感兴趣的一般读者——对于这类读者而言，陈旧的统计数据过于枯燥，我尽量多地引用一些文章段落，目的是还原过去人们的生活氛围和生活方式，这不仅有助于实现我的目的，还能大幅度提

① 烟草的一种称谓。

高本书的可读性。事实上，我故事中的英雄们手拿烟斗或鼻烟壶，在缭绕的蓝色烟草迷雾中做着白日梦，畅所欲言，卸下了肩上的重负。与此同时，吸烟也对他们的身体器官造成了损害，而这是我关注的第一个主题——吸烟与健康。

在本书第二部分，我开始系统论述烟斗本身——烟斗制作材料、方式、制作人以及烟斗使用者，这是一项前所未有的艰巨任务。令我感到难过的是，这部分非常粗略，因为只能写自己能采集到足够实质性材料的东西，恳请读者谅解。因为熟悉，本书关于匈牙利烟斗的论述要比其他遥远未知地区的论述为多。因为前期人员的研究成果与我的预想一致，我就未严格审查十五世纪的欧洲烟斗发展地图是否与所处的历史背景相符。希望后续的研究者们继续完善各自国家的地图，从而使烟斗的世界地图变得更加完整。

最后，作为结束语，请容我坦白……

我本人就是烟民。除了嚼烟以外，我尝试过一切烟草吸食方式所能带来的快感和乐趣。老实说，我得承认，不曾有任何一种抽烟方式符合我的口味。我发现，烟草多少有点像我爷爷形容的那样。他身为“古老而辉煌的王朝”军队中的一员，曾在蒂罗尔服兵役。他的津贴里包含“烟粮”①。在烟粮到手后，他初尝抽烟：

“抽烟？是呀，孩子，我抽过各种烟斗，短柄的、陶的、瓷的、口柄长到你只能去隔壁房间点烟的——但是，那臭熏熏的烟气总是在嘴里呛到我，受不了那个味儿！”

爷爷成功地逃脱了成为烟鬼的命运，我却养成了抽烟恶习。我从不与医生争辩，自己都觉得吸烟无益——即有害健康。但是，我也读过瓦格纳（Wagner）致一位维也纳朋友的信函，他写道：

“亲爱的朋友，在《诸神的黄昏》（*Decay of the Gods*）中，你给予的助力不容否认。今日清晨，我收到了哈瓦那的特产——雪茄。抽支雪茄让我体验到了神魂颠倒的快感，我想，当阿波罗赋予的圣灵之气萦绕身旁时，皮提亚就是处于这样的状态吧。”

除了证明真实性的图片以外，读者或许会对本书中的无数插图感到诧异。我坚信，这些插图最具典型性，胜于一切，它们既可以指引收藏家在烟斗丛林中探路前行，又能启发实用艺术历史学者从事类型学分类工作。正因如此，我决意自己精心绘图，在梳理我朋友伊纳克·奥斯科烟斗藏品的同时，探究匈牙利国家博物馆、德布勒森和塞格德（Szeged）博物馆、塔皮欧塞莱（Tápiószele）的布拉斯科维奇（Blaskovich）博物馆的馆藏，以及欧洲各地的烟斗藏品，归纳总结并提出自己的烟斗界定思考。不过，我很清楚，自己绘制的图示并不专业，只是一系列草图，旨在服务烟斗研究、分类和“烟斗学”。

勃拉姆斯在工作和会友时喜欢抽烟。曾有一位女士对此不满，向他抱怨说，女士们难以忍受地狱般的臭烟味。他回嘴道：

“她们真受不了吗？真可怜，我还以为天使们应该栖居在云雾缭绕的仙境里！”

所以，既然没法戒烟，我将为大家讲述吸烟习俗的养成记和演变史，希望大家各有所获吧。

费伦茨·勒瓦迪

① 军人固定的烟草配给。

第一部分 吸烟的历史

原始的迷雾

按照抽烟界的传统说法，普罗米修斯的兄弟是最早的抽烟者。他将干草和树叶扔在普罗米修斯盗来的火种上，蓝色的烟雾升腾而起，随即用禾秆抽吸。在信奉特勒思弗洛斯（Telesphorus）的人中，这种烟气缭绕、神话般的嗜好，因为具有某些疗效甚至促生了治疗团体和受崇拜的神。

“历史上第一位烟民一定是旧石器时代的狩猎者或采集者。有一天，他蹲在火堆旁，突然闻到一股刺鼻的气味。他发现那是一根杜松枝发出的，比山毛榉的气味温和得多。虽然对于亚当是否抽烟，我们无迹可寻，也没有相关假设；但是，做出这样的假设并不违背逻辑，因为如果没有烟草，伊甸园又如何称得上天堂？遗憾的是，尚无任何文献能够佐证这一假设。”[3]

盗取天火。

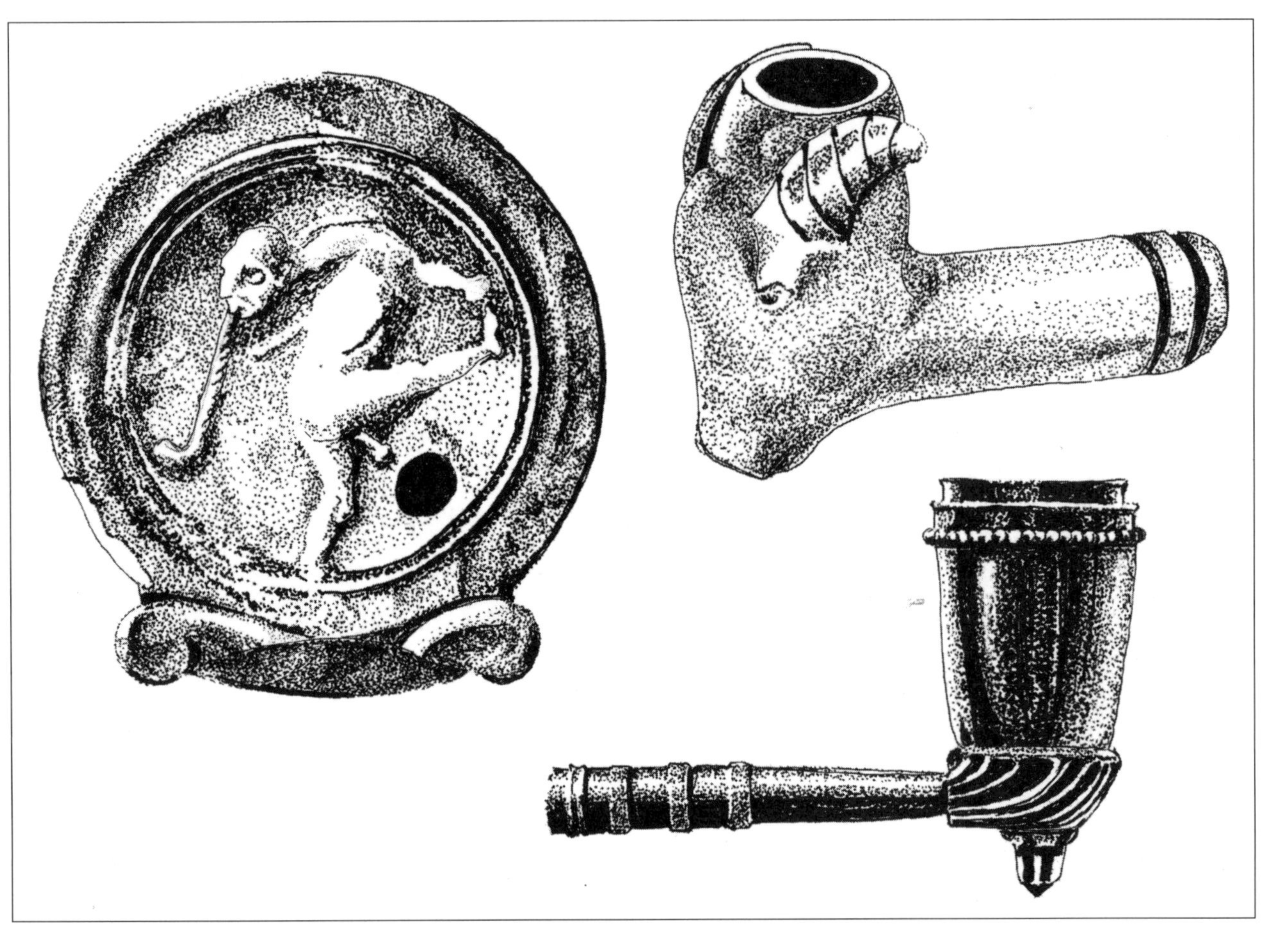

罗马和凯尔特的考古发现证明，古代欧洲文明中也有“烟斗”。

在摩苏尔，考古学家挖掘出一个黏土密封的圆柱形物体，上面刻有一位国王抽烟的画面。这一证据表明，至少在公元前十九世纪，亚述人已经开始使用这种管状工具抽烟[①]，也许是用于宗教仪式。这种魔法般的工具在牧师和祭司手上随处可见，在这些烟斗用具里，既可以燃烧百里香、薄荷和其他具有疗效的草药，也可以燃烧纸莎草、薰衣草、大麻、天仙子和曼陀罗等香料，这些东西燃烧时产生的烟气能够让人陷入愉悦、产生幻觉，甚至具有治疗效果。赫库兰尼姆城（Herculaneum）的一幅壁画上（公元一世纪），描绘了一位女神或女祭司嘴里衔着一支短管[②]，大概是用来燃起女灶神（Vesta）神庙里的永恒之火的。

希罗多德（Herodotus）曾写道，在阿拉克塞斯河（Araxes）和博里斯塞纳斯（Borysthenes，即第聂伯河）地区，当地的马萨格泰人（Massagets）在丧葬仪式后，采用烟浴的方式来洗涤净化自己：

“他们先涂抹头部，然后清洗；为了净化自己的身体，他们竖起三根木桩，使它们倚靠起来，并用皮革蒙紧。然后在木桩之间放上一个容器，

① 这里的抽烟是抽吸烟气的意思，与今天的抽烟意义不同。

② 功能类似于中国乡村农家土灶生火时使用的吹火筒。

里面装有刚从火堆中取出、烧得通红的石头。斯基泰人（Scythians）在领地里种植大麻……他们带着大麻种子钻进去，将它们撒在通红的石头上，种子燃烧时散发出香气，远胜任何希腊蒸汽浴炉。斯基泰人非常享受在这种烟气中洗浴，彼此大声欢笑，对他们来讲这就是所谓的洗浴，因为他们根本不是用水来洗澡。”

普鲁塔克（Plutarch）曾经提及一种类似于牛至①的植物，其果实与蜡混合燃烧时会让人昏昏欲睡。老普林尼（Pliny the Elder）的《自然史》第二十六卷记载，野蛮人喜欢香草的烟味，主要是纸莎草，而款冬花主要用于治疗慢性咳嗽。如果每吸一口款冬花烟，就喝一口马拉加酒，疗效会更加显著[4]。

根据罗马和凯尔特（Celtic）考古发现，有人称抽烟始于罗马帝国时期。但他们实际是把天仙子（莨菪）当成了黄花烟，科尔蒂（Corti）纠正了这一错误。他认为，当时抽烟仅仅发生在宗教仪式和治病特定场景中，不曾用于享乐——至少从现代意义上讲那不是在享乐[5]。

人种志学者注意到，原始人会用沙子堆成一个圆锥形的小土堆，接着将土堆中心挖成漏斗形状，放入碾碎的干大麻叶并点燃，然后，他们平躺在地上将芦苇秆插入漏斗底部，成群的人嘴唇贴近地面，通过中空的芦苇秆吸入芳香的烟气。有旅行者发现，在现代贝专纳（Bechuanaland）的土地上，当地人还流传着这种抽烟习俗。后来，人们用水牛角和羚羊角制成烟斗。中亚的吉尔吉斯人也有用中空的树枝来吸入土坑里燃烧的植物的烟气的习俗。此外，在第一次世界大战期间，印度士兵也在战壕里挖出了同样的“土烟斗”抽烟。

抽大麻这种行为在东方世界尤为普遍。印度大麻（又名印度草）原产于喜马拉雅山区，其花朵、半成熟的大麻穗和枝条含有令人失去知觉的汁液（以印度大麻提炼的药物称为印度大麻制剂）。这种大麻[含有大麻酚（$C_{21}H_{30}O_2$）成分]会引起类似于醉酒的眩晕感，还会使人产生色彩斑斓的愉悦梦境和性幻想。印度、波斯人和阿拉伯人把印度大麻制剂混入烟草里，然后吸入燃烧产生的烟气，甚至还掺入食物中咀嚼食用。人们从何时开始吸食印度大麻已无从考证，其证据已消失在时间的迷雾中了。后来，土耳其人、阿拉伯人、乌兹别克人和鞑靼人还把大麻和烟草混在一起使用，这种混合物在加德满都的市场上需求量很大。抽吸时，他们用装有陶瓷斗钵的水烟壶，钵内大麻燃烧产生的烟气经过盛水的椰壳过滤，再用一根长长的管子抽吸。在印度，人们会给烟斗镀上一层黄金或白银。中国、日本和印度东南部地区的烟民，过去曾喜欢抽吸含有吗啡和生物碱蒂巴因（副吗啡）的罂粟花梗。这种未成熟的罂粟顶花被人切开，流出的乳液晒干后做成形似牛奶面包的鸦片。抽吸鸦片使用斗钵较小的烟斗，抽吸时除了止痛还会产生一种令人放松的麻痹感觉。在中国，考古发现了有文字记载以前的烟斗，有证据支持，当时人们使用烟斗吸食一种本地烟草的干叶。

在北美洲也发现了史前时期的烟斗，它们埋藏在密西西比州、特拉华州、密苏里州和俄亥俄州的巨大墓穴中。方济会修士贝纳迪诺•萨哈

① 牛至，唇形科，多年生半灌木或草本植物，具芳香，可入药。

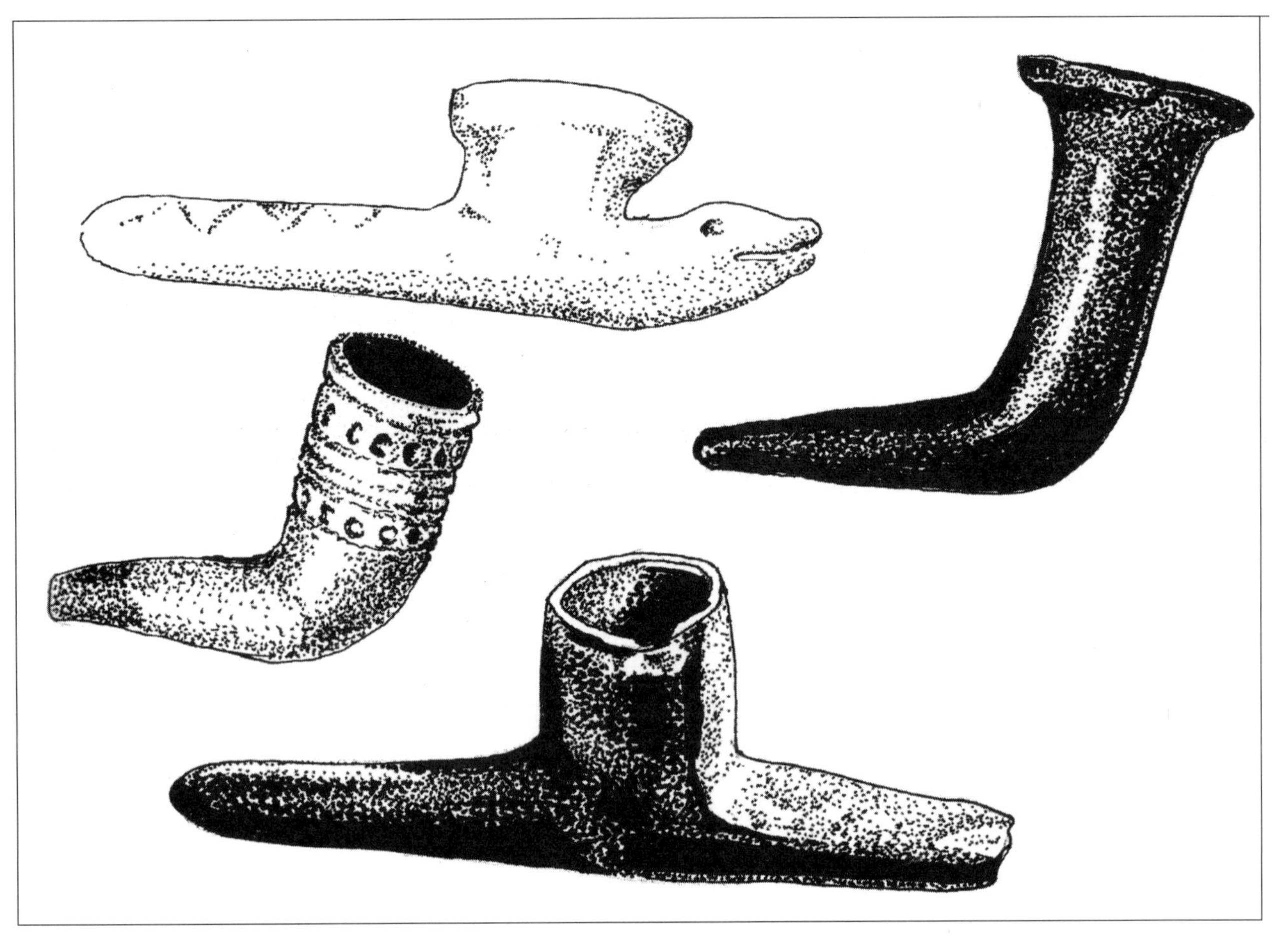

来自北美洲的史前烟斗。

贡（Bernardino Sahagun）在墨西哥旅行时曾见过这种烟斗，阿兹特克人（Aztecs）继承了这种烟斗的雕刻制作技艺。在瓜纳阿尼岛上，人们用长长的芦苇管抽烟。在圭亚那地区，人们用树皮制作一次性的烟斗，然后与烟草一起点燃抽吸。

根据欧洲和中国在公元前（公元前四—前三世纪）就存在烟斗的证据，一些研究者认为，抽烟的习俗是经由西伯利亚爱斯基摩人传播给美洲印第安人的。无论如何都应该考虑的一点是，在美洲印第安人中，用烟斗抽烟是大白神、空气神（和烟神）才享有的特权，后来才成为神明馈赠给人民的礼物，抽烟也就成了神明与其子民联系的纽带[6]。

在墨西哥帕伦克（Palenque）一座公元六世纪的神庙浮雕中，有一幅玛雅祭司抽烟的雕像；而在另一幅墨西哥雕像中，我们可以看到太阳神手中拿着一个烟雾缭绕的烟斗。很久以前，玛雅人从北部地区迁移到墨西哥高地，在公元九世纪和十世纪被纳瓦族印第安人不断向南逼退，最终定居在尤卡坦、塔塔巴斯科、恰帕、中美洲洪都拉斯和危地马拉地区。这里是西红柿、马铃薯和烟草植物的发源地，因此，他们可能已经熟知烟草的麻醉效果和治疗效果。玛雅人用烟草来取乐，这似乎可以从“雪茄”一词得到证明，这个词来源于玛雅语，在现代欧洲语言中广泛存在。在玛雅语中，“雪茄（ciquar）”的意思是“味道好极了”。第一批到达美洲的水手们发现印第安人抽烟后，也将发酵后的烟叶塞进厚厚的芦苇管尝试着抽吸，后来，他们直接采用这一称谓命名雪茄[7]。

现代意义上的抽烟风气只可能最先形成于烟草原产地。烟草是一种亚热带植物，原产于西印度群岛、安的列斯群岛和群岛以西的中美洲及南美洲沿海地带。北美土著人是太阳的崇拜者，他们尊火为神明。他们的祭司通过燃烧芳香的树枝向永恒之火献上“烟祭”。祭祀时，他们向燃烧的树枝中添加带有刺鼻气味的树叶，一边向火堆中吹入空气使其烧得更旺，一边通过深呼吸吸入烟草烟气，并感受它带来的迷幻眩晕效果。他们认为，烟草烟气引起的幻觉是宗教信仰的一部分，是沟通人与神意志的中介。因此，烟草就成为一种神圣的植物，巫医还用烟草的烟气和烟油来给信徒们治病。随着使用方法的扩散，最初只有权贵和富人才能享用的烟草逐渐被普通民众用于消除烦恼和疲倦，但这只是烟草文化史迈出的一小步[8]。

从玛雅文化地区、尤卡坦半岛上印第安人土丘墓葬中发现的抽烟证据来看，很可能在公元前一世纪就出现了最早的石制烟斗。玛雅文化的中心是塔巴斯科和恰帕（墨西哥），在那里，我们可以找到帕伦克废墟中的巨大石碑，其中有一幅浮雕，雕刻了一位玛雅祭司手持一把冒烟的芦苇管状烟斗[9]。

玛雅文化的黄金时代（470—620）毁于一

太阳神抽着烟斗，来自祖玛格夫拉（Zumagavra）主教的手稿。

些可怕的灾难，随后玛雅人向北迁移到尤卡坦半岛。纳瓦人和阿兹特克人入侵了沦为废墟的玛雅人定居点，并逐渐养成了抽烟的习惯。在祖玛格夫拉（Zumagavra）主教的象形文字手抄本中，不止一份描绘了人们将烟草包裹在卷叶中抽吸的情景。

就古老的传统而言，北美洲印第安人继续保持着抽烟斗的习惯。他们的抽烟用具由黏土（佛罗里达州）、蛇纹石、绿石、皂石（块滑石）、大理石、斑岩或赤砂岩（烟斗泥）制成。约翰·史密斯上尉在1607年的记载中描述了波瓦坦（Powhatan）、萨斯奎哈纳（Susquehanna）部落用雕刻和绘画来装饰他们的烟斗。马耳他骑士蒙马尼（Montmagny）是法国的加拿大殖民地总督，他在1645年写道，对印第安人来说，烟斗已经成为战争与和平的象征。当他们决定走上战场前，先挖出战斧(或者更确切地说,是印第安战斧!),并用这种红石烟斗吸烟。当战争结束后,他们就把斗钵漆成白色,或者直接换一个白色斗钵。印第安人使用的这种烟斗有一根一米长的口柄,上面装饰着各色丝带、鹰的羽毛、敌人的头发、鸟喙和珊瑚。传教士马奎特(Marquette)也注意到,象征和平的烟斗斗钵由赤砂岩制成,和平烟斗作为礼物,被视为最高等荣誉的象征。1728年,贝宁(Bering)访问阿留申群岛时,当地人就赠送给他一把和平烟斗。

海达族人(Haidas)喜欢使用人头形或人体形的特殊烟斗。人体形烟斗身体部分中空,后背上有一个用来盛装燃烧烟草的凹形斗钵,右腿中间有一个深孔用于连通斗钵,腿部就相当于烟斗的口柄部分[10]。

早在十七和十八世纪,探索美洲大陆的人们就注意到印第安人的烟斗抽烟仪式与太阳神崇拜有关[11]。乔治·卡特林(George Catlin)则从科学的角度彻底审视了这些古老的信仰。有几个印第安部落告诉他,当大洪水来临时,逃去烟斗山的人都变成了红色石头。灾难过后,大神①教会了朝圣者们如何制造烟斗和抽烟。有一点可以肯定:各个部落都前往此处寻找红色石头制作烟斗,同时,最美丽的烟斗由居住在这里的易洛魁人(Iroquois)制造。苏族人(Sioux)作为这个地区的守护者,他们制造战斧形状的烟斗[12]。

在其他的铁器时代考古发掘中,欧洲大陆也发现了陶制烟斗,如在荷兰和丹麦、英国诺森伯兰郡和伦敦塔附近以及罗马和帕米拉地区。在法国的阿利斯-圣-雷讷(Aisne-Saint-Reine)、库勒米耶-勒-塞克(Coulmier-le-Sec)和韦尔托尔(Vertault)还发现了铁制烟斗,陶制烟斗则出现在莫里斯(Mouries)、马德拉格·德·蒙特雷(Mandrague de Montredon)以及西班牙的布拉瓦海岸。这些烟斗大概是用于宗教崇拜和施展魔法,人们使用烟斗点燃叶子焚香,其中有一种可以缓解风湿痛和神经痛的薰衣草。根据阿拉伯的传说,烟草是穆罕默德的礼物,它再次为我们指明了烟草与宗教信仰有关的研究方向:

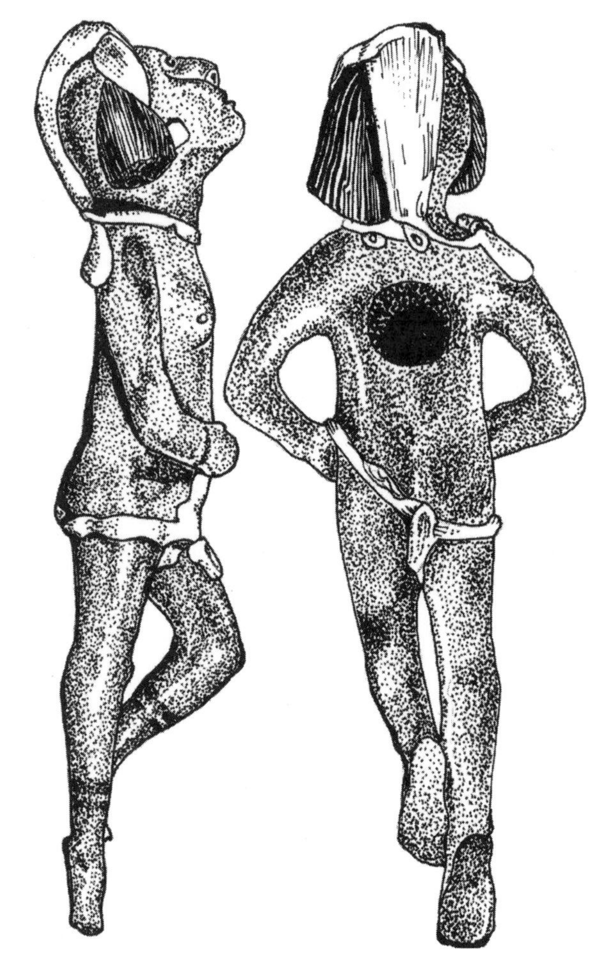

海达族的人形烟斗。

① 大神是北美印第安部族共同崇拜的神灵。

“经过长途旅行的劳累后，先知在汩汩流淌的小溪旁坐下休息，在棕榈树下的阴凉处，脸朝着东方做了祷告，向沙地上吐了一口痰。就在那个地方，烟草长出来了，闻起来芬芳甘甜，就像先知的气息，又像先知的圣言一样令人欢欣，让人感到安慰。”[13]

我们从波斯的传说中还了解到另外一个有关烟草的故事：

“从前，有一个善良的年轻人，他在麦加拥有幸福而美满的生活。他有许多珍宝，但没有一件宝物比他美丽的妻子更加珍贵。不幸的是，后来妻子生病撒手人寰，年轻人试图消除自己的悲伤，但一切都是徒劳。为了寻求安慰，解脱痛苦，他经过先知同意后娶了麦加最美丽的四个女人为妻。然而，即使是这四个最美的女人也无法让他忘记自己失去的珍宝……痛苦万分的时刻，他在沙漠的一间小房里找到了一位圣洁的隐士。这位隐士像仁慈的父亲一样倾听着他的述说，‘去你妻子的坟墓，’他说，‘你会发现那里生长着一种植物，摘下它，把它装在管子里，点燃它，吸入它的香味。它将成为你的妻子，你的父母，你的姐妹，尤其是你的导师。它会使你变得聪慧，让你的心灵振作。’这种植物确实创造了奇迹，不久，那些没有丧妻的人也开始使用它——也许正是因为这个原因！”[14]

欧洲人开始了解烟草

今天，烟草及其略带蓝色的缭绕烟气能够产生令人失去知觉的效果已经为全世界所熟知。但无视一切禁令取得抽烟的胜利，以及出现烟斗制作和使用的盛况，则是从哥伦布在美洲发现烟草并使其传入欧洲之后才真正开始的。

烟草属茄科（包括马铃薯，也由引入烟草的探险家带到欧洲），原产于北美洲、中美洲和安的列斯群岛，在东亚也能发现一些种类，已知的烟草品种一共约有四十种。这种圆锥形的植物叶片硕大，花色鲜艳，呈粉红色和紫色，含有一种剧毒生物碱（尼古丁 $C_{10}H_{14}N_2$），其麻醉、催眠作用最初被用于宗教仪式和治疗，后来才逐渐成为遍布美洲大陆的一种大众消费品。

“为了让人类的脸上露出微笑，真主安拉为他们种下了黄金（烟草）。”

1492 年 10 月 28 日，克里斯托弗·哥伦布在路易斯·德·托雷斯（Luis de Torres）和罗德里戈·德·谢雷斯 (Rodrigo de Xeres) 的陪同下登上了瓜纳阿尼岛（他将该岛改名为圣萨尔瓦多岛），他惊讶地看到，当地人向他走来时，一边拿着面包和南瓜片，一边“大口地抽烟”。巴托洛姆·德·拉斯·卡萨斯（Bartolome de Las Casas）当时是一名皇家传教士，后来成为恰帕主教。他在对哥伦布的描述中写道，探险家们“在途中遇到了一些印第安人，有男有女，他们在自己面前燃起一堆小火，火苗在这种植物的叶子上闪着光芒；压碎的烟叶被卷进另一片更大的干叶里，形状就像孩子们在圣灵降临节玩耍的圆柱形小鞭炮。他们将卷起的烟叶一端点燃，另一端放在嘴里，随着呼吸过程中不断地吸入烟叶的烟气，他们全身产生了一种平和的气氛。印第安人认为，这样一来就消除了所有的疲劳。这些鞭炮状的东西，或者说当地人所称的多巴哥（tobagos），后来也深受殖民者的喜爱”。

拉斯·卡萨斯没有提到哥伦布是否从新大陆带回了这种植物；然而，细致入微的描述和详尽的介绍证明了他对这种抽烟习俗的重视。毫无疑问，航行到地球这个遥远角落的水手们品尝了印第安雪茄的味道，他们把雪茄烟带回了家乡，在海港的小酒馆里一边抽着烟，一边骄傲地向惊讶的乡亲们讲述自己的冒险经历[15]。

1497 年，圣多明哥隐修会成员、基督教传教士拉蒙·帕恩 [Ramon(Romano) Pane] 修士陪同哥伦布第二次前往海地，在其专著《岛上习俗》（*De isularum ritibus*）中，他解释了圣多明哥这种奇怪习俗形成的原因。据他讲，当地人抽烟 [麻醉性鼻烟、科吉巴（Cojiba）、古托亚（Guttoja）、戈利（Goli）]，是为了驱赶沼泽边上成群结队的蚊子。他们的首领和巫医把抽烟当作一种治疗方法，通过吸收神灵的力量来创造奇迹。使用烟草的形式不止雪茄一种，他们还有小型 Y 状烟管，把这种烟管放在鼻孔里，可以吸入灼热火堆里烟叶阴燃产生的烟气。

曾去过西印度群岛的水手们说，当地人把香熏献给他们的神明，在烟草烟气带来的幻觉中体验神灵散发出的力量。对于习惯了大风大浪的水手们而言，面对这种当地人抽吸的雪茄，

烟草——印第安人的神圣植物。

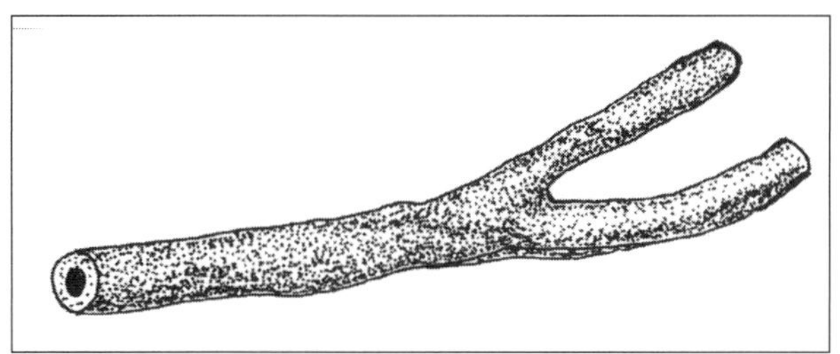

可插入鼻孔抽烟的Y形烟斗。

他们当然也抑制不住好奇的念头大胆地尝试抽吸。很快，烟草就开始出现在欧洲的文学作品中，最早提到抽烟的一本书是马丁·沃尔德西缪勒（Martin Waldseemüller）1507年出版的《宇宙学入门》[16]。1512年，西班牙人庞塞·德·莱昂（Ponce de Leon）来到了佛罗里达，他讲述了一个当地人在烧制的小陶罐中燃烧干烟叶，使用芦苇管吸入烟气的故事。我们可以肯定，他看到的一定是一件类似于罐子的抽烟用具。1498年，罗德里戈·德·谢雷斯从西印度群岛回到阿亚蒙特（Ayamonte）时，随身携带了大量烟草。他嘴里叼着一支燃烧的雪茄烟走在小镇的街道上，在乡亲们中间引起轰动。不幸的是，不仅镇上的民众把注意力转向了他，神圣的宗教裁判所也把注意力转向了他。他们认为抽烟是一种异教的妖术，是魔鬼的杰作。罗德里戈解释了抽烟的治疗和卫生效果，但这些解释都是枉然；人们怀疑他是巫师，并与魔鬼达成了协议，1519年他被监禁起来。

1513年，贡萨洛·埃尔南德斯（Gonzalo Hernandez de Oviedo y Valdes）曾被派往西印度群岛以及后来发现的新大陆，担任炼金作业监督员。他与当地人一起生活了十四年，回国时已升任伊斯帕尼奥拉岛（Hispaniola）总督。他在不久之后出版的回忆录中声称[17]，烟草与天仙子类似，这种植物的叶子又宽又厚，有四五层高，晒干后通过一种有两个分支（Y形）的烟管（tabaco）吸入鼻孔。

“我不知道这种习惯能给人带来什么样的快乐，除非它和酒带来的快乐一样……据我所知，许多西班牙人（基督徒）已经养成了这种习惯，尤其是那些患有性病的人（mal de las Buvas）。”

抽烟减轻了他们的痛苦。事实上，正是由于它具有缓解疲劳和减轻疼痛的作用，黑人奴隶在1508年被运到伊斯帕尼奥拉岛的种植园工作后，

罗德里戈·德·谢雷斯在阿亚蒙特抽烟引起轰动。

也养成了抽烟风气。

1519年，科尔特斯（Cortez）带军入侵墨西哥。在那里，他的手下接触到了烟草带来的另一种享受：吸鼻烟。那里的印第安人把几撮烟草研成粉末，用鼻子吸入，然后不停地打喷嚏。

1541年至1545年，米兰人吉罗拉莫·本卓尼（Girolamo Benzoni）曾旅居海地、古巴和墨西哥。他的书在威尼斯出版，其中提到了烟草：把烟叶捆成捆，然后晒干。使用时，从成捆的烟叶上取下一片，把它卷起来，点燃一端，然后开始抽吸[18]。从历史的角度来看，这些都是重要的时间数据。因为这些资料证明，早在十六世纪中叶，从西印度群岛回来的水手们就已经到过威尼斯潟湖，而精明的威尼斯商人则将烟草和烟斗引入了黎凡特进行贸易。最早详细介绍烟草的小册子由西班牙国王菲利普二世（1556—1598年在位）的医师兼西班牙萨拉曼卡大学教授弗朗西斯科·埃尔南德斯·邦卡尔·迪·托莱多（Francisco Hernandez Boncal di Toledo）撰写而成。1565年，医生兼植物学家尼古拉斯·莫纳德（Nicolas Monardes）也撰写了一本介绍烟草的小册子。到那时为止，烟草因其美丽的红色花朵，作为一种观赏植物在西班牙颇受欢迎、受到珍视。此外，塞维利亚大学的教授还指出，这种植物对咳嗽、哮喘、头痛、腹绞痛、痛风和妇科疾病都有效，只要在患者的肚子上放一片烟叶，胃线虫立刻就被排出体外。医术精湛的医生还用烟叶的汁液制成药膏，用于治疗伤口和恶性化脓。然而，他只字未提抽烟[19]。

科尔特斯的牧师弗朗西斯科·洛佩兹·德·戈马拉（Francisco Lopez de Gomara）（1519），

抽着烟斗的印第安人（来自1494年出版的《巴塞尔》一书中的一幅木版画，该书主要讲述哥伦布的发现）。

以及后来的贝纳迪诺·萨哈贡（Bernardino Sahagun）（1529）都描述了墨西哥印第安人的抽烟风气，他们还提到了有装饰图案、装满烟草的芦苇秆。

“这些印第安人出售抽烟使用的小烟管，他们割下芦苇，剥去芦苇的叶子，在芦苇秆上涂上细细的湿炭粉，然后在上面画上花朵、动物、老鹰、鱼儿和诸如此类的东西。在诸多的芦苇烟管中，有一些只有在燃烧时才能看到它上面的装饰，其他一些则有雅致的镀金装饰。在小烟管里装满烟草或者玫瑰花瓣、香甜的树胶和树脂等芳香药草，然后抽吸。”[20]

午饭后必须抽烟，好为午睡做准备。伯纳尔·迪亚兹·德尔·卡斯蒂略（Bernal Diaz del Castillo）写道，在蒙特祖玛（Montezuma）的宫廷里，漂亮的侍女会为餐毕离桌的人奉上绘有精致图案的镀金烟管，里面装满了液体树脂和让人精神愉悦的植物[21]。1525年，地理学家让·帕尔芒捷(Jean Parmentier)的一位迪耶普朋友皮埃尔•格里尼翁（Pierre Grignon），给他讲述了发生在港口的一段亲身经历：

“昨天，我遇到了一个老水手，和他一起痛饮了一品脱半的布列塔尼葡萄酒。在饮酒期间，他从包里拿出了一块浅色的黏土，我不知道那是什么东西，把它当成了墨水瓶。如我所说，那东西看起来就像一个有着长柄和一个小洞的墨水瓶。老水手把褐色叶子在手掌里捏碎后塞进粗大的一头，用燧石点着，把烟嘴塞进嘴里，不一会儿，嘴里就冒出烟来。我惊讶不已。他说在葡萄牙学会了抽烟，而这种习惯源于墨西哥印第安人。他说，这种习惯被称为‘奔腾’(petum)①；而且坚持认为抽烟能让他保持头脑清醒，并带来轻松舒适的感觉。”

1535 年，雅克•卡地亚（Jacques Cartier）上尉说，纽芬兰（Newfoundland）也种植烟草，人们用皮革袋来储存晒干的烟叶，将烟草装入石制或木制的“钵”（pots）里，然后点燃吸入烟气，再通过鼻子和嘴喷吐出来。他自己尝了一口，觉得味道很好，让人想起胡椒粉的味道[22]。

出生于安古兰、会说二十八种语言的白人修士安德烈•塞维特（Andre Thevet），1555 年至 1556 年曾到访巴西。在那里，他与寻求庇护的胡格诺派教徒、新教传教士尼古拉斯•巴雷(Nicolas Barre）一起建立了里约热内卢。他也用“奔腾”一词来形容烟草和抽烟用的器具，并说这种东西“有几种用途”。

“如果一个人抽烟时吸气比平时深，他就会觉得头部发沉，就像喝了烈酒一样。开始也可能存在危险，不习惯的人抽烟后可能会出汗、恶心呕吐，就像我自己经历的那样，但那里的基督徒已经习惯了抽烟。”

① 烟草的一种称呼。

安德烈•塞维特修士补充说，他还把种子带回了巴黎附近的修道院，在那里成功地种植出了烟草，这显示了它良好的气候适应能力。这种植物后来还被称为“I号痛苦草”。修士后来抱怨说，这种植物并非以他的名字命名的，而是采用一位从未远行的人，非常不公平[23]！

新大陆的这种植物实际上是以让•尼古丁•维勒曼（Jean Nicot Villemain）的名字命名的。尼古丁出生于尼姆，在巴黎学习。1559 年，他在教会领导和洛兰（Lorrain）家族的推荐下，担

让•尼古丁•维勒曼，烟草即以其姓名命名。

任了国王弗朗西斯一世的驻葡萄牙大使。当时，葡萄牙是一个由约翰三世统治的强大的国家，首都里斯本拥有百万居民，且不包括郊区。十六世纪初，从新大陆带来的大量新植物和黄金，创造了一个专为贵族和资产阶级服务的奢侈品市场，以炫耀他们的财富。其他欧洲统治者也努力与葡萄牙建立联系，这也是尼古丁到里斯本的使命，他在那里结交了达米安•德•克罗斯（Damien de Croes）。正是在这位博学的音乐家、古文学家和植物学家的花园里，尼古丁了解到烟草及其提神的作用。1560 年 4 月 26 日，他向赞助人洛林枢机主教（Cardinal de Lorrain）撰写了一份报告，提到了橘子和柠檬幼苗、一棵无花果树和一种新植物（烟草）。这是他报告的结尾部分：

“它来自西印度群岛，拥有一种神奇的作用，并且已被用于治疗一些医生认为无法治愈的神经性‘触痛病’，对治疗恶心也有独特效果。只要能弄到一些种子，我就会把它们连同一棵种在桶里的植株、种植和培育说明一起送给你的园丁。”

尼古丁建议，最好采用鼻子吸入烟气或粉末的形式享用这种药用植物。1561 年，他从葡萄牙回国时，随身携带了许多长短不一的烟管，看起来很像土耳其的长柄烟斗。然而，他在法国编纂的字典中对抽烟只字未提[24]。

正是通过尼古丁和洛林枢机主教，这种植物才得以进入宫廷，被敬献给女王的母亲凯瑟琳•美第奇（Catherine Medici）。虽然早在 1523 年，宫廷里就通过乔万尼•韦拉扎诺（Giovanni Verazzano）为法国国王弗朗西斯一世所写的烟草材料知晓了这种植物，但在国王死后这种神奇的植物被人们遗忘了。因为女王的缘故，此后它被命名为“女王的药草”（l’herbe de la Reine）或“凯瑟琳的药草”，以纪念女王。后来，它还被称为“有疗效的药草”、“万能的药草”、“神圣的药草”，甚至以尼古丁之名命名为“大使的药草”（l’herbe de Fambas-sadeur）。植株的叶、茎和根被当作治疗水肿病、疖病、癌症、风湿、牙龈肿痛、眼疾、耳漏、创伤、冻足、鸡眼、心绞痛和其他许多疾病的良药[25]。1584 年，在查尔斯•艾蒂安（Charles Etienne）和 J. 蒂埃里（J. Thierry）合著的拉丁 - 法语词典以及 J. 达勒尚（J. Dalechamps）编撰的词典中，尼古丁的名字都与烟草联系在了一起，从而使其得以名垂千古。林奈（Linne）也采用草本尼古丁（即尼古丁）的名称，稍作调整后称它为尼古丁烟草（Nicotiana tabacum）[26]。

烟草的使用——美洲银色植物

今天，你如果读读香烟盒的侧面，就会看到“吸烟有害健康”的警示。然而，在烟草广为人知的旧世界，它被人们当作一种可以治愈所有疾病的药物，一种具有神奇力量的“灵丹妙药”：药剂师开出的药方，包括提取液，酊剂，输液用药物，药丸，药粉，糖浆，灌肠剂，治疗丘疹的药膏，治疗肠梗阻和哮喘、癫痫、法国病（梅毒）、斑疹伤寒和瘟疫的药物，都含有烟草的成分。

艾吉迪斯•埃弗拉德斯（Aegedius Everardus）、莫纳德斯（Monardes）等学识渊博的医生，以及丹麦国王西蒙•保利（Simon Paulli）的宫廷医师都对其疗效做过论述。植物学

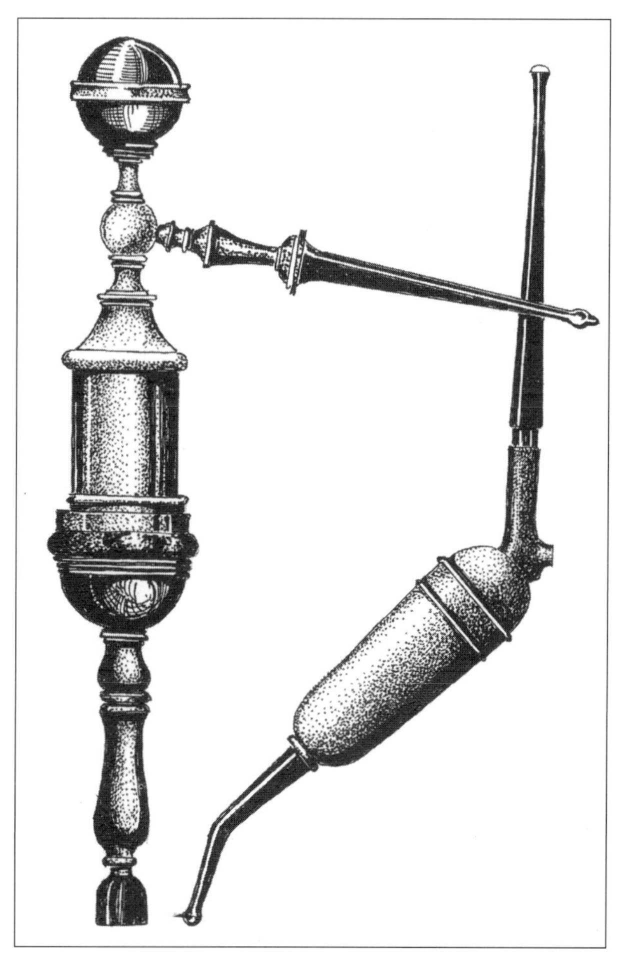

烟草是用于治疗疾病（便秘、呼吸）的药物。

家还将这种植物引入荷兰，到1560年，他们开始试验和评价本国栽种的烟草的药用功效[27]。1661年，威廉•坎普（Wilhelm Kemp）写道：

“防止空气污染的最好办法就是吸一斗烟，纯烟草也好，与肉豆蔻片混合的烟草亦可，尤其是当人通过鼻子吸入烟气时，它能净化空气，驱散有毒的烟气。因为它融合了两种截然相反的力量，使身体在寒冷时感到温暖，在炎热时感到凉爽。抽烟人群不受任何限制，不分年龄和性别，不分国家，不分年幼，不分男女；亦不分多血质、胆汁质、抑郁质和黏液质等气质类型，没有任何损害。烟草的烟气改善了空气质量，将有害液体排出体外。如果一个人咀嚼烟叶或抽烟斗，这些液体就会从他的体内排出，在胃里积聚，然后从胃里排到嘴里，再从嘴里吐出。”

1626年，著名的莱顿（Leiden）印刷家族后裔，艾萨克•埃尔泽维留斯（Isaac Elzevirius）撰写了一本关于烟草的书，书名为《烟草学》，主要内容有烟草在医学、外科学和药学中的别名，烟草的应用和对人体疾病的有益影响，以及不同种类烟草的选择标准。此书封面为作者手持烟斗的形象[28]。

1565年，奥格斯堡的医师阿道夫•奥科（Adolf Occo）、苏黎世的科纳德•冯•盖斯勒（Konrad von Gessner）、伯尔尼的阿里蒂斯（Aretius）三人就烟草这一主题进行了通信交流。而在意大利，吉诺拉莫•本卓尼致力于传播烟草的神奇功效。约翰内斯•尼安德（Johannes Neander），主要从帕里乌斯（Parrius）那里收集有关抽烟及其影响的所有信息，这些信息在十七世纪和十八世纪被精心编写成无数的烟草小册子广为传播[29]。

1711年，在开姆尼茨（Chemnitz）出现了一本小册子，作者为康拉德•斯托泽尔（Conrad Storzeln），标题为“受欢迎和值得称赞的烟草（toback）植物，即：一本关于烟草起源、性质、效用，特别是有关烟草用途、趣味和滥用的著名汇编作品，内容选自名人的著作，由J.G.H.出版，敬请读者赏阅”。

17世纪宣传烟草神奇功效的作品，相关资料主要参考了查尔斯•埃蒂安（Charles

Etienne）关于烟草的德文著作，他在书中称佛罗里达的印第安圣人是这样描述烟草的：

“这种植物有着神奇的效果和力量，能将人们想要了解的一切清楚地展现在面前……祭司取下一片叶子，塞进芦苇秆里，在上面淋一些酒，点燃，躺在地上，用嘴吸入它的烟气。渐渐地，随着这个植物释放出它的全部能量，他们失去了意识，几近死亡边缘，然后半昏迷地站了起来，回答人们提出的每一个问题……告诉人们所看到的奇异、美妙景象。他们继续燃烧烟叶，吸入青烟，接着陷入癫狂，最后失去知觉，犹如暴毙般栽倒在地上。”[30]

本卓尼也对烟草的这种效果和情形进行了描述：

“每当烟瘾发作时，他们就从半干的植物上揪下几片叶子，叠在一起卷成笛子或芦苇秆的形状。点燃一端，用口从另一端将烟气吸入喉咙。当烟气充满了他们的口、喉咙和头时，整个人便彻底平静下来，他们肮脏的欲望和地狱般的贪婪便得到了满足。他们被烟熏得像疯了一样，像野兽一样倒在地上，像死人一样瘫在地上一动不动……他们也用此法对病人进行熏蒸，让其陷入麻木状态。在这种状态下接受治疗，病人将无须忍受疼痛的折磨。病人恢复意识后，会不厌其烦地讲述他刚才所看到的神奇景象，比如出席诸神的秘密会议等。”[31]

科莱鲁斯（Colerus）也相信烟草包治百病（bezoarcticum）。他认为烟草是居家必备的良药：将叶子中挤出的液体滴落在伤口处将大大有助于伤口的恢复，将它捣碎涂抹伤口能加快恢复。他认为，烟草的功效与福音书中圣•马可提到的芥菜籽无异。烟草是每一个药用植物园、每一个公爵后花园都不可或缺的植物。无论是穷人还是富人，都会种植这种万能的药用植物。

科莱鲁斯还尝试着用烟草治疗生病的马匹，以及刀伤、枪伤和疯狗咬出的伤口[32]。

这种神奇植物的名声在十七世纪逐渐传开，特别是在霍乱和鼠疫肆虐整个欧洲的时候。面对这些流行疾病，医生们束手无策，别无他法之下只能建议隔离病患、抽烟、咀嚼烟草和吸鼻烟。普遍认为，在1614年伦敦大瘟疫期间，抽烟人群的患病率低于平均水平。威廉•巴克利（William Barkley）认为：

“烟草，如果适度使用，将是全世界最好的药。”[33]

G. 埃弗拉特斯（G. Everardus），荷兰医师。

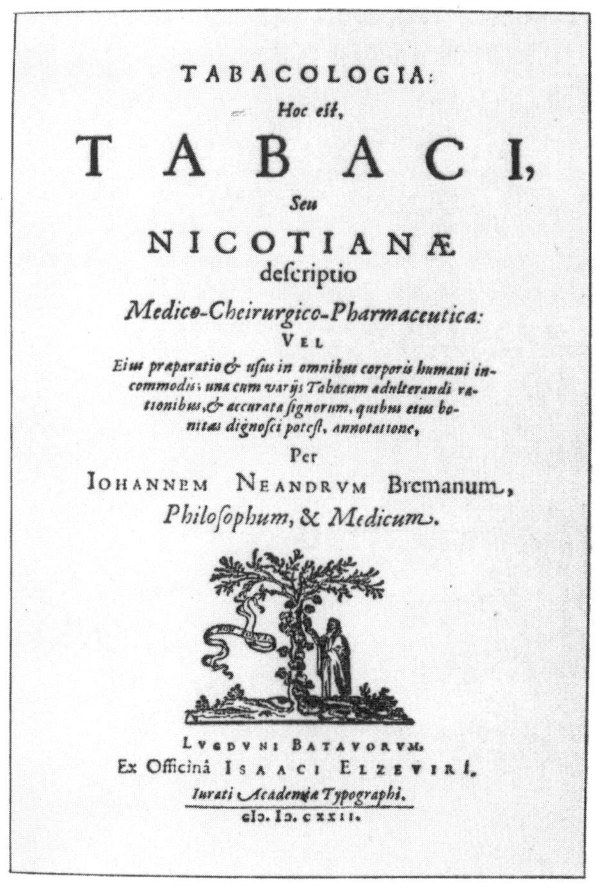

TABACOLOGIA:
Hoc est,
TABACI,
Seu
NICOTIANÆ
descriptio
Medico-Cheirurgico-Pharmaceutica:
VEL
Eius præparatio & usus in omnibus corporis humani incommodis; una cum variis Tabacum adulterandi rationibus, & accurata signorum, quibus eius bonitas dignosci potest, annotatione,
Per
IOHANNEM NEANDRUM Bremanum,
Philosophum, & Medicum.
LUGDUNI BATAVORUM.
Ex Officinâ ISAACI ELZEVIRI,
Iurati Academiæ Typographi.
CIƆ. IƆ. CXXII.

在药用植物园中，烟草是必不可少的植物。

此前，人们嘲笑抽烟者，谴责他们荼毒自己的生命，浪费国家的财富，但徒劳无益；詹姆斯一世期间，约舒•泽尔威斯特（Joshua Sylvester）[34]甚至宣称烟草是“来自地狱的粉末”、“英国的唯一耻辱”和“大英帝国的印度暴君”、“一种应该被践踏和彻底摧毁的疯狂行为”，也是毫无用处。最终，这些抨击烟草的观点在1665年大瘟疫爆发时统统被推翻，烟草被当作“预防药”，伊顿公学的学生被要求每天早上必须抽上一斗烟。直接接触感染瘟疫的病人、医生、护士和其他人嘴里整天都叼着烟斗。医师理查德•巴克尔（Richard Barker）向他的病人推荐使用烟斗，并且只推荐了烟斗。萨缪尔•佩普斯（Samuel Pepys）在他的日记（1665年6月7日）中记录道：“当不得不进入伦敦西区的时候，我看见各家门上都挂着红色十字架，刻着铭文‘主啊，怜悯我们吧’。在这里，瘟疫已经夺去了太多生命。我感到一阵阵恶心，就毫不迟疑地买了些烟草，开始又嗅又嚼。病很快好了，恐惧减轻了，精力也恢复了，现在终于可以回家了。”

1679年，瘟疫肆虐维也纳，人们纷纷预言世界末日即将来临。著名的传教士亚伯拉罕•桑科塔•克拉（Abraham a Sancta Clara）写道：“整个九月都忙于布置墓地和埋葬死人，他们唯一的救命稻草就是‘烟草——士兵每天的佳肴’。维也纳的老百姓认为将芸香和烟草浸泡在酒里，和着柠檬汁一起使用能使人放松下来，烟草燃烧散发的烟气是唯一能排除传染性空气的东西。”

“死神侵入了这座城市的所有堡垒和要塞，但是没有夺取任何一个士兵的性命。”“这是因为士兵们随时随地都在不停地使用烟草。”[35]

抽烟的风气传遍整个欧洲大陆

最早接触烟草的是海员、探险队的随行医生、牧师和修士，这些人描述了新大陆的风俗习惯。他们常常说起印第安人抽烟斗、咀嚼烟草、吸鼻烟，还有土著药师用烟草治病。西班牙人、葡萄牙人和意大利人，以及后来的英国人和法国人，在最早向欧洲传播烟草信息方面发挥了重要作用。科学的描述枯燥而乏味，但从遥远的地方归来的水手们却是新大陆生活习惯活生生的见证者。早在公元1500年左右，西班牙人罗德里戈·德·谢雷斯就因为抽吸雪茄在他的家乡引发了一场不愉快的骚动。皮埃尔·格里尼翁在迪耶普港第一次见到了现实中的烟斗——一个老水手的嘴里叼着的烟斗。在十六世纪早期，一定有更多的人目睹了海员在西班牙、葡萄牙和法国的港口吞云吐雾，而且染上这种奇怪习惯的人也一定与日俱增。

1561年，尼古丁回到了祖国。他随身带着长笛一样的银色“小火炉”①。即使他的报告中没有提到烟斗的用途，他的字典中也没有涉及抽烟，但海员和印第安人抽烟的事传播开来一定跟他有关。塞维特曾抱怨烟草没有以他的名字命名，而是采用了只是通过中间人才知道烟草的尼古丁的名字，这让他无法接受。然而，不可否认的是，尼古丁将烟草的信息传递到了宫廷，并确保了烟草并非仅停留在一种植物名称的层面上，而是产生了实质性的重大影响，并且他的“小火炉”也引发了广泛关注。1586年，当沃尔特·雷利爵士点燃他人生中的第一支烟斗时，一股抽烟的潮流正在席卷法国宫廷、贵族沙龙和港口旅馆。可以想见，他当时一定成了万众瞩目的焦点。

在意大利，吸鼻烟的习惯被称为一种西班牙风俗。这一点已被鼻烟的意大利语——Spaniol——所证实。意大利人当初一定是从西班牙总督以及那不勒斯和西西里的西班牙水手那里学会了吸鼻烟。

最近，一些有趣的文献证明，西班牙人在意大利北部的皮埃蒙特种植了这种新植物。大约在1517年，一群由玛丽·菲芮(Maria Ferrer）带领的西班牙修女，在中世纪圣玛丽亚·德拉·罗通达教堂附近的阿格利城堡外安顿下来。人们注意到，修女们在花园里为城堡领主和某些教会要人种植烟草。城堡领主用陶制烟斗吸食烟草，也为他的客人提供烟草和烟斗。现在，每年都会在阿格利城堡或都灵举行烟草庆祝活动，其间有音乐和芭蕾舞表演。据悉，阿格利和都灵分别在1575年和1650年举办了这样的庆祝活动，“表演明星”都是附近的贵族。我们通过1650年圣·马蒂诺·阿格里（S. Martino di Aglié）伯爵组织的都灵王室嘉年华上使

沃尔特·雷利（Walter Raleigh）爵士，伊丽莎白女王的追随者，在英国引领了烟斗潮流。

① 此处的小火炉即为烟斗。

用的芭蕾舞剧本确信，不仅伯爵本人在嘉年华上表演，查尔斯（Chales）骑士和多隆（Tornon）伯爵也在演出中担任了角色：

“烟草岛上的居民对这种由英国人拉里（Ralie）（明显是对雷利的错误拼写）、法国人尼古丁和荷兰人格林菲尔德（Grenfeld）引入欧洲的植物极为敬重。岛上的祭司利用烟草做预言，用烟草平息大海的风浪，燃烧烟草献祭。岛上的居民也燃烧烟草来献祭安抚神灵，祈求幸福的未来。在这场嘉年华般的祭祀活动中，首先是大祭司入场，接着是众人齐唱歌颂烟草的赞美诗。接下来是四对印第安夫妇的二重唱和舞蹈，随后是土耳其人（麦麦提和阿里）上场、摩尔人（阿卜杜拉和穆萨）上场、西班牙人（阿隆索·德奥维达先生和达克特·德·马塔托雷斯先生）的表演，最后是两个波兰人（斯津斯基和阿蒂洛斯基）在印第安合唱团的伴奏下带来一支欢快的舞蹈。其中二重唱歌词的大意是：‘我们手持烟草和号角，我们点燃这治愈创伤的植物，燃烧的植物带来希望，它迎接生命，送走死亡。’”[36]

上面引用的资料或许可以解释为什么烟草的最早记录出现在意大利的撒丁岛、热那亚和比萨，以及为什么威尼斯制造的鼻烟是“塞维利亚式的”。

我们确信，红衣主教波普利科拉·桑塔·科诺斯（Poplicola di Santa Croce）就有吸鼻烟的习惯（1561），因为药用烟草以他的名字命名为“圣十字草”。1565年前后，他甚至让教皇皮乌斯四世（Pius Ⅳ，1559—1565）也养成了吸食鼻烟的嗜好。所有这些都表明了他是引领这种新潮流的真正先锋。萨卢佐的主教埃尔冯索·多拉布奥诺（Alfonso Tornabuono），使用了侄子尼古拉·多拉布奥诺（Niccolo Tornabuono，美第奇驻巴黎大使）赠送的细粒烟草粉末后，开始在他的教会普及抽烟。

烟斗——战争的伴侣

新大陆的黄金既成就了巨大的财富，也带来了赤贫。第一个因非洲、印度和南美洲自然资源而致富的国家是航海家亨利和国王约翰三世领导下的葡萄牙。葡萄牙各港口呈现出一派繁忙景象，船进船出，带回了大量的贵金属、香料和染料，使这个国家成为世界的贸易中心。然后，西班牙哈布斯堡王朝率先掀起一股黄金热潮。财富的增长必然伴随着奢侈的享受；这时，简单的黑色军服变成了五颜六色的华服，粗糙的面料换成了丝绸和天鹅绒，朴素的设计改换为荷叶镶边装饰。画家、雕刻家和金匠开始为统治阶级的贵族、商人和王室服务。随着统治阶级财富的迅速增长，那些错过了追寻黄金之国第一次浪潮的人，开始登上舰船去争取属于他们的黄金。紧随葡萄牙和西班牙舰队之后，法国国王和英国女王的装甲战舰也开始紧锣密鼓地占领殖民地。与此同时，拥挤的船只载着新教徒逃离法国躲避宗教迫害，为弗吉尼亚苦于没有女伴的男性移民送去了少女，为新大陆的种植园送去了廉价的黑人劳工。低地国家①的商业奴隶贩子在非

① 泛指欧洲西北沿海地区，主要包括现在的荷兰、比利时、卢森堡、法国北部和德国西部。

洲海岸线上搜寻黑奴，荷兰港口堆满了具有交换价值的商品：烟草、香料、水果和珍贵木材。整个美洲地区的土著居民数量锐减，取而代之的是征服者、淘金者和冒险家，法国甚至招募农民到塞维利亚周围的乡村去收割庄稼。

财富，以及对各种荒谬诱惑的过度追逐，很快就对这些奢侈享乐的奴隶们展开了报复。持续三十年的战争爆发了。从表面上看，这场战争由被耶稣会煽动的天主教徒和为生存而战的新教徒之间的争论引发，但实际上，它是为保护自己在荷兰的财产、为维护被西班牙和路易十三支持的皇权而战的哈布斯堡家族，与渴望在欧洲获得更大权力的法国之间的战斗。战争起于布拉格抛窗事件：在普法尔茨的支持下，捷克人摆脱了哈布斯堡王朝的统治，并立腓特烈五世为国王。

南美洲的黄金带来了巨大的财富。

“冬季之王”①被推翻（1620年费赫基之战）后，随之而来的是无情的报复。铁腕主教黎塞留（Richelieu）动员了信奉新教的德国统治者，以及极端不满的特兰西瓦尼亚匈牙利人反抗哈布斯堡王朝的专制统治；富裕的低地国家为它们的宗教信仰而战，相继获得了英格兰、瑞典和丹麦的支持，奋起反抗蒂尔（Till）和沃伦斯坦（Wallenstein）大军。三十年战争的后半期，盖斯塔·阿道夫（Gustav Adolph）率领瑞典人加入战争；同时，盖博·贝思伦(Gábor Bethlen）、格约格·拉科奇（György Rákóczi）和费伦茨·拉科奇二世（Ferenc Rákóczi Ⅱ）也在为争取匈牙利的独立而战。

几乎所有的欧洲国家都参与了这场血腥的战争，而各国内部也四分五裂。法国被宗教和内战弄得分崩离析，资产阶级则继续大兴土木，骄奢淫逸，通过营私赢得高贵的地位：

“继续修建和装饰自己的房屋，穿着精致的黑色绒面外套招摇过市……戴着扑粉假发，享受着更多的补助金和以敬神为名的遗产，通过这些操作来规避禁止高利贷的法律，继续享受富足的生活。”

1630年，欧洲饥荒肆虐。而与此同时，

“道貌岸然的绅士和举止优雅的淑女们聚在一起，互相欣赏对方用彩带和羽毛装饰的时髦衣服，纵情于自己的风流韵事，用华丽的辞藻装腔作势”[37]。

在那个时代，哀歌与狂欢并存。英国人、德国人、西班牙人、瑞典人以及其他国家的人都变成了唯利是图的掠夺者，四处搜刮民脂民膏，老

① 亨利七世。

百姓苦不堪言。同时，志得意满的“军人”狂欢作乐，挥霍着他们的不义之财。整个欧洲都陷入无尽的矛盾之中：傲慢、自信、充满力量的军队与惨绝人寰的社会和宗教悲剧，贫穷与奢侈，形成了鲜明对比。

当1648年签署的《威斯特伐利亚条约》（the Treaty of Westfalia）最终结束了三十年战争后，德国分裂成二百九十六个小公国，被外国列强控制，哈布斯堡家族不得不承认并接受他们已经失去了帝国权力：低地国家和瑞士摆脱了它们的压迫者，而法国在睿智的马萨林（Mazarin）主教指引下，走上了通往欧洲绝对领导力量的道路。就是在这三十年里，烟斗逐渐成熟，抽烟也成了一种根深蒂固的习惯。

“干醉酒”

在玛丽•斯图亚特(Mary Stuart)统治时期，大西洋海岸线由西班牙和葡萄牙舰队控制。英国人在欧洲西部海域的地位较低。英国的造船商、水手们在英国港口与西班牙和葡萄牙水手的频繁接触中发现了烟草，并从外国同行那里获得了烟斗，从此，烟草在英国各大港口变得家喻户晓。

海军上将霍金斯（Hawkins）访问佛罗里达（1564—1565）期间遇见了一些抽烟的当地人。看到他们可以吸着烟而坚持四五天不吃不喝，他认为这些人抽烟的目的是避免饥饿[38]。

① 伊丽莎白一世，1533年出生，1558年至1603年任英格兰女王，是都铎王朝的第五位也是最后一位君主，因其终身未嫁，又被称为“童贞女王”。

伊丽莎白一世[①]即位后，任命沃尔特•雷利爵士担任“海上舰队司令”，去与西班牙探险家竞争，并在新大陆建立英国殖民地。在英语和德语中，雷利这个名字通常与欧洲流行的抽烟风气联系在一起。雷利是女王的追随者，出生于1552年，十八岁时成为法国胡格诺派信徒。1584年，他乘坐菲利普•艾玛达斯（Philip Amadas）、阿瑟尔•巴楼（Arthur Barlow）

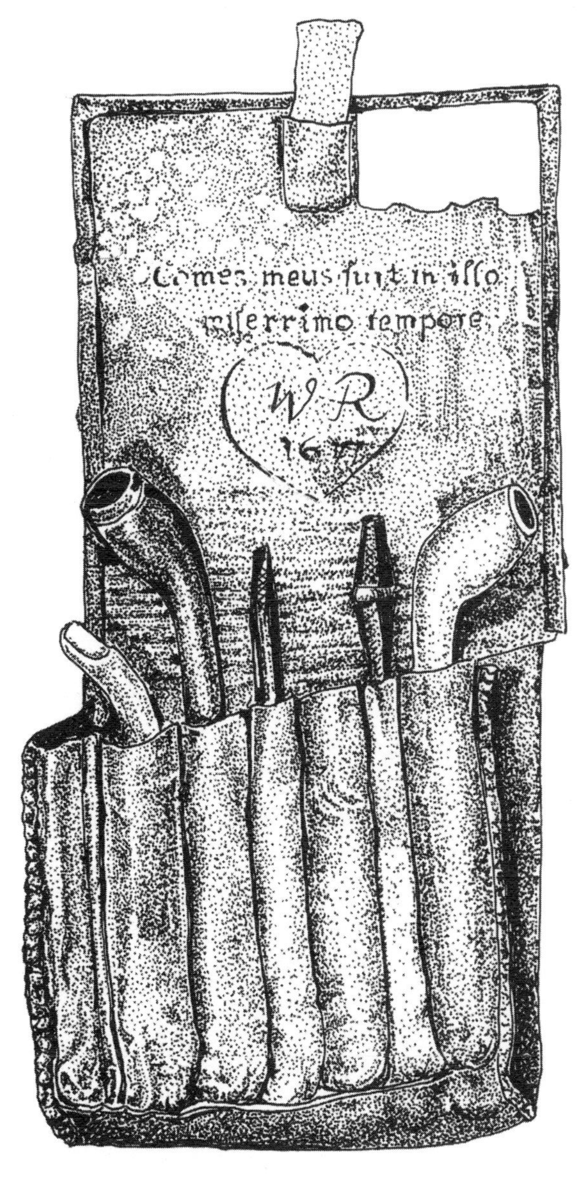

雷利烟斗套，装饰着字母组合图案。

指挥的两艘战舰，穿过阿达玛和帕姆蒂科（Aldamare and Pamtico）海峡到达罗阿诺克岛 (Roanoke)。1586 年，托马斯•哈里奥特（Thomas Hariot）远征归来，将土豆和烟草从雷利以童贞女王命名的弗吉尼亚带回了英格兰。拉尔夫•莱恩（Ralph Lane）上尉开启了对新殖民地的经济利用，在那里种植大片烟草，并试图获得移民者的信任，但最后以失败告终：一方面是因为他对原住民态度恶劣，树敌众多；另一方面，不适应当地饮食、气候和患有疾病的移民们也开始思念英国，期待返回家乡。1587 年底，海军上将弗朗西斯•德雷克（Francis Drake）爵士在从开普殖民地返回的途中，将他们带上船返回英国。在弗吉尼亚的一年半时间里，莱恩和他的移民们已经养成了抽烟风气。在他们返回英国后，雷利才从这些人那里逐渐了解到抽烟斗的事[39]。

雷利后来成为基尔科尔甘（Kilcolgan）的总督，并将马铃薯和烟草这两种新植物引进了爱尔兰。一开始，马铃薯在英国统治的土地上难以被接受，但烟草却是另一番景象。

“就像一个不太聪明的孩子，在别人赠送给他一个面包和一把炙热的灰烬时，不要面包却选择伸手去抓灰烬一样，欧洲人一开始就没有注意到土豆，反而去追捧烟草。”[洪堡（Humbold）]

雷利自己变成了一个狂热的抽烟者。起初，他使用陶制烟斗，就像哈里奥特（Hariot）观察到的印第安人那样：

“这种植物被当地人叫作乌波洛克（uppowock），被西班牙人叫作塔巴克（tabak）。他们把它的叶子晒干、碾碎，然后用陶制的管子熏制并吸食。”

雷利在阿德菲•特累斯（Adelphi Terrace）和海滨之间的城堡举办抽烟聚会。聚会中，他向宾客们（我们知道有威廉•莎士比亚）介绍抽烟的乐趣。除了拿出简单的核桃壳烟斗，还会拿出精致的银制烟斗招待宾客。据一则轶事描述，园丁第一次看到他抽烟斗时，还以为“着火了”，赶忙往他身上浇了一桶水。

几年后，无论是在贵族圈子里，还是在客栈、酒馆、酒店或酒吧里，人们已经对贵族抽烟习以为常。抽烟成为一种大众行为。雷利自己就是一个老烟枪，即使因为政治越权行为被关进伦敦塔，烟斗也没有离过身。的确，他一直把烟抽到了断头台。

抽烟斗像流行病一样在英国蔓延。最初是海员，所用烟草往往从西班牙和葡萄牙人那里抢劫而来。1586 年以后，从新大陆返回的人彻底带火了抽烟，此后抽烟更是成为上流社会的一种潮流，甚至连“童贞女王”也开始尝试使用这种来自弗吉尼亚的新植物。据罗伯特•布尔顿（Robert Burton）称，一个绅士如果不会跳舞、骑马、打猎、打牌和抽烟，他就不是一个真正的绅士。英国人对待抽烟礼节非常严谨，初学者甚至会聘请专门的抽烟导师来教会自己抽烟的礼仪。1599 年，人们看见圣保罗大教堂墙上张贴了一张告示：

“抽烟培训学校现在开班。”[40]

烟草的销售收入非常可观：烟草的价格甚至相当于同等重量的银币。尽管如此，还是有很多人在抽烟，以至于制作烟斗的工匠演变成了一把卷成麻花形状的干烟叶价格等于同等重量的银币。

一种独立职业，专门为这种新潮流的爱好者服务。1601 年，首次出现了烟斗垄断现象；1618 或 1619 年，制作烟斗的工匠组建了烟斗制作行业协会。在协会成立的章程中提及了三十六个烟斗制造商，但考古结果发现（根据烟斗上盖的印章）当时有六十二个制造商[41]。

对烟草的攻击：那些厌恶烟草的人

1603 年伊丽莎白女王去世后，玛丽·斯图亚特的儿子詹姆斯一世继承了王位。他有着与众不同的生活经历。多年前，女王下令处死了他的母亲，怯懦、压抑使詹姆斯产生了对女王怪癖嗜好的抵触心理；同时，他严谨治学，也准备在继承王位后开创新的基业。更为难得的是，在那个猎巫者、炼金术士与魔鬼称兄道弟的世界里，他能够做到洁身自好，没有染上这个印第安人的嗜好。当时，他虽然拥有渊博的知识，但也只能无助地旁观宫廷里这些荒谬的习惯。继位几个月后，他出版了一本书，猛烈抨击抽烟行为[42]。

"反烟草运动"（Misocapnus）只是一场长期斗争的开端。詹姆斯试图通过严格的道德批判、政治和火柴禁令等手段来压制人们的抽烟激情。当然，他对烟草的反对也可能存在经济动机：他无法坐视自己最强大的敌人、欧洲最大的烟草贸易商西班牙从这种新时尚中获得巨额利润。该运动标榜抽烟是使人生活堕落的灾难：

"起初，只有上层人士将烟草用于药用目的。但后来，堕落的农民也开始吸食烟草。因为国民吸食烟草，我们国家的财富大量流入他国，肥沃的草场种上了无用的烟草。"

国王这一极具争议的论述在整个帝国引起了一场令人不安的骚乱，特别是他访问牛津大学，与那些为烟草疗效辩护的教师们争论，更是引发了巨大的不满。1605 年 8 月 29 日举行了一场"经常吸烟有益身体健康"的辩论：阿什沃特（Ashwort）博士和宫廷医生们互相抄袭，评论烟草的危害，国王本人也重申了他在反烟草运动中总结的观点。紧接着，切内尔（Cheynell）博士带着点燃的烟斗出现在讲台上，为烟草医疗用途辩护。不出所料，这场辩论最终以宣布国王观点胜出而结束。

禁烟运动打着"科学"的旗号，加上国王对烟草的敌对态度，为了迎合这一需要，朝臣们推出了一系列出版物论述烟草的危害。然而，他们的奉承热情很快就被伦敦瘟疫浇灭。包括威廉·巴克利（William Barkley）在内的人，都认为烟草是唯一有效的消毒剂，尽管他不提倡抽烟[43]。虽然国王采取了一切措施予以禁止，但抽烟还是得到了越来越多人的拥护。二三十年后，伦敦人

在伦敦，烟草在药店里出售，药店甚至有一个单独的房间供人抽烟（W. 马歇尔）。

都在抽烟，人群中、大街上、商店里还有剧院里，随处可见抽烟者。1640 年，一位到英国旅游的法国旅行家记录了这样的景象：用餐时，桌上会摆放半打烟斗供客人使用。在他看来，英国人没有烟草就几乎活不下去。英国人认为，抽烟能驱逐头脑中产生的邪恶想法。每当孩子上学时，妈妈们不仅会在他们的书包里放上准备好的零食，还会放入事先装好烟草的烟斗。一到学校，孩子们就把书和烟斗从书包里拿出来，同样是抽烟者的老师会教他们如何手持、装填和点燃烟斗。英国人相信抽烟是健康生活方式的一部分[44]。

詹姆斯未能说服臣民们接受他的现代科学理论，但他希望至少能禁止烟草的进口。然而，代表弗吉尼亚烟草种植者利益的演讲者最终在议会辩论中赢得了胜利。伟大的科学家和哲学家弗朗西斯·培根写道：

“如今，吸烟的乐趣大大增加了。一些隐秘的乐趣攫住了心灵，一旦吸上烟，就再也离不开它。”[45]

1625 年，风度翩翩的查理一世继承了父亲的王位。他在各方面都追随父亲的足迹，对烟草进口征收关税，并在英格兰、苏格兰（1634）先后实行了烟草专卖制度。然而，当垄断变成有利可图的生意时，他把道德上的顾虑放在一边，以非常优惠的价格将烟草专卖权租赁给了詹姆斯·莱斯利（James Leslie）和托马斯·达尔马霍亚（Thomas Dalmahoa）。1644 年，从西班牙殖民地进口的每磅烟草需要缴纳一先令的进口税（一先令等于十二便士），而从弗吉尼亚进口的烟草只需要缴纳两便士的通行费。

烟草胜利了，1640 年的诗歌对这一胜利进行了宣告。与此同时，专制君主与议会展开了殊死较量。尽管他们的将军也极力反对抽烟，但克伦威尔（Cromwell）最终战胜了国王，士兵们手持折断的烟斗排列在国王通向断头台的道路上，当他经过时，每一位士兵都将烟吹到这个禁止他们抽烟的国王脸上[46]。

在荷兰，则是学生和为莫里斯（Maurice）亲王服务的英国雇佣兵普及了抽烟。雇佣兵退役后，他们中的许多人在阿姆斯特丹和乌特勒克（Utrecht）附近定居。其中有一个英国人威廉·巴恩尼斯（William Baernelts），1617 年在乌特勒克建立了一个小型家庭作坊，开始模仿制作英式陶土烟斗。在那里，他和姐夫设计了一种带有前倾斗钵的陶土烟斗，然后由荷兰工匠烧制。他们的家庭作坊逐渐发展成一个大型制造厂，最后，这个英国烟斗制造商加入了荷兰国籍，并取了一个荷兰名字——威廉•巴伦茨（William Barentz）。他凭借娴熟的技艺在豪达（Gouda）地区又开了一家烟斗制造厂，这成为很长一段时间里英国在这一地区保持影响力的证据：烟斗上装饰着都铎玫瑰，而没有制造者标识。尽管到1660年，该地区至少有500个活跃的烟斗制造商，但英国的烟斗形制一直沿用了多个世纪。

烟斗的需求量同样巨大。经过在低地国家大学学习的英国和法国学生们不断向旅馆、招待所的常客们推销，这些人也慢慢开始享受抽烟以及抽烟礼仪带来的乐趣。一名住在代尔夫特的医生威廉•德•梅拉（Willem de Mera）在他的回忆录中写道：

“我在莱顿求学期间，发现英国和法国的学生都在抽烟。我很想模仿他们抽烟，以便研究这种植物的功效。抽烟后，它使我的胃和肠子运动起来。我有一种头晕、醉酒的感觉，不得不靠在什么东西上以免摔倒。然而，这种状态并没有持续多久。”[47]

讲究现实的荷兰商人们，很快就对这种新的需求热潮加以利用，好奇心驱使大家纷纷效仿：

“到1620年，荷兰商人成为欧洲主要的烟草商，同时，荷兰人也是世界上主要的烟草消费者。”

鉴于烟草贸易和烟斗交易能给他们带来持续的高收入，荷兰政府没有采取任何措施来限制这种新的消费行为。例如，[尼安德（Neander）称，]1626年，荷兰每年对抽烟征收的税收高达三万荷兰盾。许多荷兰画家[阿德里亚恩•布劳（Adrien Brower）、亚当•范•诺特（Adam van Noort）、亨德里克•梅尔滕斯（Hendrik Maertens）、索格（Sorgh）、大卫•特尼尔（David Teniers）、奥斯塔德（Ostade）]的画作也证明了在十七世纪上半叶，抽烟已经完全融入了人们的日常生活，即使社会上还存在抵制并嘲笑抽烟的人，但人数已微不足道。

1623年，普法尔茨驻海牙大使约翰•约阿希姆•罗斯多夫（Johann Joachim Rusdorf）写道：

“我必须简要地汇报一下，这种几年前从美洲传入欧洲的新时尚，暂且称为‘雾饮’。它超越了任何其他的娱乐方式，无论是古老的还是现代的娱乐方式。也就是说，那些放浪形骸的人吸的是一种叫作烟草的植物，他们贪婪地吸着，永远不知满足。”[48]

英国水手和荷兰商人将抽烟带到了布拉班

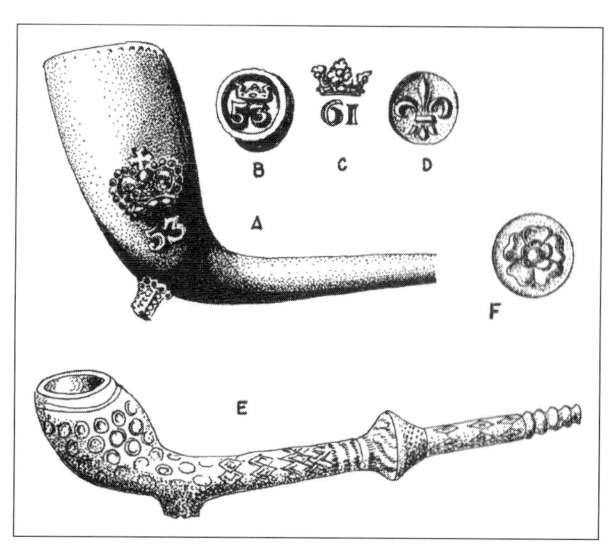

荷兰烟斗上装饰着都铎玫瑰和鸢尾花纹章。

特和圣马洛湾的港口。到十七世纪上半叶，鲁昂（Rouen）的烟斗制造商数量已高达四百家。在查尔斯维尔、圣奥默尔、吉维特、奥南和德斯弗尔（Desvres）也有烟斗制造商在制作烟斗。到1670年，这一产业延伸到了亚维侬、凡瑟林、雷恩、佛哥斯、蒙特罗、尼姆和马赛。在路易十三统治时期，抽烟斗还只在上层社会流行，贵族和教会高级成员将终日手持烟斗视为高贵生活的一部分[49]。人们认为吸鼻烟甚至比抽烟斗还要特别，因此吸鼻烟最终在下层社会流行起来。1629年，黎塞留认识到烟草消费习惯开辟了财政增收的机会，开始对进口的每磅烟草征收三十苏的税[50]。1659年，路易十四将烟斗贸易的独家经营权授予了蒙法尔肯爵士（Sieur Montfalcon）；这一权利不仅包括独家经营巴黎、国内各城市生产的烟斗，还包括从国外进口烟斗。然而，在十五年后的1674年，这项特权又回到了国家手中。虽然路易本人不抽烟，也不能忍受侍臣身上的烟味，但这种习惯在贵族圈子里越来越流行。当国王发现“就连曼特侬夫人”也悄悄地在奥尔良公主的起居室里抽烟时，他当然非常愤怒。他的侍女们甚至把抽烟用具藏在瑞士卫队那里。

大约公元1550年，查理五世的西班牙雇佣兵来到科隆地区和黑森州的阿尔默罗德地区。无论他们走到哪里，烟斗和烟草都伴随左右。到1559年，图林根沃尔德（Thuringerwald）南部边界的苏尔地区开始种植烟草。两年后，弗雷德里克（Frederick）四世开始尝试种植这种有利可图的植物。然而，这些都只是孤立的现象，真正使抽烟在这些地区流行起来的原因还是那场持续三十年的战争。

西班牙雇佣兵很早就在德国传播抽烟斗的习惯。1587年，一位义愤填膺的方济会修士写道：

“许多西班牙人在这里传播他们的坏习惯。他们以一种新的方式——喷吐烟气——来显示他们的无法无天。西班牙士兵们一边招摇过市，一边吞云吐雾，而我们一些愚蠢的国民竟然还羡慕他们。”[51]

甚至直到1620年，在齐陶（Zittau）地区，还有农民目不转睛地盯着那些抽烟的英国雇佣兵，一脸的羡慕之情。英国那些向往冒险的小伙子们由詹姆斯一世派遣来帮助“冬季之王”，他们沿着莱茵河一路闲逛，在行军过程中更是进一步普及了抽烟斗。起初，他们使用来自英格兰和荷兰的陶制烟斗，后来科隆地区开始生产烟斗。再后来，市面上还出现了木制、金属和玻璃烟斗。所需烟草由荷兰、西班牙和弗拉芒商人提供，他们获利颇丰的商业活动甚至引起了税收人员的关

十七世纪的烟斗客（奥斯塔德创作）。

注。例如，科隆市议会对每桶（14—16 英担）烟草征收六泰勒的税。1635 年，光是科隆地区就有十九个烟草商。

1616 年，雅各布•泽格尔（Jacob Ziegler）在苏黎世出版了一本关于抽烟的书。书中提到，他惊奇地发现英国人竟然能连续抽烟六七个小时而不丧失理智[52]。瑞士当局不愿看到事情毫无节制地发展下去，于是在 1652 年颁布了条例，规定抽烟者可能面临最高两枚金币的罚款。然而不论是面对政府巨额的罚款，还是在教会恳切而严厉的训斥下，这种新习惯都仍然大行其道。在基堡（Kyburg），人们抓到一个十二岁的小孩在谷仓里玩烟斗，他差点把这个小镇付之一炬。在苏黎世，

“在大街上和教堂附近，抽烟、吸鼻烟以及咀嚼烟草已经非常普遍。这些烟草的臭味已经深入每一间教堂”[53]。

1671 年，苏黎世、伯尔尼、卢塞恩、翁特瓦尔登、弗莱堡和索罗图恩加入禁烟的阵营，只有巴塞尔在烟草运输的巨大利益驱使下没有加入。然而，瑞士的禁令并没有终结这种习惯：即便瑞士能够控制自己的公民不抽烟，但面对移民到皮埃蒙特的人时却束手无策，他们能做的只有禁止在公共场所、餐馆或街道上抽烟[54]。最后，当局撤回禁令，取而代之的是对抽烟者征收很高的税费。瑞士人开始了反抗：在城镇与乡村，市民和农民纷纷发起针对烟草税收的抗议，这场运动最终迫使瑞士当局同意烟草自由交易，取消禁令。

在匈牙利，烟草首次被提及是在 1553 年左右。韦斯普雷姆主教帕尔•波内米斯萨（Pal Bornemisza）代表斐迪南国王，前往当时独立且主要信仰新教的特兰西瓦尼亚宣传天主教，进而从伊萨贝拉女王手中夺取了公国。作为回报，他被授予特兰西瓦尼亚辖区主教（1553—1556）之职。

他在特兰西瓦尼亚期间，收到了来自布达的土耳其权贵赠送的烟草礼物，尽管早期的外国文献对这一信息的真实性提出过质疑，因为当时欧洲大部分地区还未曾听说过烟草这种新鲜事物[55]。我们现在知道，早在十六世纪上半叶，烟草就由西班牙雇佣军引进到被土耳其人入侵的地区。十六纪中叶，从西班牙港口驶出的船只、威尼斯的大帆船和英国的商船就已经先后将咖啡和烟草运抵君士坦丁堡。1566 年苏莱曼去世后，苏丹人的花园里就开始种植这种植物，土耳其人也渐渐地熟悉了烟草。艾哈迈德一世继位（1603）后，抽烟的习俗得到更加迅速的传播。但国家分成了两个阵营：一边是坚决反对抽烟的穆夫提和他们的追随者，引用《可兰经》里的苏拉（sura）来证明它的罪孽，艾哈迈德甚至通过立法来遏制这种行为。但人们对这些狂热压迫者的言论毫不在乎。面对这些反对者的咆哮，他们还是继续幸福地啜着咖啡，享受着抽烟的乐趣[56]。

匈牙利驻君士坦丁堡大使费伦茨•巴龙（Ferenc Balog）的信件也描述了有关抽烟的情形。1576 年，穆拉德三世任命阿格哈•穆罕默德（Agha Mehemed）带领一个三百人的代表团，去拜访特兰西瓦尼亚王室，他们发现一些土耳其人在抽烟[57]。这是塞克勒人第一次了解到土耳其

人有抽烟的风气。显然，这些早期的片段信息不足以证明特兰西瓦尼亚人民当时已经开始抽烟，烟草更可能仅仅是种植在上流社会花园中的一种观赏植物，直到世纪之交才成为高档商品[58]。

尽管有禁烟令……

这种新时尚依然有很多狂热的拥护者。1651年，包岑市（Bautzen）市长和市议会对抽烟的态度很冷淡：

“除了我们不幸卷入战争，导致我们深爱的德国国土上发生了可怕灾难外，抽烟的坏习惯也已根深蒂固，引发了各种各样的问题。三四十年前，我们的父辈对抽烟一无所知。现在，他们渐渐老去，头发也花白了。如今，我们要颁布法令：即日起，凡违反禁令而抽烟者将被处以五泰勒的罚款，提供火柴、炭火、打火点烟服务或者火具的老板同样需要支付五泰勒的罚金。”

1658年，米切尔•恩德泰尔（Michael Endter）的纽伦堡出版社出版了耶稣会神父雅各布•巴尔德（Jacob Balde）编写的著作——《干醉酒——烟草及其起源、性质、致瘾力和影响》。他在书中指出，人们一旦抽烟上瘾成为烟草的奴隶，就会永远无法摆脱它的束缚。

“那些养成抽烟习惯的人必将受到惩罚。他们就像火腿一样，必须被挂起来熏制以免发霉和变质。他们想逃离烟草束缚，但是不被允许；即使想改变这种生活方式，他们也不得不先吸一口烟。”

科隆的选帝侯规定，在容易发生火灾的地方抽烟应被处以五枚金币的罚款。在吕内堡（Luneburg），公民抽烟会被关进监狱并当众接受鞭刑（1691）。在世纪之交（1700年前后），想在朱利希堡（Julichberg）公国抽烟的人，需要事先申请抽烟许可。《大众日报》（*Vossische Zeitung*）在1727年的一篇报道中称，一男一女分别因非法出售烟草和卖淫被示众三天。

俄国沙皇米哈伊尔•费奥多罗维奇•罗曼诺夫(Mihail Feodorovitsh Romanov)坚决反对抽烟。他反对的主要原因是，那些粗心大意的抽烟者经常因为抽烟引发火灾，导致木制建筑被烧毁。人们也认为抽烟是莫斯科大火的罪魁祸首。阿达姆•奥利尔斯（Adam Olearius）在他的《莫斯科旅行通信》中写道：

“1634年，公爵根据族长们提供的证据，提出全面禁止烟草贸易和抽烟，违者将被处以割鼻和鞭刑。我见过很多男女因为违反禁令被割鼻和鞭打……经常碰到因为吸鼻烟而被割裂鼻子的人。这里对违反抽烟禁令的惩罚都特别野蛮，1634年9月24日，我目睹了八男一女因违反公爵禁令购买烟草和烈酒而受到这样的惩罚。”[59]

在土耳其，从威尼斯人、热那亚人和英国人的商船购买烟草的抽烟者，甚至会受到更加严厉的惩罚。一开始，烟草并没有遭到反对。但在1633年君士坦丁堡发生了一场毁灭性的大火之后，人们把责任完全推给抽烟者，苏丹穆拉德四世（Murad Ⅳ）也毫不迟疑地对抽烟者进行了惩罚。很多抽烟者受到迫害，被折磨和处死，那些仅被惩罚用自己的烟斗砸鼻子的人已经非常幸运。与此同时，穆拉德甚至像哈伦•拉希德那样微服出行①，到大街上闲逛，以便抓到更多的抽烟者。他因冷酷无情而出名，甚至到后来的十九世纪，人们还将敌视抽烟的人称为穆拉德主义者（Muradists）[60]。

宗教裁判所也发声支持禁烟。当时，人们特别喜欢在教堂布道时吸鼻烟：主持赞美诗的牧师、主持弥撒的牧师和虔诚的信徒在整个弥撒中都热切地嗅着烟草粉末。1624 年，教皇乌尔班八世将所有在塞维利亚教堂里吸鼻烟的人逐出教会。1650 年，教皇伊诺森十世将这一做法引入罗马的教堂。尽管实施了如此严厉的教会制裁，抽烟的行为依然不断蔓延。1785 年，教皇本笃十三世取消了将抽烟者逐出教会的禁令，允许在罗马圣彼得大教堂抽烟，但对教堂牧师发出了警告：

“不得在教堂、唱诗班和圣餐小教堂抽烟，不得骚扰、诽谤或嫌弃到教堂做礼拜的人。此外，在讲道期间，抽烟者不得秘密或公开地向邻座提供装有尼古丁粉的烟壶。”[61]

抽烟行为在亚洲的传播

尽管穆拉德四世曾采取严厉的措施来铲除抽烟陋习，但也恰恰是在他进行军事行动期间，自己的士兵们把抽烟传播到了波斯地区。为了禁烟，波斯国王甚至将抽烟者斩首，毫无疑问，这一政策也遭到了激烈的反对。

大约在十六纪末②，葡萄牙人和西班牙人先后经由菲律宾将烟草带入亚洲，沿东南亚海岸线传播。一艘葡萄牙商船因逃避中国官府的追捕来到日本，日本人看见一些葡萄牙船员抽烟，这也是他们第一次见到有人吸食烟草。不久，九州岛居民看到欧洲耶稣会传教士和商人手中拿着燃烧着烟草的烟斗。相关资料显示，1589 年这个地区已经有烟草种植。一年后，这种神奇的植物第一次进入东京皇室③ [62]。

到十七世纪初，抽烟已在这个岛国变得非常普遍。为了这片土地的安宁，日本统治者德川家康（Tohugawa Jeyasu）下令关闭西部边境，并发布公告全面禁止种植和吸食烟草。与 1607 年和 1609 年颁布的法令相比，1612 年颁布的法令要宽松得多，因为前者制订了抽烟会被没收财产的惩罚。尽管如此，幕府（大将军）周围的抽烟者依然随处可见，甚至在天皇宫殿内亦有抽烟之人。军事将领和贵族们对监禁罚款的威胁、禁止种植烟草的禁令嗤之以鼻。到 1639 年，抽烟已然成为日常宴客仪式中一个很重要的环节，如同喝茶一样。

在中国，抽烟的风气一部分从日本经满洲传入，一部分从 1567 年葡萄牙在澳门岛建立的殖民地引入。到十七世纪，抽烟在中国也变得如同喝茶一样常见。明朝末代皇帝曾试图严令禁止抽烟之风的传播，但随着清军入关，他的努力也付诸东流：从那时起，中国便一直是世界上最大的烟草消费国之一。

① 哈伦·拉希德是阿巴斯王朝第五任哈里发，据说喜欢微服私访。

② 此处可能有误，根据印度和中国的文献记载及考古发掘成果，烟草是在十六世纪初期由葡萄牙人传入印度，然后再传入亚洲其他地区的。

③ 德川幕府时期，日本的实际统治者征夷大将军居住在江户（东京），天皇居住在京都。

匈牙利的禁烟令

1574 年，匈牙利颁布第一道禁烟令，在德布勒森镇实行。今天，我们仍可以从这个小镇的法令中读到，婚礼等宴会上不得抽烟："请保持克制，室内不许抽烟。" [63]

大约在格约格 • 拉科奇伯爵时期（1658—1662），抽烟之风已经普遍存在。米哈伊 • 阿帕菲（Mihály Apafi）喜欢用烟斗抽烟，但 1663 年，在土耳其埃尔斯库亚（Érsekujvár）的营地里，因为吸食烟草过量，他病倒了。

"因为曾深受其害，所以他开始厌恶抽烟，并禁止其他人抽烟。"[64]

《锡吉什瓦拉公约》（The Convention at Segesvár）规定，违反禁烟令被当场抓住的妇女将被处以十二福林的罚款。至少

"要把烟斗从她们的嘴里拿掉"，

否则

"就要像我们所看到的吉卜赛人和他们的妻子那样，对那些抽烟的女人就安排她们和臭烘烘的男人们坐在一起，以彰显烟草是培养友情的力量"[65]。

烟草被视为异教徒才会使用的药物：

"它起源于异教，是异教徒才用的；不断吸食这万恶的烟草，会引发频繁的炎症。因此，从此刻开始，凡被发现抽烟者，如果是贵族，将被处以十二福林的罚款；如果是仆役或者农民，将被处以六福林的罚款。执行法官绝不得予以宽大处理。对于贩卖烟草者，也将处以相同的罚款。" [66]

各郡县对违反者处以罚款和鞭刑，但这些规定没有效果。至于为什么没有效果，特兰西瓦尼亚总督米克洛斯 • 贝思伦（Miklós Bethlen）给出了解释：十八世纪，在实施罚款的同时却大量输入烟草，不仅从西方国家进口了 1170 担 [67]，而且还加大力度从东方国家进口了 1948 奥卡① [68]。而且，特兰西瓦尼亚仅出口了 53 担烟草，地区政府还授予希腊商人烟草贸易的专营权。财政大臣伊斯特万 • 奥波尔（István Apor）和伊斯特万 • 哈勒尔（István Haller）提议，只有贵族才允许抽烟，而穷人应该禁止抽烟：

"对农民来说，卑贱的抽烟之风是不雅的。到目前为止，农民普遍抽烟，更为过分的是，他们即使连吃的面包都没有，也要抽烟。"

"有两种吸食烟草方式：抽烟和吸食鼻烟。勇士们吞云吐雾，不可抵挡。鼻烟不仅在我国，而且全世界也广受欢迎，借以消除心中的烦恼。"

贝思伦废除禁令，结束了这种相互矛盾的局面。烟草种植开始复兴，瑟普斯森德瑞（Sepsiszentgyörgy）、赛克（Szék）和马诺斯瓦萨德利（Marosvásárhely）等地区种植"红叶子"，而在其他地方则种植厚叶型的"巴夏烟"、粗叶烟和"吉卜赛"烟；也有地方种植长叶黏毛烟草（Nicotiana glutiosa，红花烟草），偶尔也种黄花烟草（Nicotiana rustica）或"土耳其烟草"，其小叶子"对烟斗客的口腔极为有害" [69]。

在亲王费伦茨 • 拉科奇二世（Ferenc Rákóczi Ⅱ）领导的独立战争期间，抽烟斗变得流行起来。亲王本人也有一把装有银口柄的烟斗，这无疑是卡萨（Kassa）造币厂银匠的杰作，他们为亲王制作了一系列带有银斗架和银口柄的烟斗。通过

① 1 奥卡 =1300 公斤。

炮兵督察贾诺斯·斯锐特尔（János Sréter）写给米克洛斯·贝尔切尼（Miklós Bercsényi）的这封信，可以知道当时人们也采用兽角做烟斗：

“您吩咐用兽角做的烟斗已经送过去了。如果喜欢的话，我还有一个类似的银制烟斗，更漂亮，工艺上乘（采用最上乘的技术精心制作而成）。”

拉科奇喜欢赏赐烟斗。亲王 1707 年写给山陀尔·卡洛伊（Sándor Károlyi）的一封信中记载，得到他烟斗赏赐的有土耳其人谢尔达（Serdar）。在拉科奇领导的独立战争期间，希腊商人把普通的陶制烟斗、芦苇秆烟斗和烟草带进了这个国家。在土耳其人占领时期，随着特兰西瓦尼亚和匈牙利其他地区大量种植烟草，烟斗制作也开始了[70]。

对烟草消费狂热征税：烟草专营租赁

总而言之，这些禁烟措施似乎都是基于合理的考虑。医学界对抽烟作用的认识也模糊不清，许多医生从一开始就预设立场断言抽烟有害。在众多的争议言论中，哈德良纳斯·法尔肯伯吉斯（Hadrianus Falckenbergius）提出的观点占了上风：烟草产生的烟，就像每个家庭烟囱里冒出的烟一样，能舒缓人们的大脑[71]。也有一些内科医生甚至耸人听闻地宣称，在重度抽烟者的尸检中发现大脑周围有黑环。著名的内科医生尼安德（Neander）在他的同事中间进行了一项循证调查，以确定烟草烟气是否会熏黑大脑。大多数同事都否认这一点，另一些人则称这仅仅是臆测，是要试图证明抽烟确实会伤害大脑。然而，实际情况是没有一个人的大脑因为抽烟而变成了乌黑色[72]！

无法接受这种新事物的统治者们，更担心的是金钱浪费和火灾风险，而不是臣民的健康。然而，如果要对抽烟采取基本公正且合理的管控措施，就不得不同时与两种很强的力量对抗：追求自由、追求时尚的人们都认为，烟草管控政策所包藏的专制主义祸心，远比烟草消费带来的损害更大。

在法国路易十四的宫廷里，社会名流们更是无法想象没有烟草的生活。随着充满宫廷气派、更加优雅的鼻烟出现，人们便开始花钱购买带有珍珠宝石、金银装饰的雕刻珐琅鼻烟壶。而携带不便又显肮脏的烟斗就自然被淘汰，变成了穷人用品。然而，无论是富人还是穷人，都需要烟草。

生活变得越来越奢侈、挥霍无度，这给首相黎塞留维持国库收支平衡带来了严峻的考验。他不抽烟，所以决定一箭双雕：对已经很昂贵的烟草征税，从而阻止穷人养成这种有害健康的奢靡习惯……另一方面，如果这个计划失败，至少国库会从每磅进口烟草征收三十索尔的税收中获益。

在宣布征收烟草税的皇家法令时，黎塞留试图将他的财政策略伪装成仁慈而“热心肠”的君主对臣民们家长般的关怀：

“由于价格低廉，我们的臣民每时每刻都沉迷于抽烟，这对健康有害。”[73]

然而，西印度公司（West Indies Company）等企业继续享有的免税待遇暴露了这项政策的真正目的。因为宫廷和贵族都深度参与了它的运作，该公司的特权没有遭到破坏，可以继续从安的列斯群岛种植园向法国免税出口烟草[74]。

黎塞留的这个“发明”给国家带来了巨大收益。很快，欧洲其他宫廷纷纷效仿。1627年，曼托瓦统治者贡扎加（Gonzaga）家族以16,900里拉的价格转让了烟酒贸易特权；1637年，伦巴底采用这一政策增加财政收入；1647年，皮埃蒙特采用这一政策增加财政收入；1655年，教皇亚历山大七世（Alexander Ⅶ）在教皇国采用这一政策增加财政收入。威尼斯的抽烟者早在1626年开始就必须纳税，从1651年开始，烟草种植和贸易也需要纳税；1659年，进一步出台了烟草专营租赁（即烟草进口、制造和贸易权租赁）制度，承租人支付800达克特，即可享有三年的许可。塞特地区（由共和国的七个社区组成）被允许继续种植烟草，但他们必须注意烟草承租人的权利。通过这一系列规定，威尼斯为烟草垄断制度提供了可行的运营模式[75]。

在哈布斯堡王朝（Habsburg Empire），对抽烟者征税发端于地方。十六世纪五十年代，在施泰尔（Steyr），马蒂亚斯•拜尔（Matthias Bayr）被授予种植烟草的权利，克里斯蒂安•朗（Christian Lang）得到在施塔伦堡（Stahrenberg）的施瓦滕堡（Schwertenberg）地区种植烟草的许可；下奥地利的纽马克特（Neumarkt）、伊布斯菲尔德（Ibbsfeld）授予汉斯•哈廷格（Hans Hartinger）种植烟草的许可。1657年，西里西亚开始对抽烟者征税；1664年，波希米亚也开始效仿这种做法。

1662年，按照威尼斯的模式，查尔斯•斐迪南大公（Archduke Charles Ferdinand）将戈里齐亚、格拉迪斯卡和提洛尔（Tyrol）的烟酒贸易专营权转让给了犹太商人格迪翁•梅（Gedeon May）。国王利奥波德（Imperor Leopold）强烈反对抽烟，并对“剥夺生命和缩短生命”的烟草横加指责；然而，他对狩猎的热情使他变得宽容，因为狩猎大师科赫温胡勒伯爵（Count Khevenhüller）建议：烟草专营租赁带来的收入足以支撑恩斯（Enns）封闭狩猎区的所有开支。因此，1670年，这位国王颁布烟草专卖法令，禁止雷根斯堡和纽伦堡的商人在恩斯地区出售烟草。1676年，约翰•盖格（Johann Geiger）被授予这项烟草专卖权，可享有此项权利十年。在这一政策的鼓励下，盖格开办了一家手卷烟草加工厂，雇用大约七十名来自纽伦堡的熟练技术工人，并按照德国的生产组织方式开展经营。此后，烟草的种植从德国的普法尔茨和图林根蔓延至各邦国[76]。

发达国家重商主义注重投入资源保证民生福祉，导致维也纳政府一直面临财政困难，因此，当局更偏爱这种专营租赁方式，以便快速解决财政问题。由此而来，几乎所有重要的工商业收入都掌握在意大利人和犹太人手中，而产品质量和人民选择权的恶化并没有因为专营租赁制度体系的采用而得到改善：

> “烟草承租人可以通过与宫廷上层阶级的关系来实现他们的任何愿望。”

贿赂和贪污腐败完全消耗了预期收益[77]。

腓特烈•威尔蒙（Frederick Wilhelm）拖延了很长一段时间才实施垄断措施，因为他不想限制臣民的享乐。另一方面，他也是一个从善如流的君主：那个时代最伟大的经济学家之一卡莱尔（Carlyle）认为不能放弃烟草带来的预期收入。1719 年，他给七名犹太人颁发了十二年期限的许可证，允许他们在一家“宫廷和军队的工厂”生产外国烟斗。由于可以在自己的土地上自由种植烟草，这一许可证政策对农民和地主都没有造成不利影响[78]。

到目前为止，烟草种植的传统已在德国扎根。1595 年，图林根森林南部边缘的苏尔附近，人们已经在种植烟草。两年后，腓特烈四世（Frederick Ⅳ）开始在普法尔茨这一最佳的烟草种植潜力区进行栽培试验。

宫廷里的抽烟活动

普鲁士的腓特烈一世（Frederick I）使抽烟变成了一项值得宫廷开展的活动。1701 年，在勃兰登堡的国王选举中，腓特烈被选举为国王；他本人烟瘾很大，允许其他人在宫廷里抽烟。在他组织举办的宫廷抽烟聚会中，只有穿着正式长袍礼服的女士和先生们才能参加。国王本人在这些场合都穿着宫廷长袍，佩戴骑士勋章，拿着一根长长的陶土烟斗；而皇后则穿着长长的带尾礼物和貂皮长袍，为她丈夫点烟。他的继任者，号称“士兵国王”的腓特烈•威廉一世（Frederick William I），废除了严格的宫廷礼仪。每天下午五点，他都会出现在柏林、波茨坦或乌斯特豪森宫殿的抽烟室里，在将军和战地军官们的陪同下，一起尽情畅谈，尽情抽烟。如果天气好，他们就在凉亭里聚会抽烟，或者直接在宫殿外临时搭建的土耳其凉亭里聚会抽烟。他们不需要仆人，因为仆人会扰乱他们无忧无虑的生活。桌上放着奶酪、黄油、冷烤肉、啤酒和莱茵葡萄酒，还有点烟斗用的炭火。每个人，包括国王，都自给自足。在场的每个人都要抽烟，或者至少要在嘴里叼一把烟斗。这位爱抽烟斗的君主看着那些不抽烟的客人，脸上常常带着同情而幸灾乐祸的微笑——比如，他看到浓烟包裹之下，塞肯多夫伯爵（Count Seckendorf）、皇帝的大使、年长的德绍王子，以及手里拿着啤酒杯、嘴里叼着空烟斗的人们，虽然讨厌抽烟但还要强作欢颜的表情[他们一定觉得就像迪斯雷利（Disraeli）在俾斯麦（Bismarck）的工作室：“虽一脸不情愿，但还要装着是在努力倾听抽烟者们说的每一个字。”][78]。

普鲁士政治的基本指导原则和外交策略，就是要在愉快的、逗乐的、欢愉的坦率交谈中进行。国王在这里接待他感兴趣的客人。其中，塞肯多夫伯爵是抽烟室的常客，国王不顾所有的王家礼节，以私人身份在抽烟室与他交谈。当国王进来的时候，没有人需要站起来。而晚上，王子们就寝前都要到这里来拥抱他们的父亲[79]。

卡莱尔（Carlyle）将这种以抽烟为中心的持续家庭聚会称为“烟斗议会”。例如，有一次，从下午五点到凌晨两点，他们坐在一起抽了 30—32 斗的烟。在这种情况下，塞肯多夫提醒国王要节制：

> “他似乎明白，过度抽烟对他的健康有害，因此有几天他变得稍微节制了一些；我们或许可以希望他在喝烈性酒方面也更节制一些。”[80]

1701 年不仅是宫廷抽烟风气发生转变的一

腓特烈•威廉和他的烟友们（当代木刻）。

年，也是对烟草种植具有重大意义的一年。

这一年，霍恩贝尔格（Hohberg）关于烟草种植的图书在纽伦堡出版。在很长一段时间里，这本书一直是烟草种植者和烟草生产商的标准操作手册，它反驳了人们普遍持有的观点，即烟草种植会破坏适合小麦作物的土壤，但适当的方法是必要的。备耕时，土地应该深耕，大量施肥，并且这种植物生长需要降水量大、充足日照和通风好的地方。播种时，应将种子与白垩土混合，然后在三月月圆时播种，不让秧苗长得太近或太稀疏，晚上要用东西盖起来，以免夜晚受冻。淡绿色、叶尖细的柔软雄株适合栽种，应该每隔三英尺栽一棵。第一批成熟的叶子应该在五月和六月（从下往上）进行收割，最后一次采摘应在八月底。必须把叶子上粗大的叶梗去掉，然后将叶子松松地在阴凉的地方堆放几天。干燥的叶子要重新整理几次，以避免变黑。随后把它们挂在通风的阁楼上或干燥的谷仓里，让它们适当变干。完全晾干后，用海绵蘸湿，用八角和玫瑰花调香，再拧成麻花一样的形状。这样，烟草可以在通风良好的地方储存多年。霍贝尔格强烈反对腌制烟草。他认为啤酒是唯一适合腌制烟草的材料，因为啤酒本身并没有破坏烟草的香味[81]。

奥地利的烟草垄断

国王利奥波德不是烟草消费者的朋友，但他意识到：

“普通农民都深信，抽烟是士兵们在多年征战中养成的习惯，想阻止他们抽烟是徒劳的。”

他也看到烟草种植和抽烟能给国库带来巨大收入。烟草垄断政策导致庄园和地主贵族们对此怨声载道，抱怨抽烟要付进口税，耕种要受限制。1723 年，查尔斯三世（Charles Ⅲ）再次颁布垄断措施，甚至在海因堡（Hainburg）建立了财政部工厂，以满足对烟草的需求。然而，由于缺乏专业技能、分销组织不畅、阿帕尔多烟草公司（Appaldo-Tobacco，奥地利国有烟草专卖企业）的产品质量低劣，以及工厂承租人肆无忌惮地追逐暴利，烟草专卖政策最后以失败告终。

十八世纪中叶，限制自产烟草的规定和低贱的烟叶收购价格使农民们苦不堪言，陷入贫困；武断地修改措施和劣质的烟草导致了一场“叛乱”，一群疯狂的暴徒包围了维也纳的阿帕尔多大厦。

在拉科奇和他的追随者争取匈牙利独立失败后（1711），匈牙利开始了大规模的烟草种植。山陀尔·卡洛里（Sándor Károlyi）男爵，是拉科奇投降之地——纳吉马腾（Nagymajtény）地区的将军，无论是镇压库鲁特人（Kuruts）反抗的战斗期间，还是在战后得到王室的授权之后，都在这里扩大他庄园的烟草种植，规模达到了 118,000 吼（67260 公顷）。而他的孙子，此前已经以自己的名义拥有了 154,000 吼（87780 公顷）烟草种植场。卡洛里家族将他们的大农场发展成了获利颇丰的烟草农业种植园，又通过发展畜牧业更新了土地。山陀尔·卡洛里被授予伯爵爵位。1712 年左右，他写了一系列关于农场畜牧业生产管理的材料，此外还写了一些关于烟草种植的论文。

玛丽亚·特雷西亚（Maria Theresia）从她父亲那里继承了维也纳国王的权杖和沉重的负担。为巩固统治政权进行了持续七年的战争，这意味着国家的财政一直都是入不敷出，她的顾问们希望将财政赤字转移给匈牙利，并扩大烟草垄断经营的企业规模。然而，女王拒绝了这一建议，烟草种植仍然属于大庄园的私人垄断业务：地主有权以领主身份按较低的价格从佃户和农民手中购买烟草，然后以高得多的价格将烟草转售给国内外的消费者[82]。

1758 年，玛丽亚·特雷西亚废除了烟草国家垄断，并以每年十二万枚金币的价格将专营租赁权分配给各个庄园[83]。然而，1764 年，她又收回了烟草专营租赁权，烟草消费税再次成为财政收入的重要来源，但专卖商会管理局的管理欺诈与腐败行为导致烟草税收逐年下降。1784 年，约瑟夫二世（Joseph Ⅱ）将烟草专卖管理权收归国有，然后由烟草消费税理事会控制烟草的种植、生产和销售。这就是独占垄断，即全国只有一家烟草垄断经营企业，由此诞生了奥地利规模最大、盈利最高的奥地利烟草公司（Tabakwerke AG）。目前奥地利烟草公司仍是奥地利最大、最赚钱的企业之一①[84]。

“太阳王”和烟草

十七世纪初，西班牙和英国宫廷引领着欧洲流行风尚。到了下半叶，路易十四（Louis

① 作者完成本书时间为 1993 年；2001 年，因奥地利政府推行私有化，该公司被英国加莱赫集团收购；2007 年，后者被日本烟草公司收购。

XⅣ）的宫廷生活成为其他宫廷效仿的榜样。此外，“太阳王”①的专制体制也是其他君主政体的仿效对象。

冥冥之中注定也最具讽刺意味的是，这位从不抽烟的国王不得不忍受佩戴鼻烟壶的朝臣们在身边肆无忌惮地抽烟。他虽然以个人习惯和消遣方式在全欧洲创造了一种新的流行风尚，但仍无法解决抽烟问题。他的宫廷医生，其生活健康理念远超时代，以有害健康为由坚决反对抽烟。1699 年，新成立的法国科学院重要人物之一德•库尔蒂基（De Courtigi）发表了一篇有力的辩护文章，声称抽烟对大脑有益。而国王的医生、巴黎医学院（Medical School of Paris）院长法格特博士（Dr. Fagot）勇敢而明确地回答说：

“美洲人虽然被西班牙人打败了，却通过强迫傲慢的侵略者养成他们的习惯，战胜了他们：梅毒和烟草成了新统治者们棺材上的钉子。但愿那株植物永远默默无闻！一个受过教育的、文雅的、健康的、有智慧的人，上帝赐予了他智慧，他应该努力避免诱惑，不让烟斗的臭味污染他的嘴……谁是第一个尝试这种毒药——比毒芹更危险、比罂粟更可怕的毒药——的鲁莽之人？当他打开他的鼻烟壶时，他无意中打开了潘多拉的盒子，从中释放出一千个魔鬼，一个比另一个更冷酷无情的魔鬼……对于那些不听忠告而沉溺于烟瘾的不幸灵魂来说，理性的努力和警告都是徒劳的……据说爱情是一种突发的癫痫病，而抽烟则是一种慢性癫痫。”[85]

国王和他的医生，一个在衣着上极其考究、

“抽烟的女人们被安排坐在男人旁边……”

在情爱之事上一丝不苟，却又永不满足；另一个头脑清醒，只有他们两人惺惺相惜，强烈地排斥抽烟。国王甚至无法阻止女儿们的放纵：她们把烟斗藏在瑞士卫队的警卫室里。马歇尔•德•赫塞尔（Marshall d’Huxelles）的衣服和衣领永远粘着烟草，而法国的马歇尔•德哈考特（Marshall d’Harcourt）只有在面临失宠于国王的危险时才戒烟。事实上，他在戒烟几天后就死于中风，医生认为，他的死就在于戒烟过急。此后，神父让•德•桑图（Abbé Jean de Santeu）的死亡也没有引起宫廷足够的思考和重视。当时，他应邀到康德亲王（Prince Conde）在尚蒂伊的家里做客，

① 即路易十四。

喝得醉醺醺的亲王在神父的香槟里倒入了鼻烟壶中的烟草。可怜的神父喝下香槟，在经历了七天七夜的极度痛苦后死于中毒[86]。

国王身边只有一个志同道合的人理解他对烟草的反感。那人就是他的弟媳，莉莎洛特（Liselotte），普法尔茨女大公，国王弟弟奥尔良•菲利普的妻子。她在信仰清教的德国宫廷受过良好教育，看到生活中那些浅薄的、生活放荡的法国贵族们就不寒而栗，在写给父亲的一封信中她这样描述：

“那些女人们的领口开叉低到可以看见肚脐，鼻子肮脏不堪，仿佛是用许多大便擦过似的……世界上再也没有比鼻烟更恶心的东西了；它给人的鼻子带来鼻涕，给人的身体带来恶臭，他们说话时喷着唾沫。我认识一些人，他们的呼吸是甜美的；然而，六个月后，他们就臭得像比利山羊一样。”[87]

然而，不管路易十四多么反感抽烟，在现实的财政压力下，财政大臣科尔伯特（Colbert）成功说服他，采取对抽烟者征税的办法来增加财政收入，而不是禁烟。1674 年，他颁布法令，明确规定：

“我国烟草的使用已变得如此普遍，以至于烟草贸易为大多数邻国提供了丰厚的利润。我们认为，应该通过引入烟草专卖权，为自己的国家创造这样的利润：我们考虑这项提议是出于理性的，因为烟草专卖权所涉及的并不是维持健康和生计所必需的食物，却是缓解当前战争所造成的巨大开支问题的一种手段。”[88]

在 1659 年，蒙法尔肯爵士获得了在巴黎以及法国其他城镇生产和进行烟草贸易二十九年的专营权。这一权利于 1674 年归还国库，此后，许多主要的商人相继获得这一特权。因此，法国不可能形成烟草国家垄断[89]。

不断演进变化的吸烟方式

十七世纪初，世界各地的人们使用英格兰和荷兰制造的烟斗抽烟。在法国，大多数烟斗采用陶土制作，因为地理上接近，英格兰和荷兰的陶制烟斗在法国也随处可见。此外，受民间艺术的启发，带有人类和动物头像特征的陶制烟斗也开始出现。

十七世纪中叶，法国圣马洛湾（Bay of St. Malo）附近是繁荣的烟斗制造中心。烟斗形制主要受布拉班特（Brabant）烟斗的影响，产地主要集中在迪耶普和敦刻尔克，后来还有里昂。据说在当时的里昂，短时间内就可以找到四百个烟斗生产商。接着，烟斗制造商开始在沙勒维尔、圣奥梅尔、吉维特、奥南、德斯威尔斯、德夫尔出现，然后出现在雷恩、弗吉斯、蒙特里奥、尼姆和马赛。十七世纪，大部分烟草来自圣多明哥，其中多数被运往迪耶普港。1684 年左右，波尔多成为美洲烟草的主要转运港，他们雇用了几百名工人进行烟草运输，许多都是外国人（荷兰人和波兰人）。此后，这些工人组建了一个工会，并在 1733 年通过罢工行动强烈要求调整工资[90]。

在迪耶普有三家烟斗工厂，规模不断扩大，雇用的工人也越来越多。他们在纳沙泰尔 - 安 -

布雷（Neuchatel-an-Bray）周围地区开采陶土，按照荷兰人的工艺方式进行生产，在比较简单的烟斗滚制工序中还雇用了童工。其中最大的生产商格雷泰尔（Gretel）把最优质的烟斗大量出口到美洲，最简朴的烟斗则卖给士兵和水手。

正如三十年战争时所发生的那样，因为需要满足军队的特殊要求，一种新材质烟斗产生了。金属烟斗代替了易坏的陶制烟斗，普通士兵用铁制烟斗，高级和低级军官用银制烟斗。这些烟斗可以插在士兵穿的靴子里，便于随手拿取，抽烟的人也不用担心会弄坏靴子。这些烟斗经常做成手枪、钥匙或大炮的形状，斗钵上装饰着那些著名指挥官的肖像。银制烟斗上则装饰着华丽的金属工艺品。往来非洲的奴隶贩子也使用金属烟斗。

在迪耶普，大量的象牙从殖民地运来，于是催生了象牙雕刻烟斗。然而，象牙烟斗很快就迎来了一个危险的竞争对手，即“海泡石”（安纳托利亚硅酸镁）制成的海泡石烟斗。在英格兰和荷兰，陶土烟斗也受到了陶瓷烟斗的挑战。对欧洲来说，陶瓷算是一种重新被发现的“新材料”：直到 1708 年，伯特格（J. F. Bottger）才成功地在欧洲烧制出能媲美昂贵而时尚的中国瓷器的产品，他是萨克森选帝侯、号称奥古斯丁“强者”宫廷里的炼金术士。虽然麦森工厂小心翼翼地保护着他们的秘密，但最终还是泄露了。不久，从维也纳的工厂开始，威尼斯的卡波蒂蒙、塞夫勒、霍赫斯特、宁芬堡、伍斯特、菲斯滕贝格、弗兰肯塔尔、路德维希堡、卡尔斯巴德、赫尔德和哥本哈根，全世界都在追求这种制造工艺，大规模生产高档优质的奢侈瓷器，以满足市场对此类产品的旺盛需求。

事实上，生产优质瓷器的原材料的特性并不完全适合生产烟斗（烧制而成的陶瓷属于优质的、无孔热导体）。然而，这并没有阻止这种华而不实的陶瓷被用于烟斗的实际生产。烟斗上的微型画满足了人们所能想到的一切需求：田园风光、对话片段、神话场景、画廊里的名画复制品、赛马、著名的狩猎场景或浪漫故事……你可以尽情列举，简直无穷无尽。士兵、官吏、学生、时尚女士、声名狼藉的风骚女郎、商人、工匠、牧师和哲学家——所有人都能找到满足他们特殊需求的产品。这些微型画的画家致力于满足每一种场景期望：老兵们挥手告别、酒馆的常客、旅客在追求美丽的风景、著名的职员、赛马英雄和灰狗狩猎、信徒在教堂祈祷、好色男人聚会、热情的波希米亚人和冷冰冰的商人等都进入了微型画。

海泡石烟斗更好地满足了抽烟者的需求，从它们在布达佩斯（Pest-Buda）的产地，经过维也纳、鲁拉和莱姆戈，进入英国和法国。这种多孔材料能吸收烟草燃烧时产生的冷凝物，使烟气变得柔和而芳香。海泡石很容易雕刻，可以满足烟斗客们所期望的像陶瓷绘画那样的艺术要求。海泡石烟斗的雕刻由艺术家和能工巧匠完成，同时，其着色本身也是一门艺术。布达佩斯的鞋匠卡洛里·科瓦奇（Károly Kovács）发现，如果用牛油或蜡处理白色的海泡石烟斗，就会产生金黄色，而烟草汁能使它变成棕色或黑色。到十八世纪初，出现了如何给海泡石烟斗着色的书籍，此时，海泡石烟斗已经征服了整个烟斗界。

然而，在十八世纪下半叶，烟斗失去了它的吸引力，鼻烟开始流行起来。大约在 1773 年，有人预言烟斗将完全消失；而在吮吸鼻烟的新时尚中，人们倡导和更注重良好的外表礼仪，有碍观瞻的流鼻涕被认为是令人厌恶的行为。即使在十八世纪初期，在法庭上流鼻涕也会受到严厉的抨击，甚至连出庭资格都会受到质疑。

在美洲和西班牙，抽烟在巴洛克世纪[①]的最后几十年以一种新的形式出现。尽管烟斗仍然广受欢迎，但在美洲印第安人中，古老的雪茄并没有完全消失。印第安人就像他们在征服者时代那样，继续抽着棕榈叶包裹的烟叶。西班牙式的雪茄与印第安人的“多巴哥”（tobago）外形相似，因此，他们给这种古老的卷制烟草取了相同的名字——雪茄（cigarros）。这种雪茄从中美洲和南美洲传到了葡萄牙和西班牙。据记载，第一个学会抽雪茄的欧洲人是德米特里·佩拉（Demetrio Pela），时间是 1541 年。他从印第安酋长潘度卡（Panduka）那里学会了如何卷制雪茄。然而，欧洲第一家雪茄工厂直到十八世纪才出现，大部分雪茄工厂位于塞维利亚，在西班牙的少数城镇也有一些。不言而喻，比利牛斯山脉无法阻挡这种新的风尚。1779 年，教皇授予旅居罗马的德国画家彼得·温德勒（Peter Wendler）生产“烟草秆”（bastoni di tobacco）[②]的垄断权；1788 年，他在汉堡的海因茨·施洛特曼（Heinz Schlottmann）开办了雪茄烟厂。

战争再一次促进了这种新时尚的传播。正如三十年战争中颠沛流离的雇佣兵使烟斗在整个欧洲流行起来一样，拿破仑时代的军事活动也为雪茄在整个欧洲的风行铺平了道路。

在西班牙，英法两军面对面对峙。持续的行军、扎营和拔营不利于耗时繁多的抽吸烟斗。然而长时间战事执勤需要大量的消遣性烟草补给，其中西班风格的“长茅”雪茄尤其受到军人们的喜爱。在服完旷日持久的兵役后，士兵们把这种雪茄也带回了家。西班牙式雪茄获得成功的过程，能用汉堡雪茄制造业发展的历史成就加以说明。起初产品卖得并不好，直到精明的工厂老板把产品运到距离汉堡六个小时的库克斯港，然后在这里进行封装，使其变成正宗的西班牙“进口”雪茄返销汉堡，结果大获成功，销量一路看涨。

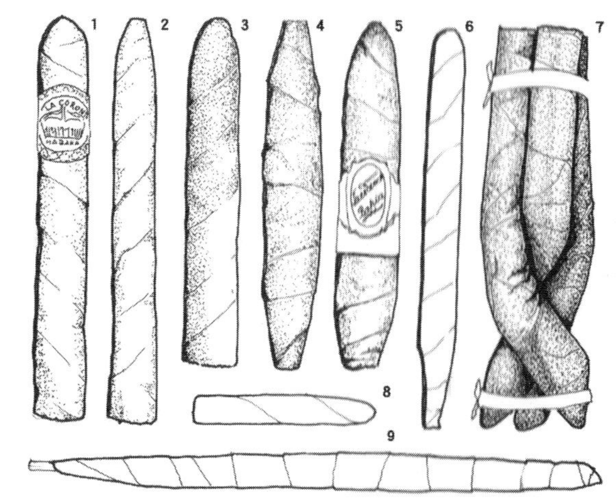

1. 古典型的皇冠雪茄（La Corona）；2. 小雪茄烟（Zigarillo）；3. 尖头的特拉布西洛雪茄（Trabucillo）；4. 皇冠雪茄（Corona-Chica）；5. 布雷瓦雪茄（Breva）；6. 用于喜剧休幕间隙享用的中场雪茄（Entreactos）；7. 三个一组的蛇形雪茄（Culebras）；8. 适用于女士的女士雪茄（Damas）；以及 9. 附带植物吸管的弗吉利亚雪茄（Virginia）

① 十七世纪。

② 雪茄。

新兴的奥地利烟草公司也开始转向雪茄制造。维也纳财政部原本打算在鲍姆加滕堡（Baumgartenberg）的西多会修道院（Cistercian monastery）建立一家新的烟草工厂，该修道院于1784年被废除。然而，宫廷里虔诚的信徒拒绝把修道院交给烟草公司，当时该公司雇员规模达到了一万人左右。1818年，在奥地利烟草公司原有的烟草工厂中，雪茄生产开始了，同年，雪茄品牌希加（Zigari）进入市场①，不久被欧蒂娜（Ordinare）雪茄和格罗斯（Grosse）雪茄品牌所取代。事实上，欧蒂娜是一种高品质的雪茄。1823年，奥地利生产了300万支雪茄；二十年后，这个数字增加到了1.69亿支。1850年，林茨（Linz）羊毛和地毯工厂倒闭，这家垄断烟草企业接管了它们来生产雪茄，在引入维也纳和汉堡的专业生产人员后，两个月内雪茄产量就增加了十万支[91]。

尽管发生了这一切，雪茄仍然无法替代烟斗的地位。现实生活中虽然出现了鼻烟和雪茄，但精美的陶瓷烟斗、海泡石烟斗和精雕细琢的木制烟斗仍然是热爱生活和成功的人士最喜欢的抽烟工具。1805年左右，社会上只有上层人士才抽雪茄。最初，梅特涅亲王（Prince Metternich）从西班牙外交官那里获取雪茄；后来，法国市场上开始公开销售雪茄。最初雪茄是用烟斗抽的，后来才被叼在嘴里或装入烟嘴。

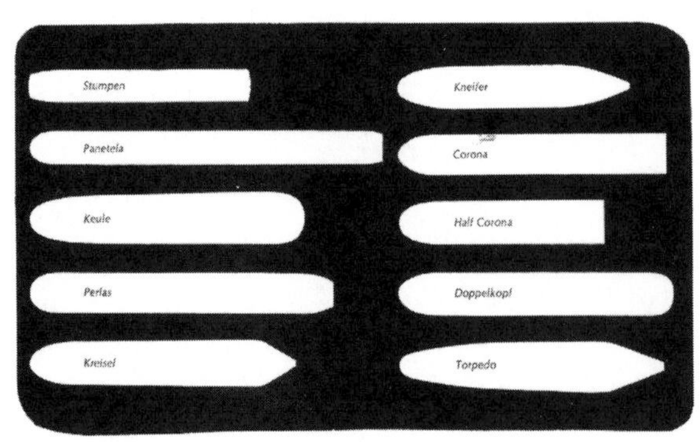

奥地利烟草公司生产的雪茄。

不用说，也有人反对这种新风尚。吝啬鬼和穷人们谴责抽雪茄的人简直是在浪费和糟蹋烟草：

“抽雪茄的人把雪茄烟蒂像垃圾一样扔掉，这是最不经济的。”

法国大革命扫除了穷人的剥削者——奢侈浪费、腐败贪婪的统治阶级。一直以来，人民积极投身于反抗盐税、酒税、烟税以及各种关税的斗争中。革命成功后停征税收，又带来了另一个严重的问题，财政收入直接从3200万里弗退回到一百五十年前的400万里弗，造成了社会的混乱，增加了发展的不确定性和严重的经济困难，食品价格飙升到令人难以置信的水平。在1791年的国民大会上，米拉波（Mirabeau）为国库稳定做出了艰巨的努力，并致力于将烟草税作为国家财政收入的一项重大来源而努力争取议员们支持，但没有成功②。后来，拿破仑重新引入了烟草税。

第一执政③讨厌使用烟斗抽烟。在埃及，由于瘟疫的威胁，拿破仑最终被波斯大使说服，抽了递给他的水烟。一口烟下去，咳嗽几乎要了他的命，他大喊道：

“给我拿开！恶心死了，这玩意儿让我心如刀绞！”

因此，他坚持享用年轻时就习惯了的鼻烟，

① 希腊语Zigari即为烟草、雪茄的意思。

② 米拉波（1749—1791），法国政治家，曾任法国国民议会议长。

③ 第一执政是拿破仑•波拿巴在发动雾月政变后担任的职位，此处代指拿破仑。

而且每个月都要吸上几磅。他还收集了一大堆各种款式的鼻烟壶，特别钟爱其中一个带有约瑟芬①画像的鼻烟壶，其他鼻烟壶有的装饰着银质奖章，有的刻画着雷古勒斯、苏拉、庞培、恺撒、玛丽-路易斯、亚历山大大帝、奥古斯都、彼得大帝、查理五世、腓特烈大帝、瑞典国王查尔斯、米特里达特，以及德米特里一世等历史人物的画像。从他的鼻烟壶收藏里，人们可以窥见他一生的全部经历[92]。当荣耀褪去，沉寂下来时，他曾在圣赫勒拿岛上向男仆诉说：

“我吸食了太多烟草，却从未意识到自己已沦为它的奴隶。当我兴奋愉悦地谈话时，我从未考虑过这一点。孩子，如果你侍奉的是你爱的人，一定要把鼻烟壶拿开！”[93]

尽管如此，他对抽烟的士兵相当宽容。他可能训诫过黑森-达姆施塔特王子，吓唬他说“巴黎的女士们会讨厌你衣服上臭烘烘的鼻烟味”，但他从来没有责怪过那些军功赫赫的将军们抽烟。军士拉萨尔（Lassalle）嘴里总是叼着一支烟斗，甚至在打仗的时候也不例外。他认为一个不抽烟的人不配称为骠骑兵，甚至在瓦格拉姆战役中阵亡时嘴里仍然叼着他所挚爱的烟斗。军士拉恩斯（Lannes）在埃斯林根战役中受了重伤，咬着烟斗接受双腿截肢手术。摩雷奥（Moreau）、科勒贝尔（Kléber）、马森（Massena）和穆拉特（Murat）均为资深烟斗客，梵达蒙（Vandamme）则收集了许多烟斗，当时人们认为这些烟斗价值高达六万法郎。欧迪诺特（Oudinot）也喜欢收集烟斗，最珍贵的一支海泡石烟斗镶嵌着拿破仑赠送的钻石[94]。

烟斗在著名的华沙保卫战中也发挥了它的作用。在奥地利烟草博物馆里，一把由法国工艺大师 D. 阿奎马林（D. Aquamarin）为一个不知名的顾客所雕刻的烟斗上，描绘了拿破仑骑在马背上与波尼亚托夫斯基（Poniatowski）王子会合的场景，周围全是死伤的人员。斗钵画面中心是一只叼着桂冠的鹰、盔甲、盾牌，斗盖上有枪管、武器和棕榈叶，所有这些都象征着拿破仑的胜利。

1806 年，拿破仑颁布了大陆禁运令，禁止从海外运输烟草。巴黎烟草价格急剧上涨。没有了战争困扰，欧洲国家烟草种植面积迅猛增长。而不生产烟草的英国和部分欧洲国家，为满足烟草需求付出了高昂的代价，抽烟成瘾的人们也试图用草药和干樱桃树叶等代替。拿破仑政府企图利用稀缺性在法国境内实行烟草国家垄断经营（1810），他预计这一政策能增加预算收入八千万法郎。

在革命期间，米拉波是唯一一个例外，他试图维持烟草贸易和工业垄断以稳定国家经济和保护人民利益。当议员诺迪尔（Roederer）以煽动革命的口吻要求恢复烟草生产、加工和自由贸易时，深谋远虑的伯爵预言烟草垄断将在二十年内恢复。的确，迫于战况紧急，拿破仑不得不重新实行国家垄断[95]。

抽烟者的革命

烟斗生产规模扩大清楚地表明，抽烟已成为一种日常的生活现象。在致力于推行烟草征税和

① 拿破仑的妻子。

垄断的过程中，无论个人还是国家机构都认识到其中所涉及的财政增收机会。政策制定者认为，尽管抽烟很流行，但有必要对其设置障碍，同时也要关心那些不抽烟者的利益。在维多利亚女王1837年登基后，英国的烟民遭遇了艰难时期。维多利亚在铁血首相威灵顿的支持下，竭力根除抽烟陋习，连在温莎城堡做客时，抽烟者都尽量把吸入的烟气吐到壁炉里，以免冒犯君主。

“陆军总司令获悉，我们的军官已完全臣服于烟斗和雪茄，特别是马尼拉雪茄。抽烟的毒害作用不仅扰乱了社会发展的自然秩序，而且还不断地诱惑着那些可能沉溺于此的人。”[96]

女王禁止在军营抽烟，强制要求年轻军官不能有抽烟的习惯。

在普鲁士腓特烈大帝时代，公共场所和街道禁止抽烟。威廉•腓特烈三世进一步加大了禁令的执行力度，那些嘴里叼着烟斗的士兵会因“藐视皇家军队”而被处以罚款，而罚金的大部分用于奖励举报者，以此提高军警的戒烟自律性。

警察和宪兵永远在公共场所四处寻找抽烟者——柏林城墙内、动物园、花园、通往动物园的道路、波茨坦大街和波茨坦广场。警方对木匠作坊和其他容易着火的工厂进行检查，在王家警卫队附近，警察与平民发生口角的事时有发生。

“每一个卫兵都是我的王室成员，以我的名义站岗。”

这句话出自国王写给步兵指挥官莫伦多夫将军（General Möllendorf）的信函。虽然从平民手中收走了烟斗，但轻骑兵却可以在大街上肆无忌惮地吞云吐雾，那是因为如果有警察胆敢抗议，他绝对不会有好果子吃。在柏林，有一年抽烟者被举报的案件高达3,712件。

当法国人入侵小镇时，法国士兵们无所顾忌地自由抽烟，并鼓励公众也这样做。禁烟令几乎被遗忘，但热衷民生的警察局长迪佩尔斯基（Tippelskirch）始终没忘禁烟执法。一天早晨，他骑马去蒂尔加滕，亲自抓捕那些躲在灌木丛里抽烟的违法者。1831年和1837年，即使在霍乱爆发期间也发生了同样的事情。最终，迪佩尔斯基不得不屈服于医学界的争论，暂时容忍了抽烟。然而，当流行病结束后，他还是严厉地惩罚了那些违法者。

在大街上，抽烟逐渐成为人们反抗警察专制专横、争取自由的象征。按照《威斯特伐利亚和约》，德国被划分为二百九十六个宗教和世俗邦地，并在1648年至1789年间逐渐形成了完整、独立的领土。从当时的德国地图上可以发现，邦地领土星星点点，四处分散，这种情况的影响也体现在日常生活中。虽然这些迷你邦地在国家治理中发挥着重要作用，然而，税收和税收制度体系的复杂性以及利益争议带来的腐败行为也让老百姓不胜其扰、苦不堪言。

1735年出版的《大众日报》报道了一个典型案例。在格洛高（Glogau）公爵领地，格鲁内堡（Grüneberg）的海关官员逮捕了一名外来务工者：

“在来自朱利考的年轻铁匠身上发现了一袋勃兰登堡烟草；烟草巡查员拘留了他，要求他交出烟草并支付罚款。年轻的铁匠抗议说，他是外国人，因此不应受到罚款，因为任何外国人都有权携带半磅烟草。由于铁匠不配合，视察员非常生气，于是把这个年轻人鞭打了一顿，最后警察刺穿了他的心脏。”[97]

今天，人们很难想象烟斗会成为一种政治武器；但在1830年的柏林，对自由的渴望和对抽烟限制的抗议使烟斗变成了一种武器。得知七月革命的消息后，工人、裁缝师和学徒们聚集在宫殿前的广场上。“裁缝革命”要求减轻税收带来的负担，取消所得税和养狗税……以及在动物园抽烟的权利！

根据维尔纳•冯•西门子（Werner von Siemens）的记录，1848年3月19日，当参加革命的公民正要围攻王宫时，年轻的利奇诺夫斯基王子（Prince Lichnovsky）以国王的名义宣布取消抽烟禁令，力挽狂澜：

“先生们，你们可以随心所欲地做你们想做的事情！”

“甚至抽烟也可以？”

“是的，当然。”

“在动物园里也可以？”

“当然，先生们，这也是可以的。”

“好，那我们可以回家了。”

说完，人群散开了。国王束手无策，1848年3月25日，作为对民众所做承诺的认可，国王御准取消禁令[98]。

在另一个声名狼藉的警察国家，即哈布斯堡君主国，烟草成了一种武器。当时，奥地利还是威尼斯和伦巴底的统治者，意大利公众非常喜欢奥地利烟草公司的高品质雪茄。1823年到1848年间，这家公司的雪茄产量从300万支增加到1.69亿支。

“在本世纪初，奥地利烟草公司特别注重烟叶进口的多样性，在其产品目录中提供了不少于150种雪茄。”[99]

意大利的爱国者们企图通过抵制奥地利雪茄给奥地利财政以沉重打击。米兰大学物理学教授乔万尼•坎托尼（Giovanni Cantoni）在大教堂咖啡馆（Cafe del Duomo）发出了禁烟宣言，号召人们要像华盛顿拒绝喝英国人出口到美洲殖民地的茶叶一样（拒绝抽奥地利雪茄）：

在街上抽烟的人不是德国人就是间谍（Chi fuma per la via e tedesco o spia）！

当禁烟宣言的影响扩大到戴来尼（Dei Leoni）俱乐部时①，意大利医生中的社会精英和政治领袖们也联合发布声明支持禁烟宣言。1848年1月1日，意大利青年开始进行抵制奥地利雪茄的示威游行。奥地利驻意大利总督雷纳公爵（Duke Rainer）不知如何是好，奥地利驻军将领拉德茨基（Radetzky）却采取了针锋相对的行为，命令他的官兵下班后，嘴里叼着雪茄在大街上招摇过市。这激起了年轻人的愤怒，他们从士兵的嘴里抢过雪茄，结果酿成双方互殴。许多人因此受伤，这种相互挑衅有时甚至造成一些人因伤死亡。这场运动随即蔓延到帕维亚，即使贝内德克上校（Colonel Benedek）采取了外交手段也无济于事。威尼斯的禁烟运动对奥地利财政造成了严重影响，堆积如山的雪茄躺在仓库里无法出售。

① 如果简单地直译，意思为雄狮，此处应为社会精英和政治精英聚会的俱乐部名称，代表着禁烟宣言已经获得上层社会认同。

此后，奥地利通过军事侵略成功地遏制了这一运动的持续发展；客观上讲，无论是外部干预还是国内时局，让意大利北部获得自由、独立的时机都还不成熟[100]。

真正的革命变革，即古老封建政权的彻底消亡，将在十九世纪中叶实现。

“相较于十六世纪而言，‘决定性的变革’这一短语在十九世纪无疑具有更加鲜明的特点。数百万人的生活开始发生变化……从物质到思想，从生活到文化，都发生了根本性的改变。十六纪的变革涉及少数的几十万人，十九世纪的变革涉及普罗大众。这是蒸汽机开始向全人类提供能量的时代。”

虽然帕潘（Papin）热机在十七世纪八十年代就已被人们熟知，但直到1850年，这项发明才改变了生产和社会。当时的法国，在作坊工作的手艺人比在工厂工作的工人多[101]。1848年，法国有6000台蒸汽机在工作；直到七十年代，蒸汽能源的生产才开始显著增加，从34,000马力提升到1900年的400万马力。这时生产方式发生了变化，手工业者被机器淘汰，作坊生产逐渐为工厂生产所取代。正如其他地方的情况一样，烟草加工业和烟斗制造业也是如此。

位于圣奥玛（Saint Omer）的菲奥特（Fiolet）烟斗制造厂始建于1765年，在十九世纪初雇用了700名工人，1850年至1860年间的年产量高达一千万把。相比之下，位于吉维特（Givet）的冈比尔（Gambier）工厂，在1848年仅雇用了350名工人，采用机器生产后，1870年时雇用工人翻了一番，到世纪末，生产了1600种不同类型的陶土烟斗。

冈比尔工厂的产品最初以法国传统烟斗为主——制作带有人头和动物头装饰的陶土、木制烟斗。为了激发抽烟人的兴趣和领先竞争对手，后来推出一系列带有各种图案的烟斗：工厂设计师塑造的对象首先就是历史上的“伟人”，传奇英雄、国王、骑士、冒险家、艺术家，都成为这一系列烟斗的创作素材。但要想让市场持续保持活跃，就需要源源不断地创造新奇话题：活跃的记者坚持跟进报道每天发生的具有重要社会影响的事件，喧闹的丑闻、社会大事、剧院和文学作品中的动人时刻。于是，在烟斗上出现了一个又一个彩绘形象，包括布朗格将军（General Boulanger）、克鲁格叔叔（“Uncle” Krüger）、杜桑-卢维杜尔（Toussant-Louverture）、梯也尔（Thiers）、拿破仑三世、加里波第、维克多•雨果，左拉（Zola）和德雷弗斯（Dreyfus）等。同时，还提供其他图案的烟斗，包括美女、女演员、女店员、埃菲尔铁塔、火车头和飞机……此后陆续推出的烟斗图案反映出巴黎已成长为一个时尚都市：文艺上生动繁荣，公众的好奇心使塞纳河畔的小镇发展成为欧洲的时尚中心，可以透过咖啡馆的窗户领略世界……

越来越多企业开始效仿大工厂的运作模式，试图从烟斗的发展红利中分一杯羹。蒙特罗（Montereau）彩陶厂也转向生产烟斗。在来自圣奥玛的制斗专家帮助下，位于迪泰尔-吉斯隆（Dutel-Gisclon）、萨兰（Salins）和圣-日耳曼-利尔（Saint-Germain-Lierval）的企业纷纷建立生产工厂。樱桃木和陶土制作的烟斗保留了冈比尔传统做法：烟斗描绘了手、脚、狮子、蛇、蜂箱、花、爪子、陷阱、啤酒罐、茶壶、机车和汽车，当然也不缺少轻佻的图案。马赛人希波吕夫•莱昂•波纳德（Hippolvthe Leon Bonnard）证明了自己在造型设计创新上能力非凡，他的产品目录上有成千上万种烟斗款式[102]。

即使是封建思想根深蒂固、几乎没有受到资本主义思想影响的匈牙利烟斗行业，也给法国带来了严峻的竞争压力。德布勒森的烟斗制造商将数百万把带铜斗盖的红陶土烟斗运往西方市场，主要是贸易量巨大的各个港口。匈牙利烟斗的成功，一部分是由于其制造过程中使用了廉价的半农村劳动力，另一部分是由于铜盖创新，起到了防火的作用，最有名的烟斗来自赛尔梅克地区（谢姆尼茨或斯提亚夫尼基）。在采矿和加工方面，位于赛尔梅克镇 (Selmecbánya）、贝拉镇（Bélabánya）和科莫克镇（Körmöcbánya）的矿山在匈牙利贵金属工业发展中发挥了重要作用。在这些地区附近发现的陶土，主要位于奥左卢卡（Osztroluka）和拉科维加（Rakovica），特别适合制造烟斗。因此，在十八世纪和十九世纪之交，匈牙利 - 德国 - 斯洛伐克人建立了具有举足轻重的烟斗制造业。这些高质量的陶土烟斗，拥有圆柱形、多边形的斗钵，斗颈粗短，分为上釉和无釉款式，但始终配有一个斗盖，这是从土耳其长柄烟斗（chibouk）发展而来的烟斗形制，在匈牙利历史上的领地里也非常受欢迎；现在，这种烟斗成为奥地利、德国、俄罗斯、比利时、英国和意大利市场的热门产品。而且，这些烟斗也在美洲、非洲和印度找到了销路。山寨品和假货也出现了，它们主要来自意大利的巴萨诺•德尔•格拉帕(Bassano del Grappa)和基奥贾(Chioggia)工厂[103]。

十八世纪中叶，摩拉维亚和西里西亚的烟斗制造者为了逃避宗教迫害，从家乡大批移民到北美，这种影响清晰地体现在对赛尔梅克烟斗形制的继承上。这些烟斗制造者因其制作的短颈人头形制烟斗而赢得了市场的普遍赞誉，尤其是在贝沙巴拉（Bethabara），以及北卡罗来纳州，即使英国和荷兰的设计款式在这里占据了主导地位，市场对他们设计制作的烟斗也青睐有加[104]。

在十八世纪，曾经大受欢迎的烟斗制造商自然会尽全力跟上竞争对手的发展步伐。在奥地利和德国，陶瓷烟斗已难以继续维持市场领导地位，江河日下。在普鲁士和奥地利的领地上，大量退伍士兵和军事教官们进入政府行政系统，他们采取各种措施继续扶持陶瓷烟斗发展，但大多数烟斗只能廉价销售。在所谓的“回收”海泡石烟斗在鲁拉（Ruhla）被发明以后，昂贵的海泡石烟斗迎来了强大的竞争对手。人们把海泡石烟斗生产中产生的废料碾碎，使用各种黏合材料与碾碎的海泡石搅拌混合后压缩成块状物，再次用于烟斗制造。这种烟斗除了价格差别外，几乎与原始材料制成的海泡石烟斗相差无几。这一工艺促进了烟斗产业快速发展，使得图林根小镇的人口急剧增加，鲁拉工厂成为欧洲烟斗制造业的中心之一，从 1850 年到 1870 年共生产了 1,900 万个烟斗：真正由海泡石制造的烟斗为 57 万个、人造海泡石烟斗

50万个、陶瓷烟斗950万、木制烟斗500万、陶土烟斗300万个。

工业博览会对烟斗产业发展的影响

十九世纪，推动烟斗制造业向大产业发展的一个决定性因素是工业博览会，这种展会有效地促进了产品推广和传播。其中，第一个展览会是1791年在匈牙利布拉格赫拉德辛（Hradsin）举办的国家经贸展览会①。在此次展览会上，除手工艺品外，还展出了农产品及其相关产业的产品。展出的各种材料真实地反映了奥地利帝国的工业发展状况。当时，波希米亚手工业促进协会（Association for Inspiring Artisanship）也决定举办这样一场展会，结果取得了非常好的效果。公众对采取这种方式展出的工业制品非常感兴趣，企业家和工匠们也非常重视展会对他们展品的评价②。1798年、1801年、1802年和1806年，相继在巴黎举办了类似的名优产品展览会。

在最初的布拉格和随后的巴黎展览会之后又过了二十年，这种向公众介绍产品的展会才真正流行起来。拿破仑发动的战争打断了欧洲的发展节奏，也不利于展会的发展。布拉格相继在1829年、1831年和1836年举办了展览会，大部分展品都是工业品。长达数百页的展品目录，完美展现了展会的盛况和那一时代的工业发展状况。在三十年代、四十年代，欧洲各个工业和贸易中心频繁地举办各种规模的类似展览会，包括伦敦（1825）、慕尼黑（1818）、法兰克福（1833）、柏林（1804和1822）、莫斯科（1825）、德累斯顿（1824）和沉睡已久的维也纳（1835）[105]。

1851年伦敦举办了水晶宫世界展览会（专门为此目的建造了水晶宫展馆），1873年举办了巴黎、维也纳国际展览会，如果将它们的影响与1791年第一个博览会——布拉格国家经贸博览会进行比较的话，毫无疑问，后面两次展览会的影响更为深远和重要。从严格意义上讲，展览会上的评奖可能并不一定客观或专业，一方面是因为展品种类多、数量大，另一方面是因为评奖后出现了一些获奖展品的批判性评论。但不可否认，展会评奖极大地促进了产品创新，特别是促进了本土设计的广泛传播。至于抽烟用具，展会促进了海泡石烟斗的普及程度进一步提高，使其最终成为一种国际新时尚。

从某种程度上讲，受大型展览影响所产生的时尚是折中主义的结果；十九世纪，人们关于社会思想和社会态度的典型现象就是对其他风格的模仿③。

法国大革命破坏和贬低了封建巴洛克时代

① 原文为匈牙利语Landes-Wirtshafts und Gewerbe Austellung。

② 当时，展会主办方会对参展商品进行评价，并颁发各种荣誉性奖章。

③ 在西方哲学史上，第一个明确把自己的哲学称作折中主义的是波大谟，十九世纪法国哲学家库桑也声称一切哲学上的真理已被过去的哲学家们阐明了，不可能再发现新的真理，哲学的任务只在于从过去的体系中批判地选择真理。折中主义的典型表现就是没有自己独立的见解和固定的立场，只把各种不同的思潮、理论，无原则地、机械地拼凑在一起，是形而上学的思维方式。从烟斗制作上来讲，折中主义表现为对过去已有形制、风格的模仿和完善，缺乏创新。

奢侈纵容的价值观。崛起的新世界理想信念不再由封建社会的统治阶层定义，而是像资产阶级所宣称的那样，由有阶级觉悟的工人来界定。巴洛克风格的世界自然不会在一瞬间消失，对旧秩序的怀念在许多地区一直延续到十九世纪之初，这体现在建筑、生活方式、雕塑和绘画、满足日常生活需要的应用艺术、衣着和礼仪等诸多的细节上。继封建的巴洛克价值观之后，产生了“资产阶级是贵族”的思想，人们在自己的沙龙里陈列着祖先们的画像，这与贵族先辈们在城堡大厅里的所作所为如出一辙。所以，相同的是，激进而狂热的浪漫主义美学以其历史决定论的理性，形成了这个新世界的折中模式。所谓“正宗”，不再是艺术创作的自发产物，而是墨守成规的形式主义；当一切所说所做都是照本宣科，沦为怀旧的仿制品时，人们开始感叹、赞美在大规模生产的工业世界中手工艺术所蕴含的个人价值。1870年到1900年并不是一个伟大的工业艺术作品时代，但展出的作品无不彰出高高在上的自大自满之风。

海泡石雕刻者制造巨大的烟斗，烟斗表面的雕刻图案展现了哥伦布登陆，圣•斯蒂芬（匈牙利首位国王）、弗兰兹•约瑟夫一世和伊丽莎白女王加冕等宏大的故事场景。正是在这一时期，约瑟夫•施耐德（Joseph Schneider）制作了由两部分组成，长达70厘米的木制烟斗，刻画了鲁道夫•哈布斯堡（Rudolph Habsburg）的经历，这件作品现藏于奥地利烟草博物馆。1878年展览会上，展出了纽约F. J. 卡登伯格收藏的“烟斗盒”和维尔斯（Wills）藏馆收藏的尼尔森（Nelson）烟斗[106]。

狂妄自大的社会风气让创作者制造了全球最大的木质烟斗（现藏于邦德博物馆），以及现由伊纳克•奥斯科收藏的德布勒森米哈伊•塞雷斯（Mihály Seres）制作的六人陶土烟斗。拥有这些烟斗的目的只有一个，即彰显主人的财富，而不是每天用来抽烟。

烟斗形制转变的另一个更重要的原因是要将其变为奢侈品。这一新风尚所带来的威胁将把烟斗和烟斗客推向消失的境地。继雪茄之后，市场上又出现了新的烟草制品——香烟。

香烟的出现

这种新的抽烟方式在卡萨诺瓦（Casanova）的回忆录中被首次提及。他如此描述了游历西班牙期间（1767）遇到的女主人：

“她冷漠地吸着用一张纸卷起来的巴西烟草。”

当时，这是西班牙妇女的普遍时尚；卷烟纸（librettos）由书商出售。后来，西班牙士兵将这种习惯传播到了德国，正如《吕贝克新闻报》（*Lübecker Anzeiger*）所记载的：

“当西班牙军队进驻到我们的小镇时，士兵们正抽着卷烟，这种习惯是有害的：首先，蒸汽太热；其次，口腔中会进入大量烟气；第三，烟气和热气接近眼部；第四，燃烧的纸是最危险的隐患，因为它能进入胸部和眼睛……应该防止年轻人沉迷于这种行为。”

1777年至1778年，画家弗朗西斯科•戈雅（Francisco Goya）为马德里的皇家挂毯厂创作了一幅《风筝》（*La Cometa*）。画面近景是一个男人手里夹着一支香烟，清晰可见。我们也经常可以在梅尼尔（Meunier）的画作中看到塞维利亚烟厂生产的香烟（当然是手工生产的）。

香烟经由南美洲和中美洲传播到西班牙。耶稣会传教士约瑟夫•奥奇（Joseph Och）在报告美洲之旅（1757—1778）的记录中提到，在墨西哥遇见了一种全新的手工产品：

“一万多个贫穷的女孩和五千个男孩靠制作一种约有手指长，叫作香烟（cigaros）的纸‘烟斗’为生。纸片只有一根手指那么宽，切细的烟草就卷在这些小纸片里。”

传教士提到，纸卷烟（papelitos）由玉米叶片卷制的烟草棒发展而来，早在十六世纪就已经出现。在菲律宾、中国、印度和印度尼西亚，玉米叶片被棕榈和灌木叶子所代替[107]。

当然，香烟也有自己的诞生神话。易卜拉欣帕夏（Pasha Ibrahim，1789—1848）的经历极富传奇色彩，他从卡瓦拉塔烟厂工人成长为埃及总督。他率领军队包围阿克卡（Akka）要塞时，也把大量的烟草送到炮兵手中。当时，那些炮兵们把烟草和自己携带的士麦那烟草混合在一起，用剩下的唯一一个水烟壶轮流享用。无巧不成书，土耳其军人的大炮恰好摧毁了他们唯一的水烟壶，烟瘾难耐之下，士兵们直接用包裹炮弹的纸卷上烟草抽吸。此后，这种临时香烟便在土耳其和俄罗斯南部蔓延开来[108]。

就像烟斗和雪茄一样，香烟的迅速传播也要归功于战争——这次的故事主角是克里米亚人。受到俄罗斯威胁的土耳其人得到了英法两国的支持，拉格兰（Raglan）勋爵率领 1.5 万名英国士兵、圣 - 阿诺（Saint-Arnaud）领导 4 万名法国士兵参加了战争。在历时四年的战争期间（1853—1856），这些士兵学会了土耳其人和俄国人的抽烟方法。最初，伦敦和巴黎的批发商从圣彼得堡和君士坦丁堡进口香烟。此后的 1862 年，约瑟夫•霍夫曼（Joseph Hoffman）在德累斯顿的工厂开始生产香烟，并雇用了六名女工。慕尼黑乔治•祖班（Georgij Zuban）工厂也开始生产香烟，1900 年还被任命为威廉国王陛下的御用香烟供应商。后来，该公司由雷姆特玛父子（Reemtsma & Sohne）接管，手工香烟的旧商标祖班 6 号（Zuban Nr 6）得以保留[109]。

1843 年，奥地利烟草公司开始试验生产“纸雪茄”。为了生产这种廉价的商品，细切的烟草被包裹在烟纸里，从而取代了烟叶裹制。直到 1865 年，他们才生产出正宗的香烟，取名为普制孪生香烟。价格为两便士，长度是今天香烟的三倍。形状为两端都有尖头，使用前必须切成两半[110]。

香烟的原型是俄罗斯的纸烟，管状的“礼服”和“君主”牌香烟最初按照西班牙的方法手

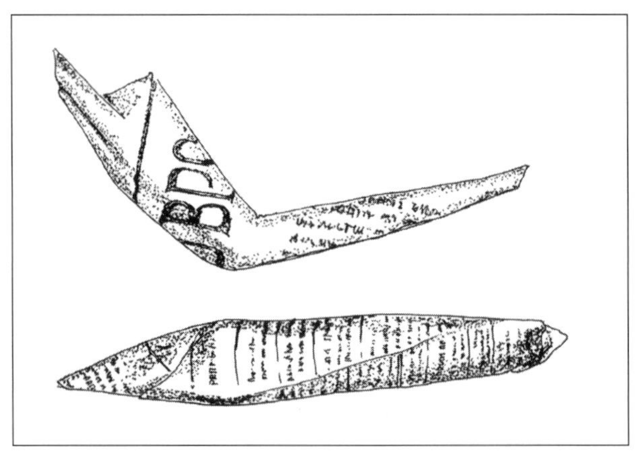

香烟的原型：俄罗斯的“礼服”和“君主”牌香烟。

工卷制。后来，由于需求增加，这些香烟由机器制造。1878 年，在巴黎举行的世界博览会上，哈瓦那苏西尼（Susini）提供的制烟机轰动一时，每小时可以生产多达 3,600 支香烟，为现代自动卷烟机开辟了道路。仅举一个当代的例子，雷姆特玛工厂的巨型机器每分钟能够轻易生产和包装 1,500 支香烟，速度之快肉眼完全看不清。

很快，一种名叫“一分钱”（tuppenny）的廉价香烟开始畅销维也纳，不久又被“绅士”、“贵妇”、“沙龙”、“斯坦布尔”、“萨姆松”和“苏丹”等具有梦幻色彩的香烟品牌代替。1878 年香烟产量达到 3,900 万支，价值 100 万荷兰盾。同时，雪茄产量为 4.9 万支，总价值 6,500 荷兰盾；鼻烟产量为 67,000 公斤，总价值 150 荷兰盾①；咀嚼烟草产量为 300 万块，总价值 250,000 荷兰盾；手卷烟产量为 24,400 公斤，烟丝产量为 15,000 公斤，市场价值 288,238 荷兰盾[111]。

烟草成为一种巨大的力量

拿破仑倒台后，欧洲四大国在维也纳会晤，商讨如何报复过去二十年中法国给它们带来的痛苦和屈辱。法国政府代表塔列朗（Talleyrand）来到帝国首都维也纳与他的对手们谈判，他的举止非常自信（如果我们能相信出席会议的沙皇亚历山大所说的话）：

“好像他是路易十四的大臣。”

他的自信源于他镶有钻石的鼻烟盒。在气氛最紧张的时刻，他把里面的东西拿了出来，普鲁士和英国的代表们目瞪口呆地盯着这些精美的珠宝，僵局顿时被打破。塔列朗的方法非常奏效，经过谈判，法国保留了传统的边界。在是否采取禁烟政策的问题上，奥坦主教（Bishop of Autun）从不相信那些道貌岸然的所谓信条，而是采取了务实的态度，这一点他做得很好。有一次，一位女士猛烈地攻击抽烟和鼻烟，他没有反抗和争辩，而是回答道：

“你说得对，夫人。沉溺于抽烟和鼻烟都是罪恶。但如果你愿意，请告诉我，有哪两个美德能使国库获得一亿两千万法郎的收入？”[112]

红衣主教安东内利（Antonelli）也遵循了同样的原则，他在 1851 年担任教会国家的国务秘书时，决定不再阻止吸烟，并严禁散发那些禁烟的小册子。黎塞留认为凡事都得讲求实事求是，与其固执地坚持理论，还不如采取经过社会检验、能够带来收益的政策措施，这一论断得到许多追随者的拥护[113]。一个国家政府，始终都对促进国库增收的事情更为上心。虽然在大的道德原则上，国家可能同意禁烟，但在实际上，国家都会尽最大努力从烟草消费所得收入中分享收益。在奥匈帝国（奥地利、匈牙利和捷克斯洛伐克）、法国、意大利、土耳其、波兰、罗马尼亚、南斯拉夫和日本，国家保留种植、加工、销售、进出口烟草的权利，价格由国家垄断决定。在其他国家，如西班牙、葡萄牙和瑞典，这些权利由国家授权各个公司行使。俾斯麦和他的财务顾问阿道夫·瓦格纳（Adolf Wagner）制定了一项对烟草征税的制度：首先在烟草种植环节，根据种植量和播种面积对烟草征税；

① 原文如此，可能有误。

然后在卷烟厂环节，完成对香烟的征税后，就在成品或者在产品包装上盖上“税讫”（banderolle）字样的印章。美国、比利时和荷兰也实施了同样的制度。培根（Bacon）[114] 说道：

“无意义的消遣已经控制了老百姓。”

事实上，烟草已经成为各个地区和国家国民经济的重要收入来源。生产数据并不能帮助我们描绘出一个准确的情况，尽管如此，一些数据确实提到了这种消费热情所能带来的“收益”，金融家也在舆论和政治中支持烟草在经济发展中的积极作用。

1932 年，厄斯金•普雷斯顿•考德威尔（Erskine Preston Caldwell）的著名小说《烟草之路》（*Tobacco Road*）出版。贯穿美国烟草种植园的 301 号联邦公路，是伟大的美国现实主义的核心元素；这本书涵盖了资本主义的成长和衰落，并以此展开情节。福斯特•菲茨西蒙（Foster Fitzsimon）在《烟草之王》（*Tobacco King*）中描绘了同样的世界，故事的背景是十九世纪下半叶的北卡罗来纳州。这些文学作品都取材于真实的事件。在 1890 年前后，詹姆斯 •B. 杜克（James B. Duke）成为业界寡头。他出生在一个农场家庭，后来成为一家烟草厂的老板，在十四年的时间里，他强迫一百五十家工厂加入了他的托拉斯集团，从而积累了五亿美元资本。当罗斯福在麦金莱（McKinley）去世后接任美国总统时，这位每年向股东支付 3,100 万美元红利的烟草大王想要继续维持公司的垄断权。然而，在罗斯福总统签发的《谢尔曼反托拉斯法》生效后，杜克不得不解散托拉斯集团，竞争对手重新获得了公平的市场竞争环境。在随后的市场竞争中诞生了许多烟草公司，其中最具代表性的就是著名的雷诺烟草公司。该公司生产雷诺牌“混合型卷烟”，这是一种淡味弗吉尼亚烟草和芳香型白肋烟的混合物，每包二十支（而不是此前的十支装！），在第一次世界大战期间曾风靡世界 [115]。

十九世纪末到二十世纪初，世界上主要的斗烟生产企业有：英国的帝国烟草公司（English Imperial Tobacco Co. Ltd）、英美烟草公司（British American Tobacco Ltd）（1901），以及登喜路有限公司（A. Dunhill Ltd）（1907），伦敦的加莱赫（Gallaher）国际有限公司，贝尔法斯特的穆雷父子烟草公司（Murray, Sons and Co.）和布林克曼的汉堡公司（1874），罗斯曼（Rothmann）烟草有限公司 [隶属于南非鲁珀特•伦勃朗（Rupert Rembrandt）博士]，乌特勒支的奥登霍特（Oldenhott）和杜威•埃格斯烟草公司（Douwe Egberts Tabaksmaatschippig），以及圣加仑的威劳尔烟草公司（Wellauer & Co.）。

1909 年至 1913 年，匈牙利烟草的平均产量为 461,000 公担，1935 年由于国家领土变化产量有所减少。当时，匈牙利有十家烟草厂，总产值达到了 105,051,000 辨戈，相当于匈牙利工业总产值的 4.8%。52% 的烟草用于生产烟斗的丝烟，其余用来做雪茄和香烟。1928 年，奥地利人口 650 万，不算烟斗丝和鼻烟，生产了 46 亿支香烟和 2.01 亿支雪茄；德国消费了 325 亿支香烟、67 亿支雪茄、380 万公斤烟斗丝和 230 万公斤鼻烟。

1626年，威尼斯政府从每磅烟草中可获得12索尔税收；黎塞留政府每磅可征收30苏的税收；1960年，德国每10芬尼香烟销售收入可为政府提供6.4芬尼的收入，更不用说那四五个烟草巨头获得的收入了。

二十世纪以来，烟草种植量稳步增加，在最后的三十年里，烟草的种植量陡增。举几个例子说明：1909年至1913年，全球烟草产量为1480吨；1928年至1929年，这一数字为2183吨；1935年至1936年，增至2261吨；而在1969年至1978年间，该数字翻了一番[116]。

1954年，547,000吨原烟出口贸易中，64,000吨销往土耳其，60,000吨销往尼亚萨和罗德西亚（现津巴布韦），52,000吨销往希腊。美国在世界烟草贸易中占主导地位，出口原烟205,000吨。但是，美国作为烟草之乡，不仅在出口方面名列第一，在烟草消费方面也名列前茅。烟草在十八世纪末成为美国经济和政治版图中的重要力量并非偶然[117]。美国所出口的烟草影响着全世界主要吸烟者的口味，其中弗吉尼亚烟草最初在弗吉尼亚州种植，现在主要在北卡罗来纳州、乔治亚州和佛罗里达州种植。时至今日，这种叶子细密、色泽浅的烟叶被认为是世界上质量最好的烟草。颜色最浅的烟叶被用来做香烟，深色的叶子被用来做雪茄。烟斗客偏爱生长在肯塔基州的弗吉尼亚烟草。在弗吉尼亚州和肯塔基州以外的白肋烟主要生长在田纳西州，它是雷诺烟草公司“美式混合型卷烟”（American Blend）的基本材料。法国和德国吸烟者喜欢产自马里兰州的黄色、黄褐色、红棕色类型的烟草。俄亥俄州种植的弗吉尼亚烟草主要用于香料烟，而康涅狄格州和马萨诸塞州烟草制作的斗烟易于燃烧。一般而言，美国上市销售的烟草分为调味型、颗粒型、即磨型、薄片切割型和塞片型等几大类型。

英国消费者喜欢加拿大安大略、魁北克种植的弗吉尼亚烟草和白肋烟，英国市场不太喜欢芳香型烟草。而易于燃烧的墨西哥塔巴斯科（Tabasco）和维拉•克鲁斯（Vera Cruse）烟草则主要用于生产雪茄。其他受欢迎的烟草来自哥伦比亚[卡门（Carmen）和库比塔（Cubita）]和委内瑞拉[瓦里纳斯（Varinas）和马图林（maturin）]，这种烟草生产的香烟一般在超市散货区的货篮里销售。在巴西，主要的烟草种植区是巴伊亚（Bahia）、里奥•格兰德（Rio Grande）和布鲁梅瑙（Blumenau）。

继美国之后，中国和印度分别是世界烟草种植的第二和第三大国。缅甸、巴基斯坦和伊拉克主要为英国消费者种植烟草。

印度尼西亚（爪哇岛、婆罗洲和苏门答腊岛）轻薄的丝滑烟叶主要用于制造香烟，产自吕宋岛的烟草用于制作马尼拉雪茄。

非洲有三个传统烟草种植区：①的黎波里、突尼斯、阿尔及利亚和摩洛哥；②在西部，主要是苏丹、尼日利亚、喀麦隆、安哥拉和刚果；③在南部，主要是南非、津巴布韦、尼亚萨、坦噶尼喀和马达加斯加。

巴尔干半岛和小亚细亚①是典型的烟草种植区。希腊是种植业的领头羊，那里的色雷斯

① 小亚细亚又称安纳托利亚半岛，是亚洲西部的半岛，位于土耳其境内，主要由安纳托利亚高原和土耳其西部低矮山地组成。

（Thracia）、马其顿和博伊奥塔（Boiota）出产优质的东方烟草和白肋烟。土耳其是浓味萨姆索（Samsoun）、柔和特拉布宗（Trapezunt）以及色泽饱满、味道芳香的安纳托利亚烟草的故乡。产自保加利亚、黑塞哥维那和马其顿的烟草也很受欢迎。在罗马尼亚，多布鲁萨（Dobrudsa）、特美斯（Temes）和马罗斯（Maros）地区种植的烟草最为著名。直到最近，苏联的烟草主要生长在高加索和乌克兰的马霍卡（Machorka）地区。波兰烟草主要种植在克拉科夫和加利西亚。

曾经，沿着蒂萨（Tisza）河岸，在德布勒森和塞格德周围种植着大叶匈牙利烟草，倍受斗草（丝）制造者们的追捧，而在德布诺（Debrö）、丽萨特（Réthát）和威尔普莱特（Verpelét）园区种植的小叶匈牙利烟草主要用于制造卷烟。大量的烟草种植在意大利的布林迪西（Brindisi）、佩斯卡拉（Pescara）、莱切（Lecce）和诺斯特拉诺（Nostrano），法国的加龙河（Garonne）、伊瑟尔（Ysere）、阿尔萨斯（Alsace）和萨沃伊（Savoy），以及西班牙的格拉纳达（Granada）、瓦伦西亚（Valencia）、塞维利亚（Seville）和卡迪斯（Cadiz）等地区，奥地利、瑞士、德国、比利时、荷兰和巴尔干半岛国家也种有烟草。

吸烟有害健康

尼古丁是烟草中的生物碱，1828 年由法国人波塞尔特（Posselt）和莱曼（Reimann）发现。在最早的关于烟草的使用报告中，我们可以看到吸烟的生理反应：流口水、出冷汗、心悸、呕吐和腹泻。只有在尼古丁被发现后，才能就烟草毒性对交感神经系统的影响进行医学研究，并得出科学的结论。

普鲁士统治者建立了专门的烟草学院（Tabakcollegium），希望通过系统的“科学实验”来研究烟草的影响，他们征集了三个士兵志愿者作为长期跟踪的实验对象：第一个试验对象咀嚼烟草，第二个试验对象要吸等量的鼻烟，第三个试验对象抽烟斗。结果，抽烟斗的首先死亡，吸鼻烟的第二个死亡，咀嚼烟草的最后一个死亡。当然，也有相反的论据证明吸烟有益健康：长寿的保加利亚人都是长期吸烟者，哥伦比亚的哈维尔·佩雷拉（Javier Pereira），在纽约一家医院活到了一百五十岁高龄，一生中从未放下烟斗[118]。

十九世纪上半叶，医学界对烟草危害的看法存在显著分歧。尽管如此，在美国本世纪①中叶的禁酒斗争中，基督教妇女戒酒联盟还是宣布了另一场禁烟战争。当然，烟草行业的抵制力量更大。不可否认，处于发展之中的医学研究还没能拿出令人信服的论据，例如，有人观察到一些器官受损，但研究人员无法证明这些损伤完全是由抽烟（尼古丁）引起的。尼古丁在各种疾病中的重要作用似乎是确凿的，但同时二氧化碳、氨、吡啶衍生物和氰化物在其中也各自发挥着作用。

二十世纪中叶，当人们开始谈论癌症时，英国医学会、美国癌症研究人员、西班牙皇家医学会、二十世纪初在里加成立的医生协会、维也纳医学院病理学研究所、法国研究人员、越南和日

① 指二十世纪。

本的医疗协会都对烟草消费进行了抨击，而烟草销量的下降也反映出消费者部分认同了这些抨击的指控（1953）。当时，美国最大的烟草企业，随后是英国和加拿大的烟草企业都对癌症研究进行了大量的资助，做出了巨大贡献。然而，伦敦的一位教授约翰•普莱斯（John Plesh）认为，烟草的危害性研究徒劳而无益：

“我没有亲眼见过一个能够经受住严肃的，不是先入为主的科学评判的客观实验。”

当然，也有研究者认为，越来越多的证据让人们不得不怀疑烟草消费的危害性[119]。

由于干燥和发酵，成熟的烟叶会损失一部分树脂、蜡、挥发油①、氮和单宁等物理和化学成分。然而，包括尼古丁、氨和钾在内的剩余物仍会连同燃烧的气体产物（二氧化碳、一氧化碳、硫化氢、氰化氢、氮氧化物）一起进入身体。

尼古丁主要攻击神经系统的各个部位，即血液循环和呼吸神经中心，它使心脏超载，削弱呼吸中枢神经。尼古丁通过交感神经系统增加血压，收缩心脏和四肢的血管。它增加腺体的分泌，收缩然后扩张瞳孔，引起恶心、呕吐和腹泻。一氧化碳会结合血红蛋白而使气体交换功能下降，并通过影响皮质激素功能增加动脉硬化的风险。烟气中的一些成分会刺激呼吸道的支原体，削弱呼吸道的自我净化能力。烟草在300—500℃下燃烧时，在干馏过程中会形成焦油，其中一部分（苯并芘、苯蒽）会致癌[120]。

1979年，美国健康教育和福利部与公共卫生署发表了关于吸烟与健康的报告。报告指出，抽烟斗和抽雪茄群体的死亡率高于不吸烟群体。按照吸入的程度而定，抽香烟的吸入率最高。舌癌的发病率与抽烟斗有关，香烟消费群体的肺癌发病率最高，抽烟斗和雪茄群体的肺癌发病率较低，而非抽烟群体的肺癌发病率最低[121]。

可以肯定的是，上述危害、功能紊乱和疾病也可以在没有烟草的情况下发生，因此与烟草并不存在必然的相关性。

“我相信吸烟有它的好处，不会像大家所说的那样有害。我不认为吸烟与动脉硬化有任何关系，它也不会严重损害心脏病患者的健康。因此，禁烟不能成为医疗中一以贯之的规则。在所有关于这个问题的研究文献中，我没有亲眼见过一个能够经受住严肃的，不是先入为主的科学评判的客观实验。吸烟和非吸烟群体的动脉硬化率相同。消费品是当代生活压力的必要平衡，这些压力使人们身心负担过重……这些消费品弥补了可能的生理和心理紧张。从这种作用上讲，烟草是有益的，没有害处。”（约翰•普莱斯）[122]

在谴责吸烟的生物学家和无法自拔的抽烟者之间，在担心收入的烟草种植者之间，在充分利用烟草生产获得利润的资本家之间，以及国家财政人员之间，他们的战争正在上演。黎塞留的法利赛主义②在历史上并不罕见：虽然每包香烟上都印着“吸烟有害健康”的警告，然而没有一个政府愿意宣布放弃烟草种植和烟草工业的税收，以及烟草垄断带来的间接收入。虽然随着科学研究对吸烟危害性的不断探索，医学界的禁烟宣传力度越来越大，但在手术室、医院和电视屏幕上，

① 又称精油，是一类具有芳香气味的油状液体总称。

② 形式主义。

疲劳的医生们手中却夹着燃烧的香烟吞云吐雾。正如特兰西瓦尼亚大臣米克洛斯•贝思伦（1717）所抱怨的那样：

“那些警察和治安官们，巡逻时对（抽烟的）穷人们大开罚单，自己却将烟斗叼在嘴上。”

经济因素极有可能在消除吸烟风气方面起到非常重要的作用。但是，烟草种植和工厂的利润以及国家的财政收入，能否成为国家允许数百万人每天冒着生命危险吸烟而不受任何限制的理由？当我们回顾欧洲吸烟的起源时，这个问题变得更加困难。人们养成吸烟的习惯仅仅是为了损害健康吗？或者他们仅仅是为了紧跟一种新的时尚，先是把它变成一种习惯，然后变成一种嗜好，甘愿为此付出不断增加的罚款？如果以这种方式提出这个问题，那么似乎更容易得到答案。

从一开始，抽烟风气在欧洲就遭到了抵制，正是反抗禁烟令促使了烟草消费的普及和生根发芽。最初，烟斗出现在那些冒着生命危险登上脆弱航船的海员手中：原因也许像三十年战争中雇佣兵成为烟斗的传道者一样，他们半辈子在危险的海上度过，然后将抽烟的行为散布到欧洲各地，其情形就像后来雪茄在欧洲大陆的普及。然后出现了香烟，从更广泛的意义上讲，它们都是烟草消费行为在长期战争中的演进和变迁。

在调查吸烟这种有害嗜好蔓延的真正成因时，我们不妨看看德国烟草消费的统计数据。

从1910年到1913年，烟草消费量从大约8,500公斤增加到13,000公斤。在（第一次世界）大战期间，这个数字上升到28,000公斤，在战争的最后一年和战后的第一年下降到18,000公斤。1921年到1924年，消费量又开始大幅度上升，然后在1931年到1942年间，消费量猛增到80,000公斤。第二次世界大战结束时，消费量骤降到3,000公斤，之后又急剧上升，1960年消费了65,000公斤。

在整个社会的存在受到威胁时，以及当人们害怕辛勤劳动创造的相对福利可能会灰飞烟灭时，烟草消费就会出现惊人的增长，我不认为这是一种奇怪的巧合。此外，生命的消亡威胁，让人们不得不借助于轻微的幻觉来寻求自我麻痹，减轻难以忍受的精神负担。

海员和士兵们时刻面临着死亡的威胁，穷人们在困境中苦苦挣扎，流放者们反对专制主义。相对于追求时尚趋势的解释，这些人都有良好的自控能力，而他们选择享用烟草，从中或许可以感受到这种嗜好能带给他们更大的慰藉与希望，这似乎是沉溺于自我毁灭式嗜好的更合理的理由。

“维系了人类几千年的世界似乎已经崩溃了。新世界，作为一种机器般的存在形式出现在大众面前，迫使所有人都为之服务。在这个世界中没有一席之地的人，都会遭到它的毁灭。人被分解成没有感情，只有单纯手段和目标的机器部件。他们找不到内心的安宁，缺乏价值感和尊严。不惜一切代价探寻自己存在价值的基础背景正在消失，随着物质生活的发展，人似乎放弃了自我意识存在。”

我们这个时代伟大的存在主义者和哲学家[123]如是说。

个人只不过是庞大组织的一部分，这个组织为大众提供了生存的空间，而对个人自由人格的压力却越来越大。这种压力已经成为一种无情的力量，用威胁消灭人类自身和整个世界的方式存在着。

“归根结底，我们应该认识到，人，特别是二十世纪的人，吸烟不仅仅是因为烟草的口感和气味；人们需要抽烟不仅是因为烟草中有芳香成分，更是为了获得尼古丁的效用，而尼古丁正是医生希望他们戒除的物质。没错。如果人们不自欺欺人，如果没有（烟草带来的）刺激，他们将难以如此之久地承受文明的重压。”[124]

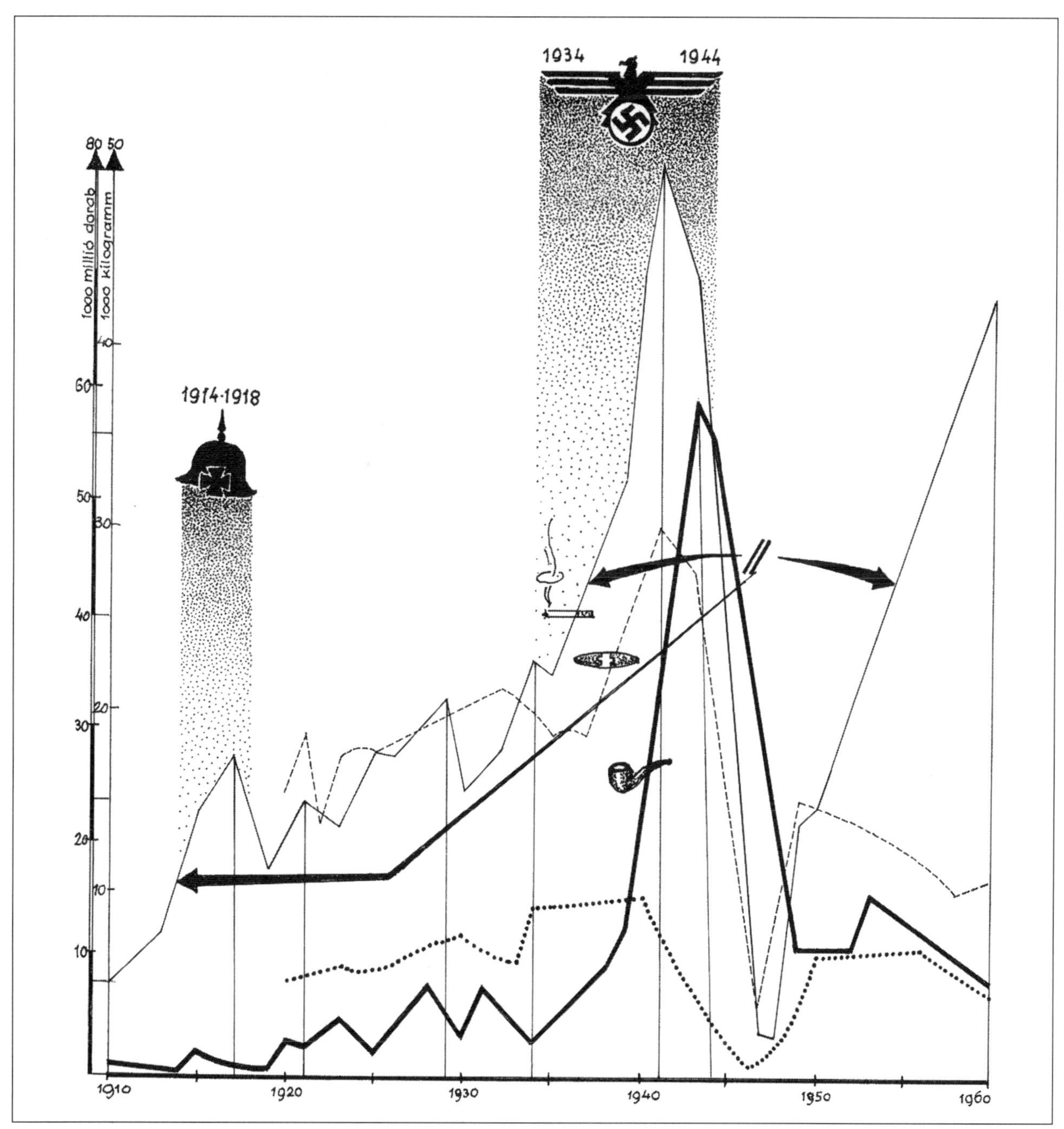

1910—1960 年，德国的烟草消费情况。

前面提到的德国统计数据中出现的惊人峰值，可以用二十世纪上半叶人类社会存在的各种外部风险提供合理的解释。当然，在十九世纪，特别是最后三十年里，烟草种植的持续增长揭示了烟草发展的深层次问题。卷烟消费的大增长发生在十九世纪中叶——

“当时，各种新技术成果和生产方法不断涌现。对于那些与这些革命性创新相关的人来说，新的思维方式、新的习惯、新的穿着方式和新的要求都在不断地变化着；这导致现代性的概念在人的一生中不止一次地发生变化。”

如今，这一进程变得更快了：

“自然环境和人工环境之间的平衡已经丧失……巨大的变化在极短的时间内发生，人类作为一种生物已经无法正确地适应这些变化。”[125]

吸烟只是这些社会变化带来的一种后果，因此，不缓解根本原因而只是通过禁烟来“治疗”这种症状是没有希望的。下文引述伊姆雷•托罗（Imre Törő）院士的话：

“生活充满矛盾。我们必须把注意力集中在解决这些问题上，不管解决这些问题的难度有多大。今天是未来人类社会的明天和后天的开始。试想一下，如果人们能从过去几个世纪的历史中吸取教训，并在此基础上组织自己的生活，社会将会发生多么大的变化，这是一件了不起的大事！不幸的是，这似乎是不可能的，每个世纪都会犯同样的错误，一遍遍重蹈覆辙。如果我们早已铭记教训，那么世界上将不再会有战争。我们如何才能做到让每个人都理解天然蛋白质的重要性，都理解吸烟和毒品的危害？这些危害都在威胁和摧毁我们现在和未来的生活。战争比以往任何时候都更加凶残，与此同时，每个人都不断地宣扬现代人的理想人性。各国政府把数十亿资金花费在毁灭人类的武器上，而不是用来克服我们生活中遇到的各种矛盾。”[126]

以后，我们可以把烟斗和其他吸烟的用具一起放进博物馆的玻璃陈列柜里，并且，就把它们摆在武器藏品的旁边……

第二部分 抽烟的器具——烟斗

论及烟斗的起源时，人们就像在黑暗中摸索一样，主要依靠猜测而非所谓的眼见为实。由于缺乏文字记录、目击者以及相关的传说，探寻烟斗的发展演变只能在人类历史留下的烙印中摸索，采取的方法与研究地球史前时期情形的地质学家一样。例如，考古学家研究人类活动的原始形态，对沉积层的物质发现进行解释时，就不得不转向人种学的类比方法。除此之外，还经常依靠逻辑和直觉的灵光闪现，就像古人类学家一样，根据地里挖出的头骨努力在脑海中想象那些业已消逝的思想、观念和想法。第一步就是对相关的发现材料做出类比解释。考古学家在某处发掘出类似烟斗的器具，那么可以确定这一地区存

抽烟斗的玛雅神灵。

在抽吸烟斗的行为，即使我们尚不明确他们抽烟时燃烧的是什么植物，即使我们对这种抽烟风气为什么会发生一无所知……锡尔河流域的马萨格泰人将干树叶摊放在炙热的石头上，然后吸入树叶冒出的烟气诱导发汗；普林尼则建议用燃烧生菜散发的烟来治疗咳嗽，并称这种烟气具有一定的疗效。

“抽烟，就是通过一根烟管子将烟气吸入体内，从而给人带来一种愉悦感觉的行为。”

然而，用烟斗抽烟和吸烟是两种不同的类型。从历史的角度来看，我们今天所说的抽烟，是特指吸食原产于第四大陆上的烟草植物的行为。毫无疑问，是南美洲、北美洲的印第安人首先发现了烟草中的药用物质和生物碱对人体的影响。当时的印第安人认为这种植物对人体健康有益，并且，巫医在原始的宗教行为中体验到了它的麻醉作用。

“历史上第一位烟民一定是旧石器时代的狩猎者或采集者。（我们引用弗兰克关于烟斗的叙述。）有一天，他蹲在火堆旁，突然闻到一股刺鼻的气味。他发现那是一根杜松枝发出的，比山毛榉的气味温和得多。”[127]

古人发现吸烟能带来乐趣，由此产生了与宗教有关的活动。面对自然的洪荒之力，人类显得无比渺小。古人试图控制令人恐惧的未知事物，

最古老的烟斗：沙土烟斗。

于是将烟草作为祭品去取悦神灵，以图获得庇佑。

毫无疑问，“制造工具的人”与决定其生存的物质条件密切相关。这些物质条件反过来又决定了他们的工具与器物的形状。但在分析器物目的、性质和材料的基础上，要进一步分析形状及不同形状之间的相似性时，就必须与原始人的迁徙联系起来。

人们对最古老的烟斗知之甚少，岁月的尘埃掩盖了早期的事实。但如果运用人种学类比法，依然可以得知最早期的抽烟器具是什么形状的。这种方法最早是传教士拉菲多（Lafiteau）和加米尔（Gamier）在加拿大对休伦、易洛魁和阿尔冈昆（Algonquin）部落的研究中使用的[128]。根据进化人类学的观点，由于人性的本质是相同的，从物质和形制的角度来看，相同的事物可以在同一时间、不同时间以及世界不同地区独立形成[129]。这一认识来自拉兹尔（Ratzel）的弟子弗罗贝尼（Frobenius）。他在调查西非和美拉尼西亚文化的过程中提出了文化圈理论，即在空间上相距遥远的文化之间关系的建立，可以通过他们所使用的物品在本质上的相同特性来加以确立。通过文化范围、历史序列来研究文化层次，我们得到了一种研究文化史的方法，这种方法有望对我们研究史前烟斗有所帮助[130]。

弗罗贝尼认为，最古老的一类烟斗应该是他观察到的贝专纳人使用的土制烟斗：人们将烟草集中起来放进一个小坑里点燃，待其红热并开始燃烧时立即用沙子覆盖在上面，然后将中空的芦苇秆插入，吸食火堆中烟草阴燃产生的烟气。

第二类烟斗就是简单地做一个吸烟的管子。人们将香蕉或玉米的叶子卷成漏斗状，或者用中空的植物茎秆，将搓成碎屑的干烟草放在管子里直接点燃。

由于这个管子会随烟草一同燃烧，因此不能将其视为烟用器具，即烟斗。只有到了后来，用黏土、硬木或石头制作的可以重复利用的器具才能称为烟斗[131]。

第三类烟斗就是人们创造性地在这个管子的一端加上一个斗钵而成，后来斗钵缩小为一个微

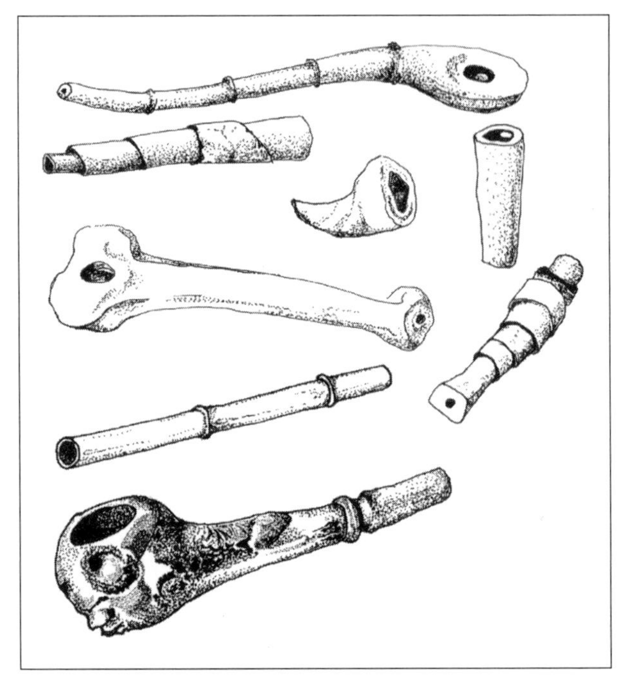

用卷起的植物叶子、竹子、贝壳、动物及人类的管状骨制作的烟斗。

型斗室，大大方便了吸烟操作。登喜路关于烟斗的经典著作[132]就列举了多种由两部分构成的烟斗。原始人用多节的树枝或骨头做成烟斗，制造出一种真正的吸烟用工具。无论是由黏土、硬木、骨头、金属还是易雕琢的矿物质制成，无论装饰图案、形状如何，这种烟斗的共同点就是将烟草放入一端的斗钵点燃，再从直式口柄或弯式口柄的另一端抽吸产生的烟气。

第四类烟斗是水烟袋和水烟壶：让陶罐斗钵中烟草燃烧产生的烟气通过装满水的容器过滤增加香气后，再通过直式口柄或弯式口柄到达抽烟者的口中。

鉴于分类时必须考虑到许多方面的因素，对烟斗进行系统的分类绝非易事。我们分类时，按照所采用的材料和技术对烟斗进行了基本的划分。在具体的类型描述中将其分为陶制、陶瓷、玻璃、骨制、金属、海泡石和木质烟斗几大类；我们也想根据烟斗形制的演变及其历史变迁来进行分类，然而考虑到要对其中古老而原始的烟斗之一——水烟筒进行说明，我们不得不放弃了这一构想。

由于制作烟斗所使用的材料和涉及的技术只是一种手段，并非对烟斗进行分类的决定性因素，我们提出了另一种分类原则。烟斗材料和生产方式的选择，取决于一定历史时期的经济和社会发展状况，而这又是分析烟斗风格的趋势和形式、时尚和艺术表达时不可忽视的、与之相互影响的因素。基于这一原则，我们才能从演化和历史的角度，将所掌握的材料进行整理并分成多个章节予以详细讨论。这一部分

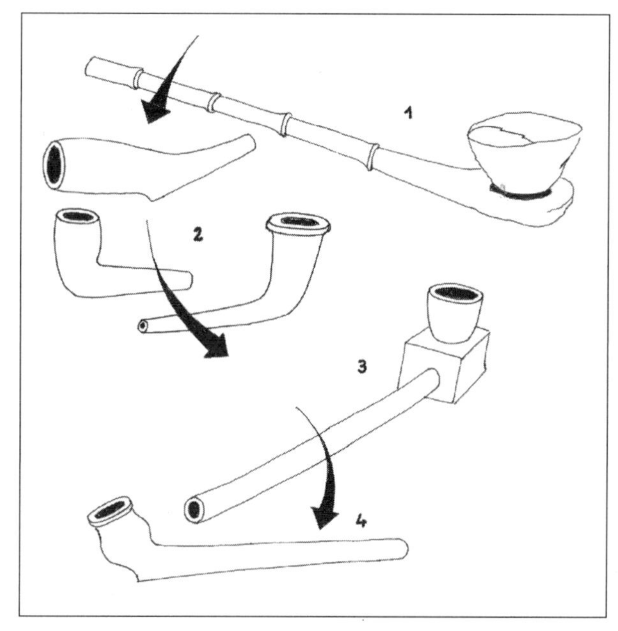

烟管演变为烟斗的过程：1. 树叶和竹子；2. 普韦布洛和易洛魁烟斗；3. 小盒子烟斗；4. 伦敦陶土烟斗。

将在本书的最后予以综合体现。

在后续章节采用的材料中，介绍烟斗发展的历史资料确实不完整，可以说，这些资料甚至连表面的完整性都不存在，因为划分烟斗演化阶段的说法都是暂时性的。但这些资料却是经过研究得出并已出版的材料，它们为我们的研究提供了参考。同时，这也从一个侧面证明了收藏家投入的热情，他们向非收藏者展示了烟斗雕刻、设计和绘画的魅力，而这正是过去烟斗制作能作为大众艺术活动的一部分而存在的原因所在。许多烟斗都是知名艺术家精心创作的艺术杰作，或者由生活在艺术氛围中的能工巧匠制作而成。在他们那个时代，制作者们在生产中处理原材料时所用的技术，可以称为“令人尊敬的技艺”。至于如何评价这些艺术表现，则是留给后人的工作，必须承认，此项工作依然任重道远……

根据过去的研究情况，我们可以画出更加确切的演变过程，这些工作也更有助于确定烟斗的演进时期和细化类型。然而，尽管有大量关于烟斗的参考资料，但是在一些更广泛的领域里，我们也确实没有找到任何可以参考的基础资料。大多数关于烟斗的图书里有很多漂亮的图片，但都未提及图片中烟斗的大小，也没有提到上面的签名或商标，有些仅提及烟斗当前所在的位置等间接数据。

随着研究的深入，烟斗收藏“地图”上的空白点甚至越来越多：公共收藏的烟斗目录不完整，而且其出版物尚处于初级阶段。即使在规模较大的博物馆，也经常遇到一些令人困扰的非专业行为，能得到的帮助和有用信息极为有限。至于从私人收藏者那里了解到烟斗有用信息的概率，可能与中彩票相当。我们很难找到附有专业目录的收藏品，甚至对个别收藏者的特殊兴趣也只能做到大致了解。

如果想要提供一个更加完整的烟斗演变图，就需要对制作烟斗所使用的材料有更广泛的了解，并对单个烟斗进行精确描述，通过更多的专题研究去探究演变历程。正是由于缺乏这些基础的工作和资料，本书才略去了对于烟斗艺术的总结，仅仅暗示了烟斗制作艺术的存在。

那么，为什么在已知这些不可避免的缺陷的情况下，我还要着手编写一本综合反映烟斗知识的书呢？也许部分原因是让出版界注意到这样一个事实，即除了为响应短期市场需求而生产出烟斗产品外，还需进行仔细调查和探究，彻底研究艺术史的主要原理，以便收藏家、一般读者和艺术家能够对烟斗有一个充分了解，丰富相关知识，并帮助科学评价吸烟——面对烟草消费习惯的质疑、排斥和禁令时，能有凭有据地提出它们的审美艺术依据。此外，我的另一个目的是提供一个烟斗分布图，尽管不如贝海姆（Behaim）在1492年、施纳（Schöner）在1523年和墨卡托（Mercator）在1587年制作的世界地图那般精确，但希望能为这对一主题感兴趣并着手研究的年轻“烟斗探索者”明确指出总体的方向。在某些领域，开展研究已经有了良好基础：英国和荷兰，基奥贾和德布勒森的陶制烟斗，埃格尔（Eger）城堡出土的烟斗残片，在日内瓦莱茵藏馆、豪斯•诺伊尔堡和匈牙利国家博物馆的藏品，都能为研究者提供丰富的基础材料。在某种程度上，此类研究可以从法国陶瓷烟斗开始着手。我们对乌尔姆和福伊希特旺根也有一定的了解。我们获得了奥斯瓦尔德（Oswald）和阿特金森（Atkinson）记录的英国主要烟斗制作者名单以及埃塞迪（Ecsedi）的德布勒森烟斗制作商名单、艾迪特•海德尔（Edit Haider）的布达佩斯海泡石烟斗雕刻师信息，以及巴斯蒂安（Bastien）记录的法国制造商。但是对于维也纳、布拉格、莱姆戈、科隆、圣•克洛、瑞士、意大利、巴尔干半岛、广袤的土耳其帝国、圣彼得堡、克拉科夫、中东、远东，以及非洲的庞大烟斗和制斗师体系，谁又来领路呢？尽管目光敏锐、敢于冒险的征服者们曾穿越这些地区，但谁又将引领敢于冒险的人去探索这个深不可测的未知研究领域？我们只能等待“烟斗学的希利曼（Schliemanns）、弗罗贝纽斯（Frobeniuses）、克洛支•乔玛•桑多尔（Körösi

Csoma Sándors）和布尔克哈特（Burckardts）们”来帮助我们完成这项任务……

我意识到，本书的类型学部分更像是一个善意的理论实验，而不是由科学、可靠的实践资料构建的有坚实理论基础的科学架构。对于这个几乎不可能完成的任务，我所能给出的唯一理由是，我曾经不愿将探索调查获得的经验与那些相信绘图法有助于精准研究的人分享，这一想法已经让我吃过很多亏。

多种多样的烟斗制作材料与形态各异的烟斗形制

旧石器时代的人获得了工具，让自己从自然的动物形态中凸显出来。工具的制作并非止于制作，而是要实现美与实用性的统一。工具的形成始于一个已经成形的自然物体，这种依赖性持续了很长一段时间。工具供日常使用，用以满足日常需要，对原始材料所要进行的改动越少越好。

我们可以确信的是，许多事物的开端都是受到新发现的启发。马萨格泰人将有芳香气味的种子和叶子撒在滚烫的石头上，再俯身向前去呼吸它们散发出来的烟气。为了不浪费这种使人迷醉的烟气，他们就用皮革和布将自己与烟气包裹起来。这当然不是最完美的方法，因为仍有大量的珍贵烟气白白损失。牛津大学皮特河博物馆馆长亨利•巴尔弗（Henry Balfour）亲眼看见过贝专纳人在一堆沙子中间掏了一个洞，在洞里放些芳香药草点燃，然后用手围成漏斗状或通过一根中空的秸秆吸入烟气。

深入克什米尔原住民部落的人也能看到类似“抽烟斗”的做法。他们在山坡的黏土中掏一个烟洞，然后就着烟洞站着抽烟。这种方法可能模仿了古时候人们使火堆复燃或熔炼金属时所采用的技术手段。在第一次世界大战期间，人们看见法国雇用的印度士兵站立在战壕中使用这种烟斗抽烟[131]。

在米尔扎布尔（Mirzapur），人们喜欢将烟草用树叶卷起来抽吸；在蒙布图（Monbuttu），人们用纤维状的植物叶子来代替树叶制作烟斗。布雷姆（Brehm）见过奥斯克人（Ostjak）用纸裹的烟斗抽烟，很明显这是树叶烟斗的完美版本。

管状烟斗

管状烟斗似乎是最古老的抽烟器具。美洲印第安人制作的玉米卷雪茄和蒙特祖玛的镀金小烟管方便携带，解决了吸烟者出行的难题。哥伦布

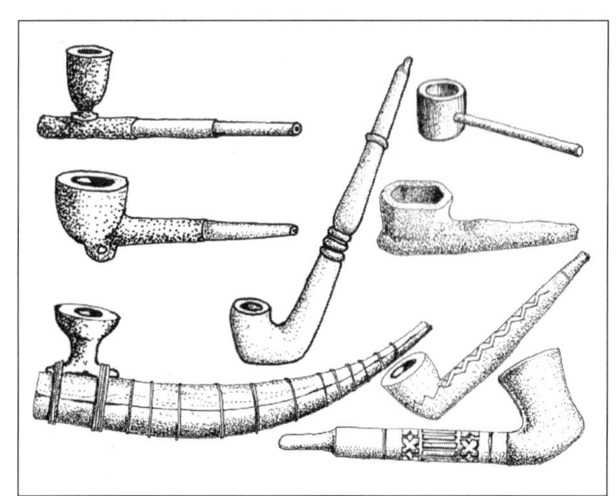

爱斯基摩人的烟斗。

的船员们惊奇地看到当地人手里拿着燃烧的烟管吞云吐雾。不同于玉米叶子、秸秆和薄壁管状茎烟斗会与烟草一同燃烧，竹制烟管更厚实、更耐燃蚀，而且可以重复利用，因此可以称为烟具。由此可见，登喜路在关于烟斗的经典著作中专门用两章来介绍烟斗的“自然形态”绝非偶然[132]。

中国人发现，在人的桡骨上钻一个孔可以用作烟斗①，波利尼西亚的马克萨斯群岛（Polynesian Marquesas）原住民也使用人的骨头制作烟斗[133]。北美爱斯基摩人和阿伊努人采用骨头制作烟斗，在烟斗的发展史上仅仅占据了较小的历史地位。此外，人们还在中国的四川和西安发现了骨制烟斗。从著名的帕伦克浮雕中可以看到，玛雅祭司也用类似于烟斗的器物去祭祀他们的神明，期待玛雅神明享用。这表明与奥林匹斯诸神喜欢甘露和美食不同，玛雅神明喜好抽烟。1904 年，在加利福尼亚州陶斯（Taos）小镇的废墟中出土了一把类似烟斗的陶制品。这个印第安小镇在十七世纪末被西班牙人摧毁。巴布亚人（Papuans）使用直径在 1.5 到 2 厘米之间的竹管制作烟管，刚果地区的俾格米人和婆罗洲原住民亦是如此。第一批到墨西哥的欧洲访客也提到当地人用木头、银或芦苇做成的小管子抽烟。考古发现证明，这种管状烟斗在北美大部分地区（加利福尼亚州、亚利桑那州、内华达州、科罗拉多州、犹他州、威斯康星州、艾奥瓦州、明尼苏达州、伊利诺伊州、密歇根州、印第安纳州、密苏里州、达科他、俄亥俄州、肯塔基州、田纳西州、弗吉尼亚州、卡罗来纳州、佛罗里达州、宾夕法尼亚州和纽约州）和中美洲地区广泛存在[134]。

管状物存在于自然界中，比较而言，管状烟嘴比烟斗更早出现。后来，这些天然的管状茎秆被木制、骨制、陶制和石头烟斗所代替。这些材料更适合用来吸烟，而且可以在任何有烟草的地方找到，如新斯科舍（Nova Scotia）和纽芬兰（Newfoundland）的印第安人居住区，以及曼奇人（Comanches）、胡帕人（Hupas）、新墨西哥普埃布拉人（Pueblas）、非洲布须曼人（Bushman）、亚洲阿伊努人（Aino）和阿富汗人的居住区，这些地区的人都会制作烟斗，而且，他们的祖先早在很久以前就已经学会了建造“烟丘”。这些原始烟斗在外形上与塞浦路斯青铜时代居民和不列颠群岛凯尔特人遗留的烟斗非常相似。

当奥斯腾（Austen）与巴布亚人一起生活的时候，他看到很多竹管一端弯曲，然后沿着另一端逐渐变细，最后在末端变成了烟嘴模样。这可以看作从最简单烟管过渡到稍做加工的带斗钵烟斗的雏形。可以合理推测，添加斗钵用来燃烧烟草的灵感可能来自管状骨的结节状末端开孔（用于盛装烟草）。

北美印第安和平烟斗

北美印第安烟斗（calumet），亦称和平烟斗，最能向我们揭示烟斗的起源。在新大陆的发现者、征服者和先驱者之后，涌来了一批传教士——隐修会的罗曼诺•潘（Romano Pane），方济会的贝纳迪诺•里贝拉•萨哈根（Bernardino

① 这种直接在制作材料上钻一个大孔作为斗钵燃烧室形制的烟斗，在中国有的地方也称为干漏。

Ribeira de Sahagun）、克里斯托瓦尔·德·莫利诺斯（Cristoval de Molinos）和何塞·达科斯塔（José d'Acosta），以及北美的耶稣会传教士马奎特（Marquette）、拉菲多（Lafiteau）和卡尼尔（Garnier），他们收集了大量有关当地人习俗的资料。美国著名浪漫主义诗人亨利·沃兹沃斯·朗费罗在他最有名且被翻译最多的诗歌——《海华沙之歌》——中使用了这些资料。第一章讲述了北美印第安人烟斗的起源：

“在高山草原之上，在巨大红色烟斗石采石场中，全能的印第安大神，生命的主宰者，降临在采石场的红色峭壁之上，气宇轩昂，他呼唤各民族、各部落的人民团结一心……

“他用手将采石场的红色石头敲碎，铸成斗钵，用图案装饰、美化；再从河边取一根长长的芦苇秆做成口柄，上面还带着深绿色的叶子；他将柳树皮，红色的柳树皮装满烟斗；吹向邻近的森林，吹得树枝沙沙作响，直到柳树皮起火、燃烧；屹立在高山上的印第安大神，尽情地享用着和平烟斗，这是他向各民族发出信号……

“他向他们伸出右手，去征服他们顽固的本性……他向他们发出警告：‘我厌倦了你们的争吵，厌倦了你们的流血战争。从今往后，你们要和睦相处，亲如一家……将采石场的红色石头敲碎，铸成和平烟斗，取你们附近的芦苇，再饰以你们最鲜艳的羽毛，一同享受抽烟斗的乐趣；从今往后，亲如一家！’”

北美印第安人的烟斗采用红色、黑色和白色的石头制成，口柄涂成蓝色或红色，并饰有鲜艳的鹰羽、鸟头、贝壳、珍珠、辫子、女人的卷发以及敌人的头皮。它的起源可以追溯到哥伦布发现美洲大陆以前。密西西比 - 密苏里峡谷、五大湖区以及俄亥俄和圣劳伦斯河以南的密歇根州、明尼苏达州、威斯康星州、艾奥瓦州、伊利诺伊州和其他地方的苏族、达科塔族、齐佩瓦族、夏延人、彻罗基族、奥吉布瓦族、奥哈马人、伊利诺伊斯人和黑脚部落，他们都使用过这种烟斗。

当时，这种烟斗受到各个部落的珍爱和人们的顶礼膜拜。部落通过选举，决定由部落副首领负责保管烟斗。为担任这个神圣的职位，副首领必须捐出昂贵的礼物——多达十五至二十匹马。每当部落发起战争，达成和解或签订条约时，印第安烟斗将充当祭物，用来呼唤印第安大神保佑。不仅烟斗自身是神圣不可侵犯的，就连持有烟斗的人也被奉若神明。关于烟斗的使用曾有礼仪规定：代表太阳的一群男人围坐成一个圈，由左至右传递烟斗[135]。

根据考证，有人认为北美印第安烟斗由诺曼语卡卢梅奥（chalumeau，甘蔗、芦苇）衍生而来，也有人认为它来自拉丁语卡拉梅斯（calamus，甘蔗、苇、茎），它与用来燃烧烟草向神灵献祭的巨型石像或大石烟斗有关。在五大湖地区特别是威斯康星州，存在大量这样的神像和灵石，它们被涂成红色和绿色，用来燃烧鹰羽和烟草。最

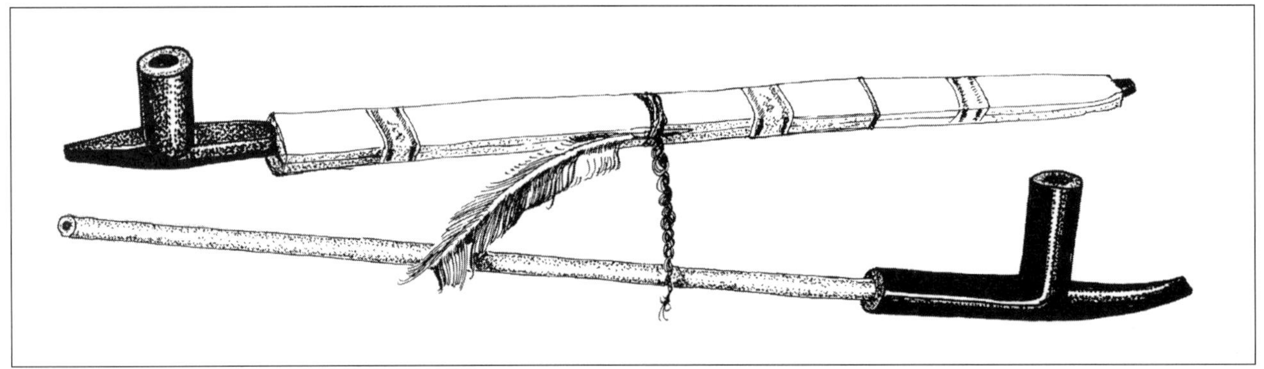

北美土著人烟斗上装饰着鹰的羽毛、贝壳、头皮和彩色丝带。

古老的烟斗可能就是在这种器物上再钻两个孔做成的。

北美印第安烟斗的斗钵在不同部落中差异很大。在“神圣不可侵犯的和平烟斗”中，斗钵似乎存在神圣的仪式意义，对口柄的装饰则更加重要。

人类学家和宗教历史学家认为，印第安人的宗教观念根植于最古老的自然神话，即人们对太阳、月亮、风和地球的崇拜。他们通过对这些神秘事物的模仿，赋予了烟斗和烟草宗教属性，用来祭拜太阳、月亮、风和地球。火被赋予了生命的象征，烟草燃烧升起的袅袅烟气逐渐化为烟云，飘散到世界的每个角落，进一步强化了部落药师与首领们所进行的生动仪式。《海华沙之歌》中叙述的印第安大神创造和平烟斗的传说，可以追溯到古人对太阳的崇拜，他们以焰火和烟气祭祀太阳。在旧约圣经最古老的部分（Gen.8.20.; Jud. 6.21.），可以找到关于燔祭①的记载。此外，在塞索斯（Shethos）时代（前 1310）的埃及，也有献燔祭的历史记载。虽然很难对各式各样的斗钵进行分类，但威斯特（West）从麦瑰尔（McGuire）的大量资料着手，把斗钵分成了十八类，大致明确了哪些斗钵出现在哪些地方。尽管顺序不同，我们在研究重要的烟斗形制变化时基本沿用了威斯特的分类[136]。

石制烟斗

在所有的石制烟斗中，鹅卵石烟斗最为古老。但现存私人收藏中石制烟斗发现时所处的环境状况并不是很清楚，它们并非由坟墓中出土。威斯特假设：

“它们可能是狩猎者自己制作并遗失的烟斗。”

因此狩猎者不得不在鹅卵石上打孔来重新制作一个烟斗，但这个假设极少得到其他研究者认同[137]。普遍认为，摩尔藏品中绘制飞鹰图案的烟斗、威斯康星州发现的鞋后跟形状的烟斗，以及威斯康星州、俄亥俄州、密歇根州、印第安纳州和纽约州蛋形烟斗一定是发现时石料就是这种形态并加以利用而已[138]。

在威斯特的分类中，绘有人形图案的烟斗

① 燔祭是旧约圣经《利未记》中提到的第一种献祭方法，祭品需要全部在祭坛上经火烧成灰，古人认为这是最好的一种献祭。

来自霍普韦尔文化（Hopewell）——蒙德维尔（Moundville）文化遗址中最古老的一层，大约在公元前一千年（前1000—前300）[139]。它们的形状和被发现时所处的环境都指向史前时期。索尔兹伯里（Salisbury）的布莱克莫尔（Blackmore）博物馆展出的这种石制烟斗有扁平或弯曲的基座，雕刻成熊、浣熊、狼、海狸、猫头鹰或鹅的形状，看起来类似现在的监视器。这些烟斗在密西西比上游和五大湖、俄亥俄河谷、肯塔基和田纳西，以及俄克拉荷马州、纽约州、宾夕法尼亚

管状烟斗的地理分布。

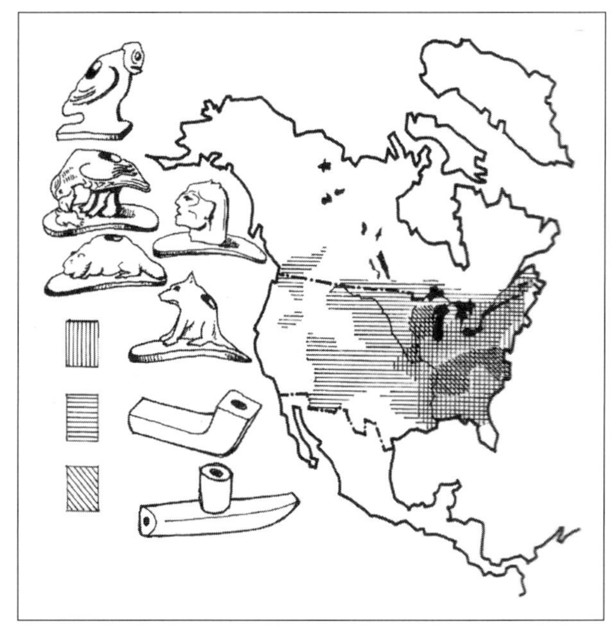

人像烟斗、肘形烟斗和带柄烟斗的分布。

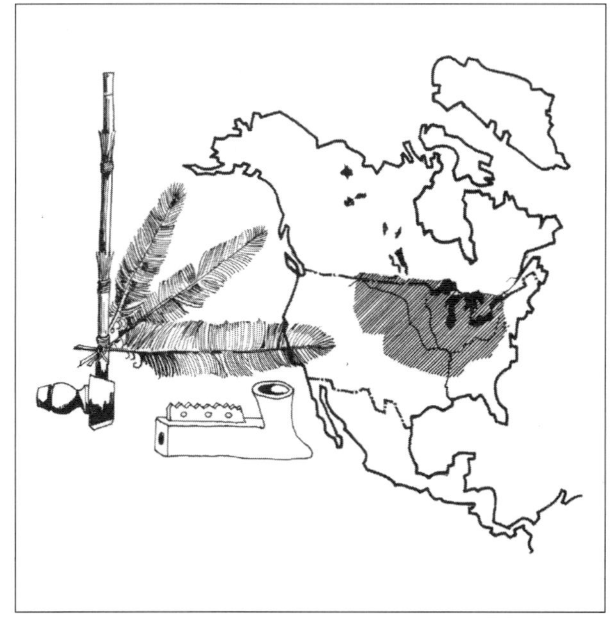

和平烟斗（calumet）的分布。

密克马克烟斗的分布。

州和加拿大安大略省均有出土。

这种带扁形基座的方型或微曲型监视器般的烟斗实际上来自同一地区。这是一个古老的类型，现存的大多数烟斗样本都发掘自土堆。这种情形表明在极端的情况下，这些烟斗不太可能像一些人认为的那样，即它们的外形是模仿河流中穿梭的船只。这种模仿是在后来才有的事。实际上，这些烟斗属于锁闩烟斗和肘形烟斗。在落基山脉、威斯康星州、南伊利诺伊州、俄亥俄河谷和纽约州出土了大量的这类石制（以及黏土制）烟斗[140]。

密克马克烟斗也得到了广泛应用，它以生活在山谷和圣劳伦斯河岛屿上的密克马克族印第安人命名，在其短脚上有一个类似桶或橡子的钵。这一类烟斗在奥吉布瓦族、黑足印第安人、克里族和密克马克族生活的平原地区也有发现。

威斯特对椭圆形、瓮形和扁形烟斗进行了区分。其中，第一种烟斗带有一个蛋形斗钵，第二种与第一种仅在大小上有差异，第三种则比较扁平。这些烟斗曾在威斯康星州、密歇根州、俄亥俄山谷和纽约地区出现，特别是在出土密克马克烟斗和北美印第安人烟斗的主要区域多次被发现[141]。

石制烟斗的地理分布与“上帝的烟斗石”——烟斗泥的出现密切相关①。毕生研究美洲印第安人的乔治•卡特林（1796—1872），在访问烟斗石县境内的烟斗石采石场后，描述了他在那里发现的红石采石场情景[142]。为了纪念他，人们将这里开采出来的黏土岩以他的名字命名——“卡特林”（catlinite，榴灰岩）。红色、赤褐色和橄榄绿色的烟斗泥品种在15—50厘米厚的石英岩中被发现，并且在天然的状态下利用磨石和水十分易于切割、钻孔[143]。根据威斯康星州采石场堆积的土堆中以及附近建筑遗址和居住遗迹中出土的烟斗所使用的材料，可以确定采石场早在史前时期就已经投入使用。虽然采石场由苏族管理，但普遍认为它们是中立的地区。根据印第安人的传说，是那些在洪水中遇难的人的肉化成了红色的石头。印第安大神不允许在采石场附近使用武器，因此，即使是相互开战的两个部落，到采石场附近也必须停战。人们在采石场对石头进行粗加工，所以随处可见一堆一堆厚厚的烟斗废料。

斗钵则是通过片状燧石工具切削（现场有石英岩），然后用天然磨石和水磨制出榴灰岩烟斗外形，最后两掌搓动木棍、芦苇秆或管状骨在上面钻出必要的烟气通道[144]。

易洛魁陶土烟斗

这是在美加边境、圣劳伦斯河谷、安大略省以及纽约州和宾州东部发展起来的一种特殊烟斗文化。在殖民时期，易洛魁族印第安人居住在这片领土上。在其北部部落（尤其是塞内卡族）定居点的土堆中发现了烧制的陶制烟斗。这些烟斗制作于十五世纪和十六世纪，在形状上与我们已经讨论过的石制烟斗有很大不同。斗钵和斗柄之间呈钝角，斗钵呈漏斗状，末端通常像一个带槽的按钮，或雕刻成人类或动物的头。这种设计在弗吉尼亚、北卡罗来纳、南卡罗来纳、田纳西、

① 烟斗泥的化学成分：48.2%的硅酸盐、28.2%的铝、5%的氧化铁、2.6%的碳酸钙、0.6%的氧化锰、6%的氧化镁和8.4%的水。

阿拉巴马以及乔治亚州的易洛魁人南方部落中没有人使用，尽管在休伦人和克里族聚居区确实发现过此类烟斗。

道森（Dawson）在描述名为奥雪莱嘉（Hochelega）的烟斗时指出（奥雪莱嘉是出土该烟斗的蒙特利尔附近一个易洛魁小镇的名称，它的周围布满了土堆），这些精致的红色烟斗造型极像丰饶之角①。麦瑰尔也称，这种烟斗的造型，源自1535年卡丽尔号（Carrier）战舰第二次抵达时法国侵略者所使用的号角[145]。然而，摩尔根（Morgan）的研究将我们的注意力引向了墓丘和其他遗迹出土的实物烟斗，这些烟斗表明印第安人的制陶技艺已十分高超。在最古老的出土物中有一些黑色烟斗，是用经过仔细淘洗的细粒陶土制成的。这些烟斗中很多都绘制了人脸、狼头或狗头图案，烧制质量好，坚硬如石。威斯特认为这些烟斗在法国侵略者到来之前就已经存在，而近年来的研究人员将它们的制作日期定在公元1400年至1550年之间[146]。

骨制烟斗

在各种由动物骨头刻制的烟斗中，最古老的是爱斯基摩人制作的。在他们居住的地区有四个重要的文化圈：

（1) 环白令海文化圈；

（2) 阿拉斯加文化圈；

（3) 加拿大北部文化圈；

（4) 格陵兰文化圈。

这四个文化圈中，环白令海文化圈回溯所及的时间范围最早大约是在公元前2350年。而影响着印第安文化的阿拉斯加文化起源于公元前700年左右，最年轻的文化圈是加拿大北部和格陵兰岛的多塞特文化。

在环白令海地区，烟草从印度、中国或俄罗斯商人处购得，烟斗由骨头或浮木制成，与就地取材的惯例相符。在白令海峡一带，烟斗多由海豹或海象的长牙制成，而楚科奇人（Chukch）、通古斯人（Tungus）和雅库特人（Yacut）通常采用西伯利亚猛犸骨头。木制烟斗的形状与骨制烟斗相同：口柄的一端固定着一个骨质或木质的斗钵，由两部分构成，造型像獠牙。堪察加半岛科累马河一带出现的烟斗则受到了中国烟斗影响，而勒拿河流域的烟斗极具俄罗斯风格，在阿拉斯加烟斗上发现了温哥华的印第安人浮雕。通常认为，爱斯基摩人是从印第安人那里学会了抽烟，并于十七世纪受到俄罗斯人和中国人的影响。可以肯定的是，沙皇彼得大帝派往中国的使者们看到随处都有男人和女人在抽烟，其中就包括雅库特人和通古斯人。库克船长在十七世纪末拜访了阿留申人，他在报告中提及爱斯基摩人抽烟。有人则相信中国的影响更大，认为是楚科奇半岛的爱斯基摩人将抽烟的习惯经白令海峡传入阿拉斯加。

采用鹿角制作的烟斗极具中欧特色，主要分布在阿尔卑斯山地区，特别是提洛尔、巴伐利亚山脉、特格尔恩湖和基姆（Chimsee）周围以及萨尔茨卡默古特（Salzkammergut），狩猎者们都使用此类烟斗。也许在欧洲，再没有其他烟斗

① 丰饶角，又名装满鲜花和果物的羊角，起源于罗马神话，象征着丰收、和平、仁慈与幸运。

能像鹿角烟斗那样由制作材料的“自然形态”决定。鹿角的造型原本就赏心悦目，无须过多修饰即可将它制成抽烟器具。鹿角上的绒毛和节疤通常会保留，只要细心装饰其他人物等图案即可，从而使平坦骨头表面精心雕刻的图案与未加修饰的天然表面形成鲜明对比。雕刻鹿角烟斗是十九世纪的特色，维也纳奥地利烟草（Östereichische Tabakwerke）博物馆、纽伦堡盖韦伯博物馆（Gewerbemuseum）（编号：8571）、日内瓦莱茵藏馆以及匈牙利国家博物馆都收藏了很多此类烟斗，在达勒姆杜克大学美术馆中也可以看到经过简单加工的鹿角烟斗[147]。

爱斯基摩人制作烟斗使用獠牙和阿尔卑斯狩猎者制作烟斗使用鹿角，都符合就地取材的实际需要。迪耶普象牙烟斗的原料情况则大不相同。

迪耶普是一个有名的港口城市，居住着很

爱斯基摩人烟斗分布图。

17 世纪的象牙烟斗。

多著名的水手。他们比葡萄牙人更早航行到几内亚和加纳利群岛。考辛（Cousin）早在1488年就达到过亚马孙，比哥伦布还早四年。1688年，路易十四感叹道：

“迪耶普一直以来都是我们最熟练的船长和航海家出发去探索远方的起点。”

17世纪下半叶，迪耶普承担了很大一部分圣多明哥和马提尼克（Martinique）的烟草加工业务，除已经成熟的陶制烟斗外，为满足人们对奢侈品的消费需求，一种新的烟斗制作技艺应运而生。大量的象牙被运到这个港口市场，为众多雕刻师提供了创造和就业的机会。例如在1694年，象牙雕刻为整个城市贡献了300,000利维尔的收入①。雕刻象牙烟斗的传统与十七世纪流行的丝烟收纳盒雕刻有关。在当时的法国，人们通常亲手为自己制作鼻烟。首先将烟草压成条，然后用类似厨房的切碎机一样的工具将其切碎，再将这种由切碎机制成的烟丝装进金属、木头或象牙制作并经过装饰的盒子里。例如迪耶普博物馆中陈列的象牙丝烟盒，上面就饰有美人鱼和穿着西班牙服饰的男孩图案，十分精美[148]。

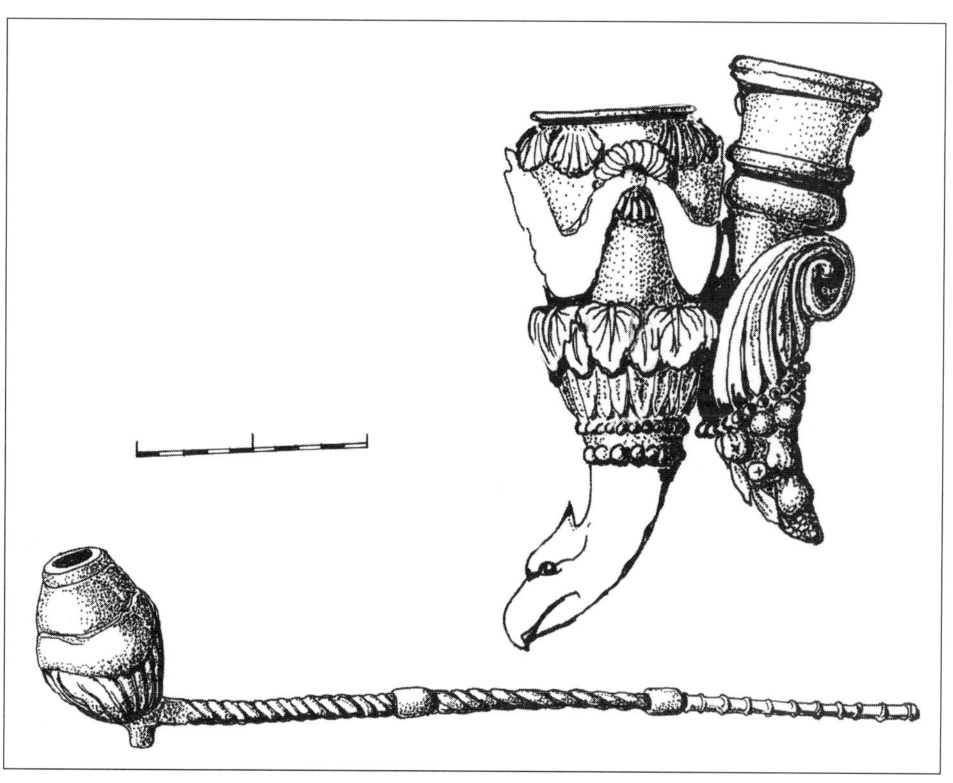

迪耶普的象牙烟斗。

迪耶普象牙烟斗造型奇特。斗钵形似瓮，刻绘着花环或头戴王冠的女性半身像，底部是鹰头或海豚头，支撑口柄的斗颈则采用各种各样的装饰（如植物和水果浮雕）对斗钵进行补充，前者常以小爱神（丘比特）进行丰富。斗颈与斗钵之间有简短的连接，网状冠的造型充当斗盖。1612年，萨沃伊（Savoy）、丹布里（Dambry）和贝尔泰斯特（Belleteste）的工场通过底部钻凿实现了烟斗骨雕工艺。从图形、装饰标准形状的统一性可以确定，当时，制造商的雕刻师们均严格按照统一的规则和模式进行批量雕刻，只能进行一些或多或少的细节修改。这就是为何大量的烟斗具有类似的装饰风格：斗颈是紧凑的鲜花与水果构成的花环，斗钵装饰着酒神式的葡萄串、鹰羽、重叠的海豚，以及凿刻的花边造型，富有托斯卡纳文艺复兴时期的艺术气息，体现了鲁昂圣

① 利维尔是法国古代的银币单位。

麦克卢雕刻大师让·古戎（Jean Goujon，1514—1568）的风格。

造型精美的象牙烟斗雕刻作品可以在迪耶普博物馆、巴黎装饰艺术博物馆、日内瓦莱茵（Rhein）藏馆和汉堡的利兹玛（Reemtsma）藏馆欣赏到。

玻璃烟斗

玻璃烟斗从未成为真正意义上的烟斗，反而更像是用来装饰商店橱窗的饰品，它们因异常稀有而被收藏。玻璃不适合用来制作烟斗，因为质地较硬，吸附性差，对烟草燃烧产生的耐热性不好，最重要的是，玻璃易碎。尽管如此，十九世纪的斯图尔布里奇（Stourbridge）、布里斯托尔、内尔西、威尼斯和穆拉诺玻璃工厂依然生产了大量的彩色玻璃烟斗。樱桃红、蓝绿色、金黄色、深蓝色和蓝白相间的玻璃烟斗，装饰着褶皱边缘、生动的曲茎和花边图案，它们从未作抽烟之用；这些烟斗被用于它们最初的设计目的——桌面装饰，以及作为玻璃陈设柜的小摆件。

金属烟斗

最初是水手引领抽烟的潮流，后来是士兵和学生使其得到了更广泛的传播。陶制烟斗相对便

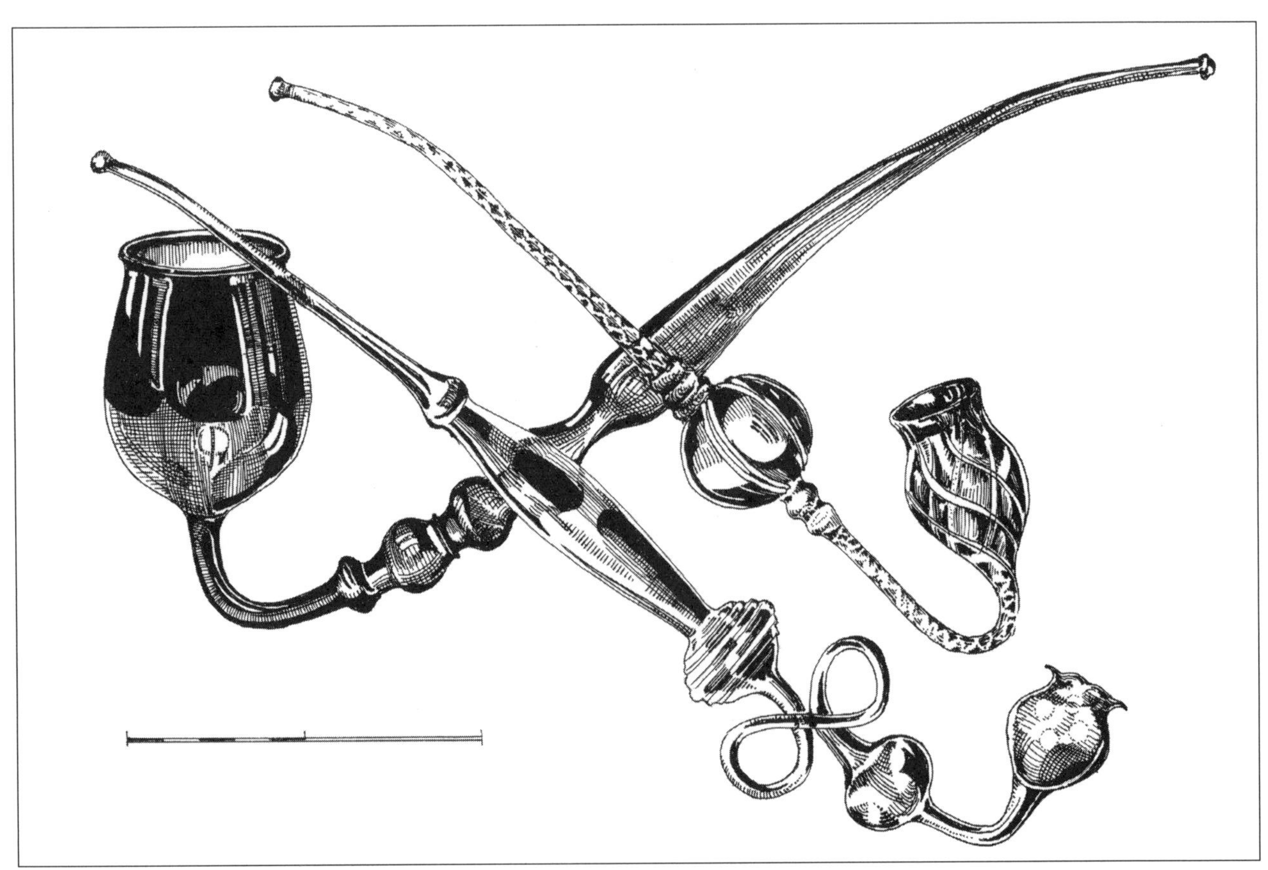

布里斯托尔和威尼斯的玻璃烟斗。

宜，如果不小心折断，再买新的也不难，甚至有些贵族也使用陶制烟斗。当时，英国和荷兰制造的烟斗由于斗颈过薄，很容易折断。烟斗折断是一件很让人气恼的事情，若是精致且贵重更是如此；此外，牵着猎狗外出狩猎遗失爱斗也会令人难过。

为了避免这些不便，十七世纪和十八世纪的人们用木头或皮革做的漂亮匣子来保护烟斗。这些匣子用金、银或铜进行装饰，甚至刻上丰富的图案。它们本身就是奢侈品，价格比烟斗高很多。由此可见，当时的人们对烟斗这种不可或缺的物品珍爱到何种程度。按照远航的水手和出行非洲的商人们的要求，制斗工匠们用金属进行了烟斗制作试验。工匠用银制作出了与陶制烟斗同样造型的烟斗，根据其精心加工的斗盖可以确定，他们在旅途中使用了这些烟斗。斗钵和斗盖是耐用品，人们在斗钵和斗盖上精雕细琢，有些造型类似富人使用的餐具。有些银制烟斗用银打造口炳，但采用乌木等名贵木材制作口柄与银斗相搭更为普遍，而咬嘴采用象牙刻制。尤其是法国人制作的精美银制烟斗，在斗钵上还雕琢了流行的神话场景。很快，人们又将斗钵塑造为人物头像，最著名的当属战神玛尔斯和智慧女神密涅瓦头像斗钵，头盔正好被处理成斗盖。

法国密涅瓦头像银质烟斗。

金属烟斗几乎能满足所有吸烟者的各种要求，例如，露营的骑兵可以把它插在靴子里，对于那些在各地搜寻、贩卖黑人的奴隶贩子而言，金属烟斗也省却了保管上的烦恼。法国“讴歌者”（mouth-singer）烟斗模仿的是高卢 - 罗

非洲铜制烟斗。

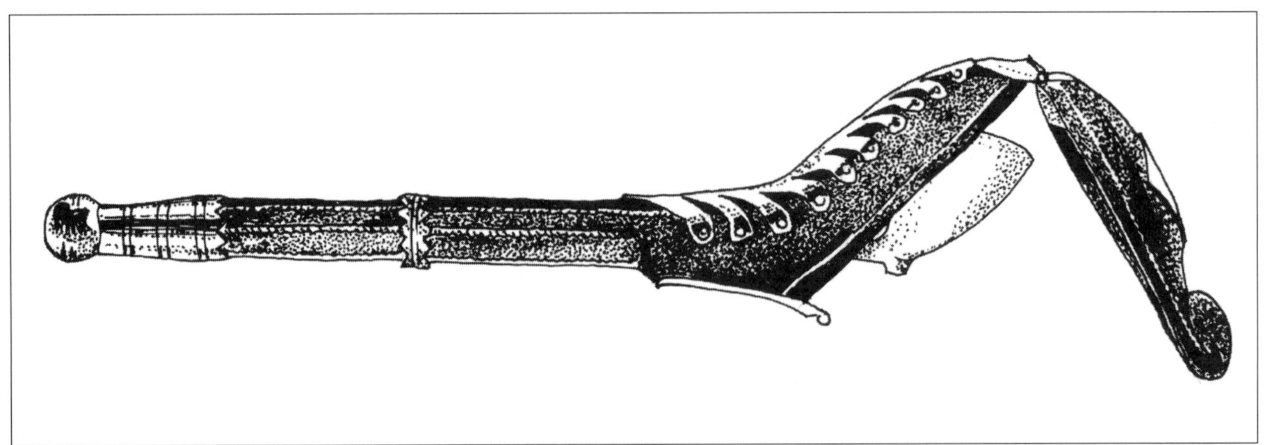

用于保护易碎的陶制烟斗的精致烟斗匣。

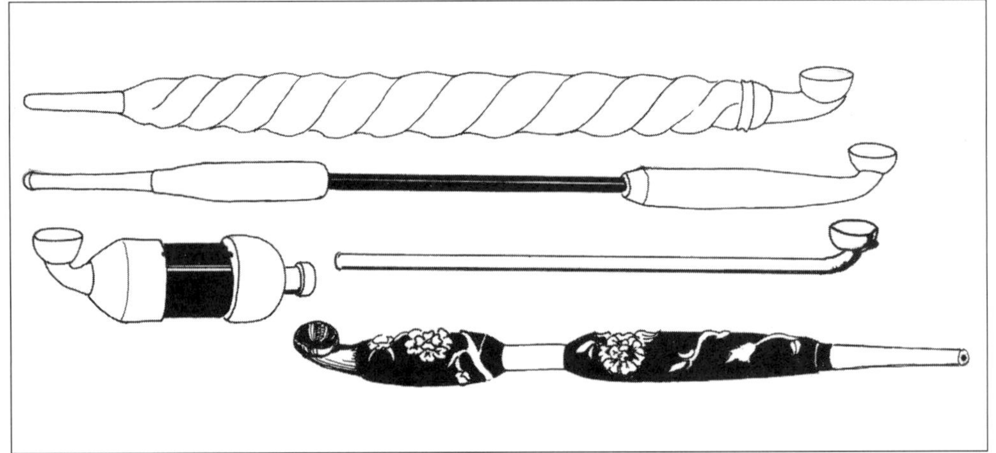

日本和中国烟斗。

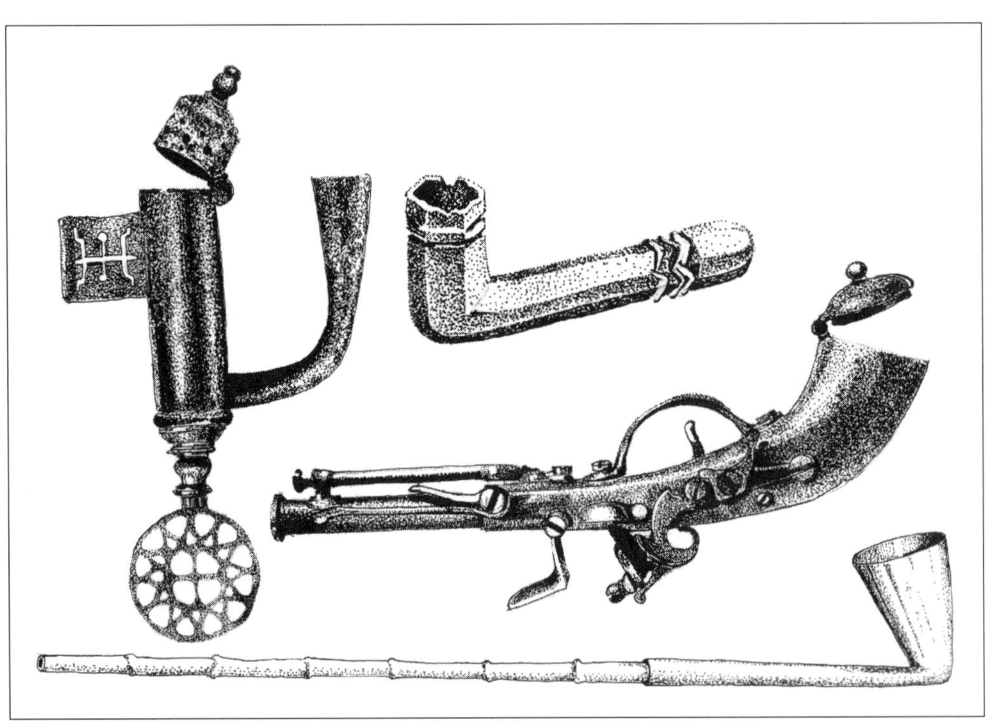

专为穿梭于非洲的士兵和奴隶贩子制作的金属烟斗。

马人的铁制和铜制烟斗，十八世纪的手枪和钥匙形状的烟斗基本由士兵使用。手枪烟斗对士兵而言再合适不过了，因为上面的燧石发火装置能帮助他们随时随地点火。共济会的成员也找到了最适合自己的烟斗——形似铁砧，饰有共济会会徽的烟斗。人们曾将细铁片绕成漏斗状，做成长长的绕线型烟斗，这也是荷兰式烟斗的新发展。

尽管经过精加工，但这种质地坚硬的金属烟斗从未在欧洲扎根。事实上，金属并不适于制作烟斗，因为它毫无孔隙，无法吸收烟草燃烧时产生的冷凝物。而且金属导热性能好，烟草燃烧猛烈时还会烫嘴。因此，金属烟斗多用于装饰，或者在政治、外交活动中作为华而不实的礼物赠予客人。上世纪①中叶，莫斯科附近的图拉金匠制作了电镀长烟袋，斗颈上镶嵌乌银，咬嘴用琥珀制作，这一类烟斗可能是用于出口到东方国家。大约在1890年，理查德•埃弗拉德•韦伯斯特（Richard Everard Webster）勋爵向旅居美国的俄裔犹太作家雅各布•戈丁（Jacob Gordin）赠送了非洲铜制烟斗——咬嘴和斗钵用银制成，口柄由象牙制成，并且设计成弯曲形状[149]。

战斧烟斗

战斧烟斗的存在要归功于臭名昭著的政治。十六世纪，欧洲列强试图瓜分北美大陆，西班牙人征服了南部地区（墨西哥和佛罗里达），法国人、荷兰人和英国人则入侵中部地区。宗教改革后（post-Reformation）特有的经济禁欲主义和资本积累催生了一批新的贸易公司，目的是寻找和占有提供原材料的新市场（荷兰、法国、丹麦和英国东印度公司，弗吉尼亚和普利茅斯公司）。1534年，卡丽尔号战舰第二次出征美洲之后，法国人对新大陆的经济潜力产生了兴趣。为了掠夺河狸及其毛皮，他们沿着主要河流四处搜寻猎物，居住在那些为保护行进路线而建立的要塞中［土伦堡（Fort Toulon）、圣路易斯（St Louis）、普吕多姆（Prudhomme）、伊埃•布厄（Ie Boeu）……］。英国人则散居在雷利（Raleigh）（1584）建立的第一个英国殖民地——弗吉尼亚

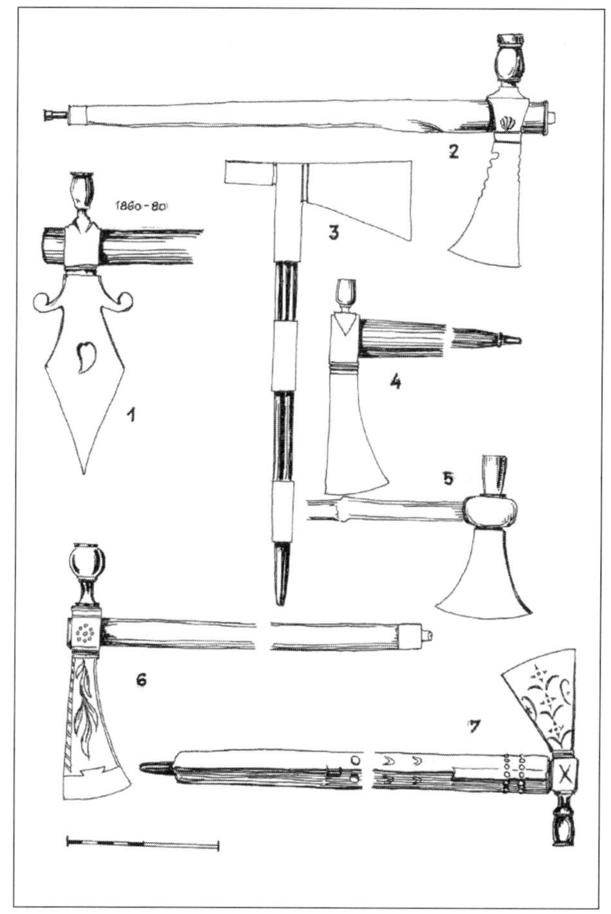

战斧烟斗。
（1. 法国制造；2—4. 英国制造；5. 西班牙制造；6—7. 荷兰制造）

① 指十九世纪。

滨海地区。相比流动性强而不稳定的法国移民者，英国人的行动要缓慢得多，但占领了更大的区域。入侵者与保卫狩猎场的土著人发生了激烈的冲突，不同入侵国家之间也因土地问题大打出手。

1756年，为争夺圣劳伦斯河流域，法国和英国之间爆发战争，战争一直持续到1763年。

印第安人一直过着狩猎和采集的生活，武器都用木头和石头制作，唯一熟悉的金属是铜。他们有一种称为“战斧”的重要武器，是用石英岩作刀刃、带尖头和长柄的斧头。印第安人十分善于使用这种武器，特别是苏族人和阿尔冈昆人[150]。在与入侵者的交战中充分领教了钢制武器的威力后，印第安人也开始花高价购买钢制短刀和斧头。比较之下，他们更喜欢购买乌特勒克铁匠们制作的铁制武器，其中大部分铁匠就居住在曼哈顿岛。这一交易主要由法国皮毛交易商牵头组织，他们因此获利颇丰。到1615年，在围攻奥尼达堡（Fort Oneida）后，印第安人已经普遍使用上了被称为“法国商用斧”的钢制战斧，但实际上，这种钢制战斧大部分由印第安部落周围的荷兰和英国铁匠、工匠们制造[151]。

战争期间，路易十四的顾问突然想到，挖出和埋葬战斧的行为分别象征了战争与和平，这跟象征和平、安宁的北美印第安战斧烟斗相呼应。因此，国王命令铸造一百支战斧烟斗送给与英国交战的加拿大部落首领，以奖励他们亲法的立场[152]。

做工精巧、装饰精美的法国战斧烟斗，与英国和荷兰人制作的粗笨的战斧烟斗形成了鲜明对比。法国战斧烟斗采用了法国风衣上的鸢尾花纹造型，荷兰和英国的战斧烟斗则简单地做成了斧头的形状，加上一个密克马克烟斗风格的斗钵，用来代替战斧的尖柄端[153]。战斧烟斗通常标注了烟斗制作者的商标以供识别差异，一些烟斗在斗柄上还装饰了银钉或金贴花。从1789年条约签订到1812年战争爆发期间，英国人试图通过向印第安人赠送这种价值可疑的礼品来拉拢他们，因此英国人制作的许多烟斗流入了印第安人手中。印第安人对战斧烟斗和钢制战斧产生了兴趣，并着手用烟斗泥进行模仿，这些烟斗至今仍是印第安纪念品收藏界的宠儿。印第安人可以将钢制战斧准确无误地扔向敌人。这些战斧变成了令人畏惧的武器，而且长期以来，成了（印第安人）反抗白人统治所进行的残酷战争的恐怖象征[154]。

水烟壶

优质的英国和荷兰烟斗，可以吸收烟草燃烧时令人困扰的热烟气；虽然陶瓷烟斗将口柄进行折叠也能解决热烟气问题，但吸剩的烟丝会堆积在烟斗内。维卡里乌斯（Vicarius）医生试图用他的发明——由三部分构成的水烟壶——来解决这个问题。

在土耳其，产自特拉比松的一种波斯樱桃树的茎干被添加到了长柄烟斗中。烟斗的斗柄长度为两英尺至六七英尺不等，甚至可以长达十二英尺。茉莉是一种很受欢迎的芬芳的樱桃木的替代品。烟斗的咬嘴由琥珀制成，饰以金、银、珍珠和宝石。在土耳其所统治的大片领土上，现实中的“士兵烟斗”已逐渐演变成了一种供退役士兵们享用的奢侈品。他们从战场退隐到妻妾身边，开始奢侈享乐，愿意花费漫长的时间从容享用烟斗。正如波斯人莎•纳迪尔（Shah Nadir）所言：

“我们没有理由为我们的民族担忧，因为先知只给了他们两只手；一只手忙着戴帽子，另一只则提着裤子；如果还有第三只手的话，它将既不拿剑也不拿盾，而是握着一支烟斗。”

这种长柄烟斗使土耳其人长时间坐在软垫凳子上不愿起身，将水烟壶芳香四溢的咬嘴塞进嘴里之后，除了混合芦荟、玫瑰叶、大麻和鸦片的烟草能给他们带来乐趣外，还有什么别的事物能让他们提起兴致？

水烟壶，又称水烟袋或水烟筒，可能是起源于波斯的一种抽烟器具，由三部分构成，最初采用呈罐状或篮子形状的椰子制作而成。斗钵要么是漏斗状，要么是盘状，由烧制的陶土或海泡石制成，通常用精雕细琢的金属制品加以装饰。

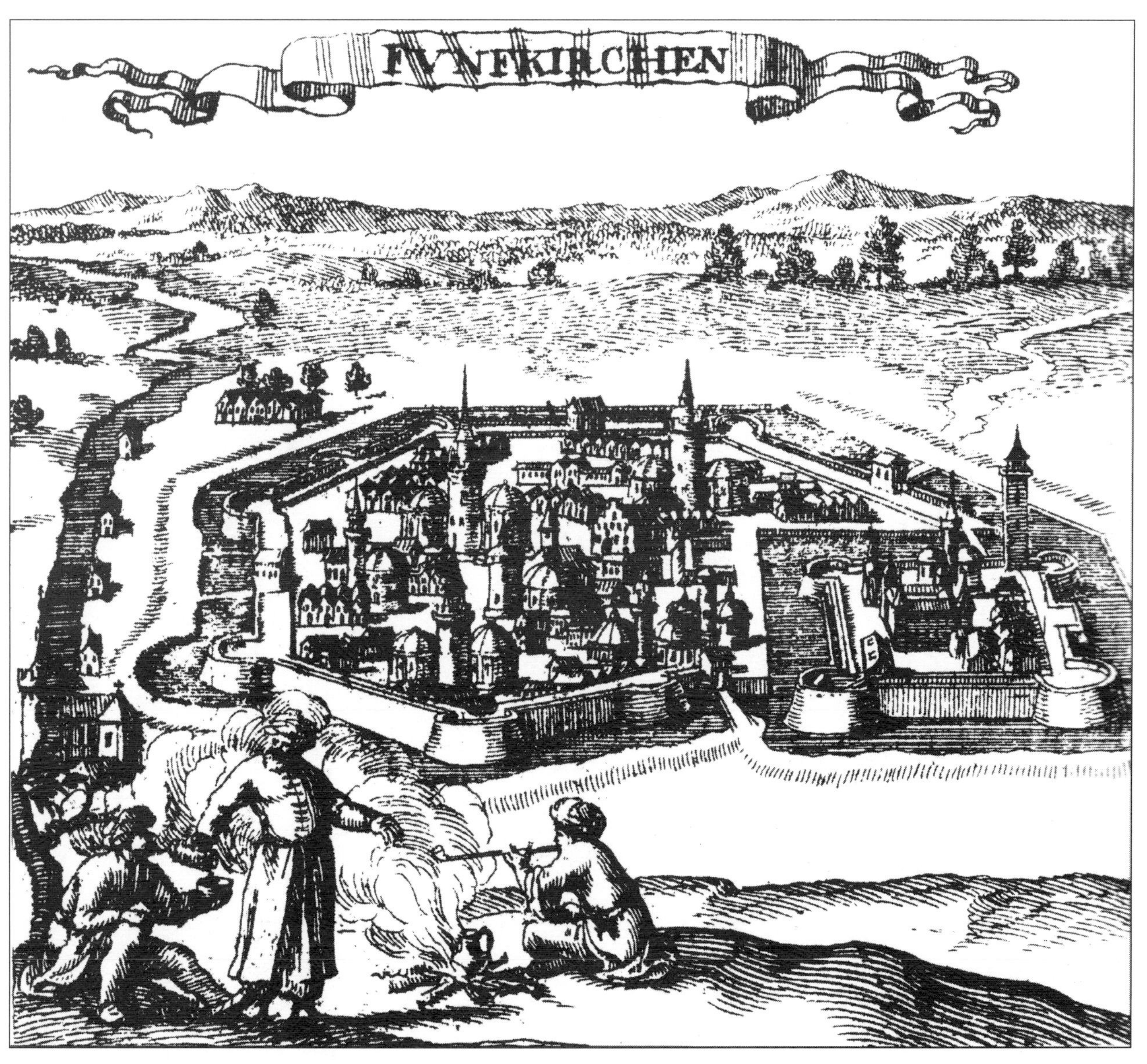

此类烟斗由土耳其商人带到匈牙利。

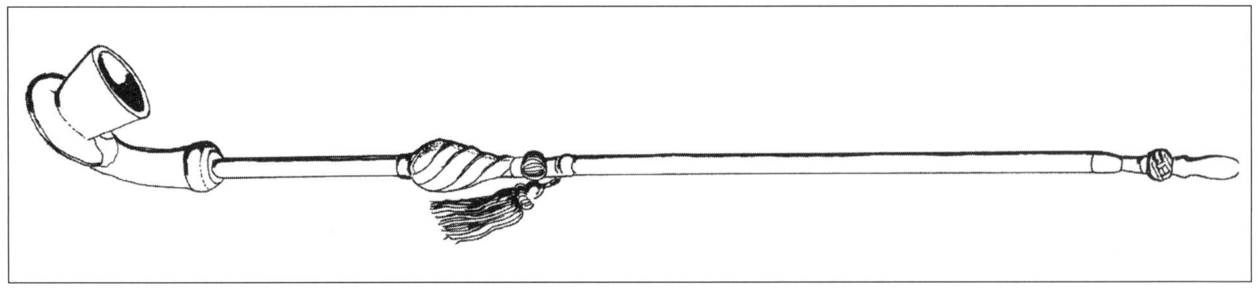

土耳其长柄烟斗通过长长的口柄来抽吸。

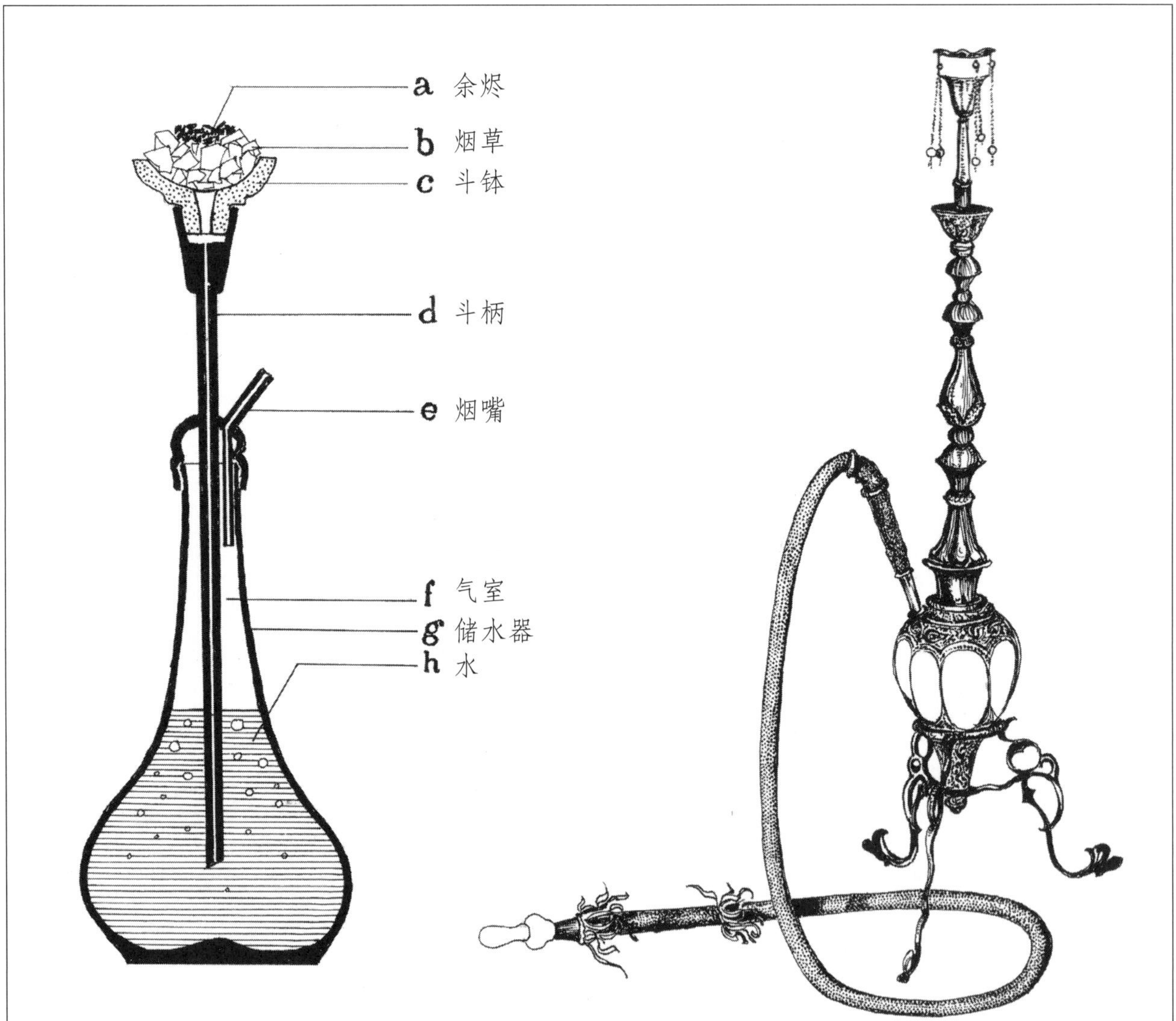

a 余烬
b 烟草
c 斗钵
d 斗柄
e 烟嘴
f 气室
g 储水器
h 水

水烟壶及其构造。

在水烟壶上，烟叶被卷成一团，由灼热的木炭点燃。烟气通过一根管子从斗钵传导到盛在容器里的水中。在水面以上，有一根或几根管子通向容器的上部，即气室。当烟斗客们吮吸柔韧的烟嘴时，由于气室减压，一阵凉爽的芳香烟气便从水中喷涌而出。

水烟壶的诞生地也很可能是印度。1615 年，托马斯 • 罗伊（Thomas Roe）爵士在拜访莫卧儿帝国时便看到有人以这种方式抽烟。正如它的名字和形状一样，最初盛水容器由椰子制成，而口柄和斗钵则由竹子或烧制陶土制成。这种水烟壶后来传到了安南国，在印度东南部也有人使用[155]。

波斯水烟壶用金属做成，其斗钵内壁覆盖着烧制的陶土。贮水器和烟管上都装饰着造型富丽的彩瓷。在被阿拉伯人征服之后，伊朗的金属加工工艺在传统的萨珊王朝银雕技艺的基础上得到进一步的发展。由于伊斯兰教禁止信徒使用贵重金属，人们便采用青铜和纯铜来进行雕刻。最常见的图案是动物、鸟类和其他各种装饰，它们之间的空间常用釉料进行填补。雕花框架上还镶嵌着彩绘图案，令其表面显得更加色彩丰富。这些图案反映了十六世纪和十七世纪波斯微型画的特点：椭圆形的瓷器饰面上画着肖像和色彩鲜艳的花环。这种金属工艺品结合了后阿萨德时期和印度教的各种元素，并将各种图案巧妙地组合成一个整体，传遍整个西亚地区。举一个绝佳的例子：塞塔博物馆的瑟尔卡联（sercalian）水烟壶用的就是十八世纪恺加王朝（Qadjar）时期的斗钵。

土耳其水烟壶沿袭了塞尔丘克（Seldchuk）金属工艺品的传统，大多由纯铜和黄铜制成，其青铜烟管通常由其他几种金属（主要是银和黄铜）组合起来进行装饰。受伊斯兰教的影响，其装饰图案包括华丽的花卉和来自《可兰经》的典型元素。采用早期伊斯兰的金属镶嵌特色工艺是土耳其水烟壶的另一个常见特征，水烟壶的造型很容易让人辨认出椰子的形状。有些水烟壶的造型会演变为具有土耳其金属风格的雅致罐状。这种类型烟斗有一些著名的实例，可以在奥地利烟草博物馆展出的土耳其水烟壶中找到。

透过阿富汗水烟壶，能感受到来自印度、波斯和土耳其的强大影响。水烟壶有着椰子的外形，由一个支架支撑起来。贮水器的顶端要么是尖的，要么呈球状，被安放在雕花三脚架上，或安装在一个可旋转的小桌子上。在奥斯科藏品中可以看到一个令人赏心悦目的阿富汗烟斗。

在被伊斯兰教征服的土地上，我们可以见到色彩斑斓的带足陶器和陶瓷水烟壶，以及以雕花或彩绘作为装饰的镀金波斯水烟壶，它们以红色为主，流光四溢。陶土和玻璃水烟壶的配件（斗钵、斗颈和口柄）由黄铜制成。其中尤为著名的水烟壶采用带有釉面装饰的深红色“蔓越莓玻璃”制成。

工匠们必须以一丝不苟的态度来制作这种柔韧口柄的咬嘴。通常它们是球形或椭圆形、不透明或透明的琥珀块，有些则由多块被精雕细琢的金、银环状物所固定的琥珀组成，珍贵的珠宝进一步丰富了其内涵。在伊斯坦布尔卡皮后宫的闺房藏馆中，可以看到这种非常精美且珍贵的咬嘴。

随着阿拉伯的扩张，水烟壶的用法也渐渐传播到了非洲，特别是那些信仰伊斯兰教的人群中。在达马拉山脉，夏尔郡的卡菲尔人所抽烟斗的贮水器通常用水牛或羚羊皮①制成，上面装着一个通过竹制或金属制斗颈与其相连接的铜斗钵。在刚果、努比亚、赞比亚、坦噶尼喀、安哥拉和万尼亚图拉，人们更喜欢用各种植物的葫芦形果实来制作水烟壶的贮水器，并以蚀刻的几何图案和人形绘画作为装饰。效仿宗教雕塑技艺制作而成的刚果金属水烟壶尤其赏心悦目。

毫无疑问，水烟壶经印度莫卧儿王朝传到印度东南部、中国，然后再传到日本。目前已知的中国水烟壶主要有两种形式。其中一种是基于竹子的自然形态：竹筒厚实的部分作为水烟壶的主体，并在竹筒上装一个竹制斗钵用于盛装烟草。另一种形式的水烟壶传播得更为广泛，它包含一个贮水器、口柄杆、烟草盒、清洁镊子、通条和刷子，可以收纳在一个小而扁的水烟盒里。

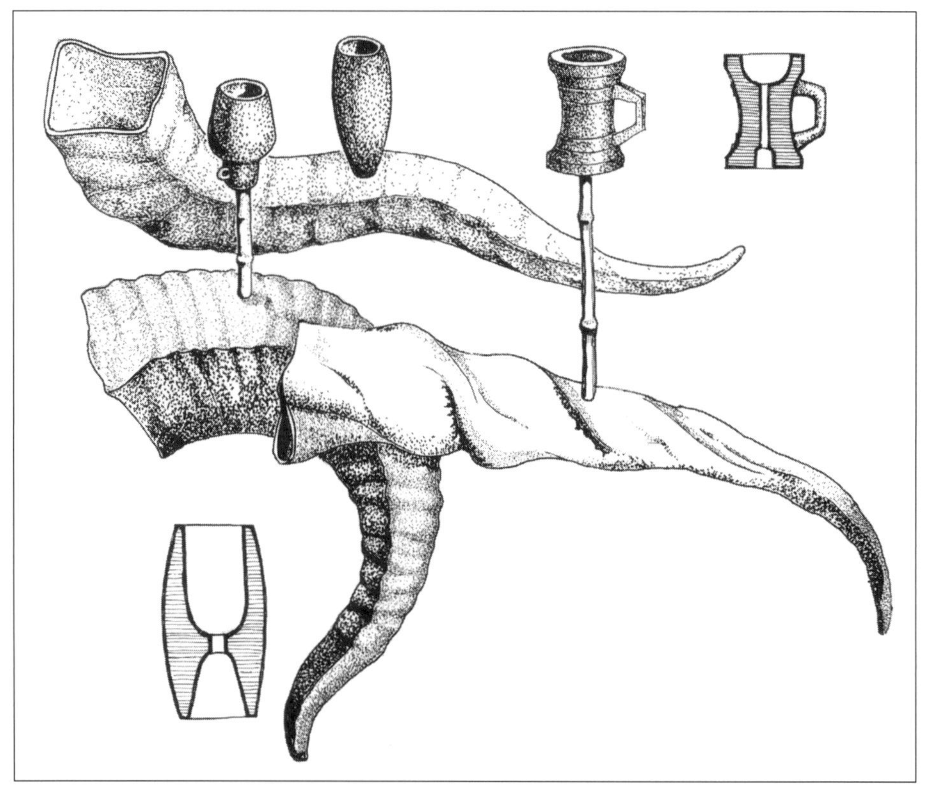

非洲水烟壶。

金属水烟壶一般采用铜、镍、锌等金属制成，饰以雕花图案、景泰蓝或广州珐琅。在明代（十五世纪至十七世纪），搪瓷（珐琅装饰）工艺经由阿拉伯传到中国，并逐渐发展为中国特有的一种艺术形式。水烟壶的金属配件经由锤打和焊接成形。同时，将1—1.5毫米厚的金属薄片焊接到配件表面，以勾勒出图案的轮廓，而线条内的空间则以瓷釉粉进行填充。将这种材料与金属线条一起反复烧制，材料熔化后对其进行精轧、抛光，最后与金、银一并加工。整个黄铜或青铜表面以广州珐琅进行覆盖。珐琅工艺的第二个繁荣时期是在乾隆年间（1736—1796），其特点是线条细腻，色彩鲜艳。十九世纪，珐琅水烟壶的产量显著减少；其市场份额逐渐被商业化生产的产品所抢占。当时市面上的水烟壶大多以纯铜制成，带有简单的雕花图案和装饰。

和金属水烟壶一样，仿照中国陶器造型和装

① 原文如此，根据图示似当作“水牛或羚羊角”。

葛饰北斋（日本画家）：《惬意的布袋和尚》。

饰制成的陶瓷水烟壶也非常受欢迎。莱茵藏馆中的十八世纪罐形陶瓷水烟壶以茂盛的树木和大量镀金作为装饰。

柚木曼达林烟斗（或称芝山烟斗）出产于中南半岛。其光滑的表面上覆盖着珍珠母镶嵌的图案，主题是开满鲜花的树木和在岩石上梳理羽毛的仙鹤（来自查尔斯•P. 纳莫夫藏品）[156]。

陶土烟斗

陶土是最古老的烟斗制作材料之一，在决定烟斗的形状和特色方面起着重要的作用。陶土是一种沉积碎屑岩，即含铝硅酸盐的岩屑，具有很好的吸水能力。75% 的地壳中含有硅酸（SiO_2）和明矾土（$A1_2O_3$），它们也是陶土的基本成分。在地壳的地质衰变过程中，长石（在地壳矿物中占比高达一半以上）分解产生了形成陶土所需要的物质成分（$Al_2O_3 \cdot 2SiO_2 \cdot H_2O$）。无论在何处发现的纯陶土（高岭石），总是含有某些特定的杂质——铁、石英、云母，它们赋予了陶土独特的地方特色[157]。陶土最重要的特性是它的可塑性和

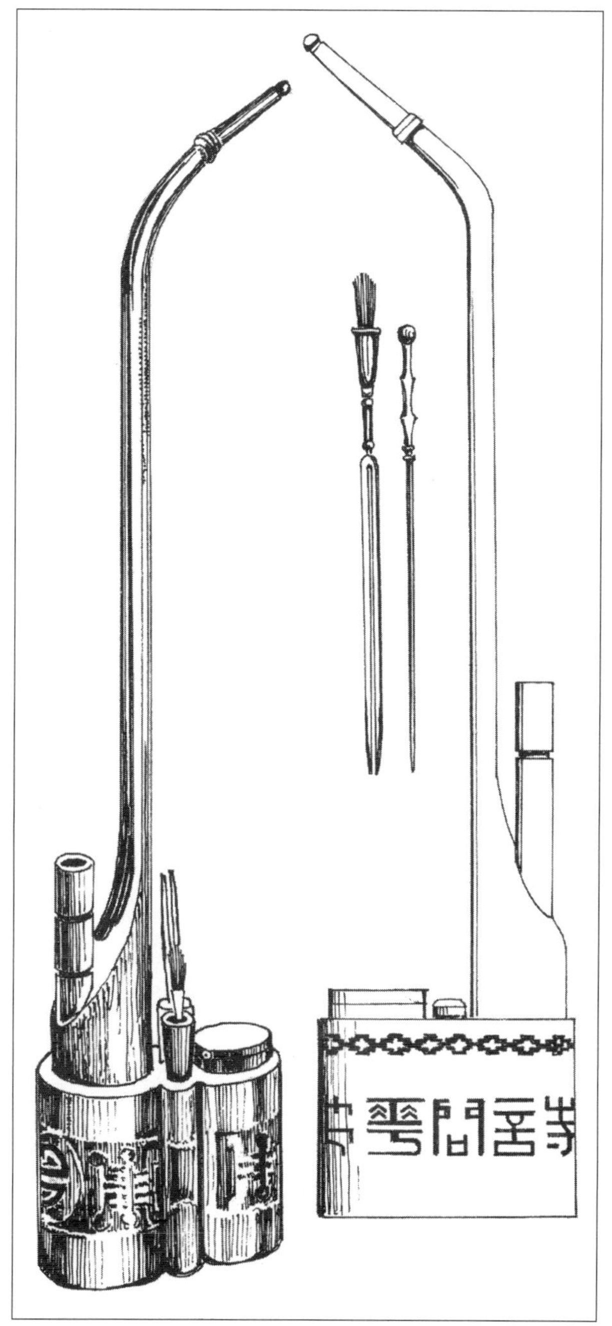

中国水烟壶。

延展性。叶片状的薄层陶土含水量很高，即使干燥处理的过程中，也很容易通过雕刻或刮擦来改变其形状。干燥的陶土通过烧制可以变得像石头一样坚硬，这使它的有用性和耐用性提升了上百倍。由陶土制成并依次经过干燥和烧制的物品，

统称为陶土制品（ceramics），以希腊语单词“陶土”（keramos）命名。陶工和陶器在人类的日常生活中扮演了重要的角色，因为其原材料总是唾手可得、易于加工，而且通过烧制可以变得坚固耐用。

陶器是人类最古老的手工艺品之一。这些烧制后坚硬如石且具有渗透性的陶土器皿，被考古学家称为重要的“年代指示器”。由于陶器易碎，使用时限很难超过一代人，所以它们的形状持续地发生着变化。陶器造型的变更和修改，一部分是为了满足社会发展需求，一部分是为了迎合制造者的品味，一部分是为了表达思想，还有一部分是为了顺应时尚潮流的趋势，因此它们非常适合用来作为考古年表中的标记。

在最古老的时代，陶器完全采用手工制作。在它们半干且尚未烧制前，可以对其进行雕刻，从而产生美学造型。在这些表面不平整的手工陶器之后，又出现了用陶轮制作的陶器，小亚细亚人和古埃及人早在公元前 5000 年至前 4000 年已经掌握了这种转盘制陶技术。大规模生产的需求导致了模具的使用和塑模技术的出现，人们在发掘青铜时代部落定居点的出土物中发现了这些技术存在的相关证据。

在生产中所涉及的技术改变之后，原材料的制备工艺也随之改进。上釉——在高纯度的陶土中添加苏打、珍珠粉和硼砂——这一工艺被采用后，可以使精洗后陶土制成的器皿更加防渗。经过烧制后，这些呈现自然白色、褐色、乌木黑色或加入矿物染料形成彩色的陶土釉层能使陶土制品的表面变得光滑亮泽。而未上釉的陶土烧制品，人们在彩绘上涂上无色釉、铅釉、锡釉，经高温烧制后成为具有贝壳状裂痕的陶器或陶艺制品。这样一来，工匠和艺术家们在制作供个人使用的陶制品过程中，就可以毫无限制地发挥他们的个人创意。后来，瓷器的出现进一步丰富了欧洲日用品，这种器皿采用一种纯净、洁白、几乎透明、没有杂质的高岭土烧制，其技术中国人早在唐朝（618—907）就开始应用。而在欧洲，制造瓷器的技术直到 1708 年才被伯特格——萨克森选帝侯、奥古斯丁“强者”的宫廷炼金术士所掌握。

制造商们提供的具有高度艺术性和高品质的陶土、陶瓷产品很快席卷全球。他们的陶器产品可以分为以下四类：

1. 陶土制品的基本材料是自然陶土。由于存

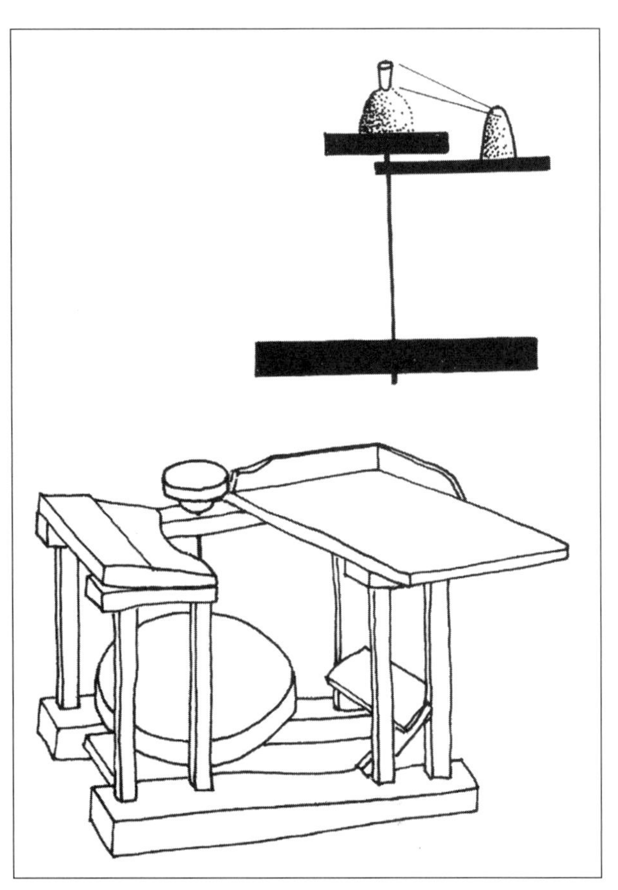

陶轮（制陶用的转盘）。

在各种杂质，尤其是氧化铁，陶土呈褐色、浅灰色或蓝黑色。经过烧制，陶土呈白色、淡黄色，含有氧化铁成分的陶土则变成黄红色，如果烧制时间过长，则变成棕色或黑色。含泥灰土和石灰的陶土烧制后呈红色，或在温度更高时变为红色。

2. 出于颜色考虑，制作彩陶的陶土中会添加含有泥灰土的陶土。经过低温烧制，制品表面产生一层锡釉，如果这层锡釉是白色的话，则是清澈透明的白。然后，以钴蓝色、黄色、浅紫色或绿色釉彩修饰，在940—960℃温度下烧制。

3. 粗陶器（缸瓦器）或硬陶器用经冲洗、冷冻等程序去除杂质，然后添加沙子和石英粉进行还原处理的陶土烧制而成，成品呈白色、灰色、黄色、棕色或黑色，表面通常为盐釉。自1830年开始，用过度烧制法制作粗陶器的工艺就已经存在。韦奇伍德（Wedgwood）和若尔瑙伊（Zsolnay）出产的粗陶器最为有名。

4. 由于瓷器烧制要求原材料的纯度很高、颜色为白色，烧制时采用多阶段工艺，制作过程中涉及极高的艺术水平，很多人希望将瓷器同其他陶制品分开另成一类。但是，不论是工艺还是瓷器制造采用的最严苛的程序细节，都绕不开陶瓷制品的概念框架，瓷器最多算是这个类别中达到最高质量等级的制品。

这种可塑性强的原料很自然就成为制造烟斗的必选材料之一。由于陶土烟斗的多孔构造，烟草燃烧时的潮湿沉淀物以及影响烟气味道的冷凝物可以被吸附掉一部分；如果烟斗的微孔被堵塞导致抽烟者感到不适，鉴于陶土烟斗足够便宜，更换新的也很方便。因此，陶土烟斗倍受斗客们偏爱，这也就解释了为什么在五百年的整个吸烟史中，陶土烟斗一直受到人们的欢迎。伦敦和豪达制斗师们所采用的主要制斗原料就是陶土；活跃在法国海岸线上的海盗们使用的烟斗是陶土烟斗，水手和海员们也是如此，随后是土耳其人：是他们每一个人的传播将陶土烟斗推广到了整个欧洲大陆。

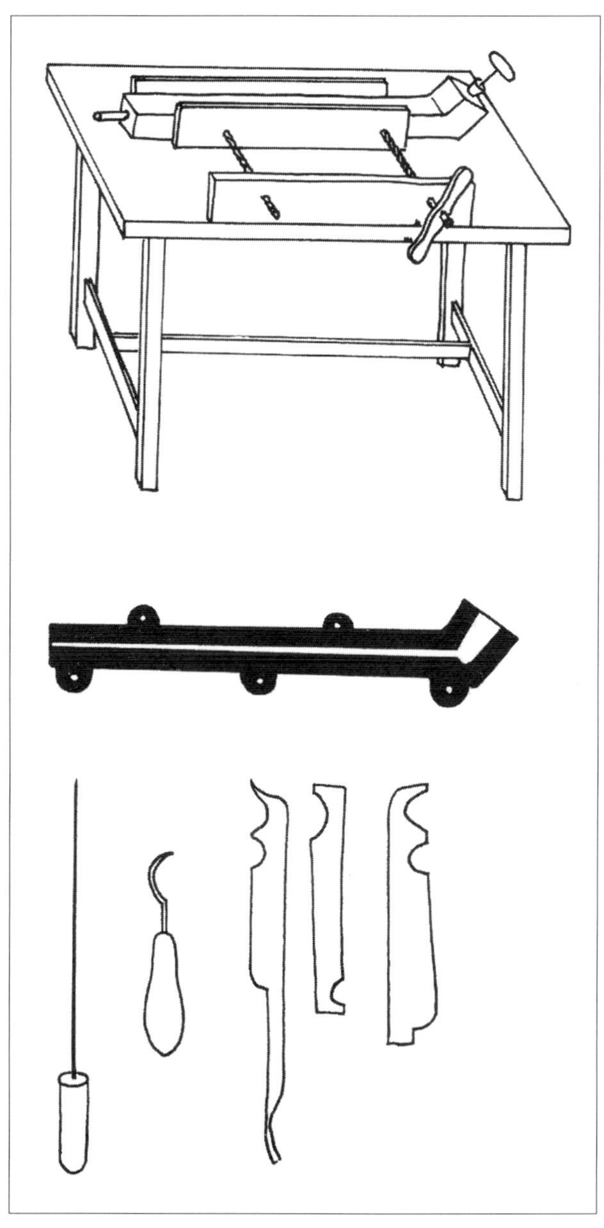

英国和荷兰烟斗的制作工具。

当然，几个世纪以来，人们制作烟斗时除了易碎的陶土之外，也采用其他材料：木材、金属、骨头、海泡石和其他石头。然而，陶土烟斗在烟斗发展历史中持续保持领先地位，始终是最常用的吸烟工具。甚至到今天，由于其特殊特性，陶土烟斗仍然是试抽或品鉴各种混合烟草的最佳选择。

一直以来，陶土烟斗都受到斗客们的青睐，它们的形制受到各个时期的时尚潮流影响。毫无疑问，继陶土烟斗后，首个金属、木制和海泡石烟斗也相继被制作出来。再后来，由于烟斗制作材料的不断改变，烟斗制作方式也不断地发生着重大变化，这为烟斗制作的复杂化和简化都提供了不少机遇[158]。

鉴于个人的主动性和聪明才智在陶土烟斗制作和塑型上占有重要的作用，这值得我们仔细地加以深入研究。

烟斗泥虽然不像瓷土那么精致，但其质量优于制作陶土罐所采用的陶土。如果制作时陶土过软，可以加入适量干陶土进行中和。烟斗泥即使在烧制之后仍然保持白色不变。陶土制成的器皿表面如果在烧制之前精心抹平、抛光，烧制之后会呈现天鹅绒般的光泽。我能知道这个工艺窍门，得感谢一位德国陶土烟斗师的详细介绍。他制作的陶土烟斗继承了英国和荷兰制造工艺并有所创新。

英国制斗师所使用的白色陶土，在古罗马时代和整个中世纪就已经普遍采用，但陶工制作上釉陶器或白色器皿所使用的陶土是否如此则不得而知。伦敦和斯塔福德郡（Stafforshire）的制斗师制作白色烟斗，艾尔斯伯里（Aylesbury）制斗师制作浅黄色烟斗，斯坦福（Stamford）的烟斗则为淡褐色。陶土烟斗的产地多数情况下由制斗材料陶土所处的位置决定。十六纪初期，在伦敦周边、普尔谷和怀特岛能找到合适的材料。而在十六纪中期，客户收到的烟斗主要产自纽卡斯尔、赫尔、波士顿、金斯林、雅茅斯、科尔切斯特、马尔登、罗切斯特、莱伊、多佛、桑威奇、迪尔、马盖特、莱姆里吉斯和普利茅斯。十七世纪，烟斗在整个英国东部和南部沿海及斯塔福德郡制作；十八世纪开始，切斯特、布鲁斯利和默西赛德郡（Merseyside）的烟斗厂家也开始加入[159]。

拥有优质烟斗泥沉积物是烟斗制作的起点。在荷兰，最好的陶土来自伊塞尔河地区；在德国，最好的陶土位于科隆、班贝格、希尔德斯海姆（Hildesheim）、马格德堡（Magdeburg）等地和周边地区[160]；在意大利则是基奥贾地区；在匈牙利，有名的赛尔梅克（Selmec）烟斗采用的陶土来自奥斯特罗卢卡（Ostroluka）。

1770 年左右，德国烟斗采用来自科隆、班贝格、希尔德斯海姆和马格德堡的陶土制成，尤其是来自马格德堡周边的索默斯多夫（Sommersdorf）、海德斯莱本（Heidersleben）、赫伦豪森（Herrenhausen）三个村庄的优质陶土。制作烟斗时，这些陶土中无需添加任何其他材料。在准备模具时，必须仔细淘洗陶土。陶土里如果掺杂有沙粒、石灰和小铁块等杂质，会在烧制过程中产生裂纹或缝隙。陶土经过处理后存放在木箱中沉积一个冬天，然后通过一系列的清洗、过滤、沉淀，用陶土切割器将沉淀后的陶土切割成砖块大小的土块进而风干。之后，为进一步剔除杂质，使用刨刀一边将陶土块刨成薄片，一边挑出杂质，最后加入适量的水制成可塑性强的陶土块[161]。

根据英国现存最早的文字记载，1688 年左右，制作烟斗时，首先手工将洗净的陶土搓揉成大致形状，钻出口柄，放入烟斗模具中，用手工工具或机械使烟斗成型，然后整平、抛光，最后烧制[162]。

用滚筒将陶土制成长而薄的土块（其中一端较厚），这一手动成型过程需要眼疾手巧。土块需要先存放一段时间，使其变干。此后，土块被送到铸造师（成型师）的工作台上。工作台前面有一个带螺钉的台钳，与工匠的工作台一样。铸造师打开工作台上的金属模具，用亚麻籽油润滑后待用。先用带手柄的铁丝在湿润的陶土块中钻出烟道孔，然后放入烟斗模具中，接下来使用擦有油脂的带手柄塞子或软木塞完成斗钵的预开孔。然后，铸造师扭紧台钳中的烟斗模具使烟斗成型。成型之后，使用烟斗钻孔导丝取出烟斗。铸造师用带有铁丝手柄的小型工具清除毛刺（陶土从模具中被挤压出来时会产生毛刺）。随后，烟斗送到修边师手中，用尖刀修边，使口柄和斗钵光滑。修边师插入一个角塞，修理斗钵边缘，并用刀具的锯状边压出一行小点。接下来，用刀柄上的印章将制斗师的标志印在斗钵底部，然后用单独印章在斗柄表面印上产地。表面最终的光滑处理由烟斗抛光师使用带柄玛瑙石、玻璃砖或玻璃管完成。最后，烟斗先存放在干燥器中加热，再放置于阴凉的地方过冬，使其完全干燥。

烟斗烧制需要在特殊的烧制炉中完成。烧制区可以是柱形或方形，一般高四米或五米，宽二至三米，采用木材加热。烧制炉炉壁内修有风道，提供必要的流通空气。陶土干燥器放在内置铁炉栅上，烟斗放置在离烧制炉底部 40—50cm 深的加热孔中，在高温下烧制三个小时，随后用砖块封堵炉门，打开风道，烟斗留在烧制炉内慢慢冷却十四个小时左右。烧制过程中，烟斗上会掉落一些细粉尘，表面会形成微小的气孔，因此烧制过的烟斗要涂抹树胶、蜡和肥皂的混合物，然后用软布擦拭[163]。

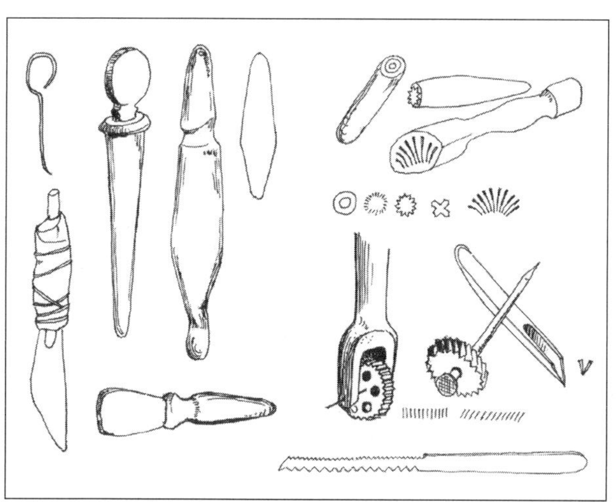

制作德布勒森烟斗的工具。

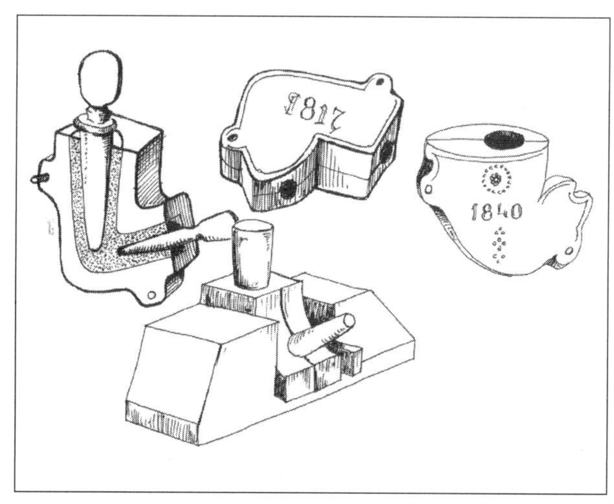

制作德布勒森烟斗的模具。

在匈牙利德布勒森，陶土首先用粗筛在木箱中淘洗，再用刮刀切割，然后用双脚踩实。手动轧制时，上端螺栓插入陶土卷较厚一端，弯成直角，放入烟斗模具。随后，把模具放在两腿中间按压，末端的木块插入较薄端，完成造型，将烟斗放到烟斗架上，用南瓜籽油或葵花籽油润滑。安装口柄的斗颈末端做成圆形，斗颈孔通过铁丝与斗钵孔连成一体。之后，将烟斗挂在钉入板中的钉子上，放在荫蔽处干燥。干燥之后，用刀在表面雕刻，并用木制和骨制修理工具修饰。烟斗经过二次彻底干燥，再用涂有蜂蜡的布擦拭抛光后，置于涂有亚麻油的烟斗罐中，放入炉窖烧制。在铺有瓷砖的烧制区，火焰围着烟斗罐中的烟斗燃烧，烧制三个小时左右，当烟斗罐呈银白色时熄火，烧制完成。第二天，待冷却完成后取出烟斗，进行擦拭。此后，烟斗即可装运发售[164]。

陶土烟斗基本上可分为两大类：

1. 英国 - 荷兰形制

发端于伦敦地区的一种烟斗形制。斗钵细长、椭圆形，口柄不论长短，均由同样的工具制作而成，而且以 120—130° 角接入斗钵。烧制之后，颜色保持不变，有时会呈现黄色、粉色或棕色。这种烟斗形状首先被荷兰制斗师效仿，后来也被法国和德国制斗师所采用。

2. 土耳其形制

土耳其制斗师仅用陶土制成斗钵，口柄为木制。这种方案在烟斗制作中更加实用，因而被匈牙利、波兰、波希米亚和意大利制斗师所采用，这也极有可能是瑞士和法国人开始制作人形斗钵的原因。

英式陶土烟斗

根据有关的文献资料，沃尔特 • 雷利爵士首开欧洲吸烟的先河。这种看法不是没有理由，因为他在城堡里举办的“抽烟派对”使英国贵族养成了使用烟斗的习惯。另一方面，我们也不能忘记，是拉尔夫 • 莱恩（Ralph Lane）和他的殖民者同伴，以及从西印度群岛回来的水手们带动民众养成了用烟斗抽烟的乐趣。

关于烟草和抽烟斗的第一份报告来自威廉 • 哈里斯（William Harris），他在 1573 年记录了弗吉尼亚州土著用一个小的壶状器具抽烟。1586 年，威廉 • 卡姆登（William Camden）和拉尔夫 • 莱恩也描写了印第安人的陶土烟斗[165]。

1601 年 11 月 24 日，下议院会议对烟斗制造商的专营问题进行了辩论，这充分证明了烟斗传播之迅速。有人敦促女王不要拒绝申请专营的请愿书。1618 年和 1619 年，烟斗协会最终获得了特许经营权，并提到了三十六个创始成员的名字。然而，烟斗残片上的商标数量表明，当时烟

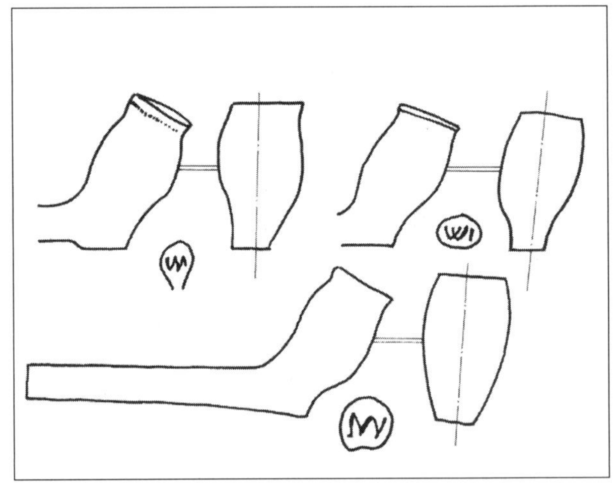

手形英式烟斗（变形）。

斗制造者数量至少是这个数字的两倍[166]。

最初，烟斗制造者自然会模仿弗吉尼亚手工制作的陶土烟斗。不久之后，一把具有英国特色的烟斗出现了，烟斗上有一个前倾的斗钵，与口柄连成一体。没过多长时间，人们也采用陶土或金属模具来制作这种烟斗。

英国烟斗制造业从一开始就拥有工匠名单的丰富档案资料，这意味着英国考古学家可以充分利用各地发掘的烟斗残片来追溯英国烟斗制造的历史变化轨迹。在阿特金森和奥斯瓦尔德初步研究的基础上，彼得•戴维（Peter Davey）开始了一系列相关研究。在英国考古报告（BAR）的框架内，迄今为止出版的《陶土烟斗考古》系列对英国陶土烟斗材料进行了几乎完整的调查[167]。各分册的严谨性、科学性和丰富的文献证据提供了一个令人印象深刻的考古范例，即：要充分了解这一全民性嗜好中发展起来的产业，就必须对涉及烟斗制造的各个领域做出全面而深入的研究。从常识的角度来看，被大量引用的奥斯瓦尔德•阿德里（Oswald Adrie）的《陶土烟斗考古》具有非常重要的地位。在该系列中，他发展了类型学系统，为确定英国烟斗的年代提供了扎实的基础。

最古老（1610 年以前）的灰白色烟斗中，有许多都是手工制作的。这些烟斗的斗钵很小，口柄长约 20—30cm。在烟斗下方、侧面、斗钵和斗柄上经常会出现制造者的字母和其他标识符

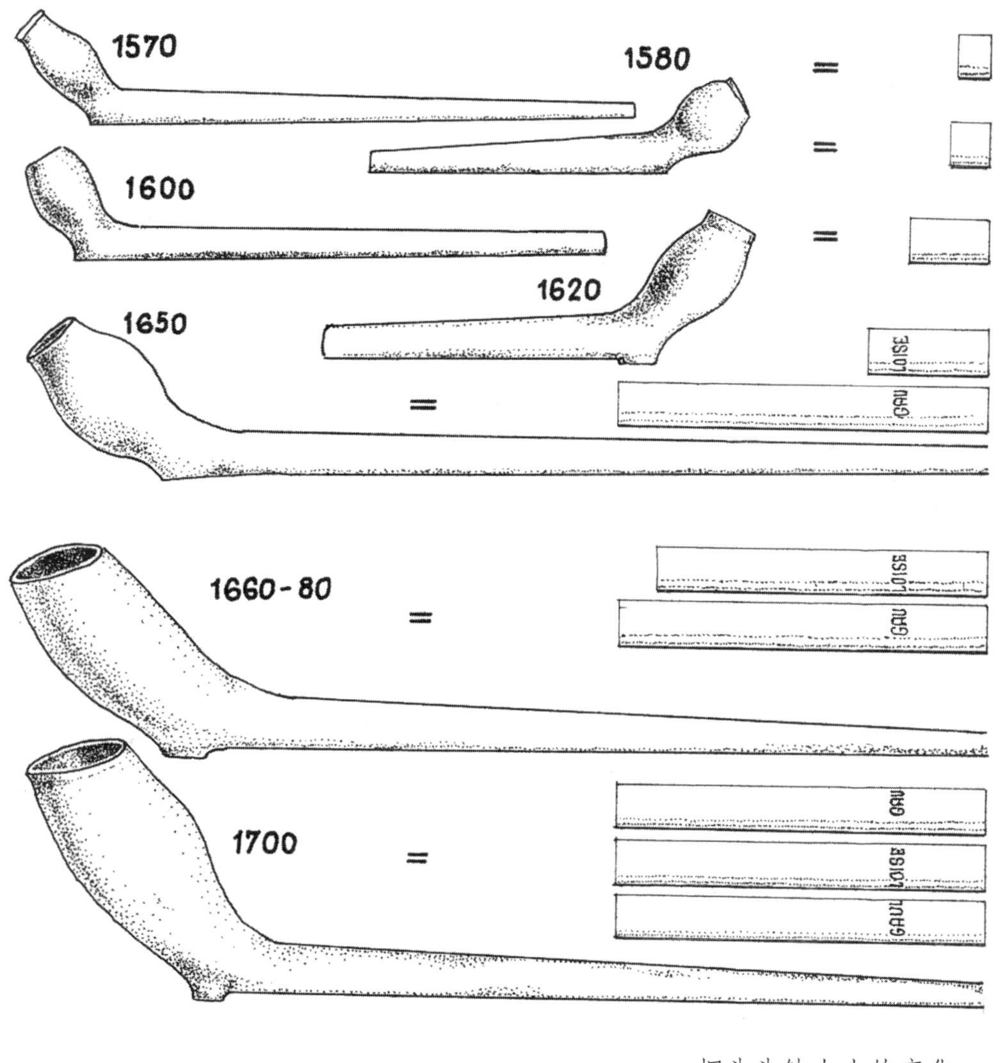

烟斗斗钵大小的变化。

号。由于早期陶土和木质烟斗采用手工制作，多数烟斗匹配度较差，整体外形缺乏对称性，部分烟斗甚至有点畸形。在口柄与斗钵连接的地方，会有一个有点扁平的底座，以避免烟斗放置在桌上时发生倾倒。另一个常见且容易识别的方法是烟斗下方增加了一个延伸的扁平凸起，这样烟斗就可以稳稳地站立在桌子上。这些烟斗统称斗托烟斗，制造者的标识和首字母通常被压印在这些凸起斗托底部的陶土上。最常见的装饰物图案是橡树叶、蔷薇、百合、十字架、王冠、星星、太阳、手和狐狸等。它们有时被压印于或涂刮在凸起的底部，有时压印在斗钵或口柄的侧面。人们甚至确认了历史上最早的印记标识，即经常性出现的IR代表约翰•罗斯（John Rosse），他是烟斗制造商协会的主席，登记在1619年和1634年的章程中，而IC代表詹姆斯•科勒（James Coles），IP代表约翰•普奈斯（John Price）。

以数百个在伦敦制造的存世烟斗为依据，奥斯瓦尔德在一个类型表中总结了烟斗形状的变化。该表格所呈现的烟斗款型和变化趋势也适用于伦敦以外地区制作的烟斗；它们的大小和形状反映出，特定时期的社会需求受到这一时期伦敦时尚的影响。这种影响不仅体现在

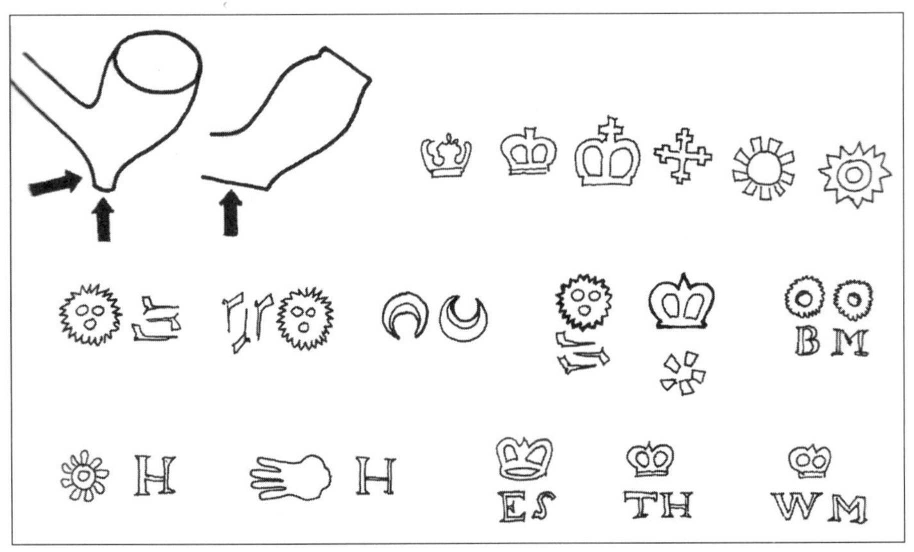

英式烟斗制造者的标识。

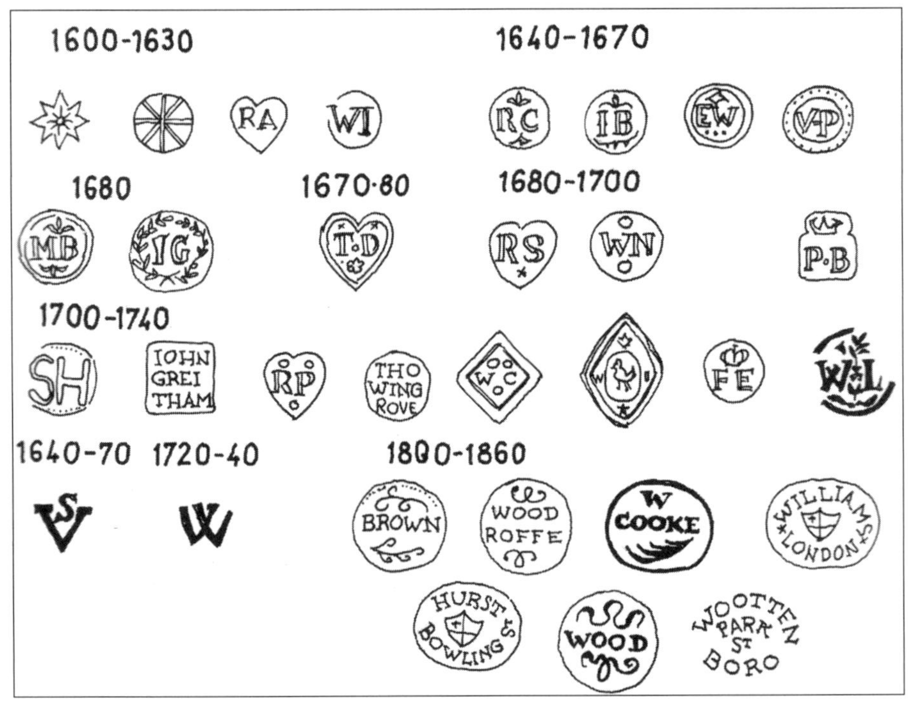

带有字母符号的英式烟斗标识。

英格兰南部、布里斯托尔、布罗斯利、赫尔、斯塔福德郡和西部海岸，而且波及英格兰北部甚至苏格兰的烟斗制作。

观察烟斗的大小和形状变化是最有启发性的。起初，烟草进口时断时续，而且数量稀少，因此斗钵的尺寸很小，还没有一个豌豆大。随着进口变得越来越有规律，以及开始在国内种植烟草，消费量增加，斗钵的尺寸开始逐渐变大。1640 年至 1710 年间，斗钵的尺寸为 2—2.5cm^3。1710 年至 1800 年间，这一数字几乎翻了一番。然后，在十九世纪，斗钵的尺寸逐渐变小，在十九世纪后半叶稳定在 1—1.5cm^3 左右。

研究人员称，不能完全用年代学的概念用语来定义口柄的长度。开始时，口柄的长度通常达到 5—8cm。后来一般为 20—21cm。在十八世纪，口柄又变长了，达到 40—45cm。十九世纪早期教会执事式烟斗的口柄长度为 60—70cm，也就是 2—3 英尺长。这些尺寸仅适用于一般情况，并且每个时期通常都会出现例外 [168]。

长柄的陶土烟斗非常易碎，很难长期保持完整。因此，这种陶土烟斗藏品大都是破碎的，难以准确地计算出它们的确切尺寸。对口柄的厚度和直径变化的研究表明，十六世纪和十七世纪口柄的直径更大，而且在烟斗的发展过程中变得越来越细 [169]。

十八世纪，斯塔福德郡烟斗制造者解决了陶土烟斗口柄易碎的问题，所用的方法是把口柄弯曲成奇特的绳索形状，然后用蓝色、黄色和绿色的釉料进行装饰。为了进一步保护脆弱的口柄，同样在十八世纪，人们生产了木制或皮革的口柄

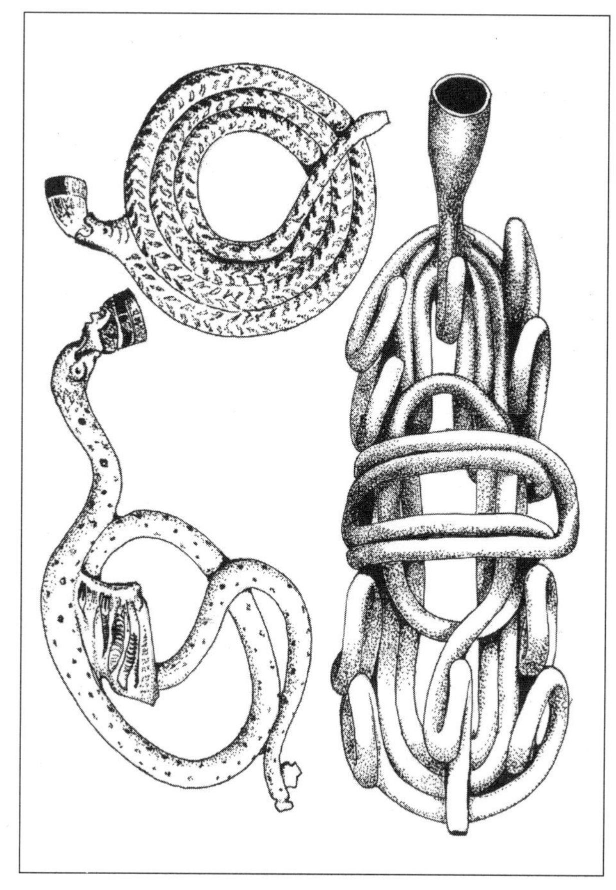

“折叠式”斯塔福德郡烟斗。

套，用镶有金属和珍珠的镀金黄铜配件加以装饰。

烟斗本身自然不会没有装饰。实际上，在十八世纪下半叶和十九世纪，烟斗的装饰类型很多。在烟斗的斗钵上，可以看到王冠、铭文、植物、动物和神话人物，而且口柄也装饰得十分华丽。

在斯图亚特王朝詹姆斯一世和查理一世统治期间，尽管抽烟受到了来自反动天主教团体的压力，烟草的进口和种植以及烟斗制造数量仍然稳步增加。持续增加的烟斗制造商数量也充分证明了这一点，从 1600 年到 1650 年，伦敦、赫尔、切斯特和布里斯托尔共有 113 家烟斗制造商。这一数字在 1650 年至 1700 年增长到 186 家，在 1700 年至 1750 年间的 50 年里上升到 362 家。

在接下来的半个世纪，由于海泡石烟斗的迅速扩张，烟斗制造商的数量下降到157家，到1800年，烟斗制造商仅有136家。

荷兰烟斗

勤劳自强的荷兰资产阶级摆脱了奢侈浪费的西班牙国王统治。他曾经用来自新世界的黄金挥霍无度，现在正逐渐滑向贫困境地——阿尔瓦公爵（The Duke of Alva）的恐怖统治已经结束。在威廉•奥兰治之子——莫里斯公爵（Duke Maurice）统治下，1609年建立的荷兰共和国开始飞速发展，荷兰舰队成为欧洲最重要的海军力量，为这个小国赢得了殖民地，确保了荷兰商人和产品能够进入最重要的欧洲市场。来自世界各地的大量物资堆积在荷兰港口。随着财富的增加，人们的生活水平也随之提高：在海港旅店，在受人尊敬的大学校园里，到处可见人们忙碌的身影，家庭的餐桌上摆满了丰盛的美食。艺术不再是高高在上的城堡和豪华古宅的专属，它们曾经是贵族的特权，与世隔绝。如今，艺术家们开始描绘平民的普通生活场景：旅馆、水手、家庭主妇做饭或忙于针线活、猎人外出狩猎、医生与患者。最重要的是，艺术体现了普通人在享受自由富足的生活。

在阿德里安•布鲁威尔（Adriaen Brouwer）1626年创作的《抽烟者》（*The Smokers*）中，我们几乎可以真切地听到吹牛的士兵用他那洪亮的嗓音歌唱；白领商人一边用烟叶装满自己的烟斗，一边听着醉醺醺地拿着烟斗的朋友说话，旅店里烟雾缭绕，烟斗客吞云吐雾。阿德里安•奥斯塔德（Adriaen Ostade）画笔下的老人在宁静的欢乐气氛中吸着烟斗，坐在乡村酒馆吧台旁的农民们也在抽烟。亨德里克•索格（Hendrik Sorgh）笔下的狂欢者们也不缺烟斗。扬•斯丁（Jan Steen）曾是一名酿酒师和客栈老板，在反映他幸福家庭生活的画作中也有烟斗的身影，表明他曾对那些手拿烟斗抽烟的人进行过细致入微的观察。

在十七世纪荷兰和弗拉芒的绘画题材中——静物，旅店场景，版画——都会画上细口柄的白

荷兰烟斗客（当代漫画）。

阿德里安·布鲁威尔：《抽烟者》。

色烟斗，仿佛它是艺术品中不可或缺的一部分。

低地国家和蔼可亲、心胸开阔的人民，从莫里斯公爵的英国雇佣兵和在荷兰大学学习的英国学生那里学习会了如何抽烟斗。不久，这些低地国家就有了自己的烟斗制造者，并向烟斗客们供应精心制作的陶土抽烟用具。

来源于英国的抽烟嗜好早在十六世纪末就成为荷兰生活的一部分，最早的记录日期是1580年。恩奎曾（Enkhuisen）和霍恩（Hoorn）的考古发现也为历史记录提供了佐证[170]。

伊丽莎白女王去世后，斯图尔特·詹姆斯一世继承了英国王位。他推行反新教政策，导致许多人逃到荷兰，其中包括很多商人。在那一时期，鉴于西班牙严重威胁英国的政治和经济利益，作为盟友的伊丽莎白为支持荷兰反抗西班牙派出了雇佣兵，他们在丹布里斯地区安营扎寨。詹姆斯继位后继续推行反西班牙政策，派出英国雇佣兵支持荷兰奥兰治总督莫里斯。持续十二年的战争结束后，大多数雇佣兵留了下来，重操旧业，这也是豪达地区开始制作烟斗的时间。阿姆斯特丹的第一家烟斗制作公司于1607年成立于“王冠玫瑰之家”（House of the Crowned Rose），由印刷商人威廉·博伊塞斯曼（William Boyeseman）和托马斯·劳伦斯（Thomas Laurensz）经营[171]。

另一位英国雇佣兵威廉·巴恩特（William Baernelt）以威廉·巴伦茨（William Barentz）的名义，与姐夫在豪达组建了家庭作坊，开始制作带有陶制口柄和倾斜斗钵的英式烟斗。

豪达烟斗证明了自身是优质的抽烟用具。烧制后的陶土烟斗保留了丰富的多孔特征，能够吸收未发酵或轻微发酵烟草燃烧时所释放出的辛辣、油性物质，从而冷却烟气，使其入口更加柔和。远航的水手们开始喜欢上这种陶土烟斗。不仅如此，后来发现科学家埃吉迪乌斯·埃弗拉德斯（Aegidius Everadus）也喜欢荷兰烟斗。此外布鲁威尔、特尼尔斯（Teniers）、奥斯塔德等人的画作证明，荷兰烟斗是旅店客人的心头好，受到了低地国家各阶层人民的普遍喜爱。

荷兰烟斗公司尽力满足一切可能的需求，他们以英式烟斗模具为基础，“烤制”出了各种长度口柄的烟斗。最常见烟斗的口柄长度是20—

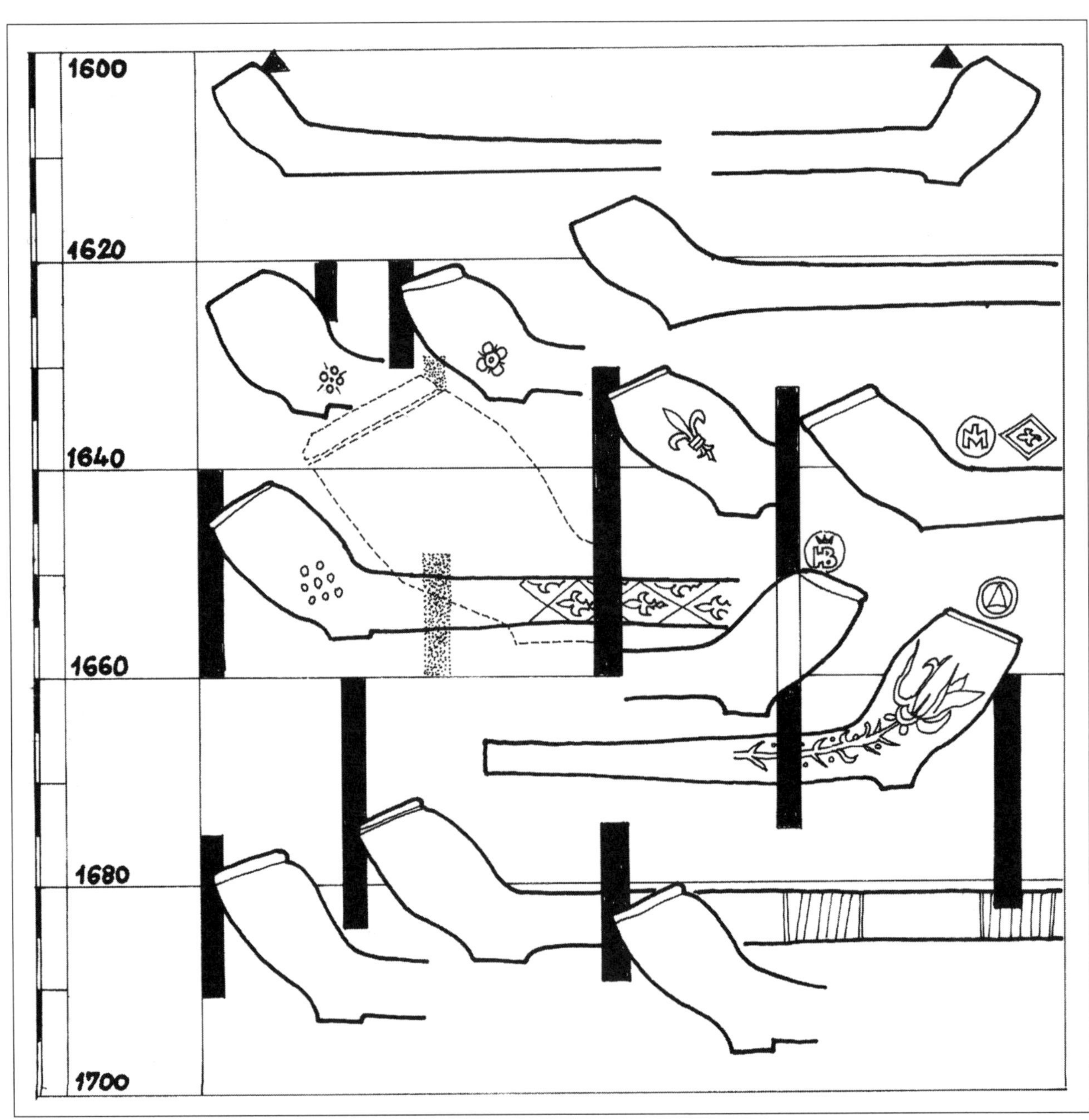

荷兰烟斗上的镀金印花。

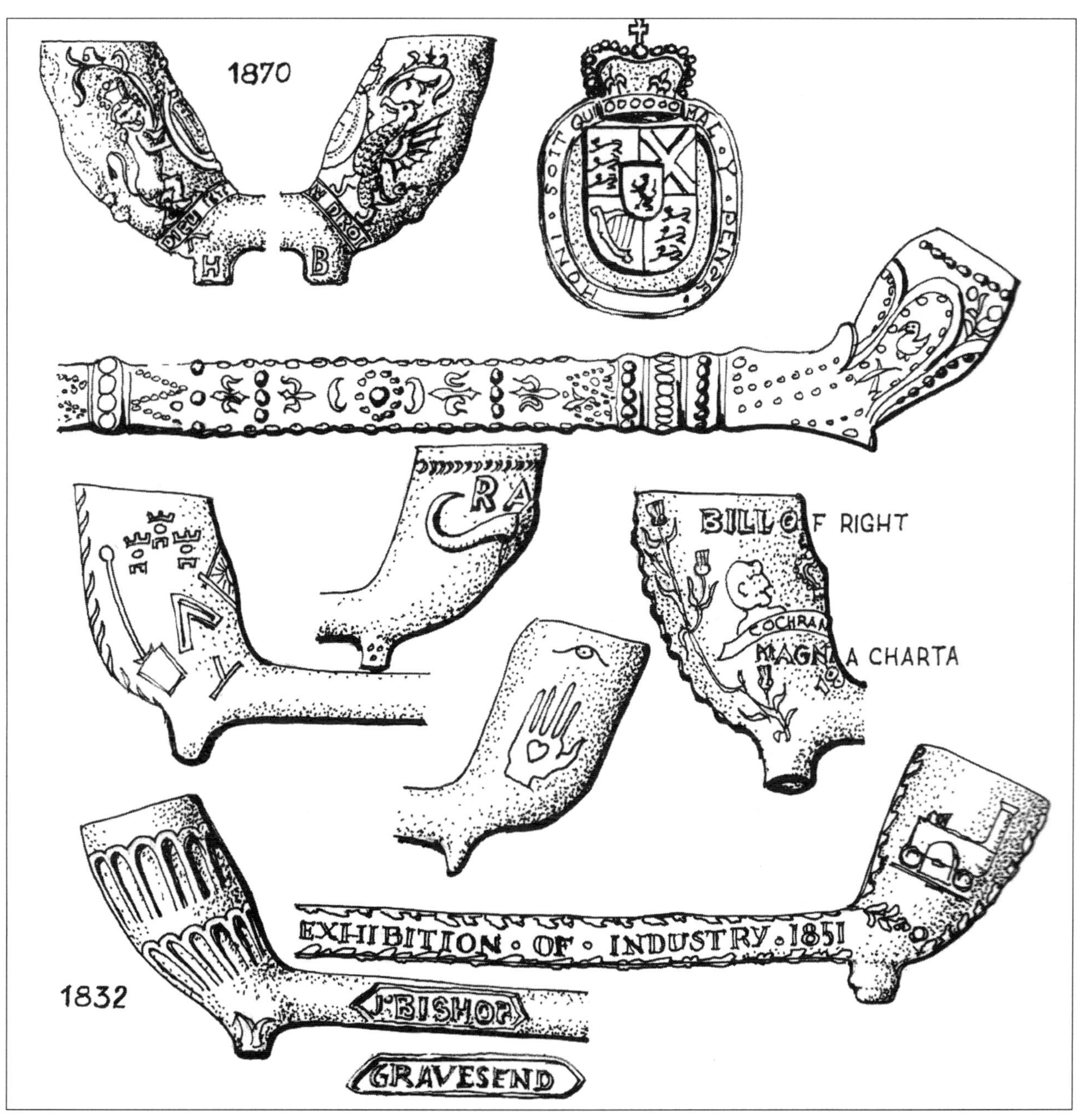
1870
H
B
BILL OF RIGHT
COCHRANE
MAGNA CHARTA
EXHIBITION · OF · INDUSTRY · 1851
1832
J.BISHOP
GRAVESEND

华丽的英式烟斗。

25 厘米，带有一个倾斜的斗钵，在口柄和斗钵的连接处有一个扁平的凸起作为支撑。还有口柄长度约为 10—12 厘米的烟斗，以及口柄长达 40—50 厘米的烟斗。口柄越长，越有利于烟气冷却，对于那些认为长口柄华而不实的人来说，也有类似兽角形状的弯曲口柄烟斗。斗钵的大小也各不相同，每个时期都有变化；对于高品位的抽烟者来说，他们可以选择带有小球、盖有圆圈或装饰着花卉的烟斗。

几乎所有的烟斗上都有制斗作坊的标志。布隆格（Brongers）根据这些印花，把荷兰烟斗分为四大类。最常见的标识符号如下：

1. 带有四片、五片或六片叶子的玫瑰（有托叶或无托叶），通常带有王冠和字母。

2. 带有王冠或没有王冠的印花，装饰有各种图案。

3. 完全覆盖整个烟斗的装饰物：叶子，玫瑰，威廉三世、威廉四世和威廉五世的纹章，墨丘利和尼普顿像。

4. 1620 年前后，百合花、星星和新月成为荷兰烟斗的特征。这些图案要么以所有者的印花形式出现，要么只是作为装饰品出现在斗钵或口柄上[172]。

在荷兰，有一个别具匠心的“为未婚夫点烟斗”的婚俗。一位荷兰小伙子在求婚前要到女孩子的家里进行一次探访，仪式的一部分是让女孩为其点燃装饰华丽的烟斗。如果女孩点燃了烟斗，那就意味着“也许会答应求婚”。间隔一段时间，姑娘答应小伙子的要求再次为他点燃烟斗时，就意味着“是的，我同意你的求婚”。第三次点燃烟斗具有决定性意义，如果女孩从年轻男子手里拿过点着的烟斗并吸上一口，那么这名男子就可以把女孩当作他的未婚妻。

奥兰治烟斗（Oranjepip）是一类非常有名的烟斗。它们的斗钵装饰着国王弗雷德里克•亨利（King Frederic Henry）和王后索姆斯的阿玛莉亚（Queen Amalia of Solms）的两幅肖像。椭圆形装饰框中的两只手暗示着一场婚礼，而婚礼的象征则是石榴和两个天使的形象。1616 年以后，来到荷兰支持莫里斯公爵的英国雇佣兵毫不动摇地效忠弗雷德里克国王，在国王举行婚礼时，流行的做法是吸上一把饰有都铎玫瑰图案的烟斗。这可能是婚礼烟斗的原型[173]。

通常认为，还有一种著名的烟斗类型——沃尔特•雷利爵士烟斗。口柄的形状是鳄鱼一样的爬行动物（或鱼），从张开的鳄鱼大口中伸出人头造型斗钵。这种烟斗在十七世纪中叶不仅在荷兰得到普及和喜爱，而且在英国的需求量也很大。围绕这种烟斗甚至产生了一个传说：烟草烟气击退了饥饿的鳄鱼，烟斗成为沃尔特爵士的救星。豪达烟斗上经常出现的口号体现了荷兰农民的爱国主义情怀[包括全心全意为祖国服务（MET HART EN ZIEL：VOOR HET VADER-LAND）]。他们还把源自圣经的巴洛克象征改成了政治典故：先知约拿从鱼口中复活的典故，被烟斗制造者塑造成历经艰难险阻、摆脱压迫、追求解放的象征；并让抽烟者们记住了以抽烟斗为傲的雷利，这位詹姆斯一世时期烟草紧缩政策的受害者[174]。这些烟斗在十七世纪三十年代、四十年代和五十年代非常流行，但到十七世纪后期却鲜有出现[175]。

豪达是荷兰的烟斗制造中心。在豪达，装饰性很强的白色陶瓷烟斗以及装饰有花卉图案、色彩艳丽的釉面瓷烟斗都是专门为富有市民制作的；在这里，英国教会执事式烟斗演变成了一种长口柄的总督式烟斗（governaar），深受朝气蓬勃的学生群体喜爱[176]。微醺的乐队用欢快的歌声颂扬抽烟斗的乐趣，并因德鲁克烟斗（durookers）上那些轻浮的图案而狂笑，因为德鲁克烟斗饰面上有一层无色釉料，烟草燃烧加热时就会改变颜色，露出上面的淫秽图案。

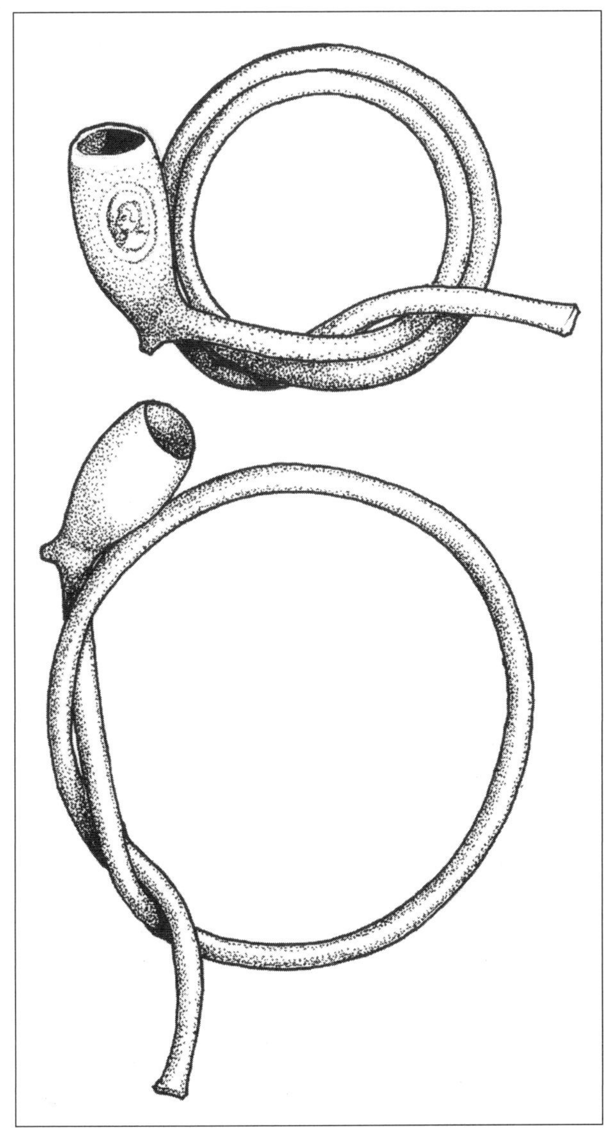

带有弯曲斗柄的荷兰烟斗。

“烟草赛过一切”（NULLA SALUTIFERO PRAESTANTIOR HERBA TOBACCO），这是格罗宁根学生烟斗俱乐部的铭文。在高效且富有冒险精神的荷兰商人努力下，豪达烟斗以其卓越的品质征服了整个欧洲，这是抽烟爱好者的胜利。首先是邻近的佛兰德斯人喜欢上了享用烟斗，接着瑞典、丹麦、科隆、莱茵河和整个中欧的人都通过荷兰烟斗发现了抽烟的乐趣。西班牙作为第一个接受烟草的欧洲国家，荷兰烟斗在其境内随处可见。虽然意大利和丹麦的制陶者针对进口的荷兰烟斗开发了本地版本并用于出口，但保守而严谨的西班牙人坚持使用英国 - 荷兰式的传统烟斗。

在三十年战争中，正是荷兰烟斗制作者为奋战在欧洲大陆的士兵们提供了补给。例如，在匈牙利埃格尔要塞的发掘过程中，发现了十九世纪最后十年饰有手形的西班牙和荷兰式烟斗残片；在菲利克发掘出的烟斗残片属于极早期的烟斗类型，带有尺寸较小的斗钵和斗托，这些残片可追溯到 1593 年重新夺回要塞时期，模仿骑兵战靴的烟斗残片可能也来自荷兰[177]。根据斗钵的外形和口柄长度，另一块属于奥斯科的藏品，来自索尔诺克要塞的烟斗残片，也可以追溯到十七世纪五十年代。

在十九世纪的第一个十年里，荷兰烟斗制造者在吕蒂希（Lüttich）加工了大约 460 吨陶土。他们的产品分为四类，最贵的是精致的陶瓷烟斗。大烟斗有一把长口柄，小烟斗的口柄较短。综合考虑烟斗的口柄长度，大烟斗可能包装在六打一组的盒子里，短烟斗则包装在十二打一组的盒子里[178]。

法国陶土烟斗

如前所述，迪耶普制图师皮埃尔•格里尼翁第一个记录了烟草在法国的传播。1525年，他编写了《宇宙学的珍珠》（*The Pearls of Cosmography*）一书，书中引用了关于老烟枪水手的轶事。在哥伦布第一次航海三十三年之后，人们经常可以看到水手们在迪耶普和圣马洛的港口抽烟，向听得津津有味的当地居民讲述着新世界和黄金国度的奇闻异事，而当地居民很快便开始效仿水手追逐抽烟的新时尚。起初，用烟斗抽烟不过是满足好奇心的一个尝试，但很快就成为现代性和进步思想的象征。然而这种奇特的激情在十七世纪初才真正流行起来，许多陶艺家也意识到，制作烟斗可能会给他们带来安稳富足的生活。

第一批在圣马洛出售烟斗的人是英国水手，而在迪耶普，大量售卖的烟斗来自荷兰广袤的殖民地。我们可以从编年史中的数据看到，鲁昂有四百个烟斗制造者；在阿图瓦地区（在查尔维尔、圣奥马尔、奥纳宁、德斯维尔和吉维特），越来越多的陶工转向烟斗制造。有资料显示，烟斗制造逐渐在雷恩、福格斯和蒙特罗扎根，这是长期以锡釉陶产业闻名的地区。后来，这一产业扩展到地中海，传播到了马赛、尼姆和里尔周边地区。1659年，在路易十四授予蒙法尔肯爵士烟草专卖权的法令中规范了烟斗销售，涉及进口和国产烟斗。

国王的法令将迪耶普港确定为烟草及烟斗制品的专用出口点，适用于所有从这里出发探索外国领地的海员和船长。因此，在记载1673年港口生产经营状况的资料中，出现迪耶普港向圣多明哥和马提尼克港出口烟草11800包，港口附近有一支参与烟草加工和烟斗制造的队伍的描述就不足为奇了。值得一提的是，荷兰和波兰的老师们还教会了这些法国学徒如何在商业活动中维护自己的利益。早在十七世纪末，烟草行业的工人就开始组织工会以保护自己的利益，1733年，发生了第一次烟草工人反对低工资的罢工。

德斯马奎兹（Desmarquets）、科尔伯特•德•蒙特布雷特（Coquebert de Montbret）对迪耶普的记录相对较晚（1787—1789）。在他们的记录中，迪耶普有三家烟斗制造公司，白色烟斗泥从纳沙泰尔-昂-布雷（Neuchatel-en-Bray）转运而来。年幼的孩子们负责陶土滚制，熟练的工人们在斗柄上钻孔并制作烟斗模具。荷兰式的烟斗在铜制模具中长期干燥后，再放入陶罐内烧制。从荷兰那里学到的陶土加工方法和技术都被制斗匠师们小心翼翼地保护着，秘不外传。当时，迪耶普大概有多达两百名烟斗制作者。

小作坊担心自己的秘密泄露，所以尽其所能地大量生产类型繁多的烟斗。他们生产了大量的黑焰烟斗、格拉斯烟斗、讴歌者烟斗，长度大概有4—5厘米，购买者主要是水手、海盗和贫农，斗柄过长会妨碍这些人的日常生活。小作坊后来开始模仿英国和荷兰的烟斗，也就是英式烟斗（pipe anglaise），同时也满足有钱人敏锐的品味要求。拉•卡普辛烟斗（pipe à la Capucine）

的斗钵直接与口柄相连，没有斗颈；鳄鱼烟斗的斗钵在口柄处与弯曲的口柄呈直角相连，而法巴拉斯（Falbalas）烟斗与口柄有一个弧形。金格特（Ginguette）烟斗有一个特别长的口柄，就像装饰华丽的玛丽烟斗（pipe de marie）或“婚礼烟斗”一样，采用荷兰烟斗形制，专为年轻夫妇制作。

法国闻名遐迩的烟斗作坊是阿维尼翁的沃塞林（Vausselin）（1670）。其生产的荷兰式烟斗由范•斯拉顿（Van Slaton）兄弟——皮埃尔和弗朗索瓦引进，他们是1692年从荷兰聘来的[179]。早在1620年左右，阿图瓦就有了常规的烟草种植，杰汉•范•德赫尔（Jehan van d' Helle）也试图在靠近法兰德斯边境的韦尔维奇（Wervich）地区种植烟草。法国最著名的烟斗制造者在加来附近的海岸线边发展自己的业务，这一决定并非偶然。因为该位置不仅临近烟草种植区，同时也靠近低地国家，易于引进布拉班特陶土。在奥纳宁（Onainning），烟斗由斯考弗奈尔工厂（Scouflaire）生产；1765年，查尔斯-多米尼克•菲奥莱特（Charles-Dominique Fiolet）在圣欧麦开展烟斗业务。1750年至1780年，烟斗制造商的数量从十七家增加到二十八家。十九世纪，马克西米利安•菲奥莱特（Maximilien Fiolet）雇用了多达七百名工人，他的孙子路易斯-马克西米利安（Louis-Maximilien）的工厂在1850年至1860年间每年生产1000万个烟斗。都美利尔-利尔斯（Dumeril-Leurs）公司成立于1844年至1845年，根据1855年世界博览会的记录，圣欧麦最大的两家工厂每年生产5000万支烟斗。

法国陶土烟斗真正享誉世界，靠的是1780年在巴黎和吉维特建立的冈比尔工厂。整个欧洲都认可这种简单的彩色烟斗，这些烟斗盖有冈比尔印花以及为该烟斗造型建造模具的大师名字。1848年，工厂雇用了350人，这个数字在接下来的二十年里翻了一番[180]。

吉维特的工厂承担了一项重要任务，就是用它的烟斗展示过去最伟大的历史人物，以及当代历史上值得纪念的事件和重要人物。在那一时期，任何社会、经济或艺术的焦点时刻，几乎都会成为技艺高超的冈比尔烟斗制作大师们手下的作品。到十九世纪末，该公司的产品目录包括1,600多种设计；1905年，已登记的样品就有2,039件[181]。产品目录中应有尽有：从英勇无畏的骑士贝亚德、教皇、皇帝、国王、名人、政治家、作家、诗人，到小说中的人物如达达尼昂（D' Artagnan）和热尔韦（Gervais）、演员、布朗格将军、本杰明•迪斯雷利（Benjamin Disraeli）、克鲁格叔叔（“Uncle” Kruger）、加里波第、横渡英吉利海峡的布莱里奥，甚至耶稣基督。非洲和亚洲的殖民化、布尔战争和墨西哥战争，也被烟斗制作者记录下来。对于艺术家、学生或医生来说，如果手里没有一把长柄骷髅烟斗的话，他们的人生就不完美。而“正义的雅各布”、阿拉伯的埃米尔、黑人、中国人和红种印第安人等都被塑造成各种烟斗。美蒂奇家族的凯瑟琳、阿那克里翁、布瓦洛、鲁宾斯和米开朗琪罗也出现在了冈比尔的名流逸士烟斗群体中；此外，还包括美丽的巴黎女店员、米拉博、德雷弗斯上尉、左拉和维克多•雨果等。冈比尔工厂的烟斗和产品没有政治偏见，

典型的冈比尔烟斗。

用各种动物代表特定的政治人物：蜜蜂代表政治独裁者，鹰代表反政治独裁者，公鸡代表共和党等。除生产烟斗外，他们还制作山羊头、鱼、巴克斯和赫拉克勒斯陶器雕像，甚至还制作采用玫瑰装饰的室内花盆。

“会说话的烟斗”也掀起了一股时尚浪潮。在以制陶业闻名的杜特尔 - 吉斯克龙（Dutel-Gisclon）工厂，有从圣欧麦来的工匠，他们带来了在菲奥莱特工厂学到的烟斗类型。其他城镇的烟斗工厂也制造风格相似的烟斗，这些都是冈比尔工厂高级精品烟斗的有益补充。例如：雷恩的克里特 - 加拉德（Crétal-Gallard）生产贝朗热头像烟斗，来自马赛的布拉德（Bonnaud）和里尔的吉斯克龙生产可爱的搪瓷坎佩尔小头像烟斗。

杜梅里（Dumeril）烟斗的品位相对较低，主要造型有机车、汽车、埃菲尔铁塔、腿、手臂和陷阱……1895 年 12 月 4 日的晚上，工厂被夷为平地。随后，菲奥莱特工厂于 1921 年、冈比尔工厂于 1926 年关闭 [182]。

杰布 • 科勒尔（Job Clerc）工厂成立于 1812 年，1970 年之前一直在圣 - 康坦 - 拉 - 波特里（Saint-Quentin-la-Poterie）进行烟斗商业化的大规模生产。1834 年至 1930 年，位于埃罗姆 - 格沃德（êrome-Gervaud）的维克多 • 贝尔（Victor Belle）工厂生产扁平的英式烟斗。1824 年至 1955 年间，马赛的利昂 • 邦纳德（Leon Bonnaud）制作了色彩鲜艳的烟斗参加比赛 [183]。

然而，石楠烟斗的异军突起决定了陶土烟斗的命运……

德国陶土烟斗

在 1627 年的普法尔茨（Kurpfalz），驻海牙大使编写了一本关于欧洲变化的书 [184]。他提到近年来出现的一种风气：

“人们对抽烟的痴迷超越了以往的各种新旧爱好。”

他发现，用白陶土制成小烟管并用它来抽烟的行为完全没有意义，就像三十年前德国首相保罗 • 亨策尔（Paul Hentzer）对英国的访问一样。虽然烟草和烟斗早已通过查理五世的雇佣兵传入了德国领土，荷兰商人也在十七世纪二三十年代开始销售烟斗，烟草的价格甚至与同等重量的银币相当，最先只能卖给士兵，稍后才有少量卖给平民，但消费总量还是比较小 [185]。

尽管如此，烟草和烟斗销售仍然是有利可图的好生意，而且烟草的销售量绝不能忽略不计。科隆市政会对每桶烟草征税六泰勒 [186]，1653 年，仅科隆市就有十九家烟草零售商。这些烟斗和烟草从低地国家的零售商采购而来，但是到了世纪末，位于德国“荷兰之门”地区，即科隆和黑森州的阿尔默罗德（Almerode）周边地区的陶工们，已经在尝试自己的“烟斗烤制”。当时，他们仅仅是零星地制作陶土烟斗，还没有专业的陶土烟斗制作者。荷兰烟斗制造商发现吕蒂希的陶土供不应求，就加大了在科隆地区的购买量。这一情况自然会引起科隆、威肯罗德、阿尔默罗德、霍尔兹明登、哈默林、明登和乌斯拉尔等地区陶工们的注意。起初，烟斗制造被认为是一种兼职活动，以补充陶工的收入。

“许多陶工通过制作烟斗来取悦家人和自己，因为由此挣来的钱绝对不是一笔小数目。”

这是《痴儿西木传》（*Simplicissimus*）的作者在 1669 年写的一段话[187]。德国的烟斗制造者没有工会，不过记录确实表明，个体企业逐渐被更大规模的生产所取代。工人们在艰苦的条件下开始反抗。他们的工作时间非常长：必须从早上五点开始，一直工作到晚上九点，即使如此，他们也很难挣到维持生计的钱。另一方面，雇主们则抱怨说：

“他们从九点开始工作，而不是五点，除了星期一，其他时间都是游手好闲，终日打牌喝酒。”[188]

到了 1700 年左右，越来越多的陶工开始在下莱茵河地区（韦斯尔、克桑滕、西格堡和科隆）从事烟斗模具制造和烧制工作。为了完美地模仿——也就是伪造！——甚至连豪达的标志也被印刻在了他们的烟斗上。斯派克的特里尔地区和希尔格特就是其中的典型，城内城外的人都在进行烟斗仿制。除了荷兰的关税政策和工资上涨之外，上述仿制行为很可能对荷兰烟斗制造业的消亡起到了巨大的促进作用，导致豪达烟斗协会解散。生产重心的转移体现在韦斯特瓦尔德（Westerwald）的烟斗制造者能够获得豪达的烟斗模具；事实上，从韦斯特瓦尔德和豪达两个工会之间的通信中我们还了解到，德国烟斗制造者的利益受到了工会的保护[189]。

1740 年，有 24 名陶工在希尔格特工作，这个数字在此后的二十九年里增加到 34 人，这其中必然包括烟斗制造者。众所周知，因为烟斗制作不需要太多的工具，这些地区贫穷的农民偶尔也通过制造烟斗来补贴他们的生活开支。这些韦斯特瓦尔德的“兼职”烟斗制作者并没有建造自己的窑，而是让陶工为他们烧制烟斗，再把这些烟斗卖给来自科隆的商人，进而换取制作烟斗的模具。十九世纪中叶，他们向科隆商人出售了价值高达 440 万便士的烟斗，到 1894 年，共有 378 名注册烟斗商。1894 年，希尔格特的 42 家公司雇用了 140 名烟斗制作者，700 名居民中有 200 人以制造烟斗为生，其中有 42—44 人是烟斗制造业主。他们的产品在瓦伦达装船，由荷兰商人贩卖[190]。

这些烟斗采用与荷兰工厂相同的方法和工具制造，甚至连形制都一样。在哈特威格 1772 年出版的烟斗书中并没有区分“荷兰烟斗和科隆烟斗”，他认为这两种烟斗本质上是一样的。逐渐减少的烟斗制造者试图通过引入新的烟斗款式来抵消时尚热情的衰落，但是陶土烟斗的时代已经结束了。如今，在希尔格特还有最后一个烟斗制造者——洛萨•海因（Lothar Hein），他从祖父和父亲那里学会了烟斗制造技巧，曾经在荷兰、比利时、丹麦、瑞典、法国、瑞士和奥地利等欧洲各国销售他的烟斗（包括“盾”、“郁金香”、“土耳其皇帝”、“巴登•鲍威尔”、“克鲁格”）。现在，他只为收藏家生产限量版的陶土烟斗[191]。

意大利陶土烟斗

在整个意大利，从阿布鲁佐斯到那不勒斯和西西里，在托斯卡纳和罗曼尼亚，威尼斯和阿尔卑斯山，陶土烟斗都曾非常流行。不幸的是，此前没有人对意大利的各种烟斗展开调查和研究。拉马佐蒂（Ramazotti）是意大利杰出的烟斗作家，但是他并没有写过意大利烟斗。在意大利烟斗中，“基奥吉塔”（chiogiotta）烟斗是最典型的一款。

基奥贾港（Chioggia）位于威尼斯西部布伦塔（Brenta）河口的潟湖上。这里汇聚了来自世界各地的海员。此地曾出土数百个烟斗残片，为我们提供了证据，即周游世界的威尼斯海员让亚得里亚海沿岸的居民养成了抽烟习惯。虽然在出土的文物中发现了一些威尼斯人制造的烟斗残片，但绝大多数陶土烟斗残片来自土耳其、荷兰、法国、奥地利，甚至来自当时匈牙利北部的塞尔梅克。

出土的烟斗显示，基奥贾的烟斗制造始于1655年左右。残片表明烟斗制造经历了三个时期。第一个时期（1750年以前）的烟斗设计简单，色调泛红，从浅红到深红都有，使用与罗文戈（Rovingo）和法恩扎（Faenza）地区相似的陶土制作烟斗。有些烟斗进行了施釉处理，釉料由铁和氧化铜制成，呈现棕色、赭色或绿色。烟斗有一个圆柱形的斗钵，略微扁平，中间有一个膝盖状的突起。斗钵上唯一的装饰是边缘或中间有一个浮雕环。口柄逐渐变厚，并装饰有平行的、有时是拱形的雕刻。

第二个时期（1750—1850）的烟斗是裸色、粉红色（通常带有黄色）或乳黄色，乳黄色的实现来自盐处理技术。斗钵的装饰变得非常精美，它逐渐向烟斗下方缩小，形状往往是桶状。烟斗下方可能受到了塞尔梅克烟斗的影响，形状为扇形。斗钵被许多圆圈环绕。人物造型变得相当普遍，代表性的斗钵饰面有狮子、猴子、鱼、人头（轻步兵）或长满胡子的海神等。

第三个时期（1850—1940），主要颜色变成了经过盐处理的象牙黄。装饰变得更加丰富，环状物的数目增加了，用之字形、尖形和花朵装饰。烟斗的形状显然受到了海泡石烟斗的影响，从人和动物的图案中还可以看出维也纳烟斗雕刻师的影响。相比之下，十九世纪法国的烟斗时尚形制是靴形和水果形[192]。

基奥贾烟斗通常采用模具制作，有时可以看到成型后印上的字母。例如，AN=Angelo Nordio，DP=Padoan。起初，这些模具采用陶土制成，经过烧制和上油后使用。后来，模具两个侧面用橡木制成，用铰链连接，模具本身是铅制的。模具上油后，用手压入预制的陶土棒，夹紧，口柄的孔和斗钵的中空部分借助模具的两个尖头做成。

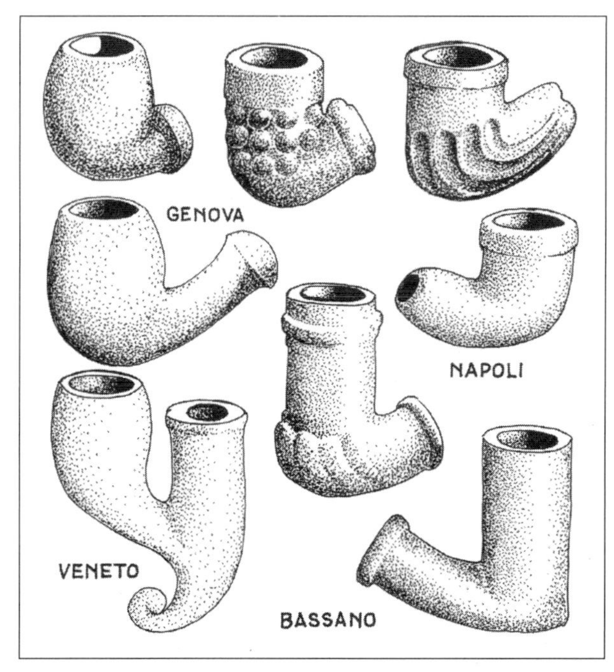

意大利烟斗形制。

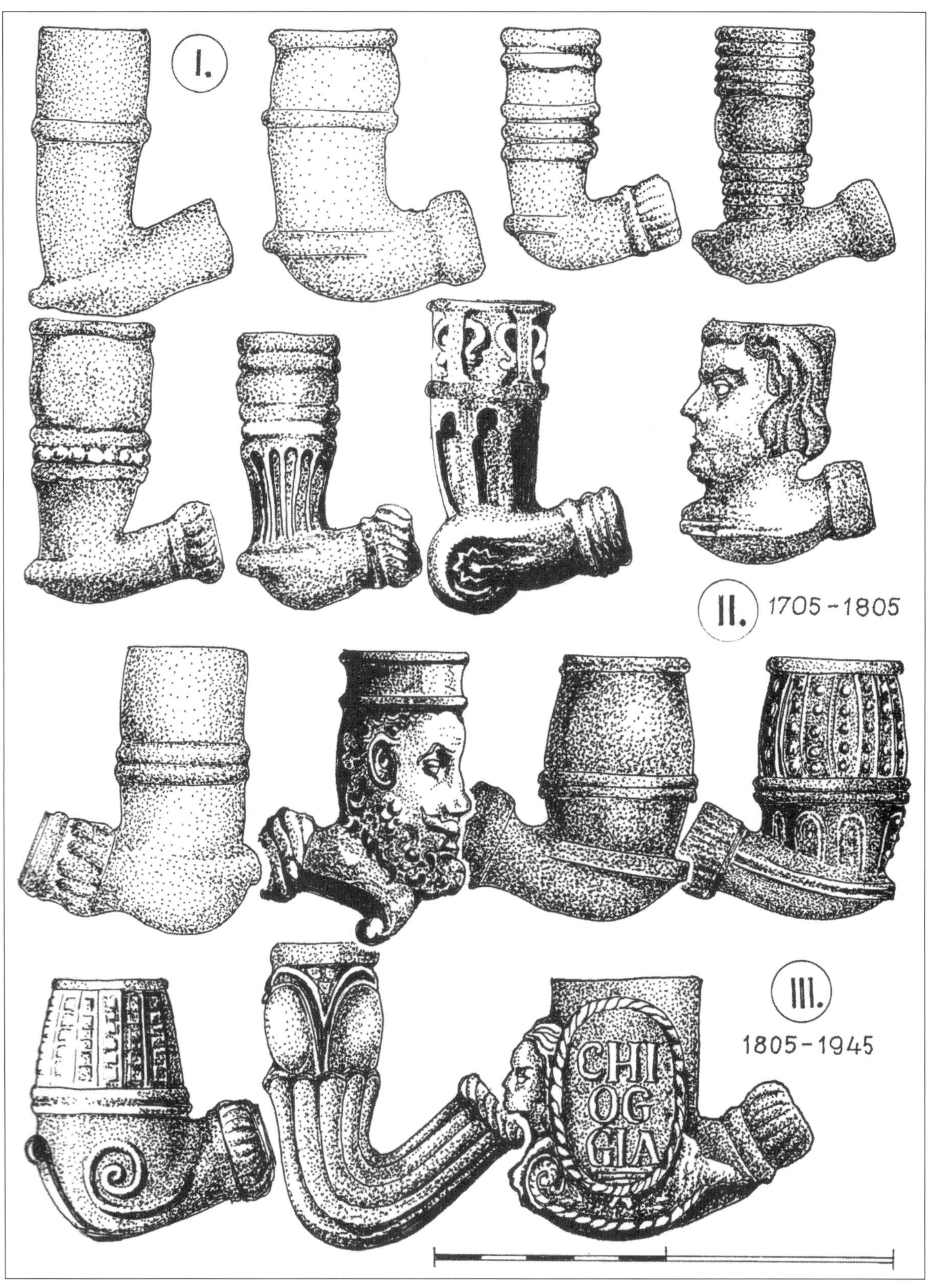

基奥贾烟斗。

这些陶土产自波河平原，并通过驳船运到基奥贾以及法恩扎、威尼斯和康塔里纳的陶工手中。用盐和海水处理陶土，使其形成更多孔隙，并在烧制的过程中变为象牙色。在成型和干燥后，用工具对表面进行补土，去除毛刺后压平抛光，干燥后烧制。

他们采用一种特殊的设备来对烟斗进行施釉和烧制。这是一种用陶土做成的圆柱形支架，侧面有孔，孔里插入陶土钉，用于悬挂上釉后的烟斗，然后与烟斗一起放入烧制窑里。

基奥贾烟斗的造型没有形成特有的风格体系。但我们可以从这一地区出产的烟斗身上看出，它们同时受到几个地区烟斗形制的影响。其中法恩扎的影响最为明显，但也能看到托斯卡纳甚至南部（那不勒斯和西西里）和西部（阿布鲁佐和撒丁岛）地区烟斗形制带来的影响。十九世纪下半叶，来自世界各地的海员（例如土耳其、奥地利和匈牙利的海员）抵达基奥贾港口后，把其他地区的烟斗也带到了这里销售。出土的许多烟斗残片都产自土耳其，但也有一些来自法国、奥地利（A. FUCHS IN WIEN、G. WEIGAND、A. RESS、LEOPOLD GROSS、ANTON KUSEBAUCH，这些都是典型的奥地利烟斗印花）和匈牙利的塞尔梅克。外国烟斗的引入，使基奥贾的烟斗制造商能够方便地借鉴其他地区成熟的经典设计。

区分影响来源的一个重要因素是口柄与斗钵内部烟道孔的连接方式。巴萨诺的烟斗只需开一个孔，而模仿法国、土耳其、荷兰和其他类似风格的烟斗需要开三个孔。阿尔·托尼奥（al

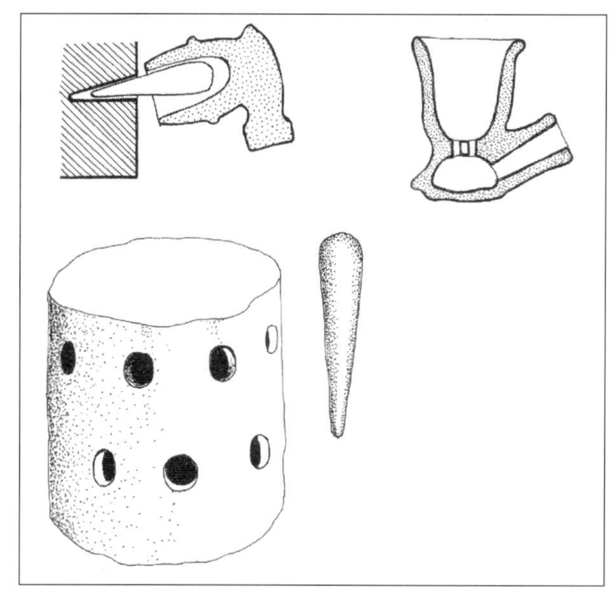

基奥贾烟斗的烧制工具。

tornio）烟斗是一种很好的非车削加工烟斗，它有自己独特的特点：在燃烧区下方有一个小腔室，用于收集残留烟丝（通过两个或三个孔连接）。

最传统的烟斗制造商来自诺迪奥（Nordio）家族，如1820年制造烟斗的埃西欧·诺迪奥（Iseo Nordio）。在二十世纪四十年代，基奥贾有六家工厂，日产量合计为11,000至12,000支，即每年400万支烟斗[193]！

土耳其烟斗

在克里斯汀·托恩（Christian Thon）编写的烟斗图书中，土耳其烟斗和匈牙利烟斗被当作一个独立的组别。十九世纪，君士坦丁堡、凯萨里亚（Kaisaria）和特拉比松（Trebizond）的烟斗小厂生产了大量棕红色陶土烧制的红色烟斗，小亚细亚、阿拉伯和埃及的工匠也将许多烧制的浅红色烟斗推向市场。当时，取决于烟斗的大小，它们的成本是 1 到 2 个帕拉；但在莱比锡，同样的烟斗成本是 3 到 6 个四便士银币。这些用宝石装饰、镶嵌黄铜和银的产品以 2 皮阿斯特、3 皮阿斯特或 4 皮阿斯特（分别相当于 34、51、68 个四便士银币）的价格出售。安纳托利亚和托卡特的陶工们采用希腊式的传统釉料，用一种黑色粉末来制造不透明的红色烟斗，这种釉料经过烧制会产生类似于罗马红精陶器的棕红色[194]。

长柄烟斗确实应该单独设一个章节来讲述。它的形状不同于英国 - 荷兰式陶土烟斗，具有一个不带口柄的陶制短斗钵，但是可以将一根用木头或骨头制成的任何长度的独立口柄插入其中。插口的末端较厚，这样圆锥形的口柄就不会使其出现裂缝。

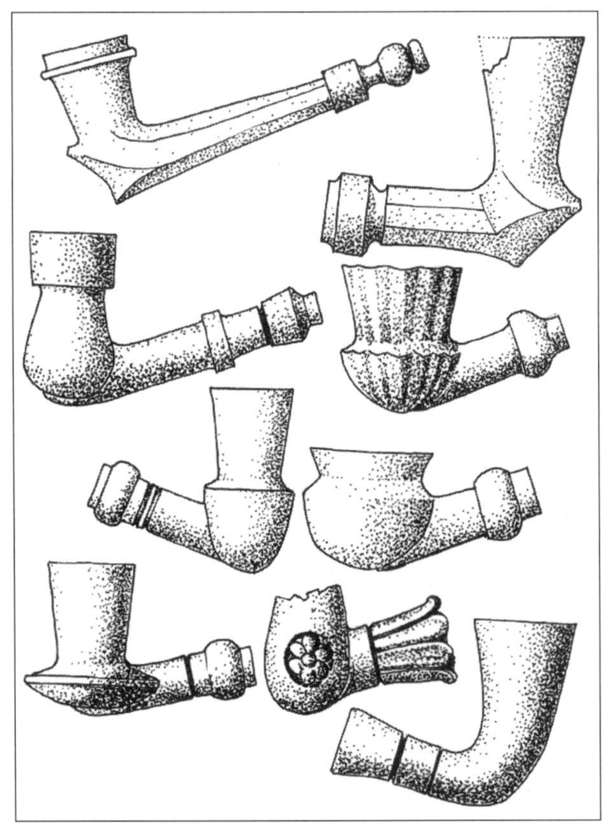

最古老的土耳其烟斗形制。

英国和荷兰烟斗的一个特点是，斗钵和口柄采用一块陶土一体化制成，这是一种保持了几个世纪的模式。没有任何证据表明，英国 - 荷兰式烟斗源自印度烟斗，但它与易洛魁陶土烟斗可能存在联系。这种联系主要体现在口柄与斗钵之间的典型倾斜以及斗钵本身的形状上。当然，也不能排除是斯塔福德郡、布罗西和威斯敏斯特（Westminster）陶工们的灵感所致。但有一点可以肯定，英国海员和其他运输烟草的人从不列颠群岛把陶制烟斗传播至整个西欧。相对于土耳其烟斗来讲，英国和荷兰烟斗属于另外一种不同的形制，因此，我们开始怀疑哈梅尔 - 普尔斯托利（Hammer-Purgstalle）关于土耳其烟斗来源的论述是否正确。研究也表明，烟草在土耳其的传播似乎不太可能由英国水手引入，因为远远早于 1605 年，也就是十六世纪七八十年代，第一批烟草就被葡萄牙、威尼斯和热那亚的水手们载运到了土耳其的金角湾[195]。

土耳其人制作烟斗可能与皮埃尔•格里尼翁所描述的烟斗传播情形相似；也就是说，它们可能源自印度的密克马克烟斗。土耳其语中的烟斗一词独立于英语 pipe、荷兰语 pijp、德语 Pfeife、斯洛伐克语 fajka、匈牙利 pipa，但可以在波斯语、波兰语、俄语和相关语言中找到类似的词汇：louleh < lulka < lyul’ka。

对我们来说，不幸的是没有关于土耳其烟斗制作早期阶段的档案资料，英国关于烟斗考古学的出版物只对土耳其烟斗进行了初步的类型学调查。没有基于档案研究的具有日期和署名的材料，使得土耳其长柄烟斗的分类非常困难，

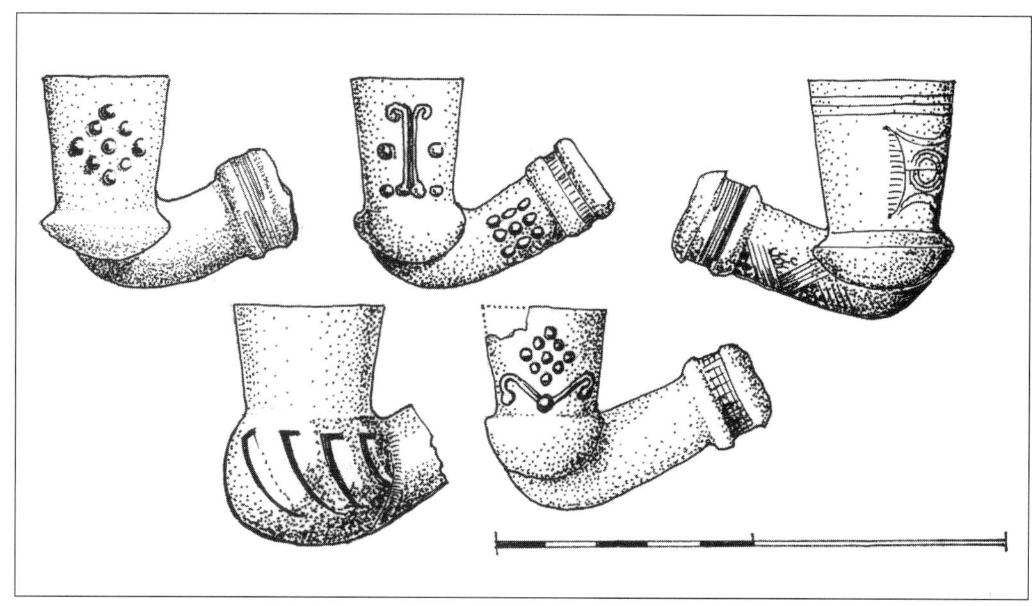

土耳其统治下匈牙利部分地区的土耳其烟斗。

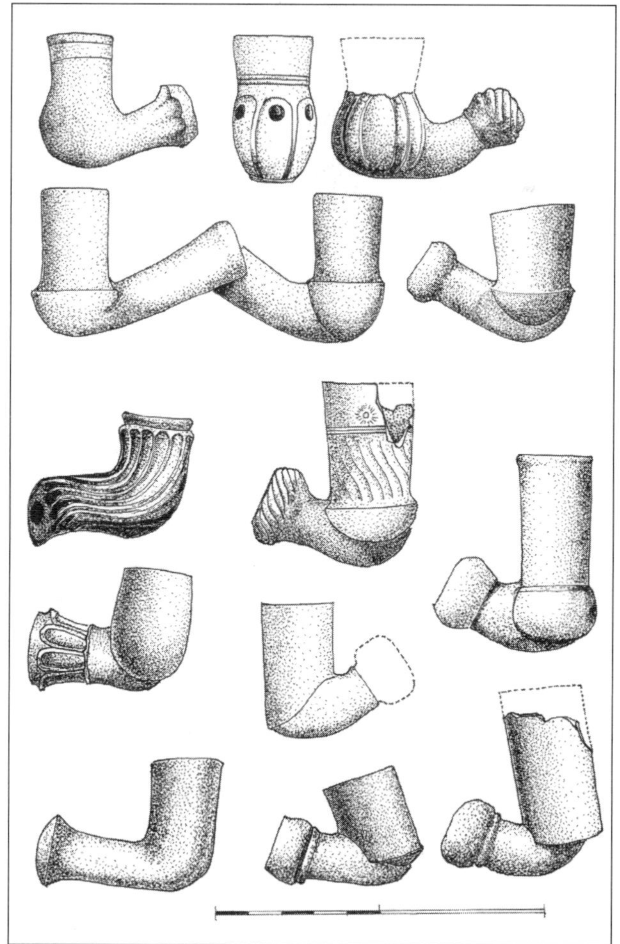

来自埃格尔的土耳其烟斗。

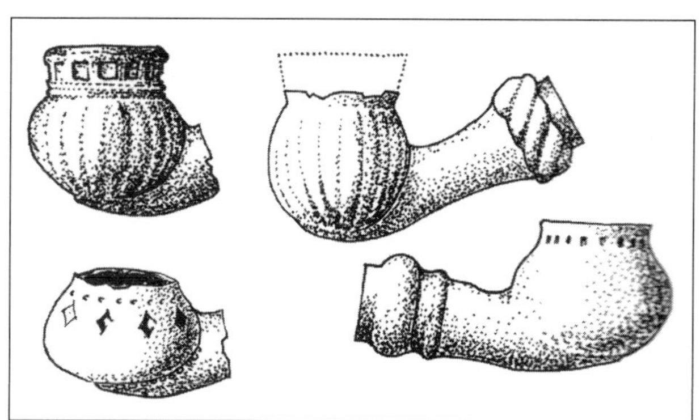

土耳其统治下匈牙利部分地区的土耳其烟斗。

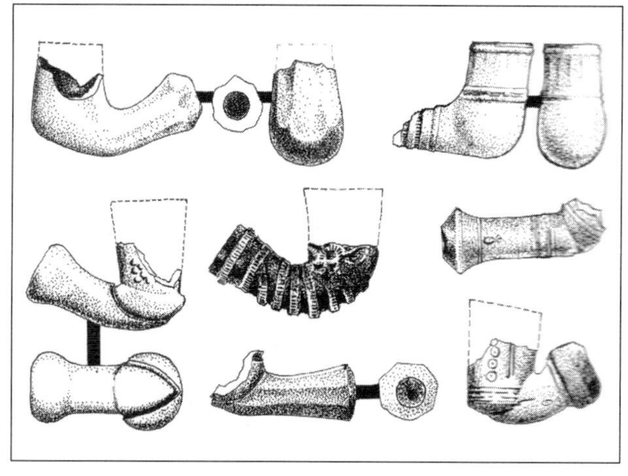

土耳其统治下匈牙利部分地区的土耳其烟斗（来自斯克洛斯的出土文物）。

特别是在土耳其烟斗制造者基本采用传统形制的情况下[196]。

对于如何确定土耳其烟斗的年代，最有希望的研究方向是根据历史上土耳其统治下的领土，特别是多瑙河以北地区同年代的烟斗进行类比，这些区域发现了土耳其烟斗残片和模仿土耳其风格的烟斗残片。同时，从考古出版物中也可以获得相当重要的线索，这些出版物探讨了匈牙利出土的土耳其统治 150 年间的烟斗。

塞利姆（Selim）一世统治期间（1512—1520），土耳其卷入了波斯战争；此后，他的继任者苏莱曼（Suliman，1520—1566）通过霸权恢复了奥斯曼帝国的版图。他占领了贝尔格莱德，在 1526 年的莫哈奇战役中击败了匈牙利王国，突破了多瑙河；1541 年将穆罕默德的旗帜悬挂在了布达塔上，然后通过征服亚美尼亚、阿尔及利亚、突尼斯和的黎波里扩大了对整个地中海的统治。该世纪中叶，为他搜求所爱之物的西班牙、葡萄牙和荷兰帆船出现在了君士坦丁堡。他的统治结束时，烟草和咖啡的消费已经传播到整个土耳其帝国。其继任者生性放纵，特别是在艾哈迈德一世统治（1603—1617）下，随着财富不断流入君士坦丁堡，国家军队的内部纪律受到了削弱。在此期间，奥斯曼专制的国王们通过牺牲众人生命而登上沾满鲜血的王位，军队背叛了人民，成为暴君们的侍从。例如穆罕默德三世，他踩着十九个兄弟的尸体登上了王位。在艾哈迈德统治时期，后宫和太监攫取了权力。起初，艾哈迈德自己也是烟斗客，但后来屈服于宗教神职人员的建议，将《可兰经》对饮酒的禁令扩大到了咖啡和烟草的消费。因此，艾哈迈德不得不颁布禁止抽烟的规定。一些不完全权威的资料显示，禁令规定：如果一个抽烟者在抽烟时被捕，他会被烟斗的口柄刺穿鼻子，然后放在驴背上在全镇游行，以此威慑其他抽烟者。

真正反对抽烟的斗争始于艾哈迈德的儿子穆拉德四世统治时期（1617—1640）。起初，抽烟者并没有受到骚扰，但在 1633 年君士坦丁堡大火之后，国王乔装打扮成普通游客外出私访，发现咖啡馆是反政府的温床。在那里，拿着烟斗吞云吐雾、游手好闲的人滥用言论自由的权利。于是，他召集周围的便衣，采取无情的措施，处死了抓到的全部抽烟者。血腥暴君强权下的受害者估计大约有二万五千人[197]。

1648 年，穆罕默德四世解除了可怕的禁止措施，烟草在极短时期内便征服了奥斯曼帝国。

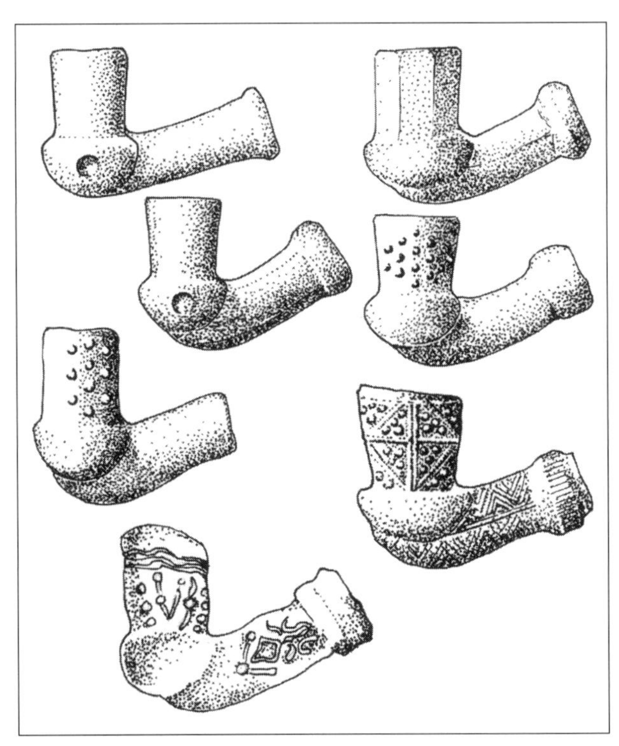

布达形制的陶土烟斗。

最古老的土耳其烟斗起源于十七世纪初。它们有一个相对较小的环形斗钵，管颈呈六边形或八边形，逐渐变细。多边形的管颈就像一个口柄，末端是一个圆柱形的环状体，环上连接着按钮状的烟嘴。在斗钵和口柄连接处的圆柱体部分，形成一个喙状突起。由于口柄短，烟斗的加热部分就在脸附近，烟气到了嘴边很烫，会刺痛眼睛。受波斯水烟筒（narghiles）的影响，这一基本形制得到了发展，改为采用不同材料制成口柄连接到陶制斗钵上。这一改良发生在该世纪六十年代土耳其统治下的匈牙利领地，一支纳格瓦拉德（Nagyvarád）出土的烟斗证实了这一点。该烟斗曾经是文斯•布尼塔（Vince Bunyita）藏品的一部分，现在收藏在布达佩斯应用艺术博物馆。纳格瓦拉德城堡在1660年到1687年间由土耳其控制，所以烟斗大概可以追溯到该时期。烟嘴的末端清楚地显示出烟斗和一根木制口柄一起使用，这支口柄可能很长。

斗钵的形制也仿效波斯水烟筒，做成了陶罐的形状。早期的烟斗也有一个较短的陶制口柄，斗钵分为两部分。这种烟斗起源于十七世纪六十年代，在纳格瓦拉德出土文物中可以看到实物样品。陶罐式的斗钵形状显示出人们对烟草的消费更大，因为斗钵的深度达6—7厘米。

十七世纪，土耳其烟斗的显著特点是斗钵容量变大，外形变宽。像土耳其陶罐一样，斗钵被分为两个独立的部分：上部呈漏斗状，钵壁逐渐变细，下部则变粗，最终缩成非常小的钮状，到世纪末钵底改为平盘形。随着陶土烟斗口柄长度的变化，在土耳其第一次出现了长柄烟斗，到十九世纪，长柄烟斗逐渐普及。

匈牙利考古学为烟斗外形的演变提供了准确的资料。从1554年到1593年，菲利克（Fülek）城堡一直为土耳其人所占据，在城堡中出土了一块烟斗残片，其斗钵呈扁平的球形，有凹槽，底部带有平面图案装饰。1596年土耳其人占领了埃格尔（Eger）城堡，该城堡也出土了几乎相同的烟斗，口柄末端呈球形[198]。

贝拉•科瓦奇（Béla Kovács）将在埃格尔发掘出的土耳其烟斗分为两组。其中一组由绿白色的烟斗组成，完全由陶土烧制，许多烟斗上都有土耳其语标识，装饰是用齿轮和印章压入烟斗壁形成的。另外一组烟斗也是由良好的陶土制成，但由于烧制而变红，没有任何装饰。第一组烟斗制作于十七世纪上半叶，而第二组烟斗制作于1648年之后，即十七世纪下半叶[199]。前文所述的菲利克出土的烟斗，以及在挖掘过程中发现的日期为1616年或1616年左右，现为匈牙利国家博物馆（编号53.1013.80）所藏的穆希镇（Muhi）出土的烟斗残片也证实了这一时间顺序[200]。

十七世纪上半叶制作的烟斗装饰物和图案包括独特的土耳其装饰：塞尔柱艺术中常见的几何图案、装饰图案、浮雕玫瑰花饰和珍珠、祈祷室（mihrab）、讲坛（mimber）和土耳其微型画。一个常见的情况是斗钵刻有垂直分布的凹槽，或者覆盖整个斗钵的水平槽。这些烟斗也上釉，有时只是一个小小的绿色斑点，有时整个烟斗表面为绿色釉或棕色釉。

第二组烟斗代表了与土耳其制造的烟斗有实质不同的形式。圆柱形斗钵的末端是一个橡子般的半球形，下半部分连接着拱形的管颈。管颈像漏斗一样变宽，有时末端呈钮状。从菲利克的实物样品中我们可以看到，有些烟斗被压平，成了六边形或八边形的棱柱体。在布达城堡出土了大量的类似烟斗。根据这些烟斗的棕红颜色、相同的标识，以及更重要的原因——只有在匈牙利领土上才能找到带有这些基本外形特征的烟斗，科瓦奇推测它们是在土耳其长期占领的布达制造的。也就是说，它们很可能是被占领地区烟斗的典型特征，由布达的土耳其烟斗制造者制作。

有些烟斗配有一个突出的珍珠饰物。同样的装饰，加上对角交叉的肋骨，也出现在菲利克烟斗上。奥斯科藏品（编号：P.310）和阿尔伯特•哈尔莫斯（Albert Halmos）藏品中恰巧都有这种实物样品，它们来自匈牙利。从勒瓦城堡（Léva Castle）出土的 1663 年左右的烟斗残片中也可以观察到类似的装饰演变趋势[201]。

十八世纪，烟斗的外形几乎保持不变，唯一的区别是口柄的钮状末端变得更加明显，通常采用倾斜的凹槽装饰，斗钵上经常刻印着装饰性印章。这与早期烟斗上发现的装饰性刻印完全相同，原因可能是沿用了传承下来的印章。有一支特别漂亮的烟斗，装饰着三枝野风信子环绕着从一个心形图案中长出的画面，它出土于 1702 年建造的萨伏伊宫（Savoy Palace）的废墟瓦砾之中，现为奥斯科藏品（编号：P.312）。管颈末端呈球形，

卡尔•C.C. 汉森：《在罗马的丹麦艺术家》。

有一个手柄，手柄上有一个孔，连接烟斗和口柄的绳索可以从中穿过。

十九世纪，越来越多的烟斗斗钵明显呈漏斗状，开口像花萼一样。这种带平底的长柄烟斗此后不断发展，在1850年左右变得非常流行。这一时期的制造者通常会在烟斗上盖上自己名字的圆形戳记。红色的长烟管，其材料类似于罗马红精陶器，通常采用镀金材料，在整个欧洲非常普遍，在艺术家群体中尤为如此。卡尔•克里斯汀•康斯坦丁•汉森（Carl Christian Constantin Hansen）于1835年至1843年间创作的著名画作《在罗马的丹麦艺术家》（*Danish Artists In Rome*）中，所有的艺术家都使用平直的长烟斗，那些樱桃木口柄的长度达到一米至一米半。这种长烟斗被法国人德弗里斯（Devries）、来自索尔纳的匈牙利人卡洛里•塔卡茨（Károly Takács）及其在塞尔梅克的继承人卡洛里•扎查（Károly Zachar）所模仿。

匈牙利[①]陶土烟斗

烟草在欧洲传播的时候，匈牙利正遭受着历史上最严重的苦难。奥斯曼土耳其军事帝国在征服世界的过程中袭击了匈牙利南部边境。1526年，苏丹苏莱曼的军队在多瑙河“抵抗河”附近的莫哈奇平原击溃了匈牙利军队，匈牙利国王拉约什（Lajos）二世战死沙场。他的王位由善于制造纠纷并从中取利的哈布斯堡家族获得，查尔斯五世的弟弟、拉约什的姐夫斐迪南于同年12月被宣布为国王，次年从王位竞争者佐波尧•亚诺什（Zápolya János）手中夺回布达[②]。这一行为违背了科涅克联盟（League of Cognac）欧洲君主的统一意愿，他只能在塞克斯费赫瓦尔（Szekesfehervar）加冕。这个国家分裂成了三部分：土耳其入侵者占领的大平原，国家北部和西部是斐迪南的领地，特兰西瓦尼亚由佐波尧统治。从此，匈牙利开始了长达150年的激烈内战。

匈牙利人，主要是在边境要塞驻扎的士兵，从他们的敌人即土耳其人、西班牙人、瓦隆人和其他雇佣兵那里学会了抽烟。不过，从语言证据来看，主要来自土耳其人。匈牙利语中表示烟草的词语是dohány，该词来自奥斯曼-土耳其语duhan，起源于阿拉伯-波斯语。其他欧洲语言中的烟草一词（tobak/tabaka）虽然最迟在十七世纪就进入了匈牙利，但很少被使用，无法取代可能在十六世纪七八十年代已经采用的土耳其语dohány和dohányzás。约瑟夫•本科（József Benkő）公布了匈牙利驻君士坦丁堡大使费伦茨•巴洛（Ferenc Balog）的信函，信中说穆拉德三世派了一名特使前往特兰西瓦尼亚，让塞克勒人第一次看到了抽烟的情景[202]。

伊斯特万•埃塞迪（István Ecsedi）发布的研究内容也值得认真思考：早在1574年，德布勒森就发布了禁止在公共场所抽烟的公告：

> “所有人都禁止在公共场所吸食有害的烟草。”（a malis et nocentibus fumationibus.）

这为了解德布勒森十六世纪七十年代的烟斗

① 作者注：匈牙利目前的边界比过去某些时候缩小很多。因此，在讨论匈牙利的烟斗时，我们关注的是在当时国境内制造的烟斗。

② 作者注：布达是一个重要的堡垒，但国王们不在那里加冕。在土耳其人到来之前，布达没有作为首都的传统。随着经济的发展，布达城堡与河对岸的佩斯镇变得不可分割，直至成为现今的首都布达佩斯。

发展情况提供了前提，也佐证了匈牙利语中烟草（dohány）一词的来源[203]。

贝拉·科瓦奇将埃格尔要塞出土的许多土耳其烟斗残片进行了归类。这些烟斗制造于1596年至1687年间，正如我们所见，可以把它们分为两组。第二组包含大量的同质化样品，证明了这些烟斗的使用者是普通士兵。斗钵外形通常为圆柱形，下部收尾处呈半球状。半球的一侧或两侧被压平以便抓握。通常可以在扁平部分看到一个凸起的小钮，有时被装饰成一个玫瑰花结。管颈像漏斗一样变宽，或末端有像头巾一样的装饰，这与其他类型的烟斗类似。匈牙利应用艺术博物馆的土耳其印花陶土烟斗（编号10.425）一定是土耳其烟斗制造者制作的。这把烟斗由文斯·本尼泰（Vince Bunyitay）捐赠，也许出土于纳格瓦拉。

在埃格尔出土的烟斗上很少能找到标记，说明这些烟斗不是制造于土耳其本土，只是土耳其形制烟斗的仿制品，极有可能出自匈牙利俘虏或奴隶之手。它们的烟道质量不高，也从侧面说明了同样的问题[204]。

从发展的观点来看，埃格尔出土了一组最具匈牙利本土特色的烟斗。尽管这些烟斗的形制可以从布达的土耳其烟斗中找到根源，但是基于人类学的相似性，这些烟斗的装饰必须视为已经完全匈牙利化的产物。科瓦奇在研究中说，这些装饰图案属于德布勒森烟斗制造者使用的基本装饰，这一点具有极为重要的意义。每件产品都被烧成红色，并有浮雕装饰。这些浮雕装饰为镌刻式，用管子压制，有时用齿轮盖制而成[205]。

匈牙利烟斗考古研究得出的基本结论是，除了外观元素外，匈牙利烟斗制造者在制作烟斗时主要借鉴了土耳其制造者的专业技术和经验。在各种出土的烟斗残片中，源自西欧的烟斗很少，与大量的土耳其烟斗相比，这些烟斗的影响几乎可以忽略不计，尤其是考虑到东方世界直接且持续了150年的影响！毫无疑问，埃格尔和菲利克出土的这些烟斗残片源自西方，由雇佣兵运到匈牙利，数量不多而且在时间上不是最早，因为匈牙利的外国雇佣兵更喜欢土耳其烟斗及其木制口柄而不是荷兰的陶制口柄。比起画布上宁静生活中所使用的烟斗，这种烟斗更适合抵挡生活的磨难。此外，因为是就地取材，土耳其烟斗更易于清洗，更换起来也很方便[206]。

斗钵外形取决于安装在短颈上的口柄：管颈较粗，而且带有按钮状的圆形烟嘴，能够更好地承受安装时口柄产生的压力。从十七世纪的最后三十年开始，主要是在1687年之后，我们了解到，许多烟斗都遵循了荷兰烟斗的倾斜斗钵形制并在现场安装制作；从整体上看，这些烟斗具有短短的环形颈端，带有一个按钮状的接口用于插接木制口柄。土耳其统治时期的烟斗应被视为匈牙利烟斗的前身，特别是德布勒森、科西塞、塞尔梅克及其同时代的匈牙利烟斗。

土耳其军队在布达和埃格尔停留的时间较长，这意味着他们必须在后勤保障中做到自给自足。从制作烟斗的材料可以看出，其颜色深浅程度包括棕色到红棕色再到红色，因此很容易理解，一旦他们用完进口陶土就会使用本地陶土制作烟斗。堡垒内的基督徒（本地人）根据入侵者的习惯和需求进行了调整，匈牙利陶工除了陶罐

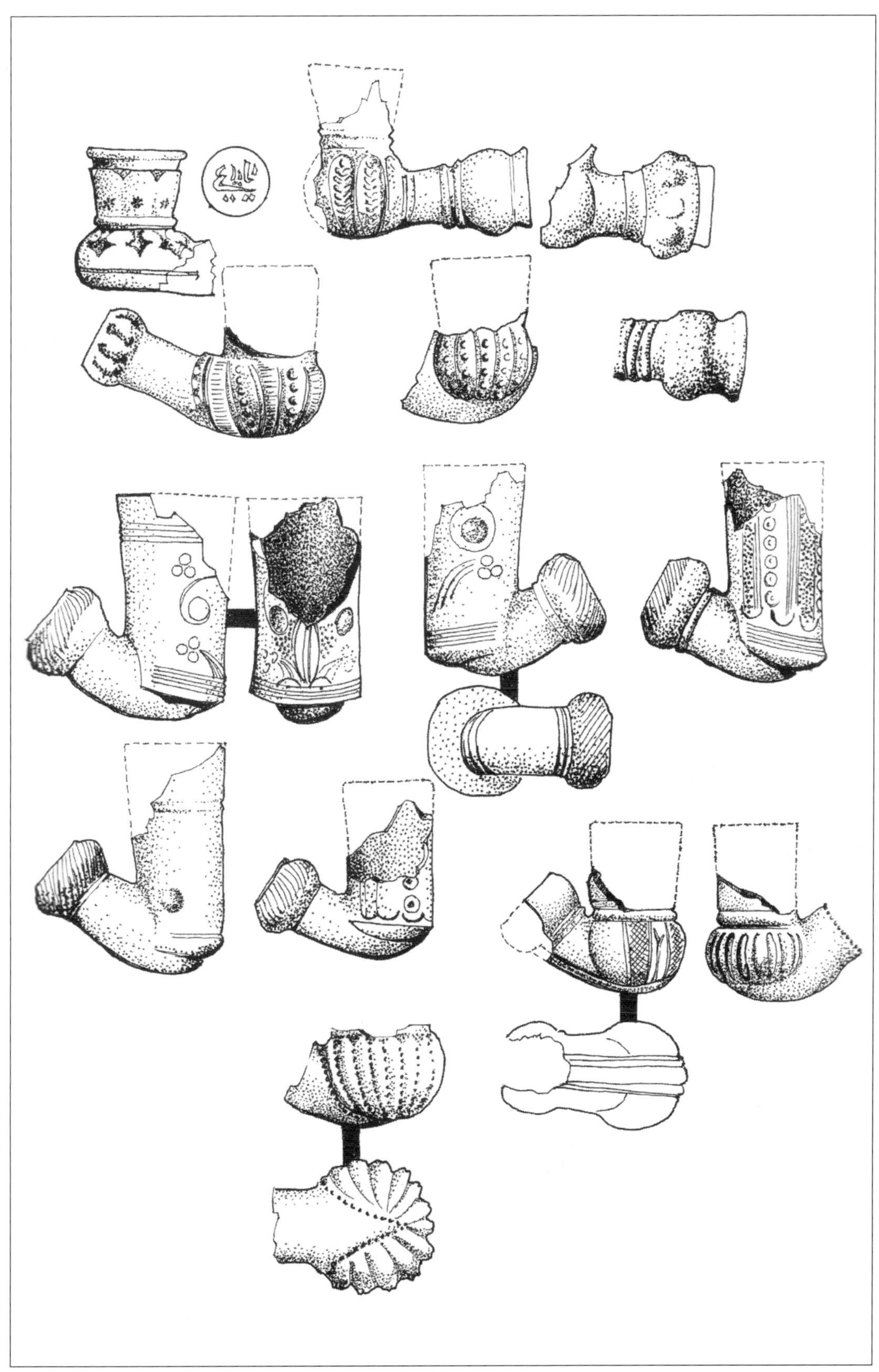

来自土耳其统治下的匈牙利部分地区的土耳其烟斗(埃格尔出土的烟斗残片)。

外，必定还制作陶土烟斗。奥斯科的一件藏品（P.0310）就来自埃格尔，与菲利克的一个烟斗斗钵几乎完全相同，展现了匈牙利民间陶器的装饰元素。长久的共存最终形成一种典型的匈牙利烟斗形制。贝拉·科瓦奇将某些埃格尔烟斗视为一个独立的组别，这些烟斗具有略呈漏斗状的圆柱形斗钵，斗钵的末端为半球形。他认为，这些红色烟斗最初来自土耳其统治时期的匈牙利首都布达。

布达出土的土耳其烟斗中，几乎一半斗钵的半球状末端一侧或两侧都有小凸起。这个凸起是在干燥之后、烧制之前雕刻的，与其说是起装饰作用，更有可能是为了方便握持烟斗[207]①。

当烟斗的一侧有凸起时，该凸起位于右侧的概率是80%，位于左侧的概率是20%，就像贝拉·科瓦奇解释的那样，这直接反映了左右手握持烟斗抽烟的概率：

“这种握持斗钵的方法不仅体现在凸起本身以及沿袭至今的惯例，还体现在如下事实：匈牙利式烟斗下方的半球形部位，一般用手指捏出或掏出一个方形。”[208]

基于我们看到的文字材料，十七世纪五十年代有囚犯为土耳其人制造烟斗。在奥德（Ónod）附近，土耳其人抓获了一名西里西亚裔的德国士兵和一个叫马顿·尼梅特（Márton Német）的屠夫助手。这名士兵和一个带着女儿的妇女被关进了埃格尔监狱。在这个德国士兵的日记中，我们可以看到他们被关在一个牢房里，唯一的光线来自头顶正上方。在这里，五十名狱友忙着制作皮带、鞭子和烟斗，以便获得更多的食物。科瓦奇把部分烟斗归类为“混合组别”，其制作的时间必定起始于该时期，且持续至十七世纪晚期[209]。

通过观察埃格尔出土的匈牙利式烟斗残片，我们可以得出这样的结论：在土耳其占领期间和解放后的几十年里，存在着一种成熟的烟斗制造工艺。埃格尔要塞在最初反抗土耳其人的斗争中发挥了重要作用，其重要性在土耳其的枷锁下仍然继续存在。领地中的农奴们向新来的奥斯曼重骑兵领主进贡，但土耳其人并没有阻止他们向匈牙利议会缴税——大约是足额税金的一半。1609年，阿哈·梅赫梅特（Agha Mehemet）与科希策城堡的指挥官费伦茨·马格西（Ferenc Mágócsy）谈判，目的是免除那些遭受破坏的村庄三年税收：

“既然造成贫瘠不符合任何一方的利益。”

城堡里的土耳其和匈牙利士兵永远互相勾结，剥削手无寸铁的农民，从他们身上敛财。尽管如此，边界地区的居民，无论是贵族还是穷人，都保持着长期联系，并互相买卖各自的作物和商品。这也许可以解释为何埃格尔与科希策烟斗之间存在明显相似之处。

德布勒森烟斗

德布勒森烟斗的起源可以追溯到十七世纪末。我们在德布勒森陶工工会的申诉中可以看到这样的内容：

“一个半世纪以来，德布勒森陶工工会为这座高贵的城镇及其周边地区提供了我们自己镀铜的陶土烟斗和其他各式物品。”[210]

① 这个小凸起的作用应为防滑，增大握持的摩擦力。

早在1665年，德布勒森镇议会就颁布了以下禁令：

“禁止抽烟，违者罚款十二弗罗林，以此保护我们的城镇免遭危害；凡因抽烟而被捕的人，都将受到惩罚，不得加以宽恕。”

禁令于1667年再次发布，但显然没有效果。当时德布勒森周围种有烟草，并定期运往驻扎在科奇采的斯特拉索尔多将军（General Strassoldo）统领的德国士兵手中。驻扎在边境的英勇战士和外国军队终日喝酒、掷骰子、抽烟斗，如果当地居民不种，就必须从其他地方购买烟草以满足他们的无理要求[211]。

到1681年，德布勒森烟斗的制造和销售必定已经持续了相当长的时间，因为议会颁布了一项规定，要求：

“严禁抽烟和出售烟草，也禁止出售烟斗和口柄；任何人在家中或商店中持有烟草，一经发现售卖或吸食，要将其烟草焚烧，并处以其他处罚。任何拥有这些物品的人必须在接下来的十五天内清除出城镇。该法令具有永久性，要在市场和居民区中宣读；此外，还要任命品行端正的市议员，与市场检查员共同监督这些烟民和烟草商。”[212]

德布勒森镇辖区内发现的优质陶土极大地促进了烟斗制造。陶土坑位于离德布勒森三十公里的科斯特利斯格，出产的陶土由马车夫运送。起初，上面覆盖着两铲深的腐殖质土层，需要陶土的人自己随时可以去挖掘，规模很小。后来，那些挖掘陶土的人在下部土层中发现了高质量的烟斗泥。1768年，玛丽亚·黛丽莎女皇将这一优质烟斗泥产区授予了德布勒森的烟斗制造者工会，并为使用该镇三英亩土地支付了一枚科尔莫克金币。在十九世纪，为了制作白色烟斗，德布勒森采购了格罗波里出产的烟斗泥。格罗波里靠近埃格尔管辖的密什科尔茨[213]。

最初的烟斗采用手工制作，并模仿土耳其烟斗。在其他陶制产品滞销时，陶工工会的成员也会生产烟斗，将其作为一种副业偶尔为之。这是一项不需要太大力气却非常烦琐的工作，所以烟斗塑形由妇女和儿童来做。1703年，市议会同意了工会提交的请愿书，允许贫穷的寡妇参加工作，但禁令仍在实施之中，故而设定了以下前提条件：

“在城镇之内不许卖烟斗，每支烟斗都只能售给陌生人。”[214]

直到十八世纪末，虽然刚开始时穷人和赤贫的寡妇也偷偷制造烟斗，但烟斗主要还是由陶工生产的。然而，随着禁止抽烟的法令在世纪末逐渐失效，越来越多的工匠开始从事烟斗制造。1798年，生产红陶土烟斗的工人多达138人，除了自己的妻子和孩子外，他们还雇了助手[215]，年产量达到烟斗10,960,000个，烟嘴100,000个，数量惊人。1847年，生产的烟斗数量仍然超过了1000万个，当时大部分产品销往法国、英国和北美等国外市场[216]。

德布勒森陶土烟斗的镀铜不是由烟斗制造工人操作，而是由专业的铜匠和制盖匠人完成的。1840年左右，城里有三家铜匠店[伊斯特万·托斯（István Tóth）、卡洛里·桑塔（Károly Sántha）和米哈伊·科瓦奇（Mihály Kovács）]，

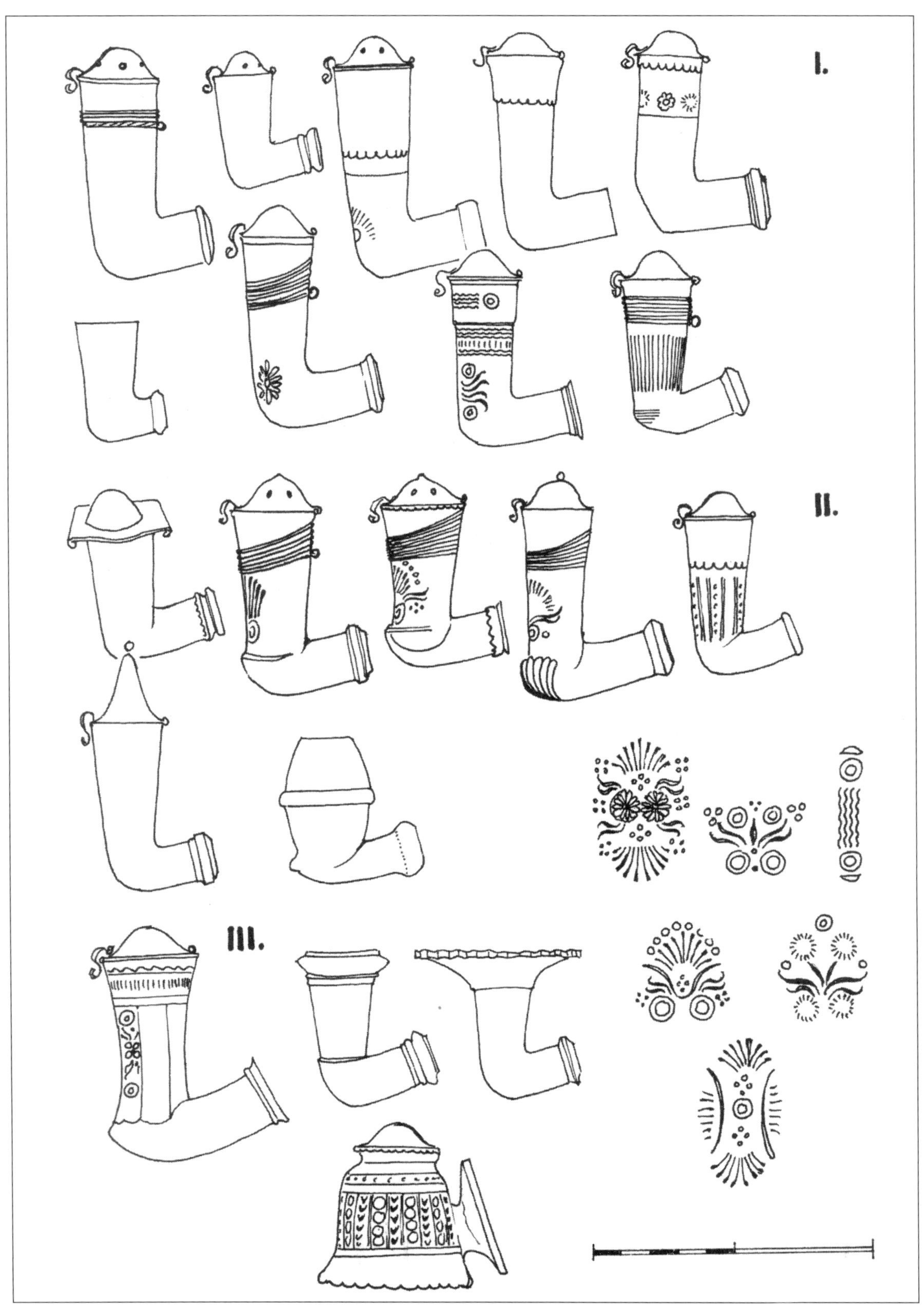

德布勒森烟斗形制。

以及一些住在城外的犹太工匠。他们没有许可证，平时不能在城镇集市上出售商品。经过长期的论证后，1842 年，他们最终获得了商品出售权，但其许可证只适用于乡村和每周集市日。1853 年第 2582 号法令允许铜匠出售他们的商品。当时，铜匠人数已经增加到九人，因为新的铜匠工人进城，后来增加到十二人 [他们是雅各布 • 阿德勒（Jakab Adler）、马顿 • 阿德勒（Márton Adler）、约瑟夫 • 瑟夫（József Sirf）、马顿 • 梵耶斯（Márton Vajsz）、摩西 • 埃格里（Mózes Egri），后来又增加了塞缪尔 • 阿德勒（Sámuel Adler）、米哈伊 • 菲舍（Mihály Fischer）、洛林 • 菲舍尔（Lőrinc Fischer）]。

烟斗铜匠不断聚集在阿德勒周围，他们对所处地段不满意，于是在 1856 年向市议会申请撤销陶工出售镀铜烟斗的权利。这一争论持续了数年。尽管铜匠加入工会以一些义务为前提，但他们拒绝为陶工的烟斗安装装饰性覆盖物和斗盖。取而代之的是，他们获得了为佩斯的工厂生产的烟斗安装盖子和镀铜的权利，以替代德布勒森烟斗的输出贸易。

由始至终，德布勒森制造的烟斗都保持着自己的手工艺特点。在十九世纪五六十年代，由于铜匠的竞争和工业生产的进步，这种陶土烟斗制作工艺面临着消亡的威胁，而山陀尔 • 桑卡（Sándor Csonka），拉约什 • 塞雷斯（Lajos Seres）和他的儿子米哈伊（Mihály），加博尔 • 津斯（Gábor Kiss）、约瑟夫 • 托尔迪（József Toldi），这些老工匠和他们的传承人始终无法突破行业辉煌时期采用的制作方法。德布勒森烟斗以其工匠大师的标志和独特的装饰美感为傲，只有通过精心的工艺才能实现这些美感，因此，这种烟斗无法妥协，也无法降低水准与廉价的量产烟斗进行竞争，而且也无法以低廉的价格进行竞争。烟斗精制作坊、老牌制斗大师和制造烟斗的寡妇们一个接一个地放弃了烟斗制作，把自己权利卖给了犹太铜匠，为此一些人还在 1861 年被罚款五个弗罗林。

十九世纪七十年代初的新工业法（1872 年第八号法令）对烟斗制造业施加了更大的压力。首先，烟斗制造者又回流到了陶工工会的保护范围。在那里，只需 32 弗罗林就可以获得终身烟斗工匠许可证，如果按年度购买制作许可，只需

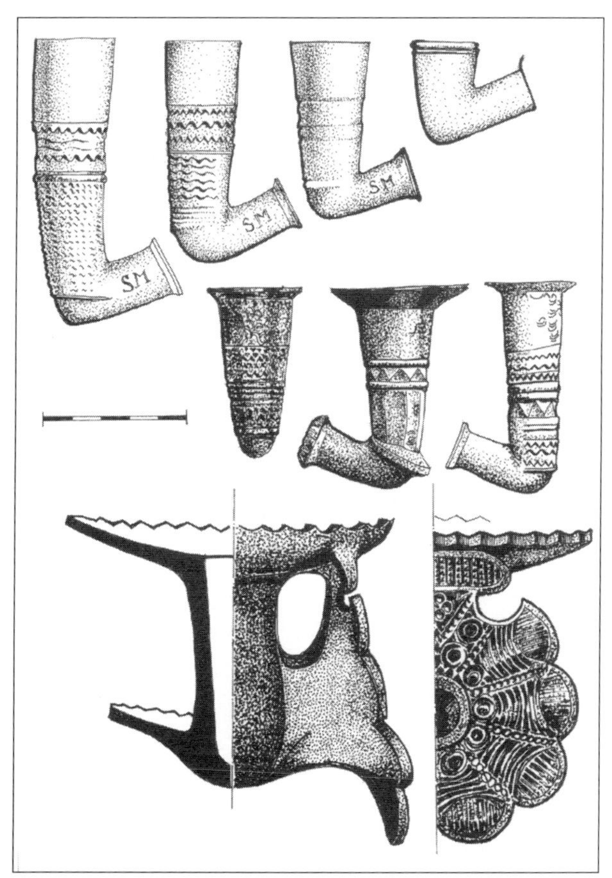

米哈伊 • 赛雷斯制作的烟斗。

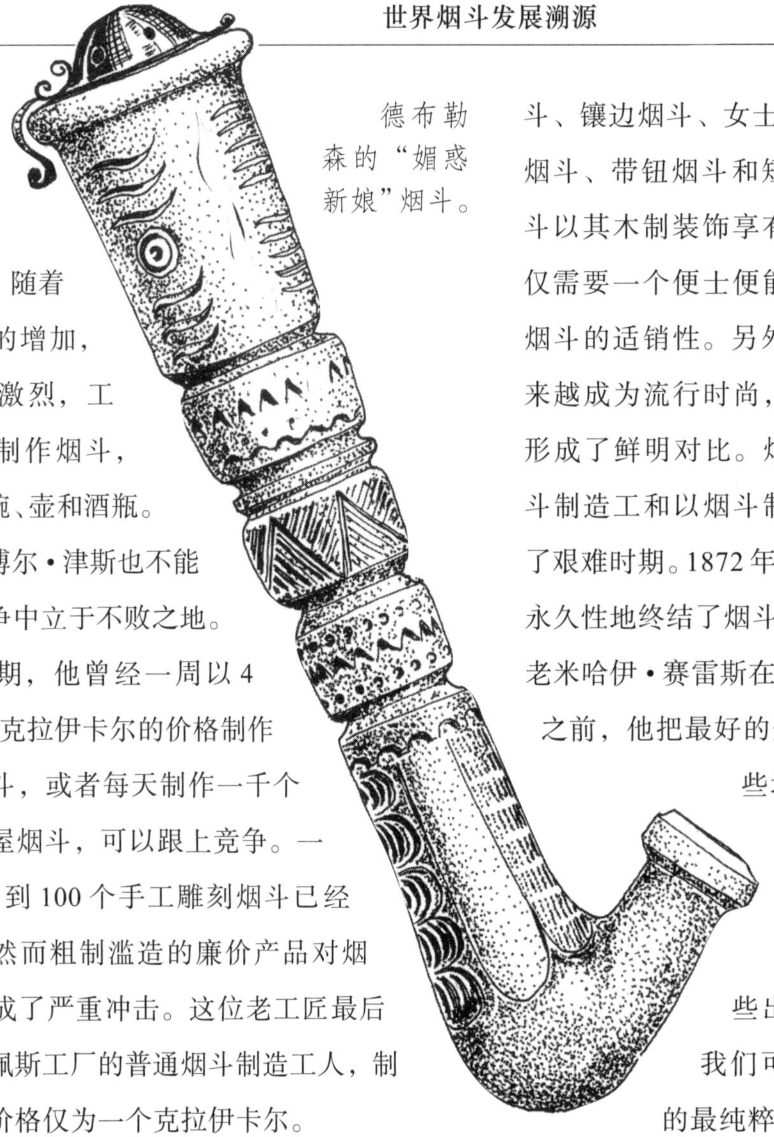

德布勒森的“媚惑新娘”烟斗。

要花1弗罗林加20克拉伊卡尔。随着从业人员的增加，竞争更趋激烈，工匠们除了制作烟斗，还开始做碗、壶和酒瓶。甚至连加博尔·津斯也不能在这场竞争中立于不败之地。在学徒时期，他曾经一周以4弗罗林50克拉伊卡尔的价格制作两千个烟斗，或者每天制作一千个普通咖啡屋烟斗，可以跟上竞争。一天制作80到100个手工雕刻烟斗已经很多了，然而粗制滥造的廉价产品对烟斗产业造成了严重冲击。这位老工匠最后沦为布达佩斯工厂的普通烟斗制造工人，制作的烟斗价格仅为一个克拉伊卡尔。

米哈伊·赛雷斯晚年的命运也很典型。他的住家和作坊在同一个地方，就在沙波（Csapó）街外的奇洛格（Csillag）街。住家面向街道，楼上的房间有两扇窗户，一个厨房和一个后屋，与其他所有靠近沙波街的农家住房一样。唯一不同的是，后院没有马厩和猪圈，而是一个作坊，里面设有一个高高的烟囱烧制窑，用来烧制烟斗，还有一个干燥室和一个仓库，像黄油一样柔软的陶土就存放在这里的盒子里并用木板封好。一百多年前，著名的黑色、红色、白色等系列烟斗就是在这里制造的；还有电镀烟斗、镶边烟斗、女士烟斗、苏布里克（Subrik）烟斗、带钮烟斗和短柄烟斗。尽管德布勒森烟斗以其木制装饰享有盛誉，但佩斯的劣质烟斗仅需要一个便士便能买到，这已经破坏了优质烟斗的适销性。另外一个新的因素是抽雪茄越来越成为流行时尚，而这与程序繁多的抽烟斗形成了鲜明对比。烟斗制造业、工匠师傅、烟斗制造工和以烟斗制造为生的穷寡妇们都进入了艰难时期。1872年的新工业法案废除了工会，永久性地终结了烟斗制造业。在穷困潦倒之中，老米哈伊·赛雷斯在阁楼里上吊自杀。但在自杀之前，他把最好的烟斗埋在了院子里……从这些埋藏的遗物中，我们发现了德布勒森的烟斗制作者们在困境时期为对抗廉价烟斗精心制作的完美作品，这些出土的烟斗无不做工精良。我们可以欣赏到各种形状和装饰的最纯粹的烟斗，短柄烟斗和电镀烟斗独具一格，这是批量生产所无法企及的。所有这些都体现了老米哈伊·赛雷斯的期望，他显然相信出自手工、刻有自己印记的烟斗具有天然的优越性。他的六人烟斗就是一件杰作，现在是奥斯科藏品中的骄傲。可悲的是，老工匠大师的希望破灭了，他放弃了与时代抗争，自杀了。

德布勒森烟斗巨匠们留下的烟斗藏品显示，它们主要用于社交活动。四到六个烟斗的管颈可以一起连接到一个像壶一样的凸起斗钵上。把这个装置放在桌子上，借助安装在斗颈上的口柄，六个人可以同时抽烟。后来，每个口柄都有自己的斗钵，斗钵被做得适合一起连接到基座上。尽管埃塞迪（Ecsedi）声称这些烟斗完全是非功能性的装饰品，但有老人告诉米哈伊•尼亚拉迪（Mihály Nyárády），曾看到过人们使用这些烟斗[217]。

塞尔梅克烟斗

塞尔梅克烟斗久负盛名，卖得很好。早在十七世纪，塞尔梅克烟斗就以其优质的材料、美观的结构和方便的造型，受到在欧洲大陆各地工作的体力劳动者的青睐。塞尔梅克烟斗在奥地利和德国的销路极好，并且通过奥地利销往意大利北部港口。它的第一批消费者是在匈牙利作战的雇佣兵，然后，通过阜姆港和的里雅斯特，亚得里亚海的水手们也开始接触到它。亚得里亚海港口周围的泥土中遍布着塞尔梅克烟斗的残片，证明这种来自匈牙利高地的烟斗曾经得到普遍的使用。

塞尔梅克（即现在斯洛伐克的班斯卡•什佳夫尼察）的德语名称是舍姆尼茨（Schemnitz），它被迪诺•布扎蒂（Dino Buzzati）错误地认为是开姆尼斯的萨克森镇。拉马佐蒂（Ramazotti）纠正了这一错误，但迄今为止，这一错误仍屡见

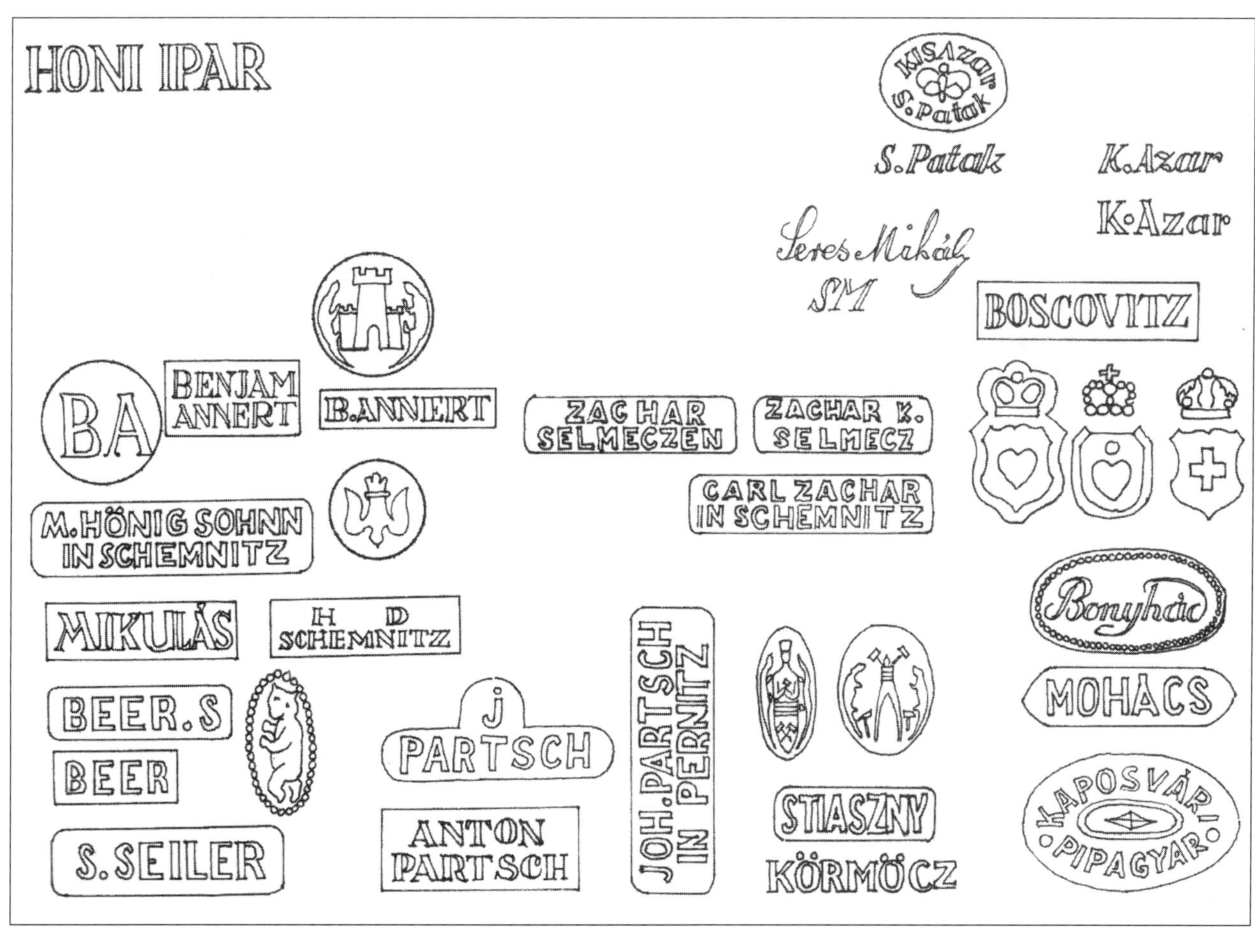

匈牙利烟斗标识。

不鲜，因此，我们不妨彻底审视一下塞尔梅克烟斗制造业的起源[218]。在1921年至1992年12月31日凌晨，塞尔梅克属于捷克斯洛伐克，但在1992年12月31日凌晨之后，捷克和斯洛伐克成为两个独立的国家。中世纪时，该地区是佐留姆（Zólyom）城堡领地的一部分，但厄尔士山脉的金银铜矿早就被罗马人开采了。当地传说，在十二世纪和十三世纪，定居在那里的佛兰德斯和下萨克森矿工被一只蜥蜴吸引着，发现了黄金的踪迹，这就解释了为什么在该城的盾形纹章中，塔楼的左右两侧都有一只蜥蜴；塞尔梅克也一直拥有贝拉国王授予的王家自治区地位，直到1918年。在十七世纪和十八世纪之交，索科利（Thoköly）和拉科奇的时代，

“哈布斯堡的士兵和库尔德人在城门周围来回奔波”。

1663年后，利奥波德（Leopold）皇帝号召境内各阶层协助保卫维也纳，抵御土耳其人。教皇的压力也要求匈牙利必须接受法国雇佣兵的支持，伟大的匈牙利贵族费伦茨·纳达斯迪（Ferenc Nádasdy）、米克洛斯·兹林尼（Miklós Zrinyi）、亚当·巴蒂亚尼（Ádám Batthiány）和矿区副负责人米克洛斯·贝尔切尼（Miklós Bercsényi）也招募了大批士兵对抗土耳其人。苏奇地区的法国士兵、德意志帝国军队和西班牙雇佣兵以及匈牙利骑兵经常出现在尼特拉(Nyitra)、列娃（Léva）、菲利克和塞尔梅克。正如德国的地主和农民在三十年战争中熟悉了烟斗一样，匈牙利北部地区的居民也从入侵高地的土耳其士兵那里学会了抽烟斗。除了英国和荷兰的烟斗（这些烟斗一点也不容易买到），士兵们一般都抽埃格尔和科希策地区制造的烟斗。从烟斗的形制来看，塞尔梅克烟斗制造的起始时间可以追溯到这一时期。

奥斯克卢卡（Ostroluka）和洪克拉科（Hontrákóc）（现在的斯洛伐克拉科维奇）附近的陶土坑出产高品质的白色陶土。将这样的陶土以恰当的比例混合，然后烧制，就能生产出令人喜爱的浅色耐用烟斗。

我们在对匈牙利陶土烟斗的一般描述中已经提到，如果接受发掘得到的证据，那么西方烟斗的促进作用是微不足道的，真正的推动力来自土耳其的长柄烟斗，尤其是在布达的土耳其烟斗制造者制作的烟斗。这种烟斗有一个相对较高的圆柱形斗钵，底部是半球形，同时还有一个短而多节的管颈，与斗钵成60° 角连接。斗柄位置的这一特征也是那不勒斯烟斗的一个特点，在匈牙利为产自埃格尔和科希策的烟斗所特有。

对于塞尔梅克烟斗而言，最显著的特征是烟斗底部具有异常丰富的装饰。要将十七世纪匈牙利烟斗的类型进行分类，我们必须把重点转向德国，特别是乌尔姆的雕刻烟斗[219]。

拉科奇和德布勒森烟斗的一个重要装饰元素就是烟斗底部有扇形的贝壳 - 树叶装饰，这种装饰在奥地利、德国和法国领土上非常普遍。从这些烟斗的名字可以推断，它们可能来自拉科奇王子统治下的匈牙利北部地区，但由于缺乏详细的研究，这仍然是一个假设。

确切地说，塞尔梅克烟斗制造始于十八世纪初。根据博物馆和收藏品资料，当时的塞尔梅克

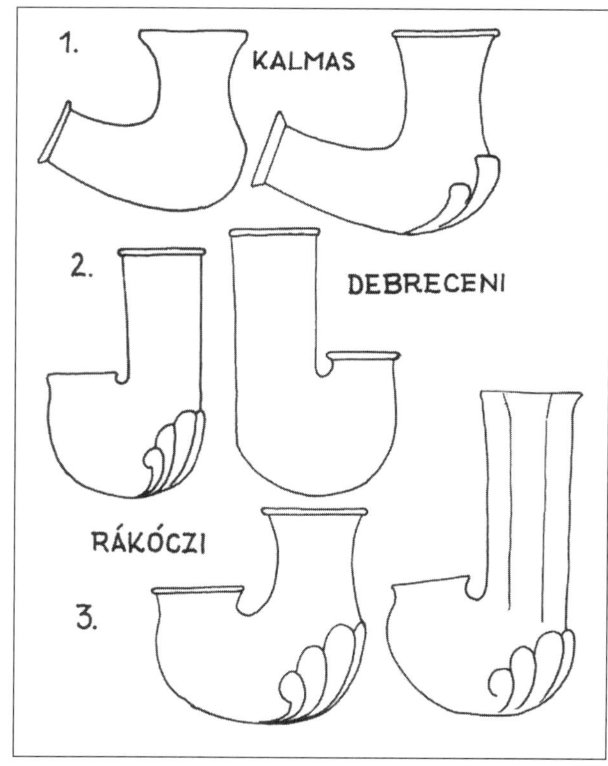

德国画册上的匈牙利烟斗样式。

烟斗造型和分布可以与两位大师联系在一起。

十九世纪第一家著名的烟斗作坊位于赛尔梅克镇的奥尔索街（Also Street）8号。上世纪①末，这家作坊被彼图克（Pituk）家族收购，在重建作坊、布置院子的过程中，许多破损的红色和黑色烟斗残片得以重见天日。在这些出土的烟斗中，可以分辨出作坊老板的姓名首字母（B.A.）和印章[贝尼娅-本亚明•安奈特(BENIA-BENIAMIN ANNERT）]。我无法在赛尔梅克镇的历史出版物中找到关于本亚明•安奈特的更多资料，然而大量的烟斗残片足以确定作坊是在什么时候开始运作的，烟斗上的装饰物帮助我们重建了制造烟斗所用的工具库[220]。

从年代学的角度来看，最重要的发现是弗朗西斯皇帝的烟斗残片。从垃圾堆最深处挖掘出来的烟斗残片中，有两个完好无损。它们的高度是87毫米，宽度是26毫米，斗钵呈圆柱形，直径为23毫米。一个短颈与斗钵成45°角连接，烟斗底部具有七瓣贝壳-树叶设计。另一个斗钵的底部是一幅弗朗西斯皇帝的肖像，右边是一个镶有珍珠的椭圆形，下面是维瓦特•弗朗兹二世的铭文。在周边地区出土的文物中还发现了弗朗西斯皇帝在1800年发行的一枚三克拉伊卡尔铜币；弗朗西斯同时统治着奥地利和匈牙利，在奥地利他是弗朗西斯二世，在匈牙利则是第一个名为弗朗西斯的国王（1796—1835）。管颈上可以看到BA印章，斗钵与管颈由脊状带连接。

在确定年代的过程中，还有一个烟斗十分重要，即彩色赤陶烟斗。其斗钵装饰有一个戴着王冠、看向左方的妇女侧面头像，这无疑与带有弗朗西斯皇帝肖像的烟斗处于同一时代。这两个烟斗肯定是在1809年制造的，这一年，随着拿破仑接近维也纳，皇室第二次到匈牙利避难。从皇帝的第三任妻子、22岁的玛丽亚•卢多维卡(Maria Ludovica)及其女儿玛丽亚•路易丝(Maria Louise)（后成为拿破仑的妻子）写给科洛雷（Colloredo）家族的信函中可以获知，皇室在埃格尔停留了三个月时间。

“逃亡的皇室成员被热情地款待，而在灯光绚烂的维也纳，没有一个人会开口庆祝拿破仑的生日。”[221]

一个烟斗上是赞美皇帝的铭文，另一个烟斗上是年轻女子的肖像，这使我相信安奈特大师是为1809年的庆典制作了这些烟斗。

① 指十九世纪。

在大多数烟斗上，都可以看到维也纳古典主义中最受欢迎的主题：翩翩起舞且手持琉特琴的希腊女性形象、酒神狄俄尼索斯或荷马肖像。这些烟斗的制作材料是一种赤陶土或烧制后呈红色的陶土，散发着令人愉悦的光泽。我所做的测量表明，采用这两种材料的烟斗都是由同一个模具制成，但高温烧制过程使红陶土烟斗收缩得更厉害。有些装饰在模型完成后采用手工工具制作。其中有一把烟熏成黑色的烟斗，带有七边形的斗钵和天鹅形的管颈，特别好看；装饰的三角形图案是手工在烟斗身上按压成形的，所以即使表面看上去一模一样的烟斗也略有不同。除了安奈特的印章，从废物堆中还挖出了带有特蕾莎•菲尔德/F.耐特（THERESIEN-FELD/F. NETTER）印章的烟斗。在同一个作坊里，还制作了顶部有四个孔、边缘呈锯齿形、有一个形似软木塞按钮的陶土斗盖[222]。塞尔梅克烟斗的独特外形形成于十九世纪三四十年代，当时最主要的烟斗制造者是米哈伊•洪尼格（Mihály Hőnig）。他烧制的烟斗品质精良、好评如潮。虽然陶土烟斗是平民烟具，但出自洪尼格大师之手、具有八角圆柱状斗钵的塞尔梅克陶土烟斗也被上流社交圈使用，并且售价不菲。1848年独立战争期间，这些烟斗经常出现在匈牙利军官的照片中。

科苏特（Kossuth）在争取国家独立的斗争中失败了，他被迫流亡。当时，塞尔梅克烟斗在土耳其和后来的意大利北部风靡一时。科苏特游历美国期间，塞尔梅克烟斗也在那里打开了销路。1852年到1853年期间，美国商人大额订购洪尼格大师的烟斗，但工匠一方面没有能力完成如此大量的订单，另一方面，出于对洪尼格大师烟斗美誉的维护，他们也不打算完成这些订单。有很多传奇故事讲述了要找到一只真正的洪尼格烟斗比登天还难。另一位与洪尼格同级别的大师是弗里吉斯（Frigyes），他当时在塞尔梅克教授绘画，在塑造烟斗造型方面发挥了重要作用[223]。

后来，米哈伊•洪尼格和他的儿子一起工作，然后是他的遗孀经营作坊。每把洪尼格烟斗上都有一个三角形，或加上五角星和字母H的印记。

六十年代①最主要的工匠大师是约翰•帕特施（Johann Partsch）、伊斯特万•米哈利克（István Mihalik）和卡洛里•扎查（Károly Zachar）。除了他们之外，还有许多其他手工艺者在同前述大师们的合作中传承了他们的技艺[卡洛里•克恩（Károly Kern）、山陀尔•坦德勒（Sándor Tandler）、约瑟夫•波尔（József Pohl）——仅举三个例子]。还有位于申坦塔尔（Szentantal）（与佐留姆的赛尔梅克镇相邻）和科莫克镇（Körmocbánya）的烟斗制造者，分别是文德尔•塔卡奇（Vendel Takács）和斯蒂奥斯尼（Stiaszny）。

十九世纪最后的三十年有许多烟斗制造从业者。正是在那时，塞尔梅克烟斗进入了德国、俄罗斯、比利时、英国、美国、加拿大、亚洲和南非市场。这些烧制精良的烟斗在意大利港口也很受欢迎，在巴萨诺•迪•格拉巴（Bassano di Grappa），人们认为“正宗”的塞尔梅克烟斗需要在塞尔梅克设计、带有

① 指十九世纪六十年代。

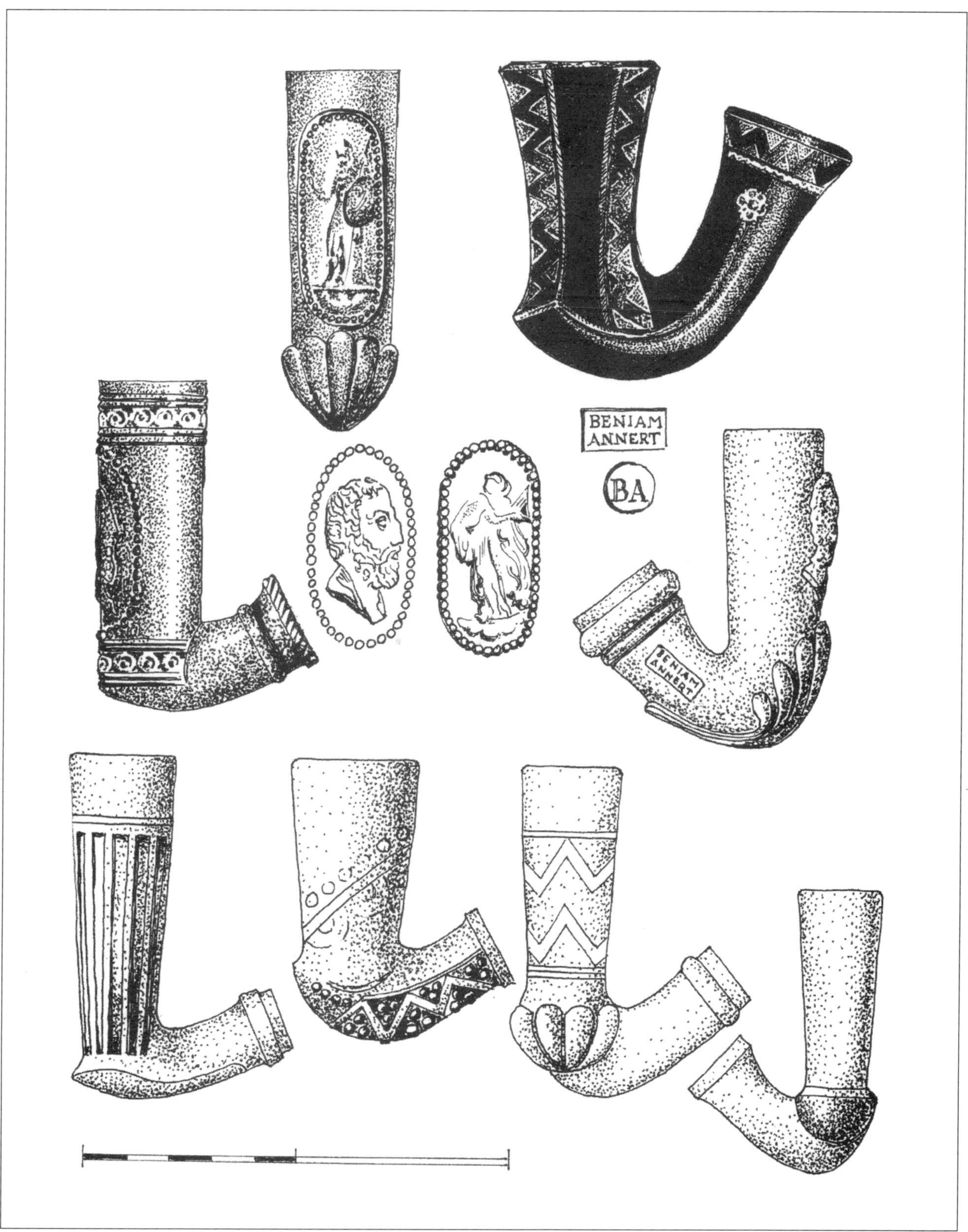

最古老的塞尔梅克烟斗。

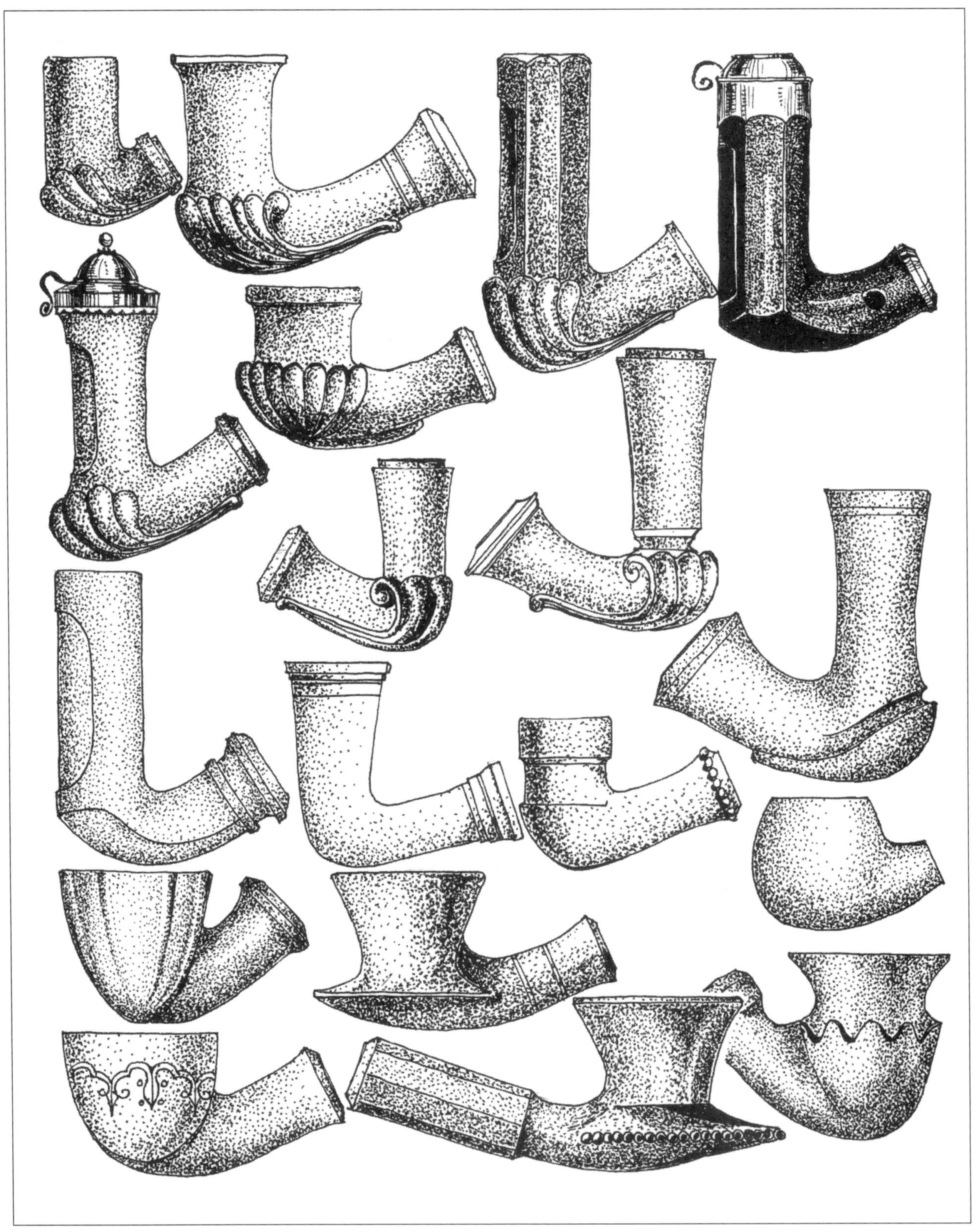

卡洛里·扎查制作的烟斗。

十字架或盾牌中间有心形图案，并且使用塞尔梅克陶土制成[224]。

雪茄和香烟对塞尔梅克烟斗的市场造成了不利影响，许多烟斗作坊相继倒闭。卡洛里·扎查是这场危机中唯一的幸存者。他买下烟斗制造者留下的破旧设备，扩大作坊规模。从那时起，只有他独自继续向市场提供塞尔梅克烟斗。他于1925年去世，然后他的外甥鲁道夫·摩奇尼克（Rudolf Mócznik）接管了埃尔索大街的作坊，直到1954年。在此之后，所有设备都进了赛尔梅克镇博物馆。

塞尔梅克烟斗的制作技术是，在白色和红色陶土中加入油脂和大量的水，搅拌后让它们沉淀，然后储存几个月。陶土干燥以后，再加少量水搅拌，搓成半米长的陶土条。接着，根据所要制作烟斗的大小截取陶土，搓成大约12—14厘米的小截。最后，把它们放置在一个木制、有时是铅或铜制的模具里，用钉子钉住成型。趁烟斗还湿润时，在其上加印作坊印章及其商标。等待烟斗完全干燥后，再烧制成浅棕色或红色。为了得到大理石般的表面，需要将泥灰喷洒在湿润的烟斗上然后抛光，干燥后再烧制。人气极高的黑色烟斗是放入木屑中进行烧制的，烧制过程中木屑产生的烟气使这些烟斗呈现出令人喜爱的乌木色。烧制完成后用蜂蜡抛光，就可以上市销售了[225]。

扎查制作的“爪形”烟斗大多数都是在赛尔梅克镇开发生产的。

第一组赛尔梅克烟斗稍微复杂，管颈可长可短，斗钵呈圆柱形、拱形和八角形，带盖或无盖。

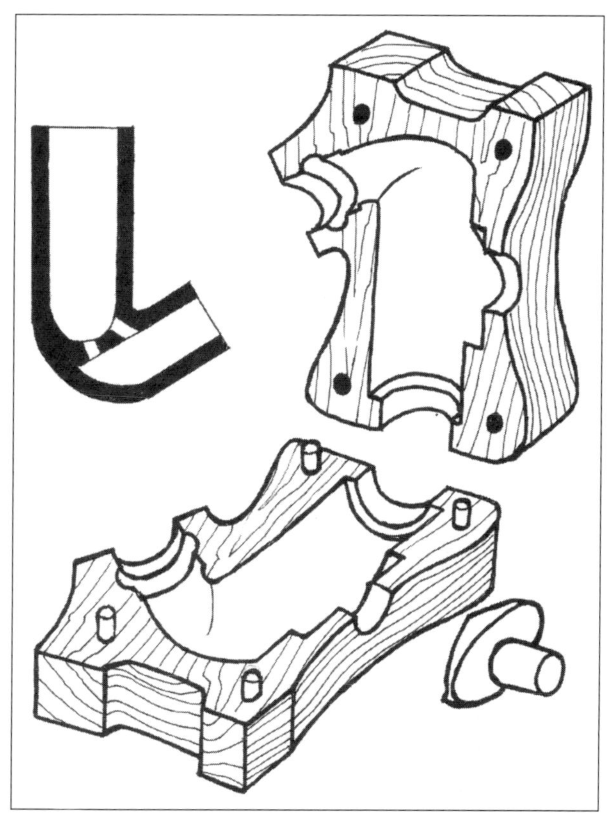

塞尔梅克烟斗模具。

斗钵的正面经常装饰着图案：1848年独立战争期间神秘失踪的匈牙利爱国诗人山陀尔·裴多菲（Sándor Petőfi），王位继承人鲁道夫（Rudolf），矿工的标识，赛尔梅克的徽章。根据顾客意愿，烟斗上的铭文语言可以是德语、匈牙利语或斯洛伐克语：

“GUT HEIL!”（祝你健康！）

“PETOÖFI SÁNDOR”（裴多菲·山陀尔）

“GLÜCK AUF”（祝你好运）

“SELMEC VÁROS CIMERE”（捍卫赛尔梅克的权力与荣耀）

“SLÁVA VLASTI”（万岁）

第二组赛尔梅克的烟斗形状更简单，带有一个圆柱形、漏斗状或拱形斗钵。管颈大小不一，

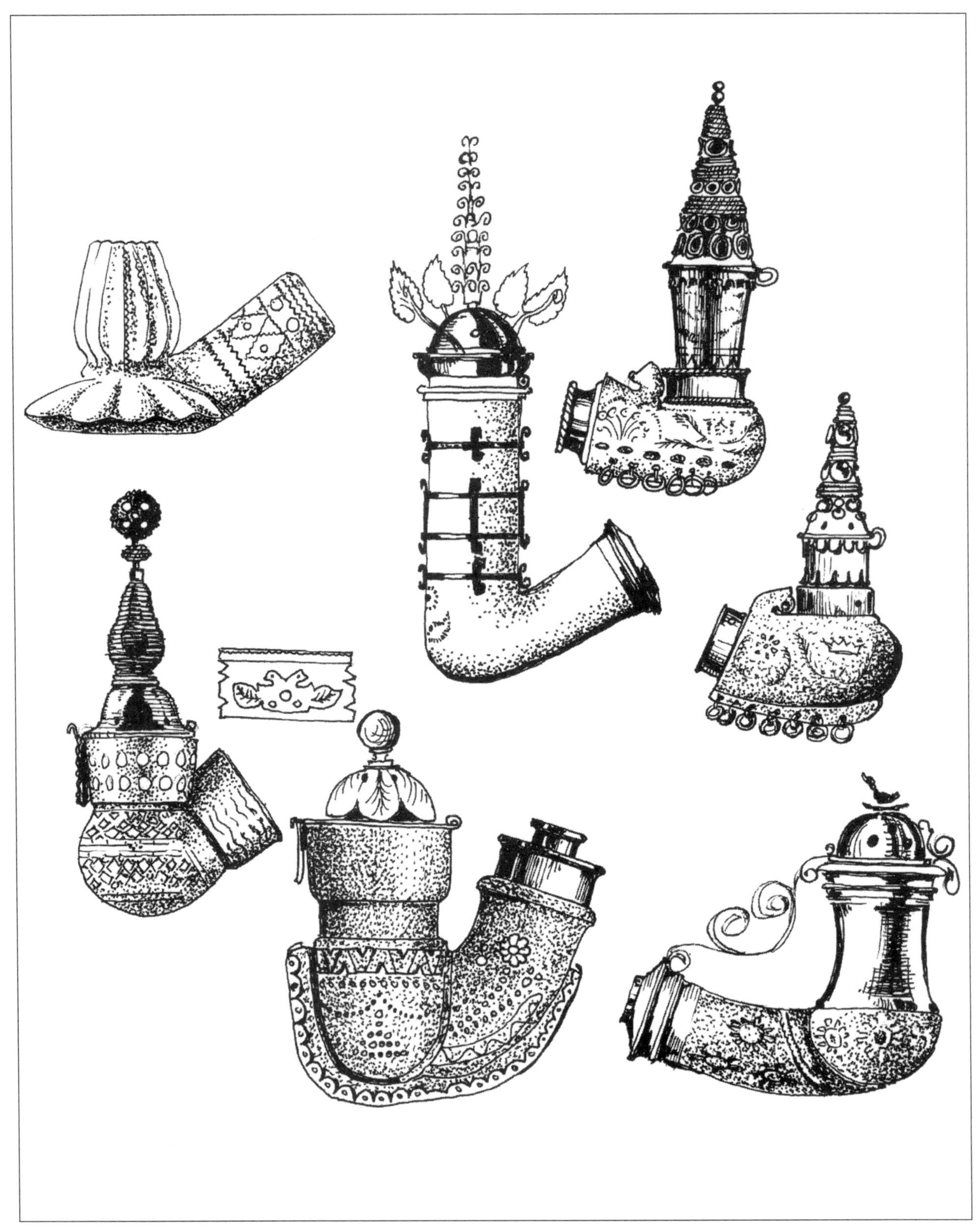

卡洛里•扎查制作的烟斗。

按钮状或漏斗状的烟嘴由铜或其他材料制成。装饰与“爪形”烟斗一样。

长柄烟斗源自土耳其烟斗，其椭圆形斗钵上有漏斗或平面结构，形成了一个独立的类别。这种烟斗在十九世纪末开始流行，有些烟斗是人或动物的头部形状。我们可以看到，奥地利式烟斗（Gesteckpfeif）由两部分组成[226]。

这些烟斗通常自豪地用当地三种通行语言之一刻上以下几种铭文：

“SELMECZEN-SCHEMNITZ-KÖRMÖCZ-HONI IPAR-STEINGUT SELMECZ（塞尔梅岑 - 舍姆尼茨 - 科莫奇 - 霍尼 • 伊帕 - 斯蒂芬 • 塞尔梅茨）”。

1925 年以后，我们可以看到有的烟斗上刻着“捷克斯洛伐克制造”。

佐留姆的烟斗制造商文德尔 • 塔卡奇（Vendel Tákacs）也在赛尔梅克镇进行烟斗研究与制造。1895 年，他开始在佐留姆制作陶土烟斗，尤以

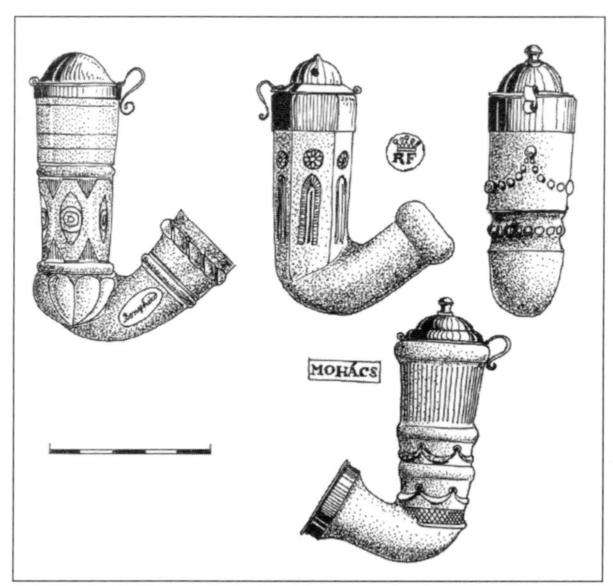

来自莫哈奇和博尼哈德（Bonyhad）的烟斗。

维也纳咖啡烟斗。

仿制带有底托的红色长柄土耳其烟斗而闻名，在君士坦丁堡和巴黎成为德夫里尔（Devriers）烟斗的主要竞争者。

《特里亚农条约》将赛尔梅克镇、佐留姆和矿区城镇并入捷克斯洛伐克。第一次世界大战期间，博斯科维茨（Boskowitz）购买烟斗制作工具，开始在匈牙利高地的帕帕和瓦罗什勒德（Városlőd）开展烟斗制造，并经营烟斗制造公司。在布达老城区，烟斗制造者也使用来自塞尔梅克的模具。后来，莫哈奇和考波什堡的烟斗制造者对模具进行了改良，主要生产黑色烟斗[227]。

美国陶土烟斗

过去，美国主要依靠移民生产烟斗。人们普遍认为，美国建国者是清教徒先辈朝圣者。1620

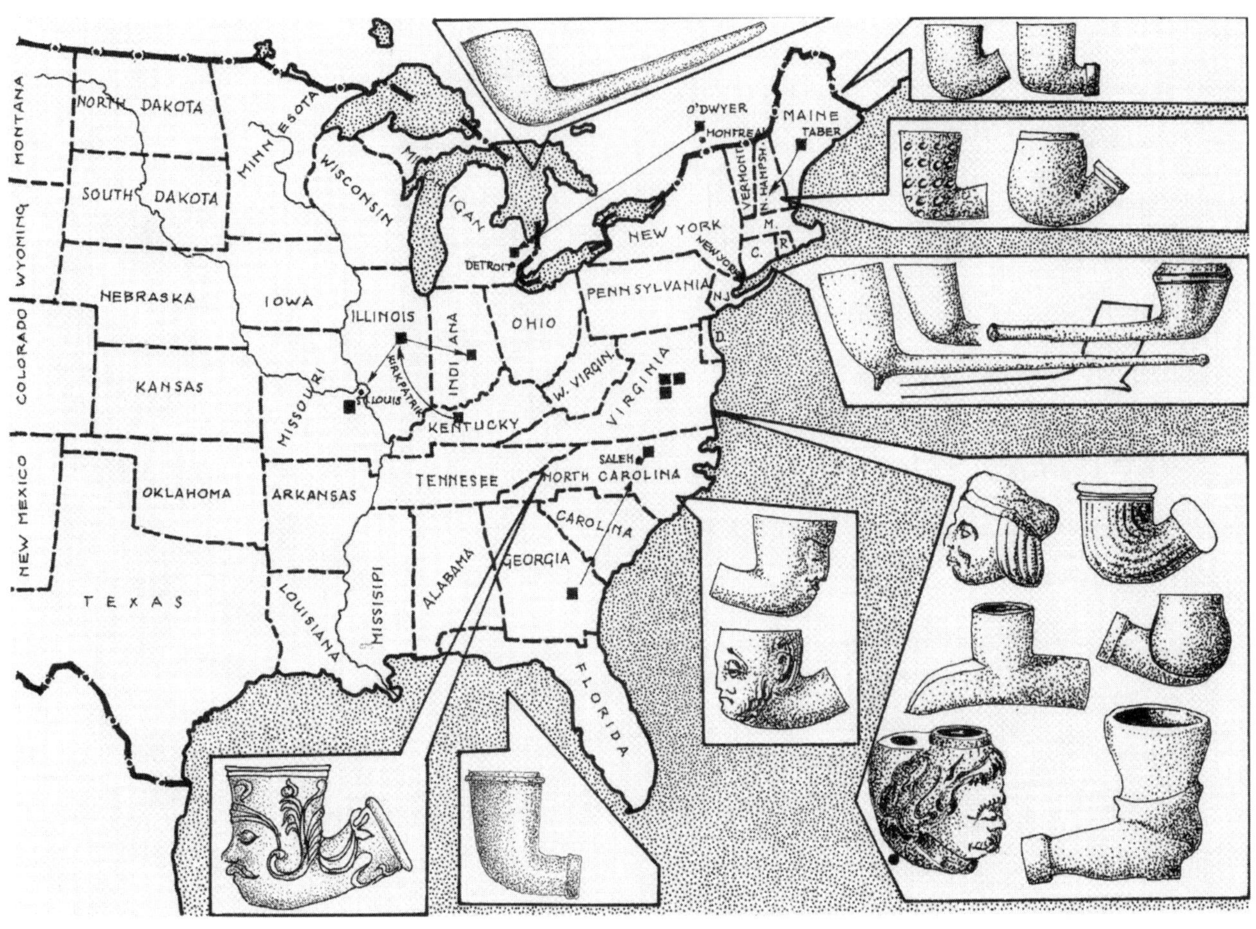

天主教斯图亚特王室[①]带着他们的烟斗移居马萨诸塞州地区。

年，詹姆斯一世（James I）统治期间，因为不堪天主教斯图亚特王室的迫害，清教徒先辈们离开故土，航行到达新大陆，然后定居于现属马萨诸塞州的地方。许多爱尔兰、荷兰和瑞典的清教徒也追随这些先辈，来到了这片自由、希望之地发家致富。康涅狄格州建于1633年，罗得岛州建于1636年，新罕布什尔州建于1639年。十八世纪下半叶，殖民地宗主国越来越加重盘剥这些定居者，激起了他们反抗剥削的斗争。1773年，波士顿爆发起义，殖民地人民决心摆脱宗主国的束缚。后来，英国失去了这些殖民地。美国最初由13个州合并成为一个联邦国家，到1821年，美国州的数量已增至26个，后来又增至48个。1850年，美国人口为8000万，其中很大一部分是设法摆脱经济困境、逃离宗教迫害的移民。

我们所掌握的最早关于美国烟斗生产商的信息来自北卡罗来纳州。戈特弗里德·奥古斯特（Gottfried August）祖籍西里西亚，他同赫伦胡特（Herrenhut）[齐陶（Zittau）附近]迁来的摩拉维亚兄弟会（Moravian Church）信徒一起，来到贝特巴拉（Bethabara）建立了新家。据我们所知，他主要制作带有典型洛

① 原文如此，似当作“不堪天主教斯图亚特王室迫害的清教徒先辈们”。

可可装饰风格的短口柄烟斗。此外，1810 年前后，摩拉维亚陶工也开始在乔治亚州的塞勒姆制造烟斗[228]。

1795 年，在马萨诸塞州西雷（Sirley）的沙克尔（Shaker）社区，一个叫 W. 本特利（W. Bentley）的人热衷于制造烟斗；十九世纪三十、四十年代，爱尔兰移民康沃尔•柯克帕特里克（Cornwall Kirkpatrick）开始在肯塔基州制造烟斗。二十世纪下半叶，可以在印第安纳州和伊利诺依州找到他制造的有螺旋装饰的短颈烟斗。他的儿子们子承父业，也成为烟斗制造商。缅因州的 A. 韦伯（A. Webber）和约翰•塔伯（John Taber）生产制作类似的沙克尔烟斗。后来，塔伯搬到新罕布什尔州，随后又迁至弗吉尼亚州。在弗吉尼亚州，除短颈摩拉维亚烟斗之外，也出现了让人联想到印第安人的印第安头像石烟斗和林肯头像烟斗。

在密歇根州，烟斗主要是英国 - 荷兰形制，或许因为当地移民多为苏格兰人。这种情形可以追溯到 J. 奥德威尔（J. O' Dwier），他从蒙特利尔搬到了底特律。1735 年前后，纽约的沙克尔居民制造了类似的烟斗（大约源于荷兰形制）[229]。

非洲陶土烟斗

有资料表明，在白人到来之前，非洲中部就已经发现了一些跟烟草有亲缘关系的植物（1521）。然而，直到 1530 年前后奴隶贸易出现，抽烟的风气才被带到非洲土著中间，首先在塞拉利昂，接下来的二十年里到了几内亚、塞内加尔和冈比亚。烟草种植也在非洲西海岸沿岸迅速扩张，早在 1607 年左右，几内亚人就在房屋周围的花园里种植烟草。在阿尔及利亚、利比亚、埃及和叙利亚，摩尔人引进了烟草。不久，叙利亚向欧洲市场大量出口拉塔基亚（latakia）烟草（约 1670）。1506 年，葡萄牙人抵达马达加斯加时，发现那里的居民对水烟壶很熟悉——可能是受到了印度人的影响——这比法国人在此引进烟草种植早了六年。大约 1686 年，印度商人把烟草带到了桑给巴尔。布尔移民将抽烟风气带到了开普殖民地，也正是他们让霍屯督人（Hottentot）和卡非人（Caffre）不再嚼槟榔，改为抽烟。1658 年，烟草传入刚果，葡萄牙人将烟草引入埃塞俄比亚和索马里。十八世纪三十年代，第一批苏丹烟草种植园建立。

十七世纪，非洲土著从奴隶贩子那里真正学会了抽烟。他们就地取材，结合自己的民间艺术灵感，使用陶土、木材和金属制作烟斗。

非洲特色烟斗可以分为两大类。在西非和中非，陶土烟斗非常流行，它们的形状让人联想到陶罐。在喀麦隆、加纳和尼日利亚都能找到这种罐形烟斗，但在这些地方却很少看到带人头的塑像烟斗。刚果模仿材料的自然形态制作烟斗，其中塑像烟斗比较常见。

受摩尔人和阿拉伯人的影响，北非烟斗一般都模仿土耳其长柄烟斗形制，也模仿制造金属质感的烟斗。

烟草在东亚和东南亚的传播

十六世纪，烟草由葡萄牙商人引入这一地区。在被日本人和中国人接受后，抽烟风气传到交趾

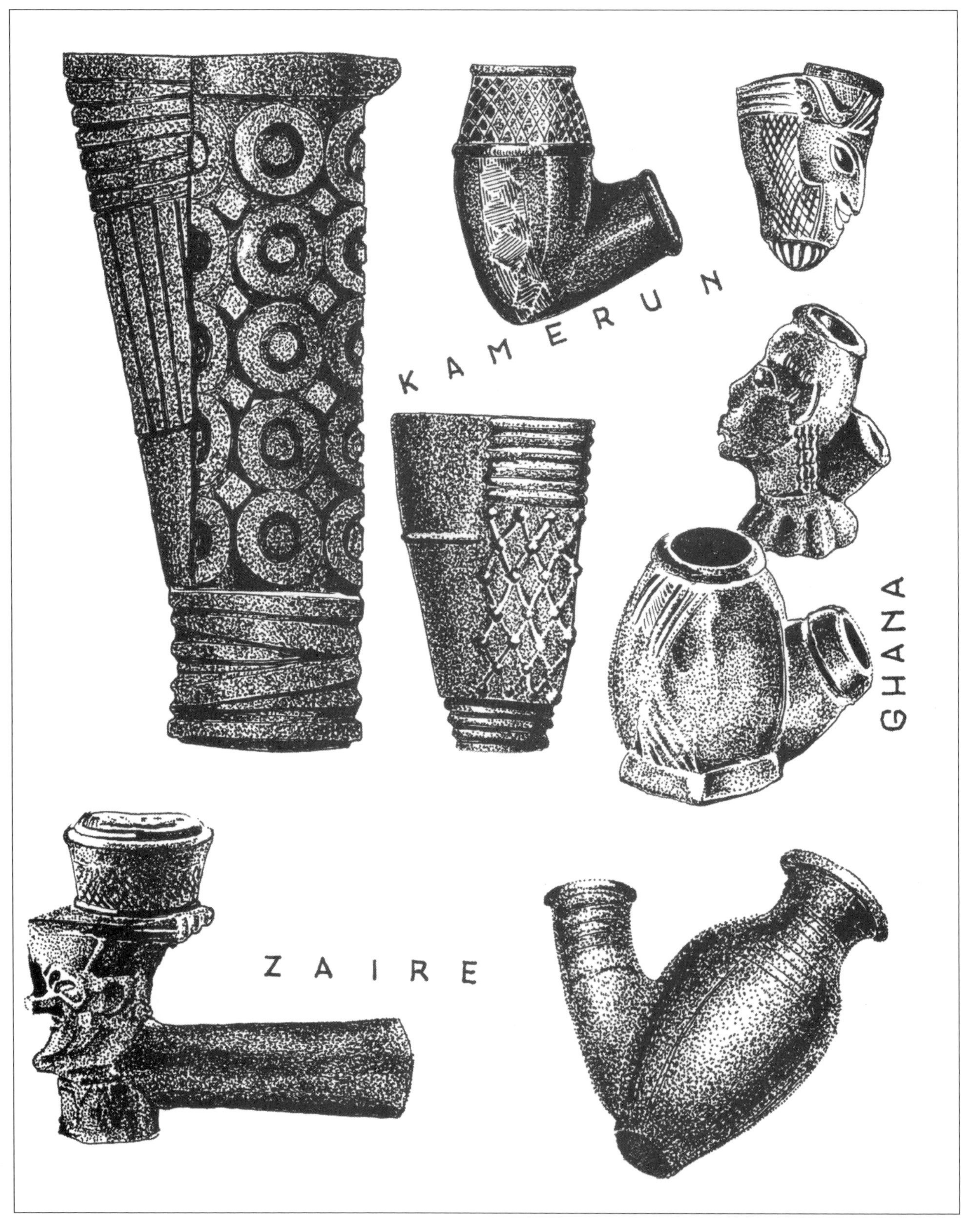

非洲陶土烟斗。

支那[①]、东京湾[②]和安南[③]。这一习惯在1792年至1822年间传播到了尼泊尔、西藏、暹罗[④]和柬埔寨，1869年之后传播到克什米尔。

陶瓷烟斗

1725年至1750年间，巴黎罗翰公爵（Duke of Rohan）建造了高雅的苏比斯府邸（Hotel de Soubise），它反映了一种建筑发展趋势，进而创造了一种新的时尚和艺术风格，与十八世纪下半叶的革命一样闻名。在它那体现了时代、充满随性和动感的装饰中，我们第一次看到了与新风格同名的装饰品（可以分为摄政王时期和路易十五时期，直到六十年代）。

残酷的专制主义为上一个时代留下了深深的烙印，而这个词也是对太阳王统治的定义：他的君主政体风格和肤浅的宫廷艺术特别强调富丽堂皇的形式，被普鲁士国王腓特烈和奥地利皇帝利奥波德模仿。这种风格以西班牙语贝鲁卡（berrueca）和葡萄牙语巴洛克（barocco）命名，字面意思即指不规则、无定形的珍珠。这是一种奇特的艺术形式：乏味中混合着奢华；经典的静态与动态结合；生动对比的艺术——从恐怖到狂喜，从宗教神秘到科学合理性。这种至高无上的艺术风格，正如E.普日瓦拉（E. Przywara）所言，“它们是由富足和辉煌编织而成的荣耀”。

在摄政王、菲利普、奥尔良公爵统治时期，至高无上的皇室威严（庄重）被修饰成宫廷的魅力（优雅），在路易十五绝对威权统治时期更是如此。

诸神下界的威严变成了美丽的田园诗，赫拉克勒斯沉重的棍棒变成了丘比特轻浮而灵活的弯弓[⑤]。

“阿波罗想重整帕纳索斯山，他自己也因迈达斯（财阀统治！）的无知而被改变，潘神统治了他。”[230]

在艺术表现中随处可见跳舞的仙女和森林之

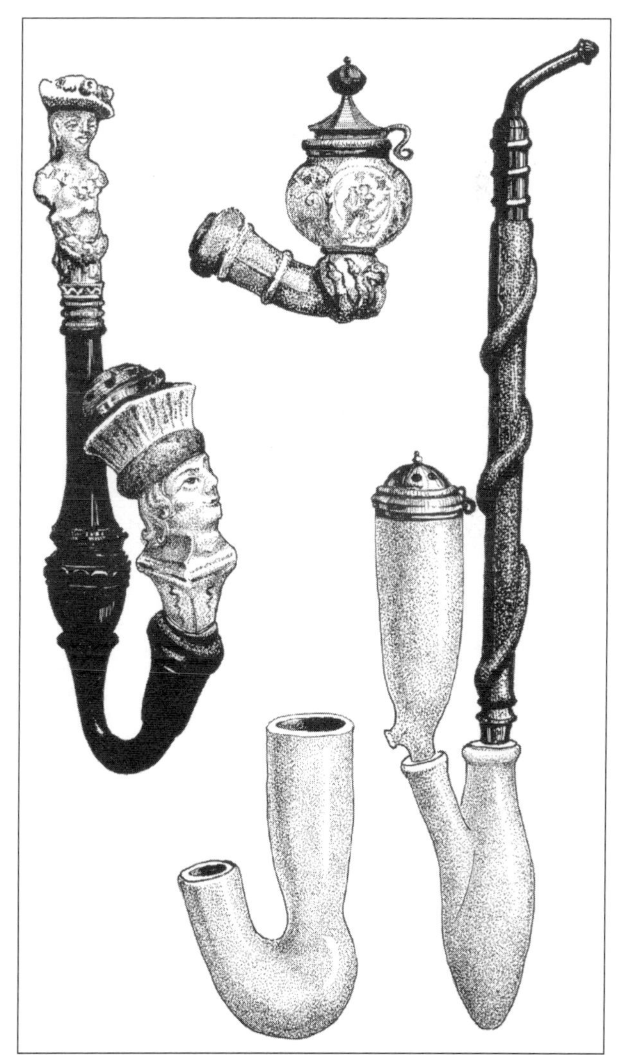

德国和法国的陶瓷烟斗。

① 越南南部旧称。
② 即今北部湾。
③ 越南旧称，十六世纪安南领土不包括今越南南部。
④ 泰国古称。
⑤ 作者注：可从布沙尔东（Bouchardon）和法尔科内（Falconet）的图画以及乐•杰（Le Jay）的芭蕾舞中看出来（1719年）。

神、牧人和猎人聚集在自然世界的乡村林地、青春永驻的人间天堂和刚刚兴起的美神领域：新世界的新偶像是位女神，她代表理想中的女神和仙子。布歇（Boucher）把她画在岩石、贝壳和珊瑚上，她周围环绕着变幻莫测的芦苇河岸，或被布满泡沫的海洋中的白色浪花包围。蓝色的海洋、“流体”形式的浪峰、耀眼的透明粉色、白色框架，所有这些都决定了那个时代所选择的色彩基调；女神的特质、贝壳成为那个时代的视觉象征[231]。

因此，就像贝壳的名字继珍珠之后被赋予新的洛可可艺术风格一样，那个时代最具特色的艺术形式——瓷器——也采用一种明亮、光滑、透明的海螺命名——波塞利亚（porcella）。

瓷器的原产地是中国。在欧洲，萨克森选帝侯、奥古斯丁“强者”宫廷里的炼金术士约翰•弗里德里希•伯特格（Johann Friedrich Böttger）发现了制造瓷器的秘密。在将近一个世纪的时间里，如何制作瓷器的技艺是德累斯顿麦森工厂保密等级最高的机密。这家工厂成立于1710年的伯特格时代（1710—1718），开始主要生产一种装饰华丽、镀金的红色瓷器。1719年至1731年间[霍尔德（Hörold）时期]，典型的瓷器绘画方式得到发展，主要特点是采用少色彩、微型人物、印度花卉、中国风景、花边镀金等形式。在J. 康德尔（J. Kändler）时代（1731—1764），受法国洛可可造型艺术风格（日常生活、狩猎和战斗场景）的影响，小型雕像瓷器畅销；也就是在这个时期，德国瓷器上出现了花卉和球茎图案。1764年至1780年，洛可可风格被摒弃，取而代之的是古典风格。十九世纪，随着光亮镀金、镀铜和印刷新技术的出现（1830），烟斗装饰引入了藤蔓和欧芹叶的设计。1723年，圣十字剑标志出现，开始成为验证麦森产品真伪的商标。

不久，“最高机密”泄露了。陶瓷制作于1718年出现在维也纳，1720年出现在威尼斯，1743年出现在那不勒斯（卡波迪蒙特）和圣彼得堡，1746年在邻近缅因州的法兰克福霍赫斯特出现，1747年在慕尼黑附近的宁芬堡出现[以布斯特利（Bustelli）为首]，1751在柏林出现（在来自麦森和霍赫斯特的工匠师傅的指导下生产瓷器）。紧接着，1756年至1766年间，路德维希堡、哥达、安斯巴赫、弗兰肯索尔、富尔达和卡塞尔等地相继出现了瓷器作坊。从塞夫勒搬来的文森陶瓷厂于1768年开始生产瓷器。在英格兰，瓷器1744年在斯特拉特福德•勒•鲍（Stratford le Bow）、1745年在切尔西、1754年在伍斯特、1770年在布里斯托尔和德比开始生产。

约翰•戈特利布•埃德（Johann Gottlieb Ehder）在麦森开创了陶瓷烟斗制造。类似的烟斗斗钵在宁芬堡、弗兰肯索尔、富尔达、柏林和霍赫斯特都有生产，十九世纪在霍恩堡（Hohenburg）、奥格斯堡、林巴赫、奈德克（Neudeck）和瓦伦多夫（Wallendorf）的工厂也有生产。在奥地利，施拉根瓦尔德（Schlaggenwald）的瓷器厂在林茨、圣珀尔滕（Sankt Pölten）以及捷克斯洛伐克生产烟斗。匈牙利的烟斗生产则在霍利克斯（Holics）、巴蒂兹（Batiz）和赫尔德（Herend）进行，还有许多陶瓷烟斗在瑞士、法国、意大利和英格兰制造。这些烟斗通常没有任何制造商的印章，因此在大多数情况下必须根据其风格来识别。

瓷器是一种坚硬的、玻璃状的、完全无孔的陶瓷制品，也是一种有效的热良导体，但非常不适合制作烟斗。它不能吸收烟气中的焦油和水分，导致冷凝物沉淀从而破坏了烟草的风味；它也必须经常清洗，以去除令人反感的斑点，而且很容易发热发烫，存在安全隐患。

“可恶的陶瓷烟斗是德国人的秘密。”[232]

这是一个巨大的矛盾，陶瓷烟斗的材质看起来那么赏心悦目，摸起来那么柔和，那么适合艺术塑造，在十八世纪又那么受欢迎，但其材料功能却完全不适合制造烟斗。尽管如此，它还是那样流行，在洛可可风格、古典风格和比德迈风格①时期成为应用广泛的烟斗制作材料，在私人收藏家中很受欢迎[233]。至于为什么受欢迎，可以通过观察在巴洛克和洛可可时期盛行的异域风情来解谜。早在十七世纪中叶，荷兰东印度公司（Dutch East Indian Company）就通过对香料贸易的严格控制，发展成为一个强大的跨国企业。他们的船只也从中国（中国的港口当时只有荷兰人可以到访）和日本运来了许多价值连城的小饰品。这些商品包括漆器、色彩鲜艳的纺织品以及最重要的、精美的明代瓷器。它们的价格随着海上航程的增加而不断上涨。不久，欧洲的仿制品开始出现。荷兰洪佩斯特（Hoppestey）陶瓷厂最先开始仿制最具特色的五色瓷（红、蓝、绿、黄、黑），其中，代尔夫特的蓝色图案对“中国风”时尚在欧洲的风靡做出了特别重要的贡献。通常，这种异国情调的时尚并不局限于视觉和艺术应用，还会渗透到文学领域。正是这种追逐异国风情的时尚，为瓷器的胜利进军铺平了道路。瓷器首先征服渴望炫富的抽烟者，接着一步步征服了富有的商人和资产阶级，以及那些因斗殴和恶作剧而臭名昭著、自以为高人一等、虚荣的学生兄弟会的成员。这个行业正走向资本主义的思维模式，已经准备好满足暴发户们的社会需求。同时，批量生产的陶瓷烟斗也通过手绘和镀金，获得了彰显个性的价值。所有这些因素，导致陶瓷烟斗获得了渴望通过出身、财富和智力来显示其优越性的抽烟者们的青睐。

“一群厌世嫉俗的人。”(odi profanum vulgus.)

生意是成功了。但是，瓷器厂的老板和商人们渴望获得更大的利润。增加产品数量可以降低烟斗的生产成本，但要扩大客户群就必须降价。为此，手绘被简化，不过不是通过省略色彩装饰，而是用大规模的系列化、流水线生产方式取代了手工。随着色彩迁移技术的发现和饰面光泽镀金技术的引入，批量生产的烟斗质量已明显不如那些艺术工匠们手工制作的烟斗，但数量杀死了质量；各种主题被源源不断地画在或用在烟斗上，给手工烟斗行业造成了无法弥补的损失。

当收入微薄的公务员、城市居民、较富裕的工匠以及农民，社会各阶层、各行各业的抽烟者们发现，他们都能买得起描绘有各种各样“精美图案”的烟斗时，这种极好的名贵奢侈品就变成了所有人都买得起的杂货商品。十九世纪初，尤其是在说德语的国家，比德迈风格陶瓷烟斗成为

① 比德迈艺术风格是一种介于新古典主义和浪漫主义之间的过渡风格，发端于1825—1835年的经济萧条时期。比德迈来源于《比德迈老爹》（*Fliegen-de Blatter*）漫画中贪图安逸的诙谐形象，带有一定的贬义。

最常用的抽烟工具：

“早期的小资产阶级版本的浪漫主义，它使古典主义的刻板变得栩栩如生，充满了生命活力和情感。”

说实话，烟斗成了快活而自满的中层小资产阶级表现自我的一部分。长柄陶瓷烟斗是十九世纪二十、三十年代人性化产品标签的一个有机组成部分，人们穿着抽烟服、戴着绣花帽，抽吸着陶瓷烟斗。

“陶瓷烟斗在比德迈时代处于鼎盛时期，它成为一个特定时代的象征。”[234]

在这波狂热之后，所能发生的就是市场衰退。销量下滑持续了相当长一段时间——实际上，一直持续到二十世纪三十年代。在那时，陶瓷烟斗伴随着离家的年轻人服完漫长的兵役后，来到了退伍军人、预备役军人以及那些在乡村小酒馆里神气活现、自命不凡的英雄们的手中。在便宜的“一口价”商店里，陶瓷烟斗降格为小摆设。烟斗上的图案从画廊里珍品的复制品逐渐沦落为下贱的、下流的粗俗作品；彩色肖像被摄影肖像所取代，材料本身的质量变得越来越差，大批量生产抹杀了陶瓷烟斗残存的财富象征声誉。然而，有一个元素没有改变——陶瓷烟斗仍然是一种彰显个性的工具，而不是一个内行抽烟者所真正喜爱的烟具。

在其全盛时期，陶瓷烟斗事业能如此辉煌，一方面是因为其材料的迷人之美，另一方面是因为手工绘画装饰中所体现的高艺术水平。然而，我们要感谢奥地利内科医生约翰•弗朗茨•维卡里乌斯（Johann Franz Vicarius），是他使陶瓷烟斗从不适于抽烟的困境中摆脱出来。1689 年，为了消除抽烟带来的有害影响，他制作了一种由三部分组成的盖斯特克（Gesteck）烟斗。这是一把具有异国情调、东方风情的仿品水烟壶，烟草在上半部分点燃，烟气先通过 Y 字形的装满水或用湿海绵垫着的下半部分，最后达到长长的口柄，水袋吸收了有害、有毒的冷凝物。维卡里乌斯的发明减少了陶瓷烟斗的不足：不好的烟道性能、焦油状斑点的沉淀和烟斗的过热。然而，它也带来了新的不便：材料的刚性意味着很难把部件组装起来，而一旦组装好，又不容易分开。为了防止这种情况的发生，人们使用了金银丝制成的链条或彩色的绳子来防止烟斗部件遗失和损毁。尽管如此，仍然需要经常清洗才能去除斑点。

这种由三部分（斗室、水袋和口柄）组成的烟斗在十八世纪五十年代开始真正流行，至今已有二百多年，这就是习惯和时尚的魅力。烟斗绘画成为一种装饰艺术，一种怀旧的表达，反映了人们对新巴洛克时期富足悠闲岁月的怀念。从简单、适当镀金的彼得森（Petersen）烟斗变成装饰多样有趣、让人向往远方异国繁华的洛可可式烟斗，接着变成以柔和色彩和较少装饰反映古典风格的烟斗，此后变成图片减少至剪影的浪漫主义风格烟斗，最后成了具有历史意义的文献式烟斗，这些变化反映了十八世纪的折中主义。在上层阶级的需求得到满足后，出现了绘有田园风光、对话和神话场景的烟斗，出现了一股模仿艺术收藏品中经典作品之风。各种各样的人提出了各种各样的要求，并且都得到了满足：哲学家、牧师、律师、医生、学生、猎人、工匠、商人和士兵等，欣赏美丽风景的浪漫旅行者、模仿伟人习惯的资产阶级、聚在一起开下流玩笑的猥琐男人们、跑马场和画廊里的英雄、著名女士和女演员的崇拜者们、回忆猎鹿或与猎犬一起奔跑的地主、告别武器的预备役民兵、酒馆的粗人……都对烟斗上的微型画感到满意。

英国烟斗收藏家罗杰•弗雷斯科-科布（Roger Fresco-Corbu）对种类极其丰富的烟斗题材进行了尽可能多的分类[235]。他把陶瓷水烟壶分成了十二个主题类别：

1. 带有闻名遐迩或臭名昭著的男人、女人、政客、政治家、艺术家肖像的烟斗。

2. 带有镶着镀金画框的微缩版著名画作的烟斗。

3. 表现大战役、英雄事迹、著名军事领袖等军事与爱国题材的烟斗；此外，还有一个名为“老兵追忆从军岁月”的特别小类，里面有军团的纪念章、君主和军团所有者的肖像以及盾徽或徽章。

4. 学生用烟斗。这类烟斗绘有大学校园、决斗、啤酒狂欢、联谊会徽章和学生兄弟会成员的签名。

5. 带有打猎或运动场景的烟斗。

6. 宗教题材烟斗：圣经场景和圣徒传记。

7. 带有神话和传说场景的烟斗。

8. 载有家庭和社会事件[慕尼黑学院派画家弗朗茨•德弗雷格（Franz Defregger）的轶事画尤其受欢迎]的烟斗。

9. 带有幽默、讽刺、滑稽的图片和漫画的烟斗。

10. 为各行各业、职业、专业、行业协会、手工业、工会、唱诗班等制作的烟斗。

11. 带有著名温泉、城镇、城堡和度假村图片的纪念性烟斗。

12. 带有装饰画的烟斗：花卉、动物、鸟、水果、中国和日本风景。

这份分类并非没有漏洞，我们还应该提到色情场景、广告和家族纹章。但是，如果我们想让混乱的陶瓷烟斗分类变得更加井然有序，除了单纯的学科分类之外，还应该考虑制作艺术以及技术上的各种类别。

麦森烟斗是一个起点。受十八世纪下半叶法国主流时尚的影响，麦森烟斗逐渐开始迎合法国人的品味。它们模仿法国烟斗的形制，莱茵藏馆中带有男性头像的烟斗就是一个很好的例子。这家举世闻名的公司中，有一些产品具有极高的艺术水平，比如戴银饰红色帽子的男人头像烟斗（第二类）、戴军帽和头盔的士兵头像烟斗（第八、九类）、戴头巾的女人头像烟斗（大约1800年左右）（第一类）、迷人而美丽的女人画像烟斗。雷姆特玛藏馆中藏有有胡子、戴头巾的男人头以及颜色鲜艳的猿人头烟斗。罗斯藏馆的烟斗目录中麦森烟斗的类型更加丰富：带花卉图案、精致小斗盖的镀银烟斗，带桥接头、六角形斗钵和中国风装饰的漏斗形烟斗，带更多花饰的类似烟斗，烟斗下方呈贝壳状的德式烟斗[236]。

费兰肯塔尔（Frankenthal）的产品在风格和形式上都与麦森的产品极为相似。例如，莱茵藏馆收藏的陶瓷烟斗就很好地展示了从莱茵-普法尔茨工厂开始的变革。它简化和普及了麦森烟斗艺术，在十九世纪三十年代制作出了令人赏心悦目的富尔达“美丽少女头”烟斗（第五类）[237]。这一传统被制作精美的其他烟斗所继承，比如路德维希堡制造的女人头烟斗。1760年至1767年间，这家公司处于全盛时期，当时的造型大师 W. 拜尔（W. Beyer）偏爱比例适宜的具有代表性的作品，而不是去追求体现陶工技艺水平的产品[238]。

这里要提到来自林巴赫的土耳其妇女头像烟斗，其粗犷的形式表明了从大众化到乡土化的变化趋势[239]。

麦森烟斗的高艺术水准并没有受到烟斗形制变化的影响。如果说它们的形制受到民间艺术、传统木制和陶制烟斗的影响，那么装饰则延续了从一开始就坚持的高艺术品质精神。1820年前后，出现了一种更受欢迎的烟斗形制——烟斗下方呈半球形，斗钵上装饰着一幅缪斯女神坐在树下，手里拿着一把竖琴的精美图案[240]。与其类似的是一种由三部分组成的烟斗，斗钵上刻着宙斯伪装成天鹅探视勒达的图案。这些烟斗中的神话人物插图，透着古典的沉静，魅力十足，是新古典主义品味的“先驱”[241]。虽然从一款装饰着赫柏人物插画的林巴赫椭圆形斗钵中可以看出，这种风格被其他小型烟斗公司所效仿，但它们的画法和上色方面比麦森图案显得僵硬[242]。

如果我们以大规模生产作为评判标准，那么陶瓷烟斗最辉煌的时刻和主导时期就是古典主义和比德迈时期。带圆柱形斗钵、扁平底部和形状奇特的瑞士烟斗已经摆脱了华丽装饰的制约，采用了穿着巴黎时装和民族服装长腰连衣裙的索高（Thorgau）、伯尔尼和施维茨的中产阶级妇女们在草地上消遣的平民化装饰图案。

纵观艺术史，麦森烟斗诞生于洛可可时期，而洛可可是欧洲现代艺术发展史上最普遍的风格。洛可可艺术始于1718年的赫库兰尼姆（Herculeanum）和1748年的庞贝古城，更确切地说，是发掘过程中发现的精细工艺的影响造成了古典主义、基督教和帝国艺术风格的演变。路易十五时代狂野而变化无常的装饰风格逐渐稳定下来，变成了严格的几何规则，狂想曲般的装饰艺术形式不得不臣服于严苛的约束。在查理 • 贝尔谢（Ch. Percier）给拿破仑做的一个设计中有一条注释，对此进行了完美的诠释：

“装饰简单点！这是献给帝王的！”

同样柔和的描摹也适用于烟斗制作，无论是在麦森还是在拿破仑时代的法国，或者亚历山大二世（Alexander II）时代的俄罗斯（亚历山大风格）。

乔赛亚 • 韦奇伍德（Josiah Wedgwood）、弗拉克斯曼（Flaxman）和本特利分别在麦森烟斗纽卡斯尔和切尔西的老厂、新厂工作过。他们开发了一种完美的黑色玄武岩日式烟斗，其浮雕中的白色插图从蓝色的基座中突出。雷维特（Revett）、斯图尔特（Stuart）和亚当（Adam）认为，这把罗马式古典主义的烟斗带有希腊复兴式的风格。

为了夺得古典主义的领导地位，哥特复兴以其原始的装饰元素丰富了手工艺术的宝库①。在罗斯藏馆的法国烟斗饰面上我们可以看到一幅多愁善感的肖像，却采用了古典主义的风格基调。

① 哥特式（Goth）最早是文艺复兴时期以恐怖、超自然、颓废、深渊、黑夜、诅咒、吸血鬼等为标志性元素的艺术风格，展现艺术家内心世界的神圣与邪恶。十八世纪到十九世纪，欧洲刮起了一连串哥特复兴的风潮，被称为哥特复兴。

十九世纪下半叶是大国分治的时代。建立在税收盘剥基础上的奥斯曼帝国，在围攻维也纳失败三年后，为了重新夺回布达再次挑起战端，导致帝国开始逐渐走向衰落。优柔寡断而懦弱的苏丹、后宫的干政以及官僚的贪污腐败削弱了土耳其帝国。罗曼诺夫沙皇利用这一机会，扩张了俄罗斯的版图和影响力。这个“病夫”的痛苦始于1826年的近卫军叛变，在普鲁士人、英国人和法国人以及苏丹阿卜杜勒•哈米德的干预下，灾难得以暂时避免。虽然在克里米亚战争后，奥斯曼帝国曾试图改革帝国机构，图谋复兴，但圣斯特凡诺和柏林条约的签署证明，帝国的衰落命运可能会推迟，却不会停止①。

阿布基尔（Abukir）、特拉法尔加（Trafalgar）、滑铁卢之战后，维多利亚时期英国大型工业的快速发展需要扩张市场和保障原材料供应。英国通过无情的帝国主义战争变成了大不列颠，获得了非洲殖民地，打赢了布尔战争，实现了维多利亚女王对印度的帝国统治，并发动了对中国的鸦片战争。

“日耳曼”大大小小的各个独立公国，先是通过关税同盟，后来在铁血首相俾斯麦和普鲁士国王的领导下，成长为世界强国。奥地利首先通过统一匈牙利和斯拉夫的军队，然后建立了多民族、双首都的哈布斯堡王朝，使自己脱离了德国势力范围。这两个被迫毗邻的日耳曼强国都错过了殖民扩张的好时光，为了增加自己在世界范围内的影响力，它们都增强了或至少显示自己增强了武装力量。

二十世纪之交剑拔弩张的“和平时期”，在普鲁士德国和哈布斯堡王朝的势力范围内经常发生军队骚扰，这种矛盾激发了双方国内公民的爱国热情。威廉二世（Wilhelm II）和弗朗茨•约瑟夫的臣民们把陶瓷烟斗变成了武器。双方国内的烟斗都装饰着国王的肖像、徽章、兵团所有者的纹章、驻外士兵的插图、武器、兵役田园生活，以及那些趾高气扬的平民一旦穿上卡其色军装就会高喊的洋溢着爱国主义激情的口号和押韵小诗：

“愿上帝保佑国王和国家！”

“愿上帝保佑我的祖国！”

“为了祖国！”

“要么战胜，要么战死！”

人们向这些参加活动的人送去了大量的烟斗，作为纪念或荣誉的象征；向农民、工人和知识分子传达着这样的信息：你们现有工作的格调非常浅薄，要努力成为穿帝国制服的军人。

生产烟斗作为推行军国主义计划的任务，被交给了二三流的瓷器工厂，比如约瑟夫•恩格勒（Joseph Engler）在林茨的工厂，以及慕尼黑、图宾根、桑克波顿（Sanktpölten）、林巴赫和捷克的施拉格瓦尔德工厂，对它们来说这是一笔好买卖。这就像为猎人，为步枪志愿者协会和消防队，为唱诗班和讨厌设计工作的人制作烟斗。这些工厂是什么样的水平和品位，举一个例子，生产烟斗的桑克波顿工厂，它的品位接近以写匈牙利色情

① 《圣斯特凡诺条约》是在俄土战争结束后，俄罗斯与奥斯曼帝国于1878年3月3日在圣斯特凡诺签署的条约。因欧洲列强不满俄罗斯企图扩张的行为，德国首相俾斯麦主动邀请列强参与柏林会议，于7月13日签署了《柏林条约》，取代之前的《圣斯特凡诺条约》。至此，俄罗斯的影响扩展到了高加索地区的亚美尼亚，奥斯曼帝国统治下的许多地区获得了独立。

诗著称的绅士洛维·阿帕德（Lovy Arpad）[243]。

陶瓷烟斗已经成为一种相对廉价的批量生产物品。士兵结束长达数年的兵役回到家乡，收到了爱人和亲戚们赠送的烟斗。这些物品经常会让他们感叹服役的岁月和逝去的青春：

“我的青春在这里绽放（Hier ruht die Blüte meiner Jugend）。”

或者在情书中、游行和幽会时感叹：

“难忘1859年马真塔战役，1911年6月4日。”

士兵们还会为自己买一个烟斗，上面有他所在兵团或炮兵连的徽章。学生兄弟会和烟斗俱乐部的成员互相赠送类似的烟斗，唱诗班成员也制作纪念烟斗：

“二十世纪最佳的中音二部成立周年留念（Zur Erinnerung an das 20. Jähr. Sängerjubiläum. Tenor II）”

为消防队志愿者制作的纪念烟斗：

“我为人人，人人为我（Einer für Alle, Alle für Einen）。”

为农民制作的纪念烟斗：

“高贵的农民阶级万岁（Hoch lebe der edle Bauernstand）！”

为砖瓦工制作的纪念烟斗：

“高贵的砖瓦工万岁（Hoch lebe das edle Handwerk der Mauer）！”

为酿酒者制作的纪念烟斗：

“维瓦特——非凡的啤酒酿造者！（Vivat der Brauer）！”

车夫、猎鹿者和猎羚羊者（为他们的收获感到自豪）、某些公司的合伙人有时也被刻画在烟斗上。烟斗贸易一直处于低谷，在一定程度上讲，这一状况是德语区市场的典型特征，一直延续到第二次世界大战爆发才得以改变。

白色女神：海泡石烟斗

“你有一个美丽的名字——大海的泡沫，
雅致的表面如此光泽、美丽；
泡沫与黏土中蕴藏着神秘，
可它们的灵魂已经逝去；
如果说你是黏土，这是理智所不容的，
因为你似朱庇特主神创造的水中仙女；
如果说你是泡沫，却又像皇冠般耀眼，
宛若盛满香槟的酒杯；
你一定融合了它们最美的特质，
诞生在迷人的海洋；
你优美的仪态必将流芳百世——
致最爱的维纳斯烟斗！”

——詹姆斯·拉塞尔·洛厄尔（James Russel Lowell）①

匈牙利著名的银匠圣佩特里·约瑟夫（Szentpéteri József）在十三岁时就被父亲带到洪加奇(Hangács),向艺术家和地主萨斯马·西拉·帕尔（Szathmáry Király Pál）学习绘画。前近卫军队长给充满求知欲的约瑟夫看了他收藏品中的王冠，一把黄杨木烟斗：

“他称其为‘匈牙利女王烟斗’。”

① 维纳斯此处代指海泡石。詹姆斯·拉塞尔·洛厄尔(James Russell Lowel, 1819—1891)，美国杰出浪漫主义诗人、评论家、编辑、外交官，当时最著名的美国诗人之一，目前还未见这首咏叹维纳斯烟斗诗歌的中文翻译。

“阿波罗与缪斯们。”封面勒口有详细的描述。产自欧布达，1820年。O.C.

左图烟斗背面。O.C.

上图烟斗下方的巴洛克式花纹。O.C.

R.C. = 罗施藏品
O.C. = 奥斯科藏品

海泡石烟斗（R. 昆兹 v. 豪福恩）。刻画的场景是在树林里，三个农民拿着棍棒，攻击一名从马上掉下来的武装骑士。背景是一个小男孩高举双手。斗柄用银边装饰。各种标记清晰可见。产自伦敦。1784 年以后。O.C.

海泡石烟斗，带精致银斗盖。斗钵是一个简单的外壁呈拱形的圆筒。斗盖上镂刻着植物形状的装饰，茎干是一条扭曲成 S 形的蛇。斗盖由鲍德斯•弗朗西斯（Pausder Franciscus）制作。约 1880 年。O.C.

海泡石烟斗，雕刻了维纳斯和丘比特。在烟斗下方还可看到两个较小的、抱着一条鱼的丘比特。斗盖由海泡石精雕细琢而成，镶嵌银边，带有多个标记。象征意义：维纳斯从泡沫中浮现，象征着维纳斯的诞生以及海泡石的神化！ O.C.

左图烟斗侧面。O.C.

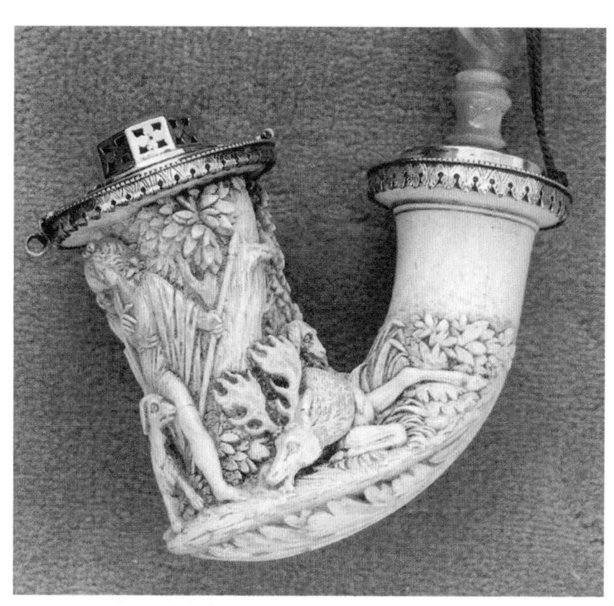

海泡石烟斗，带银斗盖。贵族狩猎和烟友兄弟会向烟斗制作师定制的佳品。刻画的是狩猎女神狄安娜。斗盖边缘为锯齿状，银制。19 世纪上半叶，产自威尼斯。正反两面。R.C.

十九世纪初的海泡石烟斗，斗钵上精心雕刻的场景是拿破仑进驻杰尔城。在斗脚上可以看到带有纹章的匈牙利王冠。斗盖是镂空的银盖。R.C.

海泡石烟斗。狄安娜携着猎物满载而归。19 世纪，维也纳。R.C.

海泡石烟斗。“夺回布达城堡。” 制作时间很早，在1736年左右。斗钵正面是骑着马、手持鹰旗的洛林大公查尔斯（Archduke Charles of Lorraine），身后跟着轻骑兵。轻骑兵举着绘有字母A的长矛旗。城堡的墙上有围攻者以及保卫布达城堡的阿卜杜拉赫曼（Abdurraman）帕夏。斗钵下方是在战神玛尔斯指挥下由两匹马拉着的战车。斗颈上刻着争夺一个球的两只鹰，以及被砍下的土耳其士兵人头。飘落的穆斯林头巾清晰可见。斗盖呈穆斯林头巾形状，镂刻着新月和星星。此烟斗可能是为纪念1686年围城战役结束五十周年而制作的。O.C.

海泡石烟斗，带铜斗盖。图案刻画的是匈牙利首位国王圣•斯蒂芬的加冕礼。斗钵正面是跪下接受阿斯特里克（Astrick）神父加冕的斯蒂芬。他们身后站着一位主教，右边是两位匈牙利贵族。烟斗下方有巴洛克式装饰。O.C.

海泡石烟斗，场景为歃血盟誓。约1890年。斗钵中间是一个盆，周围站着六名身着匈牙利服饰的首领。他们正割开手腕，让各自的血流入盆中彼此交融。银斗盖为德国制造，标记为威克（Weck）。O.C.

海泡石烟斗，斗钵上刻着带徽章装饰的匈牙利王冠。由大师级匠人马蒂尼（Martiny）制作。银质斗盖。R.C.

海泡石烟斗，人像雕刻精美。斗钵上刻画了四个骑马的人，他们是手持利剑战锤的领袖。银斗盖，带叶形装饰。O.C.

上图烟斗底部的图案，一个带十八世纪匈牙利王冠的盾徽。O.C.

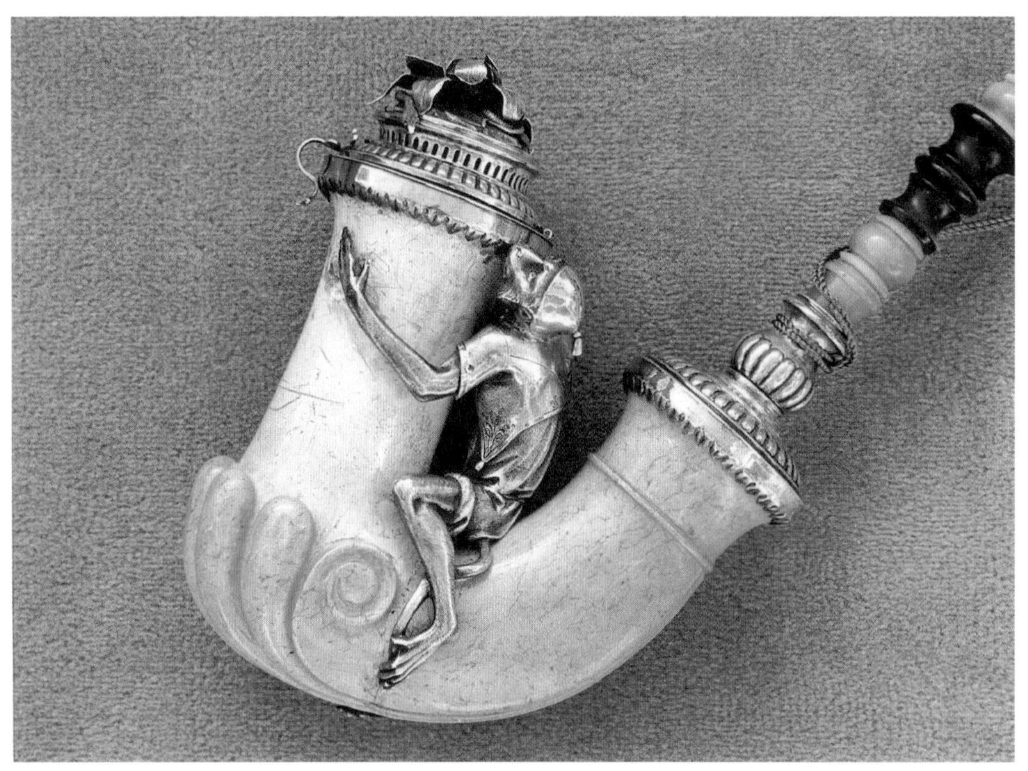

海泡石烟斗，结合银器工艺打造而成。十九世纪中叶，维也纳。R.C.

海泡石烟斗，镶嵌着半宝石。斗盖也由海泡石制成。十九世纪早期，匈牙利。R.C.

海泡石“和平烟斗”，带银斗盖。圆柱形斗钵分成两支，烟嘴略呈烟囱状。银斗盖半球形，饰有叶片图案，多孔隙，标记为“A”。十分珍贵。O.C.

阿德勒（Adler）海泡石烟斗，镶嵌珍珠。斗钵呈烟囱状，斗柄拱形，饰以珍珠。带阿德勒标记。银斗盖，带“AN F”标记。O.C.

海泡石烟斗，雕刻着吉卜赛乐队。此烟斗的边缘类似盘子，斗钵圆柱形。可以看到旅店前有一个钦巴龙乐手、一个小提琴手和一个大提琴手。刻有“约瑟夫·金斯基（Joseph Kinsky），1826”字样。银斗盖。O.C.

海泡石烟斗，带银斗盖。斗身紧凑，呈深色，一团植物叶片簇着一张扭曲的脸。斗盖上有多个标记和印章。O.C.

左图烟斗侧面。O.C.

海泡石烟斗，带银斗盖。斗盖上的图案是带王冠的“嘉德勋章”和姓名首字母缩写。O.C.

海泡石烟斗，英国维多利亚时期制作。带银斗口和银斗盖。斗盖上有拉丁文“烟与我同在”（vivimus in fumo），刻着巴洛克风格的徽章。1813 年划艇比赛一等奖奖品，装在一个精美的木匣里。O.C.

带银斗盖的主教执事式海泡石烟斗。斗钵上有两个天使拿着一幅椭圆形画框，里面是耶稣受难像。在烟斗下方，还可以看到心形框内有一个扛着十字架的基督。这个画框在另一个半身天使像之上。烟斗上有许多工匠的标记。1750年代的早期海泡石烟斗。O.C.

同一个烟斗的底部。O.C.

福音派主教执事式烟斗，特梅斯瓦尔（Temesvár），1920年。斗钵上有一束闪耀着光芒的路德玫瑰。中间是在伊姆瓦斯（Emmaus），两个使徒看到复活了的基督的场景。银斗盖。O.C.

镶有珠宝的早期巴洛克风格海泡石烟斗。斗钵主体像一个水袋；斗盖是并靠的两艘船体，由可移动舵桨操控，银铜板制成。O.C.

海泡石烟斗。早期的大烟斗典范（约1840）。上部雕刻精美，用宝石装饰，带有三个铜轮组成的托架。O.C.

海泡石烟斗。1848 年维也纳起义的场景。一位革命家把群众的诉求高举在头上，上面写着“宪法”。银斗盖制作精良，日期为 1855 年。O.C.

同一烟斗的侧面。O.C.

海泡石烟斗。圆柱形斗钵上的构图是九个带洛可可式装饰的人物。弗朗茨•约瑟夫皇帝手拿香烟，在匈牙利青年中演讲。他脖子上戴着金色的羊毛巾。圆柱形银斗盖侧面有孔。O.C.

海泡石烟斗。斗钵正面有六个人物：阿斯特里克神父把王冠交给匈牙利第一位基督教国王圣•斯蒂芬，主教们在背景里。半球状银斗盖。O.C.

带琥珀烟嘴的海泡石雪茄烟斗。一个年轻的流浪者和他的狗在十字路口休息。布达佩斯。O.C.

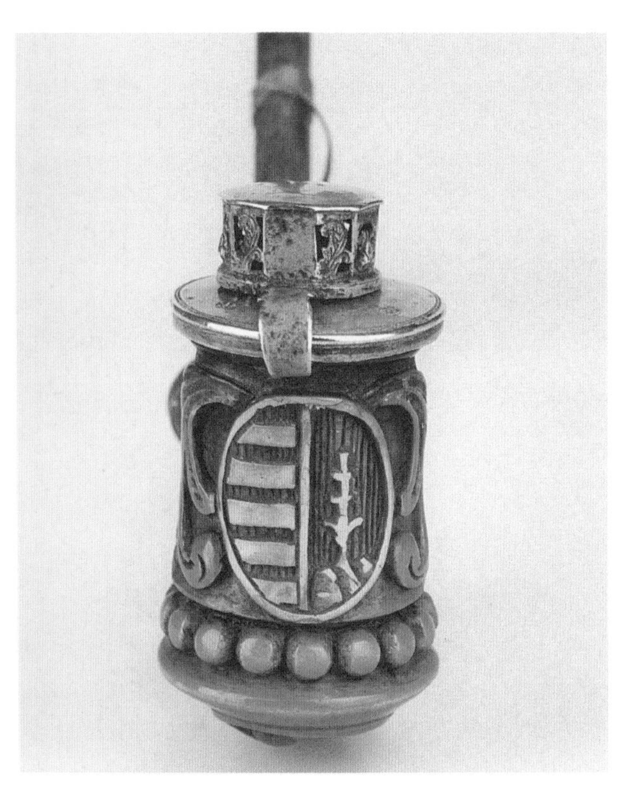

海泡石烟斗。圆柱形斗钵上的叶子中间有一个椭圆形的匈牙利盾形徽章。下方是珍珠装饰。由布达佩斯的大师级匠人尼梅兹制作。银边、银斗盖。1806 年。O.C.

十九世纪早期的海泡石烟斗，一个猎人吹着号角。布达佩斯。O.C.

海泡石烟斗。红色斗钵上的图案是《抢夺萨平妇女》，这是一个极具美感和艺术性的雕刻作品。银边和斗盖上装饰着五加叶。斗盖顶端镶嵌一块宝石。斗身有多个印记。O.C.

同一个烟斗的另一面。O.C.

海泡石烟斗。斗钵饰面为一个猎人坐在捕杀的鹿上休息，旁边有一条灰狗。银盖上有1844年印章，维也纳。O.C.

海泡石烟斗。斗钵饰面为正在潜近猎物的狄安娜。十九世纪，维也纳。R.C.

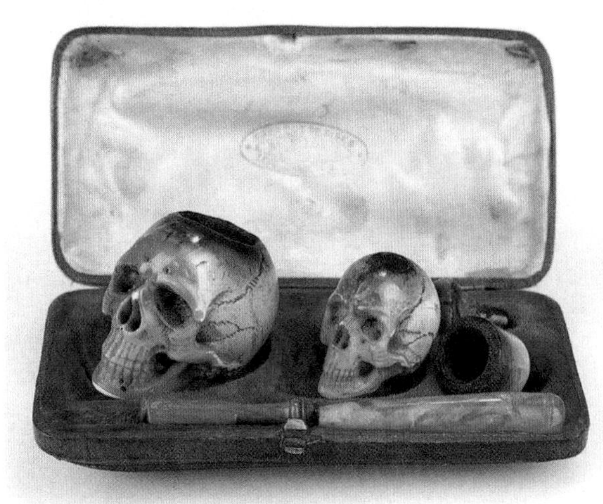

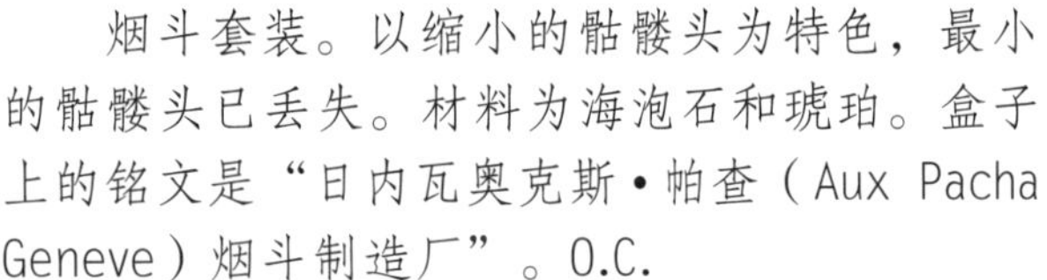

烟斗套装。以缩小的骷髅头为特色，最小的骷髅头已丢失。材料为海泡石和琥珀。盒子上的铭文是“日内瓦奥克斯·帕查（Aux Pacha Geneve）烟斗制造厂”。O.C.

海泡石烟斗。斗钵是狮子头。专为左撇子烟斗客设计！O.C.

海泡石烟斗（两侧都有雕刻图案）。斗钵上刻着两个色情场景。有一个玻璃钟罩般的盖子，守夜人在外面透过窗户偷窥。O.C.

海泡石雪茄烟斗，刻画的是一位拥有天堂鸟的女士。这位女士坐在地上，穿着十六世纪末的老式德国服饰，面前的石头上停着一只天堂鸟。O.C.

海泡石雪茄烟斗。V形烟斗的斗口是一个头戴花冠的女性半身像，她正在亲吻手里的鸟，雕刻精美。制作于维也纳。O.C.

雪茄烟斗。海泡石材质，硬橡胶咬嘴。三条狗正在围攻一匹奔驰的马。维也纳，优质雕花工艺制品。O.C.

海泡石雪茄烟斗。肘部曲线上有一条正回头看的灰狗。斗钵下部是一个狼头。斗钵和斗口采用雕花工艺。琥珀烟嘴。维也纳。O.C.

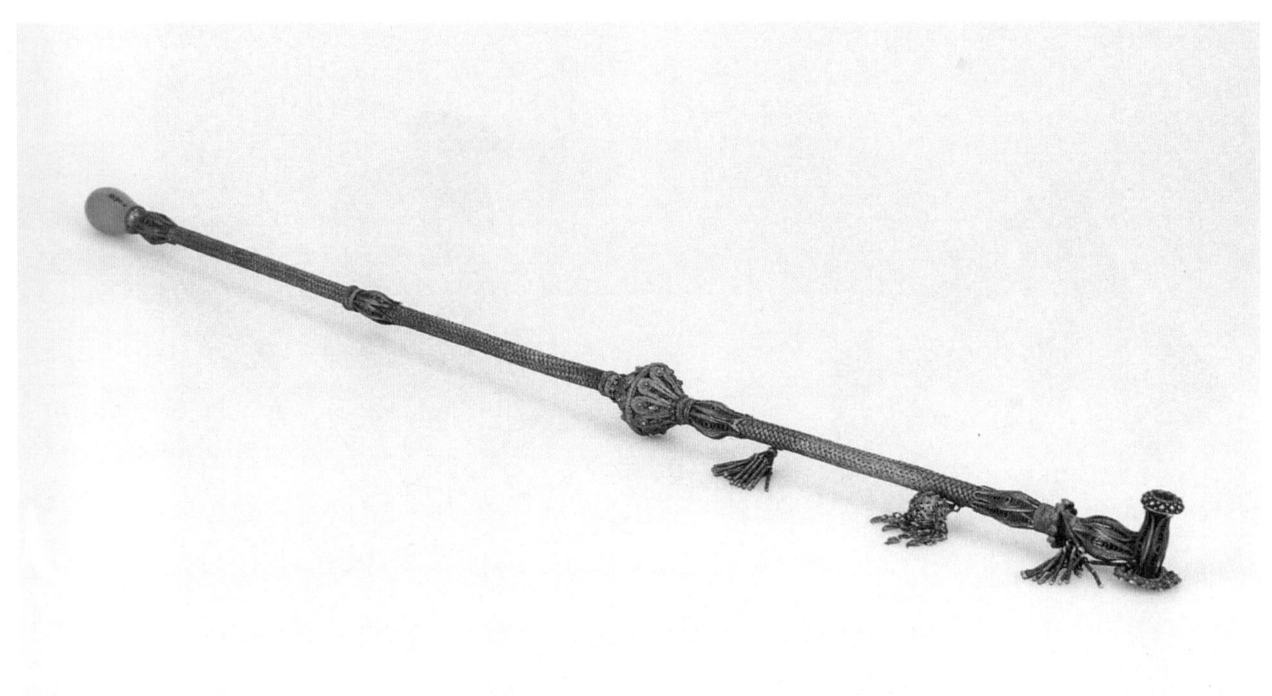

银制雪茄烟斗，雕花工艺制品，带琥珀咬嘴。长 70 厘米。O.C.

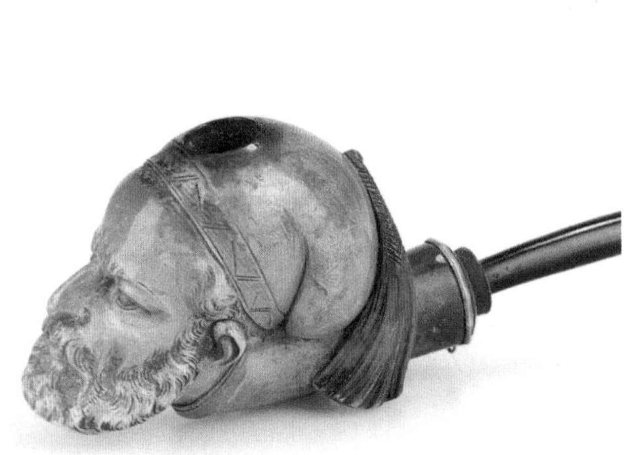

海泡石烟斗。戴流苏帽的摩洛哥人头像斗钵。十九世纪早期，制作于法国。O.C.

同一个烟斗的正面。O.C.

地主告诉他，曾想再做一把同样的情人烟斗，但是要价太高，只能作罢：

“烟斗制造商制作它的复制品，要收我十二枚金币。”

老地主的烟斗是奥格斯堡的情人送给他的，这把烟斗给这个对美好事物敏感的男孩留下了深刻的印象。直到七十四岁写自传时，他仍然记得：

“我愿意拿出一枚银币再看一次。”[244]

四十岁时，对那把木制烟斗的深刻念想被他雕刻在了这把海泡石烟斗上，他还在上面描绘了正在狩猎的女神狄安娜和被缪斯女神围绕的阿波罗。这个轻薄有光泽的海泡石烟斗现在是奥斯科藏品。这把海泡石烟斗的银色图章证明它 1820 年制作于欧布达，上面的首字母 SzJ 表明它由圣佩特里制作。中间是宙斯和勒托的儿子、狄安娜的哥哥阿波罗盘腿坐在一块岩石上。根据德尔菲神谕和抒情诗比赛中的诗句，阿波罗是诗歌和歌唱的保护者，是缪斯女神们的领袖。他的右臂靠近身体，握着一张弓，而左臂放在七弦琴上，几乎被系在右肩上的披风完全覆盖。在他的右后方是司舞蹈的缪斯忒耳普西科瑞（Terpsichore），她正随着手中鼓乐的节奏跳舞。在右前方，司赞美诗的缪斯波吕许谟尼亚（Polyhymnia）正坐在地上，一本书放在她的腿上，而司抒情诗的缪斯欧忒耳佩（Euterpe）正依偎在她身边。主管喜剧和悲剧的缪斯塔利亚（Thalia）和墨尔波墨（Melpomene）手里都拿着面具。在左边，我们可以看到卡莉奥佩（Calliope）的膝上放着一本史诗，司爱情诗的缪斯埃拉托（Erato）爱恋地依偎着她。在她们身后站着主管历史和占星术的缪斯克莱奥（Clio）和乌拉尼亚（Urania）。轻柔翻滚的云海表明帕纳塞斯是众神的居所。羽毛般轻盈的黄白色材质的烟斗主体部分比例经典、和谐，尽管有些破旧，但人物组合依然栩栩如生，造就了一件令人难忘的古典主义作品：圣佩特里成功地创造了匈牙利的海泡石“烟斗皇后”。

在人物的塑造和云的雕刻中，圣佩特里烟斗与库比尼（Kubinyi）烟斗有另一种“血缘”关系，它收藏在塔皮欧塞莱的布拉斯科维奇博物馆中（67.315.1）。在那个烟斗细长的斗钵上，可以看到胜利女神左手拿着喇叭，右手放在印有字母 N（代表拿破仑）的椭圆形盾牌上，这个场景被雕刻在橄榄枝围成的精美相框里。三片月桂树叶缠绕成一个圆圈，完全盖住了烟斗的底部。烟斗的盖子上栖息着一只展翅的鹰。从斗盖表面可以看出，这个烟斗逃脱了 1849 年 8 月 10 日的浩劫和火灾①。它原本是费伦茨之父安德拉斯•库宾伊（András Kubinyi）在楼松（Losonc）的藏品之一，后来为布拉斯科维奇家族所拥有[245]。

海泡石是最美丽、最合适的烟斗制作材料，如海洋里的泡沫般轻盈、洁白。十八世纪初，烟斗制造商的作坊开始采用海泡石制作烟斗。诗人和烟斗制造商都把它当作海洋女神维纳斯用波浪制成的礼物来加以赞美。

确实，海泡石诞生于海洋。亿万年以前，海洋里生活着各种动植物，后来，它们在压力的作用下，变成一种坚固而质地均匀的化石，这就是

① 1849 年 8 月，匈牙利争取独立的努力宣告失败，许多文物毁于一旦。

岩石学中的海泡石；它是地质时代的生物在石化过程中，通过物质交换转化而成的一种含水镁硅酸盐黏土矿物，可以在安纳托利亚 [埃斯基·谢希尔（Eski Sehir）、基尔希克（Kiltshik）、利瓦迪（Livadi）]、内格罗蓬特岛、西班牙 [瓦伦卡斯（Valencas）]、波斯尼亚、克里米亚半岛、摩拉维亚 [鲁布施兹（Hrubschitz）、纽多夫（Neudorf）]、坦桑尼亚的内罗毕周围、宾夕法尼亚州、南卡罗来纳州、犹他州和新墨西哥州等地区距地表 10—15 米深处找到。

这种软岩石（硬度 2—2.5，比重 0.99—1.28）的组成，取决于生成地的古动物和植物群。性能和外观的细微差别反映在化学成分上：$H_4Mg_2Si_3O_{10}$、$Mg_2Si_3O_8 \cdot 4H_2O$、$Mg_3Si_4O_{11} \cdot 5H_2O$、$3SiO_2MgO \cdot 2H_2O$、$2MgO_3SiO_2 \cdot 14H_2O$、$Mg_4H_2O/3/OH/_2\,Si_6O_{11} \cdot 3H_2O$。由此可见，不同地区海泡石的硬度和含水量各不相同。这就解释了为什么安纳托利亚海泡石——白色中带点黄色，多孔，黏舌，粗糙状态下没有光泽，但经过打磨后却如丝般光滑，有油腻质感——有时更容易处理，有时又更难以处理[246]。十八世纪初，几乎只有安纳托利亚海泡石被用来制造烟斗，品质好的海泡石的产地一般秘不外宣。贝克曼教授在锡瓦（Thiva，古代的底比斯附近）和小亚细亚的科尼亚（Konia）附近发现了海泡石矿的 1781 年开采遗址。采石场开采期间，它是属于托钵修会修道院的财产。海泡石非常柔软，有延展性，就像蜡一样，只有与空气接触后，它才适合雕刻[247]。

索恩（Thon）认为，这种刚开采出来的柔软材料应立即压入烟斗模具，并用准备好的龙血给人形烟斗钵、装饰用的烟斗钵上色。龙血是指生长在印度东南部、苏门答腊和摩鹿加群岛（原香料群岛）的麒麟竭树脂（Calamus draco）。然而，与海泡石烟斗相比，土耳其人更偏爱红色的小型陶土烟斗，所以，沿贸易路线上制作的海泡石烟斗被大量运往欧洲销售[248]。关于烟斗的书籍很少提及这些海泡石烟斗的流通情况，我自己也是在看到一块出土于匈牙利佩奇（Pecs）的海泡石烟斗残片时才意识到这一点。

采来的海泡石首先在布鲁萨（Brussa）分类，打包装箱，然后由希腊和犹太商人运往维也纳、莱比锡、弗罗茨瓦夫、奥得河畔的法兰克福以及鲁拉（Ruhla），后来甚至取道摩尔达维亚、瓦拉几亚、特兰西瓦尼亚、匈牙利、波兰和俄罗斯被运往北美。海运货物大部分在意大利的的里雅斯特卸货，在那里换成用柳条编织的篮子装载，再由泽姆林（Zemlin）运往维也纳，然后在这里装箱走陆路。

包装箱的大小各不相同。74 × 18 × 37 厘米的箱子被用于包装分类后的海泡石块，数量分别为 25—40 件、90—150 件和 200 件，根据装载的海泡石数量，包装箱分别被称为色尔马利（ser-mali）、比里比里克（biri birlik）和佩贝利（paembelly）。85 厘米长的箱子被称为多克美（dokme），用于装载最小的海泡石，一个箱子里有 400—1500 件！另外，在装箱时，通常一个箱子里会装有一件大的，15—20 件中等大小的，150—200 件小的。一箱海泡石的成本在 150—175 泰勒之间。截至 1796 年 10 月，仅通过泽姆林运往西方市场的海泡石就有 83,413 公担[249]。

由于箱子里的海泡石鱼龙混杂，一箱可能只有少数几块适合制造烟斗，这种情况让批发商面临很大的风险。因此，批发商销售海泡石前一般会进行整理分选，价格也因此变得非常昂贵。分选后的海泡石以每份 10 泰勒、20 泰勒、24 泰勒甚至 30 泰勒的价格分成数百份移交。例如，一袋 250 块的售价在 600—800 泰勒之间。难怪一件漂亮的海泡石烟斗可以卖到 4 个、6 个甚至 10 个路易金元。1793 年，在复活节集市上，100 件斗钵做工粗糙的烟斗以平均21泰勒的价格出售。

除了可用数量的风险外，还存在另一个风险：质量。买批发的海泡石就像一种冒险。除了美丽、干净、质轻的材料诱惑外，里面还有肮脏、沉重的砂砾；有些是硬的，有些是软的；除了明亮的白色之外，还有被污染的、褪色的、淡黄色的、灰色的甚至带有陶土纹理的棕色残片。一般来说，这些缺陷只有在加工海泡石时才能发现，而烟斗制造商要获得合适的材料，不仅需要技术，还需要运气[250]。

不确定的黎凡特（Levantine）贸易通道、海泡石在货源和客户之间被多次转售、不稳定的材料质量、人为因素导致分段转运，所有这些因素直接导致海泡石非常昂贵。有人试图寻找新的货源，以打破安纳托利亚海泡石的垄断地位。这一信息对那些企图使劣质海泡石流入烟斗制作市场的人来说有利可图，这种海泡石采自克鲁玛夫（摩拉维亚）附近的鲁布施茨采石场。1828 年，维也纳一个名叫卢茨（Lutge）的烟斗制造商派代表考察了西班牙瓦伦卡斯附近的海泡石产区，那里的海泡石在 60—70 厘米深的地下开采，品质远不如安纳托利亚海泡石[251]。

在毗邻肯尼亚的阿鲁沙地区也有人开采海泡石。相比安纳托利亚海泡石，坦桑尼亚的海泡石[称为“安博塞利（Amboseli）海泡石”]存在于更早的地质层，很少是白色的，含有更多的污染物，更难以处理。它只有经过特殊固化处理才能雕刻，但通过添加着色剂可以获得深黑色[252]。

压缩合成的海泡石

在制作烟斗的过程中，大量昂贵的海泡石材料被浪费掉了。因此，就有烟斗制造商试图利用这些废料。1770 年至 1772 年的大饥荒期间，鲁拉的烟斗制造商克里斯多夫•德赖斯（Kristof Dreiss）灵光一闪，想出了一个好主意，将海泡石的废料制成块状加以循环利用，就像最近在布伦瑞克（Braunschweig）发明的回收混凝纸一样。最初，在拥有 584 间房屋和 3000 名居民的鲁拉小镇，沃尔夫冈•伊费特（Wolfgang Iffert）和齐格勒（Ziegler）家族的 16 个车间里，有 66 名工人在雕刻烟斗斗钵。此后，从齐巴赫（Zillbach）搬到鲁拉的西蒙•申克（Simon Schenk）开始给这些烟斗镀铜。到 1793 年，在这个小镇的 26 个车间里，有 160 名工人用回收的海泡石生产斗钵。有人说，宫廷代理人瓦格纳（Wagner）提出了压缩合成海泡石的流程，并由两个烟斗制造商——哈特曼（Hartmann）和齐默尔曼（Zimmermann）负责实施。尽管贝克曼在哥廷加（Göttinga）的演讲中也提到了海泡石废料的回收利用，但他又补充说，鲁拉的烟斗制造商并没有提供关于这个回收流程的任何信息[253]。

莱比锡、吕贝克（Lübeck）、汉堡、莱姆戈、纽伦堡（Nürnberg）等地存在不少的烟斗制造商。出于显而易见的成本原因，这些工厂也对大量海泡石废料的回收产生了浓厚的兴趣。在切割天然海泡石石块加工烟斗的过程中，有些地方旋转加工非常困难，甚至是不可能的事，这时就会采用开孔的方法来加工。完工后，工匠们用蛋清、明胶和黄蓍胶做成“塞子”，将这些新开的孔塞住。然后，再用混合海泡石粉末的石灰、酒石和蛋清制成的浆状物覆盖在塞子塞住的孔洞表面，经过抛光处理就得到一把完美无缺的烟斗，作坊彼此心照不宣地采用这种方法处理瑕疵。同时，几乎所有的烟斗作坊和工厂都在试图利用海泡石废料来制作合成海泡石块，实现循环利用。

这个流程是最高机密。然而，随着秘密被发现，越来越多的烟斗制造商开始用“假”的海泡石制作烟斗斗钵（例如 1814 年，维也纳附近富恩豪斯的 A. 鲍尔）。从废料中回收的海泡石被称为帕苏拉（pasura）或维也纳海泡石——安纳托利亚海泡石的废料（écume d’Antioche）。将磨得很细的海泡石粉与水、高岭土和石膏粉混合后放在有内衬的盒子里，然后煮开，冷却后就会变成海泡石块。也有人采用其他工艺，在海泡石水浆中放入明矾、硅酸钾（水玻璃）或烧碱，得到的沉淀凝聚物干燥后也可以用于烟斗制作。适用于雕刻烟斗的大型海泡石材料还可以通过在碳化镁中重新添加硅酸钾制成。

刚开始，制作合成海泡石的工作毫无进展。用海泡石粉制成的斗钵进行加热时就失去足够的结合力，发生碎裂。但实验人员毫不气馁，坚持不懈地努力，最终找到了解决方案。人造海泡石由此变成了真正的商品，天然海泡石烟斗遇到了“劲敌”。

天然海泡石和合成海泡石各有优缺点。前者一般较轻，不易受污染，能保持美观，比较耐用。另一方面，它不具备合成海泡石的同质性，因为合成海泡石已经清除了污染物和杂质，如小块的砂砾、石灰和铁块。因此，要求天然海泡石也具备这样的同质性不太切合实际。

由于添加了填充物和黏结物，合成海泡石很重，添加的油脂也很容易在抽烟过程中流失。但它比真正的海泡石便宜得多，因此轻易就占领了市场。

经验丰富、眼光敏锐的顾客通过其重量和丝滑、温暖的触感就能识别真正的海泡石。那些不太懂行的人会用银币来测试真伪：银币沿着光滑的表面划动，如果在白色材料上留下灰色的痕迹，这种海泡石就是合成的。

海泡石烟斗制作工艺

海泡石烟斗制作虽然听起来与其他烟斗制作不同，但在名义上仍属相同行业。根据人口普查、商业登记以及相关资料可以明确的是，当时确实严格区分出了烟斗制作者（Pfeifenmacher）和烟斗雕刻师或切割师（Pfeifenschnitzer）。在匈牙利语中，后两种的技能也有区别：烟斗雕刻师主要用木头和骨头开展工作，而烟斗切割师则制作海泡石烟斗。各种配件和盖子由烟斗镀铜者

（Pfeifenbeschlager）生产。烟斗制作不被认为是一门值得建立单独工会的工作。最初，烟斗制作者在制陶工会的支持下开展工作，他们很少有机会成立自己的工会来保护自己的利益。例如，乌尔姆的烟斗制作者虽然尽了最大努力争取政府认可他们成立工会，但最终还是被剥夺了这一权利。直到最后，烟斗雕刻师们不得不在工会的保护之外从事他们的职业，因此，烟斗制作这门手艺仍然属于自由工作。海泡石烟斗的制作需要一定的应用艺术技巧才能满足客户的特定需求，因此被视为一种艺术工艺。而除了享有盛誉的海泡石烟斗制作者外，金匠、雕塑家和画家也参与了海泡石烟斗制作。

可以在许多出版物——主要是十九世纪的出版物中找到海泡石烟斗制作技术的描述。关于这种工艺技术，最古老的文字记载是托马斯于 1799 年在埃朗根出版的一本小册子[254]。1833 年，克里斯蒂安•松恩（Christian Thon）对这种制作工艺进行了进一步的研究和阐释，并对技术和材料做了汇总。后来，亚历山大•齐格勒（Alexander Ziegler）编写了更现代的制作要领；随后，劳弗（Raufer）、莱内克（Reineke）、索博特卡（Sobotka）和莫里斯（Morris）也编写了有关制作要领[255]。

据松恩介绍，海泡石烟斗制作者的车间会配备一个车床和一个带虎钳的工作台。将海泡石块锯成合适的形状和尺寸，放在车床上进行车削加工，形成便于制作烟斗的圆柱形斗钵和口柄，然后用木工刀加工。这些木工刀具有不同尺寸和宽度的切削刃，除了扁刀和尖刀外，还有一种弯刀，用于塑造斗钵和斗颈的边缘。另一种重要的工具是“圆规”拉刀，它的瓶塞状的刃口可以嵌入石块的孔中，通过适当调整直径，用尖头刀片在孔洞内切割出同心凹槽。为了精确地塑造锥形斗钵，要使用可调式双齿螺旋钻，同时还要用手摇钻。对于圆柱形斗钵，则用单独的工具将工件装进车削台的心轴，使用车工行业的各种锥子和尖钻切削而成。这套工具由各种形状和大小的锯子、钢丝锯、拉刀、刮刀和锉刀组成。用鱼皮、砂布、石子、扎鬃（问荆、大问荆等）等进行表面抛光。具体步骤如下：

第一步，将粗糙的海泡石块浸泡在水中，浸泡时间长短取决于材料的硬度。吸收适量水分后，

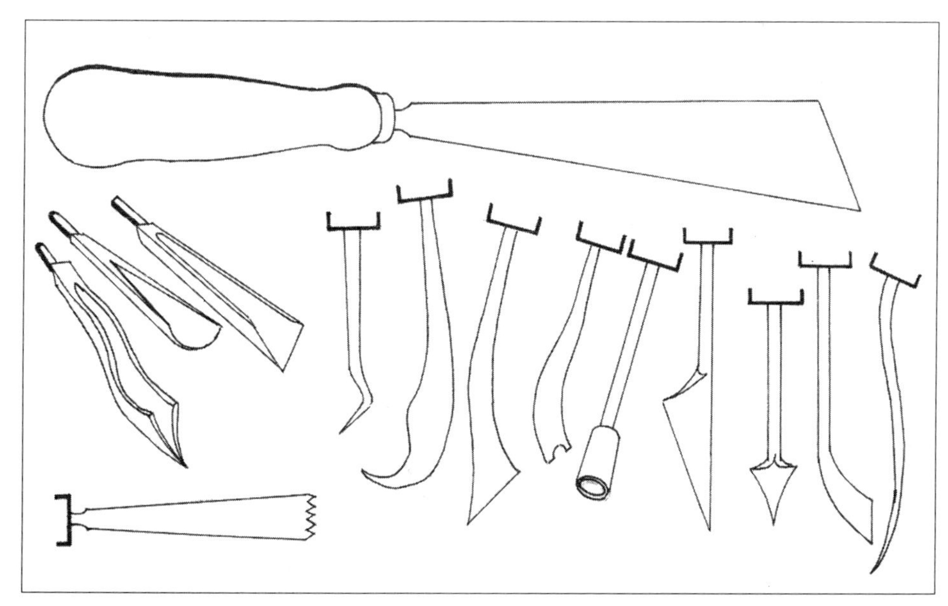

用于雕刻海泡石烟斗的各种刀和钻的形状。

根据海泡石块的形状，用手锯或刀削出烟斗的轮廓。通过手工操作，制斗师们可以根据海泡石块的纹理进行切割，避免因去除杂质和异物（如细砾或沙子）而产生新的断层，这样制作烟斗时才可以尽可能少地产生废料。制作时，用蛋清、鱼胶、黄蓍胶和精细研磨的海泡石粉制成的黏浆状物质堵住烟斗上因去除异物而产生的小孔。为了增加黏合性，会在黏状物质中加入乳香树脂，完全干燥后，在车工的工作台上制作烟斗主体部分的前后口径以及圆柱①[256]。

第二步，把加工后的烟斗浸泡在动物油中。将肾板油放入铁坩埚或上釉陶罐内，在温度为100℃的水中煮熟煎熬后，将已雕刻好的、干燥的斗钵放入其中浸泡 10—20 分钟（如果材料较硬则浸泡 30—40 分钟），然后用白桦木条取出烟斗，将上面的油滴干以避免形成斑点，晾干[257]。

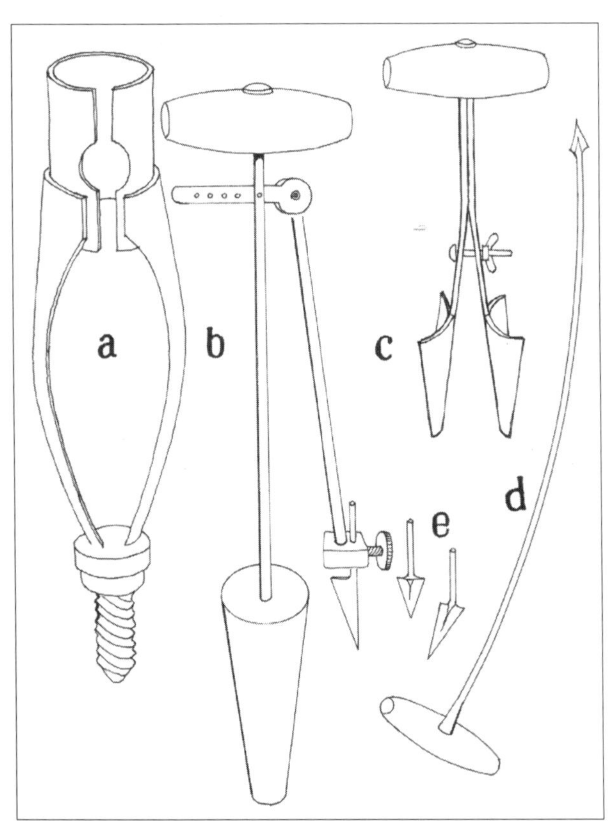

用于雕刻海泡石烟斗的各种旋钻工具。

第三步，抛光。用玻璃片和马鬃除去表面的小毛刺，然后用浮石粉、白垩或角蛋白粉制成的软膏擦拭，再用软布蘸上水擦拭，直到烟斗表面变得有光泽为止。

第四步，用蜡进行第二次浸渍。在鲁拉，人们先用动物油脂反复浸泡烟斗，再用蜡浸渍；而在莱姆戈和维也纳，海泡石烟斗不用液体浸泡。虽然干燥、坚硬的材料加工得更慢，但雕刻的装饰轮廓更清晰细腻。

第五步，再次抛光。在用蜡浸渍后，再次更小心地进行表面抛光。用于抛光浆料的制作技术和成分因产地而异。例如，在鲁拉，烟斗在完全冷却之前用柔软的棉布擦拭，直到变凉为止；然后用细磨的白垩粉、浸过水或蒸馏葡萄酒的亚麻布擦拭，再用鹿皮和鹿茸粉抛光，最后用丝巾或旧丝袜完成抛光。在莱姆戈，先用动物油脂将烟斗浸透，以马鬃和海泡石彻底擦干净，然后上蜡；多余的蜡用马鬃清除，然后用白垩粉进行抛光。这样，上过蜡的烟斗变得富有光泽，再经过几次熏制之后，它就会变成一种赏心悦目的栗色。在维也纳，浸透动物油脂是一个短暂的过程。第一次抛光用马鬃和海泡石进行。第二次，用白垩粉进行更精细的抛光。因此，维也纳烟斗呈现出灰白色。它们优美的外观主要来自精心细致的雕刻，装饰主要借鉴匈牙利和土耳其的图案并加以提炼。维也纳烟斗的动物脂油含量很低，所以它们被用于抽烟后仍会保持原有的颜色[258]。

① 即用车床进行斗钵炉室和口柄烟道的初次成型。

黑色烟斗用又硬又重的海泡石制成。在烟斗最初成型时，斗钵炉室和斗颈没有彻底完成，只有一个狭窄的开口。将烟斗放在温热的亚麻籽油中浸泡，直到它们变得可以拿出来擦拭，然后用马鬃和海泡石擦干和抛光。烧制时，用一根棍子插进斗颈内孔里，慢慢地在燃烧的煤火上加热烟斗，然后在上面浇上亚麻籽油，再将它放在煤火上烘干。重复进行这个过程，直到烟斗浸透为止，将其放在一个有内衬的篮子里冷却 24 小时。钻好孔之后，向烟斗的炉室里填满木炭，用风箱将木炭点燃，直到烟斗变成赏心悦目的棕色。下一步是烧制斗颈，先用小刀把表面修平，再次把烟斗装满煤烧制，重复这个过程几次，接着往上面上油，直到烟斗变成暗棕黑色为止。抛光用白垩粉和浸过酒精的布进行[259]。

制作有斑点的油性烟斗要使用质地较差的硬脉纹海泡石。将烟斗浸没在动物油脂里直到完全饱和，然后抛光，干燥后用薄漆煮沸，接着把它们取出放在一个盖着布的篮子里冷却，几天后用厚漆煮沸。此后，在抽烟的过程中，这种烟斗会形成赏心悦目的大理石纹理[260]。

想得到棕色的赫兰（Khurland）油性烟斗，则采用以下方式处理。首先，用动物油脂和蜡进行浸泡。抛光后，塞住两个斗口，再将烟斗放在亚麻油中煮沸，直到显示出浅大理石棕色为止。将烟斗放在油中反复煮沸，使其颜色变深。抛光后，将它们保持温热存放三到四天。最后，在上面浇一层柯巴脂漆，然后放在铁匠的煤炉上加热，涂上橄榄油，再干燥 24 小时。最后一步要每天重复，持续六到八天。在抽烟过程中烟斗颜色会消退，但这个缺陷可以通过在烤箱中进行烘干加以解决[261]。

关于海泡石烟斗起源的传说

触发社会进入新发展阶段的重要发明和发现，如车轮和火，通常都会被赋予神秘色彩，人们对于这些成就的认知的不足往往通过传说加以弥补。火是普罗米修斯从天上偷来的，轮子和马车由亚当和一群神、半神和英雄们发明[262]。烟斗雕刻师们也有自己的第一个海泡石烟斗雕刻师的传奇。据说，有一个匈牙利人，他的姓是科瓦奇（Kovács）（非常巧合，匈牙利语科瓦奇的意思就是铁匠）、科瓦特斯（Kowates）或科瓦特（Kovater），也可能叫霍瓦特（Horvat）或霍瓦特尔（Howater），他的名是卡洛里（Károly）、卡罗尔（Karol）、卡雷尔（Karel）、卡尔（Karl）或卡洛（Carlo）[263]。

以下是库德尔（Cudell）在他的书中所讲述的关于海泡石烟斗的故事：

“十八世纪二十年代，安德烈兹伯爵（Count Andrássy）结束巴尔干半岛旅行，带回了一块绝妙的白色矿物。这块石头很轻，能漂浮在水上，也很软，可以用刀来雕刻。伯爵把它拿给以雕刻技艺闻名的科瓦奇，请他雕刻点东西。科瓦奇是个烟鬼，知道伯爵也是烟草爱好者。他认为这种材料多孔，能比陶土更好地吸收烟草烟气中的湿气；此外，它也是在表面雕刻精美装饰的完美材料。在他的建议下，安德烈兹同意将它制作成烟斗。一天之内，科瓦奇就雕刻了两个可爱的烟斗，并期待能吸上一口好烟。可是，他不小心用蜡把其中一个烟斗弄脏了，于是便将它留下。他平生从来没有享受过这么美妙的烟草味道，同时惊讶地看到，纯白色的烟斗开始变成可爱的棕色，尤其是在丑陋的蜡渍弄脏的地方着色更深。他毫不犹豫地把整个烟斗浸渍上蜡油，结果整个烟斗都变成了同样的棕黑色。他把自己的观察结果报告给了安德烈兹。于是，伯爵也把自己使用的烟斗上了蜡。他很高兴地看到，象牙色的海泡石烟斗随着时间的流逝，慢慢变得有些发黄，变成了一种苍白的、金黄的褐色……安德烈兹的烟斗在布达佩斯和维也纳的上流社会出名了……科瓦奇开始接到源源不断的来自贵族们的订单。就这样，这位技艺精湛的工匠成了布达佩斯和维也纳举世闻名的烟斗雕刻艺术之父。”[264]

佩罗尼（Peroni）给出了一个基于洪卡伦（Hochrain）版本的另一个传说。这一次，这位工匠师傅的猫把他的烟斗碰落到地上，摔断了。他非常生气，又急需一个烟斗抽烟，于是到作坊里到处找合适的材料来做一个新的烟斗。突然，他看到从土耳其带回来的一块海泡石，灵机一动决定用它做一把烟斗。事实证明，最后的成品太棒了。他想，对于我这种人来说用它抽烟简直是暴殄天物，于是决定第二天把烟斗拿给伯爵看。晚上，当他用蜡烛点烟时，不小心将蜡油滴到了海泡石烟斗上面，把表面弄脏了。“算了，还是我自己留着用吧！”就这样，1723 年（有人说是 1730 年，也有人说是 1750 年）的一个晚上，第一支海泡石烟斗问世了。1876 年，这个男人的家人将这个烟斗捐赠给了匈牙利国家博物馆[265]。

还有一种海泡石“烟斗传说”。有一次，安德烈兹作为使者拜访艾哈迈德三世（1703—1730 年在位）。在此期间，他与苏丹下棋，赢了苏丹三次。于是苏丹慷慨地赐予这位匈牙利外交官一把剑、两个奴隶女孩和一块海泡石，纪念他这次出使。安德烈兹把这块海泡石交给了他的巧手工匠，让他制作棋子或其他纪念品，最后这块海泡石被雕刻成了海泡石烟斗。

在提及相关传说的书籍中，人们一直把该故事中的重要角色安德烈兹与欧洲著名的王室外交大臣安德烈兹•久洛（Andrássy Gyula）相混淆。

这个流传下来的传说后来被维尔茨巴赫（Wurzbach）1874 年出版的传记百科全书所证实。它值得一字不差地引用：

“科瓦奇•卡洛里（木雕家、海泡石烟斗发明者，出生在匈牙利）。十八世纪中叶左右（1750）居住在佩斯，使用奥地利外交先驱之一从土耳其带回来的一块海泡石制作了第一个海泡石烟斗，因此成为这一行业的发明者。后来，这一行业以非常大的规模传播开来。由科瓦奇制造的第一个海泡石烟斗现保存在匈牙利国家博物馆。”[266]

百科全书称其来源为《奥格斯堡周报》（*Augsburger Sonntagsblatt*）的相关报道。但匈牙利国家博物馆的档案里没有关于这个烟斗的记录，也没有关于其捐赠的记录[267]。

安德烈兹•伊斯特万男爵（Baron Andrássy István）来自安德烈兹家族。他是这个家族贝特勒（Betlér）分支的始祖，可以看出他是具有承担外交使命能力的人。早些时候，他曾作为塞佩斯（Szepes）库鲁特人军队的将军为拉科奇而战。正是他把洛塞（Locse）、塞普斯瓦尔（Szepesvar）、帕洛卡（Palocsa）和克拉斯纳霍卡（Krasznahorka）的堡垒攻破，交到了皇帝的中将手中。后来他成为贵族中尉，后又被封为男爵。

贝尔格莱德和波扎勒瓦茨恢复和平后，哈布斯堡王朝和土耳其之间休战，至此土耳其战争（1716—1718）结束。大约在这一时期（1722），查尔斯六世（Charles VI）皇帝——也就是匈牙利的国王查尔斯三世（Charles Ⅲ）——付出了相当大的努力来确保哈布斯堡家族女性的继承权。在拉科奇争取独立失败后，这位为首的匈牙利王子移居土耳其。在土耳其，拉科奇积极与他的法国和西班牙朋友以及俄国沙皇开展外交活动，以制压哈布斯堡王朝的统治和重新获得匈牙利的独立。1720年，匈牙利国王的外交压力成功迫使拉科奇离开了杰尼科（Jeniko），并接受了苏丹将其安置在泰基尔达的安排。若安顿在泰基尔达，他将被成功地隔离在苏丹的宫廷生活之外。皇帝的外交政策可能有两个目的：确保女性的继承权和断绝流亡者拉科奇的外交关系。这样一来，他就再也不能作为背叛者对王室构成威胁了。

与每个传说一样，关于海泡石烟斗起源的传说也包含着一定程度的事实真相。烟斗制作者们确实记住了这位万能工匠的姓名和相关的故事，因为这些故事都是口口相传，慢慢被美化成了传说。

1723年，是海泡石烟斗问世的传奇之年，尽管过于精确，但确实与事实相符。匈牙利应用艺术博物馆（Hungarian Museum of Applied Arts）展出了一把雕刻精美的海泡石烟斗（10.417）。根据这家博物馆的登记，这是一件十八世纪的法国艺术品。在其粗壮的斗钵上可以看到一种凯旋式的艺术和象征，统一的哈布斯堡王朝奥地利/勃艮第纹章。烟斗画面上，君主坐在一辆由狮子拉着的车厢里庆祝凯旋。烟斗上的题词为英勇的卡洛斯（VIVAT CAROLUS），据此，我们认为车厢里坐着的人是奥地利皇帝和匈牙利国王查尔斯（1711—1740）。在扁平的银色斗盖上可以看到字母CB，周围写着“友谊纪念品”的字样。这个烟斗一定是1712年之后制作的，因为在争夺西班牙王位之战失败以及他的兄弟约瑟夫一世去世（1711年4月17日）之后，查尔斯于1月份回到维也纳，并于当年5月初在波若尼[①]加冕成为匈牙利国王。他可能把这把烟斗作为礼物送给了一个忠实的追随者，极有可能就是副首相包甲尼•拉约什伯爵（Count Batthyány Lajos）（因此，缩写字母CB是指包甲尼伯爵）。

属于应用艺术博物馆的另一支海泡石烟斗（10.418）具有相似的形状和大小，年代也差不多。在这个烟斗的斗钵上，可以看到财富女神和一个全副武装的人。她头上戴着一顶王冠，两个人手里都捧着一个聚宝盆，上面写着“热爱和平　反对战争”（FRIEDE NVEREHRT UNFRIEDENVERZEHRT）的字样。左上角有一幅饰有椭圆形画框的肖像，上面刻着“卡洛斯六世•罗马国王”（CAROLUS VI. ROE-MISCHER KAISER）字样；右上有一个戴着头巾的人，旁边

① 作者注：今天的布拉迪斯拉发。

写着“阿姆斯•土耳其国王”（ACHMETH TURKISCHER KAISER）字样。烟斗的制造日期可以确定在查尔斯统治初期（1712）和艾哈迈德统治末期（1730）之间。但是，凭借两幅肖像之间的字样（SCHAT. DES. ADLERS/KLAENGEFYH T DER/ H /TVRCKMI-GRAEN），我们甚至可以更精确地确定烟斗的年代。它很可能指的是1716年至1718年的土耳其战争，甚至是重新夺回贝尔格莱德的1718年8月18日。这件雕刻作品比另一个烟斗更重，我想它应该是在德国或奥地利制作的。

同一时期的烟斗中还有一个雕刻精美、带银斗盖的海泡石烟斗。它描绘了一场攻城之战，现在是奥斯科的藏品。它的锥形斗钵上满是战斗场面的装饰：手里拿着旗帜的骑兵，在他们的指挥官带领下，策马疾驰而去。这位指挥官的头上戴着一顶王冠，骑手们跟在他身后，旗帜在他的头顶上飘扬。图案中还雕刻有一只展翅的雄鹰。在背景中，我们可以看到坚固的城墙；两根大柱子上的石梁和高台上的雕像表明这是罗马建筑。山顶上，一座堡垒的塔楼傲然耸立。在城门口，步兵和骑兵正在进行一场激烈的战斗，人和动物从城垛上掉下来。

斗钵雕刻的精美之处体现在烟斗的下方。烟斗下方的画面雕刻着几匹马拉着战神的战车疾驰，两只鹰张开的翅膀盖住了烟斗的斗颈，中间是一个军人的头部，头部上方是一个地球仪，上面插着玫瑰花和一支冒着烟的火把。

如果我们的猜测没有错，胜利的骑士是欧亚大陆杰出的英雄人物——匈人王阿提拉（Attila the Hun），他是“欧洲匈奴人的祖先”，是十八世纪反抗维也纳饮食改革（Reform Diets）①的传奇理想。那时，在现为欧布达（Obuda）的地方发生了西坎布里亚（Sicambria）围城。烟斗的形状和雕刻风格表明，它可能制作于十八世纪七十年代，并且毫无疑问是为一位匈牙利顾客制造的。

文献资料也证明，转折点正是在十七世纪和十八世纪出现——海泡石成为烟斗制造商最喜爱的材料。围攻维也纳时，波兰国王亚诺斯•索比埃斯基（Janos Sobieszki）从被包围的土耳其人手中夺取了大量物品，其中包括白色石头（显然是海泡石）制成的烟斗。众所周知，到1745年，海泡石在鲁拉和图林根（Thiringia）已经是一种高度畅销的商品。波兰人克里斯多夫•德赖斯在1750年莱比锡展览会上还展示了他制作的海泡石烟斗[268]。

在关于海泡石的传说中，E. 里德•邓肯（E. Reid Duncan）对科瓦奇的传奇产生了质疑，并提出了另一种观点。他认为，是路易斯•皮埃尔•普吉特（Louis Pierre Puget）制造了第一支海泡石烟斗。普吉特在意大利，与皮得罗•达•科尔托纳（Pietro da Cortona）和贝尔尼尼（Bernini）一起学习雕刻技艺。1661年至1667年间，他一直致力于热那亚人的圣•玛丽亚•迪•卡里尼亚诺（Sta Maria di Carignano）雕塑。1668年，他回到祖国，在土伦经营自己的作坊，为轮船做装饰雕塑[269]。据邓肯说，1656年至1661年间，皮埃尔•普吉特应路易十四（Louis XIV）财政大臣富盖（Fouquet）的要求，用海泡石为沃克斯子

① 当时由于粮食不足，强行在食品中掺入杂物。

爵（Vauxle-Vicomt）城堡雕刻了两匹马。他得到两万里弗的报酬，还被允许保留这些海泡石废料，于是用这些海泡石为自己刻了一个烟斗。烟斗上的雕刻描绘了一个强盗和他的妻子、儿子和女儿、两条狗和一只鹰在树下休息。他把烟斗留给了他的妻子。后来，他的妻子又把烟斗送给了她的情人——画家安德烈•勒•梅特尔（Andre le Maitre）。由于缺钱，这个画家把烟斗当掉了。最终，烟斗被运到了魁北克，落在珠宝商埃米尔•雅克特（Emile Jacot）的手中，后来又转手归了工厂老板 J. B. 乌德（J. B. Houde）[270]。邓肯没有向我们提供有关这个烟斗的任何资料来源，也没有提供有关它下落的照片或任何报告。这个烟斗具有超大的尺寸（33 × 43.2 × 12.7 厘米）和超大的场景主题，这是十九世纪迪塞尔多夫（Düsseldorfian）浪漫主义艺术的典型特征，从一开始就引起了人们的怀疑。拉帕波特（Rapaport）怀疑这个故事是艺术行业的标准捏造，这似乎完全合理。

布达佩斯的烟斗制作者

我一直无法找到有关科瓦奇•卡洛里的任何详细信息，尤其是书面的详细信息。然而，我们认为海泡石烟斗的起源可以追溯到布达和佩斯的某个时间和某个地方。

在两个小镇享有公民权利的居民花名册上，只列有四个烟斗制作者[269]。1687 年，布达解放，不再被土耳其占领。这个饱受战乱、艰难复苏的小镇，在获得公民身份的首批居民（1689）中，有一位名叫卢卡奇（Lukács）的塞尔维亚烟斗制作者。我们不知道他是做陶制烟斗还是木制烟斗的。1720 年以前，这个镇上只有 8500 名居民，其中大多数还是当时入侵帝国的政府士兵和官员。这个小镇的居民人口在十八世纪三十年代开始增长，到 1782 年达到 23,220 人[270]。1799 年来自曼海姆的切尔哈•卡洛里（Czerha Károly）、1809 年来自昂特拉默高（Unterammergau）的泰森伯格•约瑟夫（Teissenberger Jozsef）都被授予了公民身份。在登记表上，他们都是烟斗雕刻师（faicarum scissor）。直到 1808 年，海泡石烟斗雕刻师（faicarum spumacearum scissor）才首次被提及，他的名字叫波波维奇•亚诺斯（Popovics Janos），塞尔维亚人。我们还知道，一个“叫卢罗（Luro）的烟斗制作者”1714 年来到了佩斯，现有的信息表明，他和那些在佩斯制作烟斗的希腊人、犹太人和塞尔维亚人在同一年抵达[271]。

在卡尔曼•米克沙特（Kálmán Mikszáth）（1847—1910）的小说中，我们经常会看到一个叫作伊斯特万•纳吉（István Nagy）的海泡石烟斗雕刻师的名字。在他的小说《奇怪的婚姻》*(A Strange Marriage)* 中，多里男爵（Baron Dory）提到了纳吉制作的烟斗：

“这是真正的纳吉做的烟斗。即使是朋友之间交易，它也值三十个金币。看看斗颈的曲线！外形多么气势磅礴，更不用说还有钻孔了！像纳吉那样的人竟然死了，真是太可惜了！”

在这本小说的其他地方，也提到纳吉在佩斯的尤利大街有自己的作坊：

“当他把一件刚完工的新形制作品放入橱窗

时……一大群人围在一起目瞪口呆地看着。”[272]

纳吉大师不是虚构的。我们可以在1824年出版的《爱物》（*Kedveskedo*）期刊中读到关于他的信息。

“他对自己的烟斗引以为傲：有一次，一位有意向的顾客想以半价跟他讨价还价，他就拿起锤子，当着砍价的人把烟斗砸了。”[273]

当然，这又是另一个传说，一个很棒的传说。十九世纪，塔克文•苏佩布（Tarquinius Superbus）因讨价还价烧毁了西比尔（Sybil）的书，这个故事在那些受过拉丁文教育的人中广为流传。同样的故事也发生在纳吉大师身上——以及前面提到的赛尔梅克镇的洪尼格身上——他砸了“被低估的”烟斗。他那非凡的烟斗确实远近驰名，声名远播至巴黎。甚至著名的法国烟斗雕刻师劳里（Laury）也模仿他的作品。不幸的是，他的烟斗我们一个也没有；像我们提到的其他大师一样，烟斗界只留下了他的传说。

然而，与安德烈兹介绍给维也纳贵族的那种消失在传奇迷雾中的烟斗不同，国家博物馆里确实藏有烟斗。通过这些烟斗，我们可以了解到十八世纪末这位烟斗工匠的艺术水平（MNM：16.1914.13.，D.1974.417.，1933.4.）。

匈牙利海泡石烟斗雕刻的第一季……

……起始时间的溯源应该采用不同的方式来处理。伊姆雷•阿科西（Imre Akosi）是一名烟斗雕刻师，十九世纪初在布达工作。他雕刻的这把烟斗呈锥形，下方有一个较大的足底（MNM:D.1974.157），在烟斗边沿上刻有西迪西斯•阿科西•布达（SCIDIT EMERICUS AKOSI BUDAE）铭文。这把烟斗让我们想起陈列在乌尔姆博物馆的木雕上面所展示的情景：工厂窗户上装饰着用绳子挂起来的木制烟斗，透过窗户我们可以看到乌尔姆大教堂——烟斗上用匈牙利语刻制着“乌尔姆工匠制造”（Ulmer Maserkopfe in Ungarnform）。此外，我们还知道一幅1824年的宣传平版画，画中可以看到十二支烟斗，其中有半数烟斗呈匈牙利风格[274]。简介内容宣传了乌尔姆烟斗雕刻师约翰•莱宾格（Johann Leibinger）的烟斗。遗憾的是，这本宣传册只有一页残留下来[275]。

在十八世纪，乌尔姆与匈牙利之间的贸易关系非常顺利。在多瑙河畔小镇施瓦尔停泊着络绎不绝的匈牙利船舶，船上运往乌尔姆的主要货物包括烟草和铜。乌尔姆商人也经常通过多瑙河运输货物，途径巴伐利亚（雷根斯堡）和奥地利，将其货物运往匈牙利、波兰、俄罗斯和土耳其。他们的货物中包含一些非常重要的物品：铜饰烟斗、烟嘴、木制烟斗和烟斗盖。他们沿同一路线为乌尔姆的烟斗雕刻师带回他们最喜欢的原材料——产自多瑙河三角洲的树桩[276]。

德国的烟斗雕刻师也熟悉一张画有七把烟斗的样图。样图给出了烟斗类型的名称：一类和二类烟斗被称为卡尔玛什（Kalmasch），三类和四类烟斗被称为德布勒森，五类至七类烟斗被称为拉科奇（Ragoczy）[277]。这表明，他们不仅在偶然间了解了匈牙利烟斗，而且还熟悉烟斗的各种类型。基斯（Kees）在1822年出版的书中介绍了几种海泡石烟斗类型：第一种是德布雷辛纳（Debrecziner），第二种是卡尔玛什，第三种是有桥接头（典型的维也纳形制）的烟斗，第四种是有天鹅形斗颈的烟斗。在介绍了这些内容之后才提到了斗钵低矮而斗柄抬高的德国烟斗，以及乌尔姆和撒克逊人（德累斯顿）的烟斗。在德国，有天鹅斗颈的烟斗也被称为拉科奇烟斗，但作者是维也纳哈布斯堡王朝的坚定拥护者，因此，基斯没有说出这个令他讨厌的名字[278]①！

在审查本节中不同种类的烟斗之前，我们先回顾一下这些烟斗的出产年代。卡洛里 • 利卡（Károly Lyka）将拿破仑战争和匈牙利独立战争（1780—1830）之间的半个世纪描述为

“法官和县法院统治的世界”。

那是一个由“无能的、没有受过教育的”弗朗西斯一世统治的时期，他所统治的警察国家忽视一切发展，处于憎恶创新的落后状态，

“他的子民遭受了四十年的掠夺和剥削”[279]。

他的反匈牙利态度激起了殖民统治下匈牙利农民的奋起反抗。至于利卡对这一时期的文化定位，绝对是正确的：这个时代的主导人物是县法官，他们从独立县获得了自己的地位。诚然，

“他们除了抽烟、打猎和骑马什么也不做……瞧不起各种手工艺……也看不上各行各业”。

同一时期的监管人，小亚诺斯（Kis Janos）这样写道。尽管如此，但他们的确凭借自己的财产在匈牙利生活，避免与依附维也纳皇家宫廷的权贵建立友谊，而且他们创造的各种文化都成了所有律师、医师、教师、牧师、商人和工匠的共同财产[280]。

就像在维也纳一样，皇家宫廷可能主宰了世界各地的时尚潮流，但宫廷品味与匈牙利乡村的品味几乎没有什么共同之处。匈牙利的上层贵族阶层沉迷于奢华的宫廷生活，他们与自己的祖国渐行渐远，甚至忘记了自己的语言，盲目地追随维也纳的时尚潮流。相比之下，匈牙利人的品味则受到国王的弟弟帕拉蒂诺 • 约瑟夫（Palatine Joseph）所倡导的父权制家庭的影响：

“布达城堡就像一个地主庄园，他的主人则是一个烟斗客。”

而他的妻子，即威滕伯格的玛丽亚 • 多萝西（Maria Dorothy）公主：

“她进入了巴拉丁家族，这里几乎毫无虔诚的德国新教精神。”

讲匈牙利语的巴拉丁家族对文化的要求很低。具有代表性的一件事是，1824年，在佩斯建造劳埃德宫（Lloyd Palace）的奠基仪式上，巴拉丁家族安排演奏土耳其民间音乐[281]。

这种音乐属于吉卜赛音乐，那个时代，受过拉丁语教育的贵族们一般都喜欢这种音乐。音乐的起源可以追溯到摄政王的宫廷，追溯到演奏琉特琴和唱歌的吉卜赛人，当时的宫廷人员通过三代人的努力才学会了如何演奏小提琴。十八世纪初，班雅克（Banyák）的女婿比哈里 • 贾诺斯（Bihari János）在全国各地巡回演出他的五重奏（小提琴、中提琴、低音提琴、扬琴和单簧管），而且经常在维也纳演奏。他那随心所欲、节奏自

① 因为拉科奇倡导匈牙利独立。

由、滑音、过度修饰和美化的表演一直是音乐品味的一个主导因素。拉奇特以东的贵族以及继承了拉科奇独立思想的穷人们发现，他的音乐中表达了一种对独立于维也纳的渴望，以及拉科奇为自由而战的传统思想。

匈牙利教育采用的语言是拉丁语，直到1844年，贵族、受过教育之人和身穿“男礼服大衣”的公民，在司法管辖区所说和使用的都是拉丁语。因此，希腊-拉丁古典主义和受法国启发的新古典主义艺术能很快在对艺术要求不高的匈牙利人中扎下根来也就不足为奇了。

在科学收藏运动以及霍迈尔（Hormayr）男爵的推动下，烟斗雕刻的古典题材被充满浪漫主义色彩的民族历史所取代[282]：除了赫克托耳、阿喀琉斯、海洛和利安德、阿波罗、狄安娜，还出现了匈人王阿提拉，以及祖辈们用鲜血缔结的盟约，被放在盾牌上高高举起的阿帕德（Árpád），匈牙利第一位国王伊斯特万的加冕礼，匈雅提（Hunyadi）家族，匈牙利人和土耳其人之间的战争。所有这些历史人物和事件，都通过埃伦里希•山陀尔（Ehrenreich Sándor）和盖格•内波穆克（Geiger Nepomuk）的雕刻作品而被世人熟知。所雕刻的一幕幕场景，都深深地唤起了匈牙利人民对反抗奥地利压迫“光荣岁月”的回忆[283]。

在这个内向型的（不关心外界动态）时代，匈牙利最突出的艺术“成就”之一就是海泡石烟斗。在形成初期，海泡石烟斗可分为四种基本类型：

卡尔玛什烟斗采用了模仿土耳其烟斗的工艺路线。其基本形制可借助前面介绍的德国雕刻烟斗加以界定。斗钵又细又矮，而斗颈又粗又厚。正如拉马佐蒂（Ramazotti）所写的那样，烟斗的主人好像是要把一个巨大的海泡石斗钵和他用兽蹄制成的口柄连接在一起[284]。

十八世纪末期出现了神父执事烟斗。斗钵上有一个由巴洛克式叶状花纹和男童天使组成的椭圆形耶稣受难像，在斗钵下方可以看到心形框架中的基督肩上扛着十字架。斗钵上覆盖着扁平的银质斗盖，斗颈上则覆盖一个镀银的漏斗状口柄配件。1827年前后雕刻的欧布达海泡石烟斗与之非常相似，上面装饰着一幅圣•拉斯洛（St Laszlo）国王的肖像，而且在斗钵和斗颈的弯曲处还有一条精雕细琢的鱼。在翻开的银色斗盖上可以看到欧布达的银色标志和字母CIJ（奥斯科藏品）。

属于这一类别的烟斗还包括没有浮雕装饰的德布勒森烟斗，它们的美来自原始海泡石材质的卓越品质和抽烟后形成的烟黄色。这类烟斗的特点是，由于斗壁较厚，低矮的斗钵几乎呈白色，斗钵的最底部和长长的斗颈则呈现出由浅到深的渐变色调。炉室上有扁平斗盖，斗颈末端的盖板上有一个漏斗形的口柄配件。我们在紧靠配件处发现了一个小银环，线从中穿过以加固它与斗柄的连接（R：带金色漏斗的斗柄，0ooo1=T2-COH。银色斗盖上有郁金香和三重冠标志①。Sz:61.11.4.）。从一个小小的配件上（D:V.79.4.8.5）即可看出德布勒森烟斗的影响力。

这些烟斗中，保持平衡与协调性的基本形制

① 三重冠由主教冠和皇冠结合产生，通称教宗冕或三重冕，是罗马教廷教皇的礼冠。由一个蜂窝状的冠冕上镶三个不同材质的王冠组成，并饰有金银和珠宝，后有两条垂带。

有时会发生显著的变化，斗钵与斗颈之间的连接可能出现扭曲。塞格德博物馆有一个烟斗的斗钵几乎完全呈球形，因此烟斗上粗下细的锥形斗颈无法与之协调。斗钵两侧各雕有一名斜躺的裸体女性，边缘饰以叶状花纹（Sz:57.656.1）。烟斗的银盖上有精心制作的花朵，形状则像叶子装饰的无边帽。

在法国、英国和德国，带有男子气概的烟斗十分流行。

我们知道，卡登（Cardon）先生在1852年将海泡石烟斗制作引进巴黎，在他的工厂里雇用了来自维也纳和布达的犹太制斗师。在日内瓦的莱茵藏馆中可以看到两个非常不错的带有巴黎风格的卡尔玛什藏品（IX.t.3. 和 4.）。这种风格的烟斗也传到了科隆。尽管铭文上的字体风格指向十九世纪初，但在昆克曼藏品（Kunkelmann Collection）[巴特 • 科尼格、奥登瓦尔德（Bad Konig/Odenwald）] 的大型卡尔玛什烟斗目录上没有找到相应的按时间顺序排列的藏品资料。烟斗的铭文如下：

“万事皆有终，我们终将逝去，我们会、你们会、他们会，都会；真相告诉你，沉默是金（JB / Omnia transibunt/ Sic ibimus, ibitis / ibunt. / Verus sermo illis / et magna libido / tacendi）。”

来自同一藏馆的另一支卡尔玛什烟斗上刻有古洛森（A.GULOWSEN）铭文，让人联想到一个丹麦姓氏。另外两件此类旧烟斗可以追溯到十八世纪六十年代，现存布达佩斯匈牙利国家博物馆（MNM: CIM. SEC. II. XⅢ .20. 和 1872.223.sz.）。前者的斗钵有一个加宽的椭圆形斗口，体现出平直口柄的德布勒森烟斗的影响；烟斗的圆柱形斗盖被制作成一个迷你小屋。后者很可能在莱瓦制作完成，其斗钵上饰有巴洛克式叶状花纹，斗钵正面刻着一名手持利剑的骑士。

在科恩韦斯特海姆的帝国收藏馆中，可以看

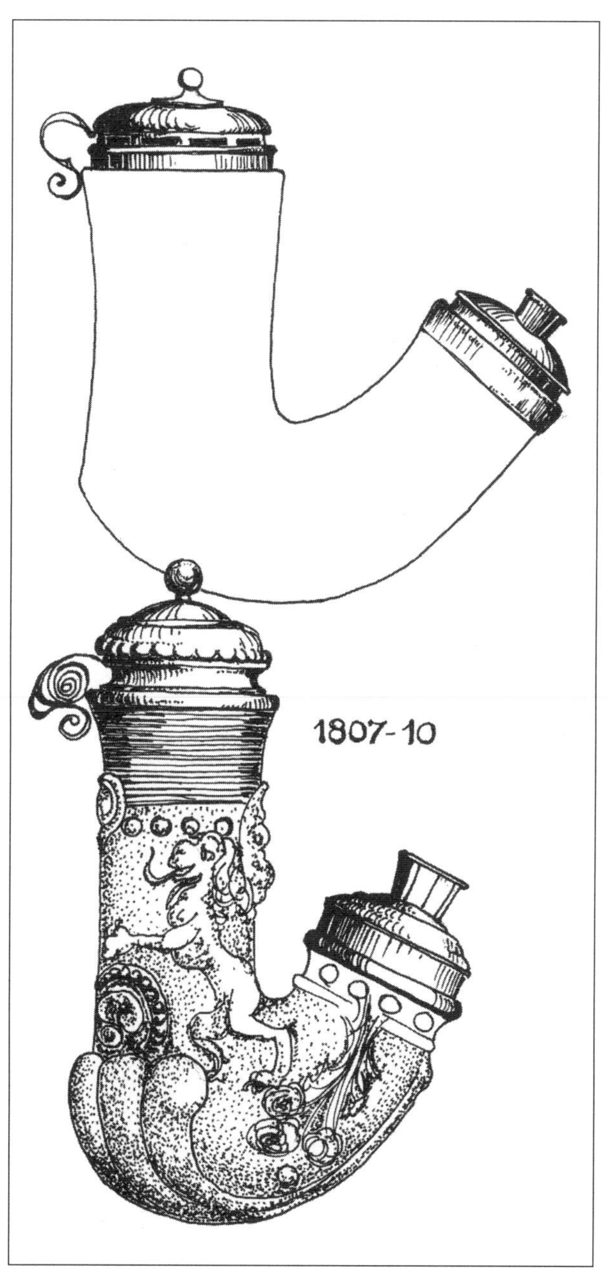

来自德布勒森的烟斗形制。

到一支巨大的卡尔玛什烟斗。斗钵的正面装饰着盾形纹章，左右两侧都是精雕细琢的人物风俗画，画中人物穿着匈牙利服装，随着吉卜赛人的音乐放声歌唱。

关于德布勒森烟斗的典型特征，前面已经提到了很多次，这里再简要概括一下：斗钵笔直，相对较为高大，而口柄较短，末端有纽扣状或漏斗状的接口，与斗钵的连接处呈曲线。后文将更加详细地谈论烟斗的发展动态和演进过程。这种烟斗在十八世纪和十九世纪之交最受欢迎，并被乌尔姆和图林根烟斗制作中心以及鲁拉的烟斗制作者们所采用，而维也纳烟斗制作者更多是制作匈牙利风格的产品。

金斯基•约瑟夫（Kinsky Jozsef）伯爵的这把烟斗是雕刻极其精美的海泡石烟斗，于 1826 年制成。烟斗斗钵上满是浪漫主义的场景，每一处细节都雕刻得一丝不苟：斗钵背面可以看到一座茅草房，正面是由一个吉卜赛人领队演奏小提琴的情景，左侧是一个光头的钦巴龙（zymbalon）演奏者正在拼命地敲打他的乐器，在右侧可以看到一个大提琴手嘴里叼着一个喇叭形状的烟斗。一群法外之徒①在屋外闲逛。吉卜赛音乐是匈牙利上层贵族的一种娱乐追求，后来奥地利贵族也喜欢上了这种音乐。在简单的银质斗盖上可以看到维也纳银匠的标志。

金斯基伯爵饰有风俗画场景的烟斗（奥斯科藏品）。

虽然这可能是维也纳的标志，但并不一定就能证明这把烟斗在维也纳制作。因为在十九世纪之初，甚至在四五十年代，维也纳的铁匠和铜匠为匈牙利烟斗制作了许多斗盖[一个典型的例子就是科苏特郁金香运动（Kossuth Tulip），这是“购买匈牙利货物”运动的宣传标语。这些都是在奥地利批量生产的！]。另一方面，似乎可以确定的一点是，属于罗施（Rosch）收藏馆且带有 F 商标和斗师全名首字母缩写 CI 的烟斗是在维也纳制造的。

即使是匈牙利风格的烟斗也不能确定就是在匈牙利制作的。当时，制作匈牙利风格的烟斗在维也纳制斗圈子里也非常流行，为的是追寻异国情调。维也纳著名的烟斗雕刻师西顿•诺兹（Sidon Noltze）非常乐于使用这一主题，在匈牙利国家博物馆的诺兹烟斗上，我们看到匈牙利小伙子和姑娘们在吉卜赛人的音乐伴奏下踮起脚尖跳着扎尔达斯舞（Tshardas）。这把烟斗制于 1830 年（MNM: D. 1974.190.sz.）。

① 此处指贵族。

在匈牙利早期的制斗工艺中，天鹅颈拉科奇烟斗比较典型且受到欢迎。遗憾的是，我们拥有的最古老样品的唯一证据来源于一幅毫不起眼的图画。有一支专门为拉科奇二世制作的装饰着珍珠的木制烟斗。当奥地利上尉卡洛里·莱曼（Károly Lehmann）帮助他越狱时，拉科奇把烟斗送给他以示感谢。后来，这把烟斗成为奥地利上将纽金特（Nugent）的财产，然后经手多位中间人辗转到纳吉·博尔迪萨（Nagy Boldizsar）男爵手中，最后成为匈牙利国家博物馆的藏品。这把烟斗的主要特点是斗体细长，弯曲两次。在第二次世界大战结束时，它不幸在匈牙利国家博物馆中被大火烧毁[285]。

此类烟斗的大量存在，得益于拉科奇梦想匈牙利独立的狂热激情。在塔皮欧塞莱的布拉斯科维奇收藏馆中可以看到其中一支（67.267.1.sz.），这是一支经典的海泡石烟斗，斗盖上饰有丘比特制服狮子的图案。据说，这是王子的母亲命人为他制作的烟斗，希望她对王子的爱能劝诱这只充满野性的狮子参政，进入维也纳宫廷。然而，尽管这个传说非常美妙，但无论是烟斗的外形还是制作材料均无法提供支撑。国家博物馆中所谓的拉科奇海泡石烟斗（MN: 167.1909.2.sz）竟然也制作于十九世纪，时间太晚，与传说中的王子并非处于同一时代。这里再附上一个传说，据传这把烟斗实际上是由罗多斯托的王子赐予佛加奇·西蒙（Forgách Simon）将军的。1849 年，杰西·贾诺斯（Jeszenák János）男爵的妻子将烟斗送给了她丈夫的秘书瓦拉迪·安塔尔（Várady Antal），秘书之子继承了这把烟斗，后来这把烟斗归塔利·卡尔曼（Thaly Kálmán）所有，后来他将烟斗捐赠给了国家博物馆。令人遗憾的是，这件拉科奇遗物的真实性并不比塔利（Thaly）创作的王子的库鲁特士兵的歌谣更高。

十九世纪上半叶的海泡石烟斗

“在十八世纪文学作品中出现的浪漫主义（siecle de la lumiere）探求的是本能的自然世界、内心的真实和高于一种过分预估理性的意志力量……从黑暗、寒冷、理性中找到的出路是自然之美，是昔日的缤纷色彩和奇观，以及一种不同于任何其他民族的民间传统……启蒙运动和浪漫主义并没有分离，而是在苦难中挣扎共存，形成了一种被迫服务于自己理想（人性、道德）的历史性思维方式……或者，他们将个人的自由观念植入经过改革的历史中，从而服务于‘大众精神’和‘国家统一’。”

这个冲突时代的艺术也同样前后矛盾：

“这是一种从古典主义到浪漫主义等多种平行风格的奇特融合；前者受过传统模式的教育，以几何精度提供清晰的理性，反映资产阶级的品味和贵族的孤立，后者则反对君主专制下进行的资产阶级发展，热衷于个人极端主义。”[286]

且不说古典主义的表达形式，巴洛克晚期装饰风格的复兴已使场景变得更加生动，流行的浪漫主义又分化为浪漫的历史主义，这种历史风格在表面上复兴了“昔日的辉煌”。

制斗艺术在该世纪上半叶蓬勃发展，其中一个引人注目的分支是（古典主义的）巴洛克晚期风格，这种风格后来得以复兴。在科泽吉（Kőszeghy）看来，这一流派中一位杰出的烟斗雕刻师——伯拉第斯拉瓦的金匠施瓦格·亚诺斯[Schwäger（Schweger）János]的标识，只有在他十九世纪三四十年代顶峰时期制作的烟斗中才能看到。匈牙利国家博物馆藏有一些施瓦格制作的烟斗，其中最好的一把，斗钵上雕刻着一位头戴匈牙利王冠、骑在马背上的国王。制斗大师的姓名 I. 施瓦格（I. Schwäger）就印在海泡石烟斗口柄的斗孔旁边（MNM: D.1974.397. SZ.）。在细长的圆柱形斗钵上可以看到，一位匈牙利国王骑马向右迈进，在他的面前有一位身着匈牙利服装的男子举着国家之球。一位衣着时髦的女子倚在一面巴洛克风格的盾牌上，盾牌上四个区域里饰有双十字交叉的匈牙利武器。斗钵的上边缘装饰着体现路易十六时代风格的花环。海泡石烟斗的口柄部位覆盖着晚期巴洛克风格的装饰物，其桥接头也由巴洛克式海螺构成。口柄口镶嵌的银边和银质斗盖上都刻画着匈牙利王冠的图案。

这烟斗一定是为加冕典礼制作的。考虑到施瓦格风格的兴盛时期，这一定是利奥波德二世（1790）或弗朗西斯（1792）的加冕典礼。鉴于议会选举国王的谈判时间非常长，因此，烟斗描绘的场景是利奥波德加冕的可能性更大。在布达佩斯议会中，除了丰富多彩的盛大庆典和吉卜赛音乐外，还有“全天下最不幸福的匈牙利民族躲藏在自己衣服里”的阴郁表演，以及关于帕拉丁（Palatine）命名的无休无止的争论。匈牙利贵族提出授权福加奇·米克洛斯（Forgách Miklós）、兹奇·卡洛里（Zichy Károly）和卡洛里·安塔尔（Károlyi Antal）镇压反对派，而利奥波德则希望任命其子亚历山大大公来镇压反对派。有人质疑，这种争议在雕刻烟斗时普通的工匠可能还不知晓！

施瓦格的“海洛与利安得”烟斗（MNM: D. 1974.156.sz.）、塔皮欧塞莱的施瓦格风格烟斗（B: 67.323.1.sz.），其特点是都采用了活泼造型和平衡装饰，斗钵描绘了赫拉克勒斯的形象。在他的另一把烟斗（MNM: D.1974.397.sz.）的斗钵上装饰着帕拉丁·约瑟夫（Palatine József）的肖像，可以将时间确定为 1837 年。并且，施瓦格的名字出现在了伯拉第斯拉瓦 1839 年至 1840 年间的金匠标准名册上[287]。从他使用的模具来判断，我们可以说，生活在维也纳附近的烟斗雕刻师，可以被视为主导十八世纪九十年代古典主义晚期巴洛克风格的代表。同样的风格决定了伯拉第斯拉瓦加冕城的建筑外观。然而，第二代人已经长大成人，拥有充分的灵活性——这是小型艺术的特征——他们在世纪之交的古典主义中寻找新的表现形式。

讲究平衡与协调的巴洛克 - 洛可可式风格在十八世纪的最后几十年因路易十六风格而发生了变化。路易十六风格的主要特征是以花彩或花环装饰。这种艺术形式经维也纳传到佩斯 - 布达。大约在同一时间，来自科苏特的遗产的袋形烟斗（卡尔玛什形制的后继型产品）也进入了匈牙利国家博物馆。同一收藏馆中属于这种风格的另一实物样品采用椭圆形画框肖像作为装饰。这把烟斗雕刻内容丰富，其制作时间可以确定为 1796 年，

施瓦格·贾诺斯制作的烟斗。

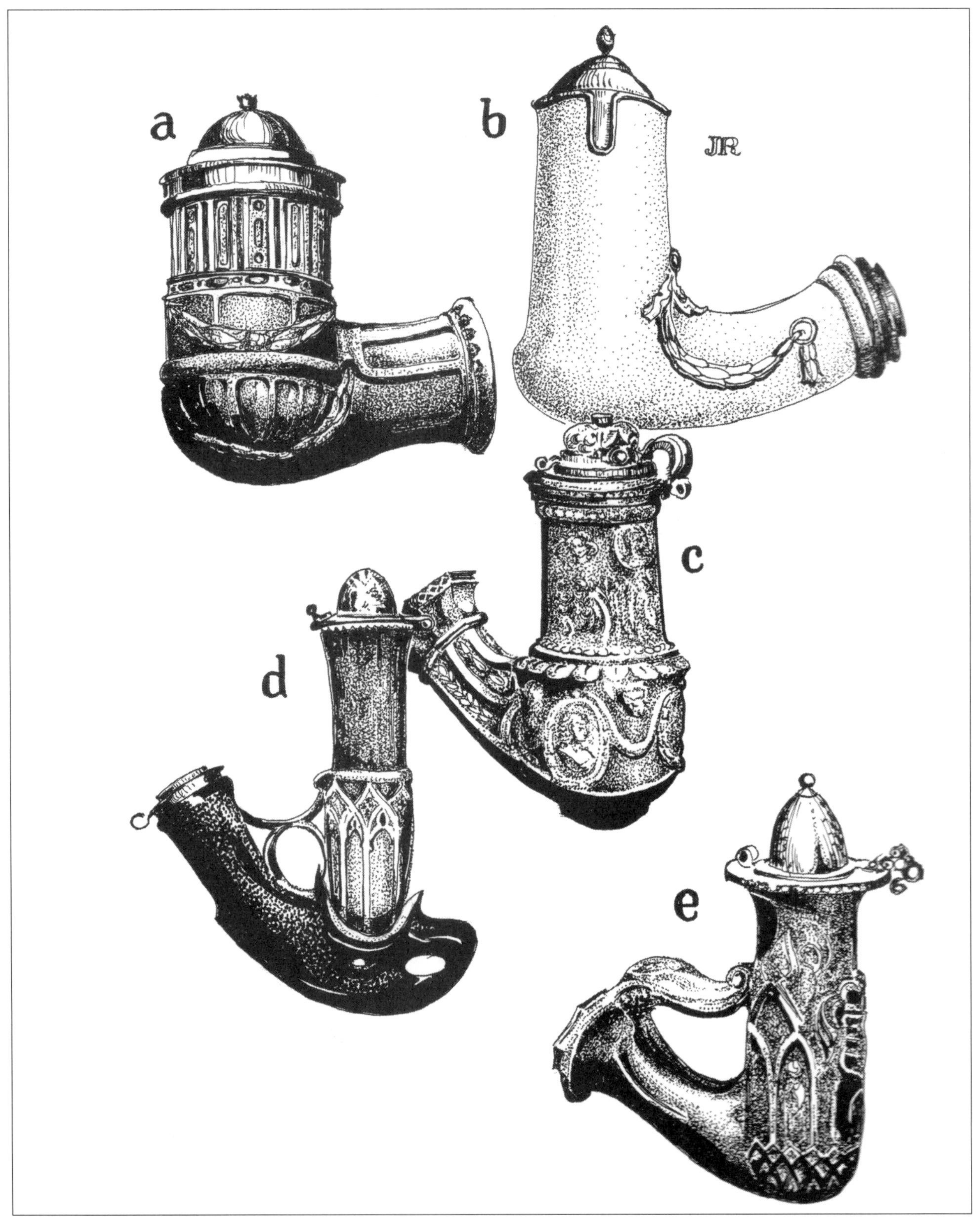

佩斯－布达作坊制作的烟斗。

斗钵上描绘了围攻坚固堡垒的情景，堡垒设有角楼、棱堡和圆堡，在烟斗口柄上可以看到围攻者的营地。图案描述的主题可能是弗朗西斯大公在荷兰的一场战役。黄金配件表明，烟斗使用者是贵族，属于皇室级别（MNM: 1933.4.sz.）。

特伦钦的约瑟夫•雷丁格（Joseph Rettinger）也采用同样的风格。其中有一支非常漂亮的烟斗，带有销钉的斗盖与漂亮的斗盖支架相连，现在已被国家博物馆收藏（MNM: D. 1974.132 sz.）

雅各布•费尔斯（Jacob Fells）的烟斗是这一风格相对较晚时期的代表。他的烟斗现在成为塔皮欧塞莱藏品，烟斗上装饰着两排独具一格的路易十六风格的花彩装饰，斗颈上可以看到雅各布•费尔斯的铭文。收藏在匈牙利国家博物馆的另一支烟斗上也有同样的铭文（MNM:D.1974.484.sz.）。

欧布达在匈牙利烟斗雕刻史上占有特殊的地位。为了保护自己的利益，城镇里的居民（主要是工匠）拒绝接受自1791年约瑟夫二世颁布宽容敕令后就开始前来的犹太人。犹太商人和工匠在城内活动的时间，只限于打开城门后到关闭城门之前。由于欧布达属于城外兹奇（Zichy）家族的财产，该家族准许犹太人在那里定居。来自加利西亚的移民导致犹太人的数量增至三倍，“比在埃及的犹太人还多”[288]。欧布达1848年的人口普查显示，当时居住在欧布达的犹太人中有十一名制斗师和雕刻师，两名烟斗铜匠和一些烟斗商人[289]。

阿德勒•富洛普（Adler Fülöp）正是经过欧布达才到达了佩斯。阿德勒一家最初居住在多瑙斯特雷达，后来在战胜了市民的反犹太抗争后搬到了伯拉第斯拉瓦。这个家族的人主要从事木雕，但其中也有艺术家：安德拉斯是一名植物学家和化学家，后来成为一名花卉画家，大卫是家族第二代成员，他将家族的手艺发展成为一门艺术，并且成为一名木雕师和奖章雕刻家（他是霍弗•安德拉斯纪念碑的装饰雕塑者）。犹太人雅卡布和马顿也前往德布勒森谋生，他们一直在城外做烟斗雕刻，直到1841年才获得入城许可[290]。阿德勒•贾诺斯在1848年获得塞格德的公民权，我们根据资料得知，他是塞格德著名的艺术家。

“在他舒适的家中举办了一场出席人数众多的舞会。”[291]

家族成员中在匈牙利美术界最负盛名的是阿德勒•莫尔，他是一位学院派画家，曾在维也纳、慕尼黑和巴黎学习。我们可以推测，他的艺术生涯，首先是受到了从事艺术和美术手工艺品工作的其他家族成员的影响，其次是伯拉第斯拉瓦犹太学校绘画老师维森伯格•伊格纳克（Veissenberger Ignác）提供的艺术教育。

阿德勒•富洛普和他的几个亲戚大概在1795年以前来到欧布达，一起从事手工艺品生产和贸易。年迈的施密特•理查德曾是阿德勒这家工厂的雇员，他说公司到1935年已有一百四十余年的历史。1797年前后，阿德勒一家在迪克•费伦茨街（Deák Ferenc）购置了一处房产。布达和佩斯的金匠工会不接受他入会，因此在1820年至1833年，仍可看到他的烟斗配件上有欧布达标志和私人印章。从三十年代起，他便与其子约瑟夫一起工作，公司印章“阿德勒•富洛普

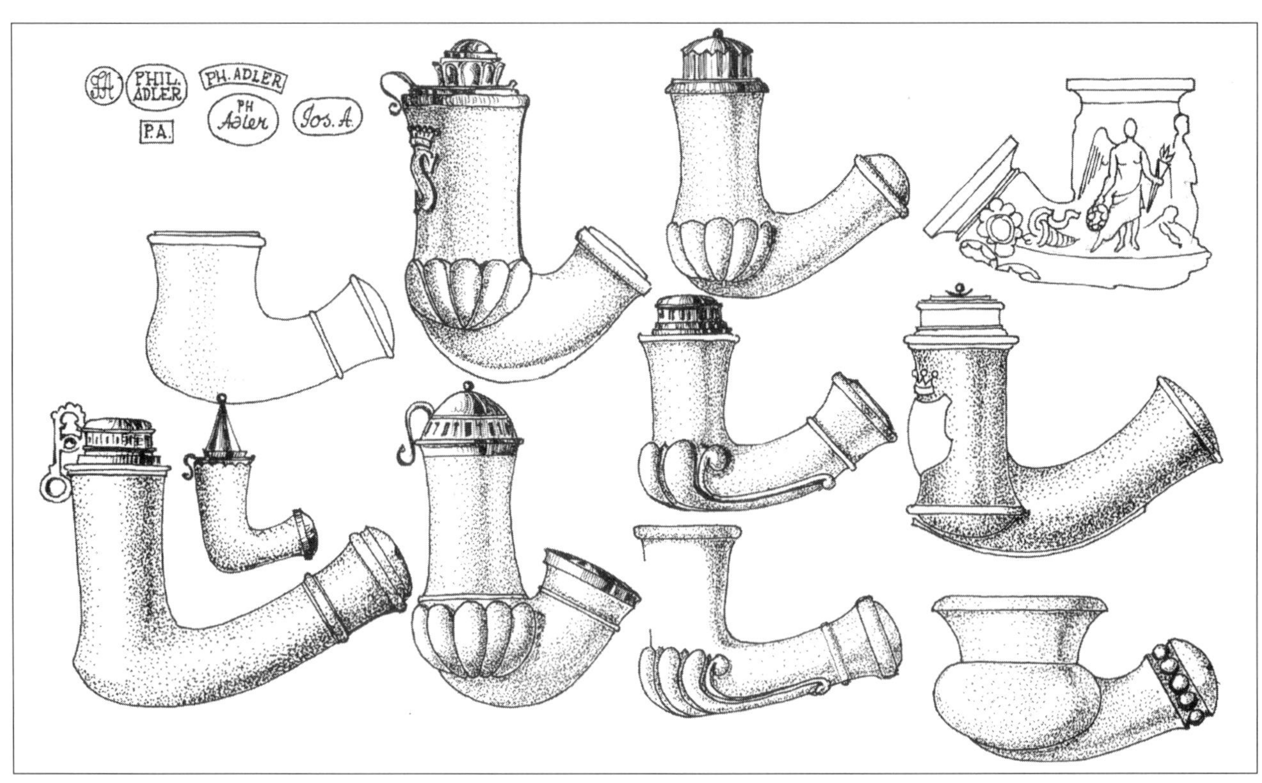

阿德勒工厂出品的烟斗 I。

与儿子”（ADLER FÜLÖP ÉS FIA）可以为证[292]。在一个半世纪的时间里，迪克·费伦茨街上的作坊继续为独具慧眼的烟斗客们提供烟斗。几乎每个烟斗收藏馆都收藏了至少一支阿德勒出品的烟斗。当时，公司雇用了许多员工，但并没有影响到产品的品质和风格。公司在最初开办的五十年里，产品质量和风格主要由老阿德勒来掌控，1848 年后主要由其儿子约瑟夫来控制，这确保了产品质量和风格的稳定。在最古老的阿德勒烟斗中，我们会发现卡尔玛什、德布勒森和拉科奇类型的烟斗，以及对表面进行了自然风格的类型化处理和装饰性完善，采用形如切去金字塔顶端的斗钵的最古老的海泡石烟斗。最老的一支烟斗现藏于国家博物馆（MNM: 49/113.sz.）。在截去顶端的金字塔形斗钵上，中心人物旁边站着一个羽翼精灵，右手拿着一个玫瑰花环，左手拿着燃烧的火炬，一条蛇盘旋在他身后娇艳欲滴的花丛中。烟斗人物的硬朗线条和近乎粗糙的画面以及古典主义构图法再一次证明这是匈牙利应用艺术的早期阶段，只要对比看一看考津奇雕像（Kazinczy）就能对此有清晰的了解①。匈牙利版《韦伯斯特十九世纪创新词典》中称：

“具有希腊风格的艺术家，其作品将经久不衰。”[293]

阿德勒烟斗永恒的宁静饰面风格与《牧羊女》（石墨画）有异曲同工之妙。其素材和雕琢工艺皆具有纯正的匈牙利风格，在拉丁语教育盛行的十九世纪之初备受匈牙利人认可。他理解同时代

① 费伦茨·考津奇半身塑像由伊斯特万·费伦奇创作于 1828 年，该塑像的特点是人物线条硬朗。

人的拉丁语对话，并且掌握了他们的思维方式。

他的贝森尼（Bercsenyi）烟斗（TB: 67.271. 1.）雕刻于1823年，在千禧年展览会上展出。斗钵上的图案描绘了库鲁特士兵在赛尔梅克镇要塞的坚固城墙下露营的情景，下方采用一束花的典型风格化装饰。1820年制造的阿德勒烟斗（TB:67.287.1）上，雕刻了一名骑兵和一名受伤士兵的战斗场景；这位工匠大师可能从他的顾客口中了解到人们对库鲁特时代的怀旧情结，于是制作了这种风格的烟斗。他的另一把烟斗也体现了同样的创作思想，在斗钵的斗颈一侧雕刻一堵石墙，一名头戴步兵筒状军帽的男人在城堡前拥抱他的妻子。此人左侧佩戴一把利剑，左手持枪。在右侧前方，有一个人正跪地瞄准卡宾枪，而他的侍从穿着短披风，手持弯刀站立在旁。烟斗饰面也许是在森德勒城堡里创作的《西拉吉和豪伊马什》这首民谣的图画表现形式：这两名年轻的贵族绑架了土耳其皇帝的女儿，随后为她进行了生死搏斗。这首歌谣由托迪·费伦茨（Toldy Ferenc）于1828年发表。在烟斗的斗盖上可以看到1827年的欧布达标志。

阿德勒烟斗饰面题材对文学活动的反映非常迅速，活泼而时尚，这增加了烟斗的销路。例如，他在另一把烟斗上刻出了多博齐（Dobozi）与其妻的歌谣。在这首歌中，为了不让妻子落入敌人手中，当他们逃离土耳其时，勇士刺伤了自己的妻子（TB: 67.314.1.）。

阿德勒烟斗的主题是由古典主义、对库鲁特时代的怀旧和浪漫主义的历史观共同决定的；在形式上，他也接受了匈牙利的传统风格。但他并非毫无主见地模仿传承下来的形制，而是在理解和感同身受的基础上对其加以完善。他在传统风格的基础上做出改进，我们可以从阿德勒工厂四五十年代出产的产品风格变化中充分地注意到这一点。正是在这一时期，对库鲁特的怀旧之情有了明确的目标，而且不乏具体的政治倾向。

文学和艺术通常回忆国家曾经的光辉岁月，宣扬那些为了争取国家主权、反抗专制王权压迫以及争取独立的历史人物，以便能在外族哈布斯堡皇室的现实压迫中寻求心灵的慰藉。诗人弗洛

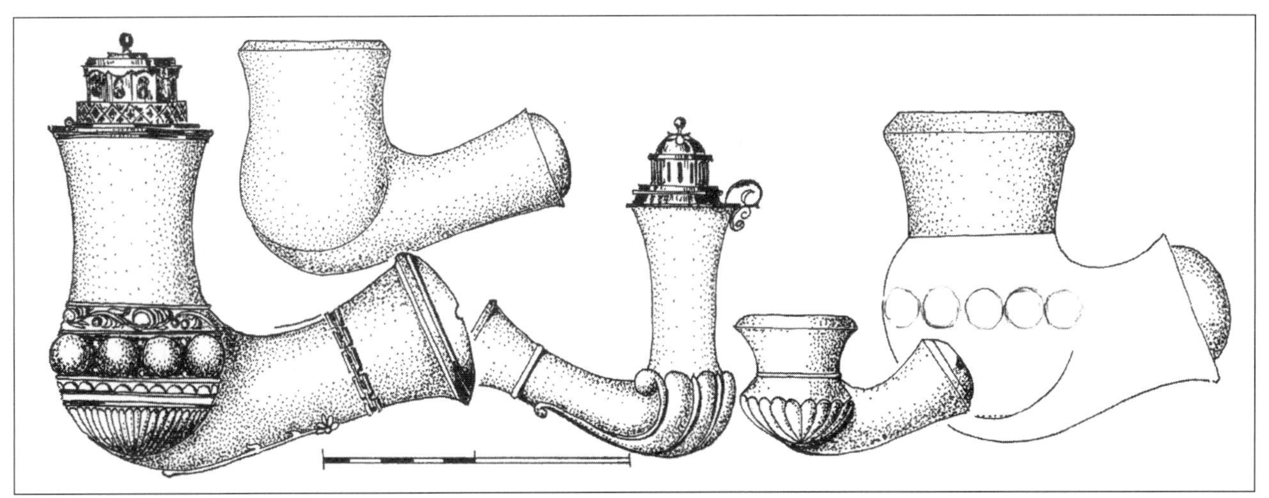

阿德勒工厂出品的烟斗 II。

斯马提（Vörösmarty）表达出了那一时期匈牙利人的愿望：

“我们昔日的辉煌啊，你在黑夜里迟迟不来。”

小说家莫尔•乔凯（Mór Jókai）编撰了匈牙利历史的“浪漫小品文”；盖格（Geiger）为其著作所作的插图，以及为温泽尔•古斯塔夫（Wenzel Gustáv）的专著《匈牙利和特兰西瓦尼亚的历史》（*Geschichte Ungarns und Siebenbürgen*）所作的插图，定义了匈牙利人观察自身的历史观。这些图案是历史题材烟斗雕刻的主题。

在一个由贵族选举产生国王的国家，最受欢迎的烟斗装饰题材就是用鲜血缔结的各种盟约，伟大的匈牙利王室创始人、被放在盾牌上高高举起的阿帕德，匈牙利第一位国王圣•伊斯特万的加冕礼，拉斯洛（László）和萨拉蒙（Salamon）的会面，制定抵抗权（ius resistndi）的金玺诏书宣言，以及中世纪伟大的匈牙利国王马蒂亚斯（Mátyás）——在他的统治下重创了“维也纳城堡”。利奥波德对匈牙利的看法是，匈牙利是在对抗哈布斯堡的战斗中赢得的战利品，但是，众多烟斗上所雕刻的战斗场景反驳了这一观点，人们认为这些场景让人想起的是反抗土耳其人的激烈斗争。尤其是在维拉戈什之战后，这些烟斗成了消极抵抗的武器。

年迈的阿德勒、他的儿子约瑟夫以及为他们工厂工作的大量烟斗雕刻师都实现了在烟草缭绕的蓝色烟雾中获得自由的伟大梦想！

国会议员在准备独立战争的过程中被科苏特（Kossuth）的花言巧语所迷惑，而上议院议员和反对派代表们则用抽吸刻有“塞切尼和科苏特”（Széchenyi and Kossuth）、“德瑟夫和科苏特”[①]（Dessewfy and Kossuth）的烟斗对他们表示轻蔑之情。1837 年，在科苏特被捕之前，这些烟斗曾经被当作煽动犯罪的证据而遭到扣押[294]。

二十世纪六十年代，最受追捧的是下方饰有贝壳或棕榈叶的阿德勒烟斗。这些烟斗的特点是做工精细、一丝不苟，而且使用的材料质地上乘（美丽自然的浅色海泡石），形制上比例匀称。让歌谣内容作为烟斗装饰元素流行起来的正是阿德勒工厂。即使在十九世纪末由阿德勒•亨里克（Adler Henrik）掌管工厂的三十多年里，他们的工厂仍保持着主导地位。他们也为千禧年和国王加冕礼制作了大量具有代表性的装饰性烟斗。其中最具特色的一个斗钵上饰有皇室夫妇（弗朗茨•约瑟夫一世和伊丽莎白）肖像（MNM. D. 1974.222.sz.）。斗钵和口柄的弯曲处，在牛车前面刻画了历史上七位匈牙利民族部落首领站立着的场景，这七位首领征服了喀尔巴阡盆地，为人民建立了家园，创作灵感源自阿帕德•费兹提（Arpad Feszty）著名的环形画。另一把专为庆祝千禧年而制作的烟斗以盾牌上的阿帕德为特色，烟斗上装饰着千禧年班菲（Bánffy）政府诸位大臣的肖像，仍按照吉斯•阿尔弗雷德（Giesz Alfréd）著名的木版画风格制作而成。盖尔•奥托（Geyer Ottó）的名画是雕刻装饰性烟斗的模型，描绘了国王在维尔梅佐的游行情景（MNM: D.1974.152.sz.）[295]。在烟斗的一侧，可以看到德国皇帝恺撒•威廉（Kaiser William）与

① 科苏特不顾塞切尼伯爵的建议，领导国家进行独立战争，而塞切尼伯爵认为通过政治改革可以改变匈牙利人的命运。

其家人，而在斗颈的弯曲处则刻有弗朗茨•约瑟夫一世、威廉二世和维克多•伊曼纽尔（Victor Emmanuel）的圆形浮雕肖像，这让我们想起了1883年的三方联盟。斗盖上可以看到圣•乔治骑马的小雕像。这支烟斗是在1891年左右制成的。

阿德勒工厂在十九世纪千禧年国家展览会（1896）上荣获匈牙利最了不起的奖项——金匠大奖。阿德勒在国外也大获成功，1878年，他们在巴黎展览会上展出了可同时满足四个人抽吸的烟斗，引起巨大轰动[296]。

标注虚假日期的烟斗

阿德勒•贝尔切尼（Adler Bercsényi）出品的烟斗和刻有西拉吉-哈杰玛西（Szilágyi-Hajmási）场景的烟斗似乎开启了一股潮流：在斗钵正面刻画奔跑的动物形象，在背面雕刻一堵石墙和一座茅草房。斗钵上往往还会饰以一条标注日期的丝带。这些烟斗通常由合成海泡石制成，供不太富有的烟斗客使用，着色的过程导致烟斗颜色从黄褐色转变为暗色调。烟斗下方通常饰有S形的巴洛克式装饰物。主题包括一匹疾驰的骏马或奔跑的雄獐、羚羊、狗或兔子，但有时是一只鹰、一名拿着旗帜的勇士、一个库鲁特人、一个身着匈牙利或德国服装的农民，有时或是匈牙利盾徽。

根据对各种收藏品内容的了解，我们可以肯定地说，这是流传最广的一种海泡石烟斗。虽然合成海泡石因为鲁拉的采用才得到广泛传播，但毫无疑问，它起源于匈牙利。根据文学资料来源可以推定这种烟斗来自纽伦堡，但至今尚未发现工厂生产这类烟斗的证据。那里的制造商[如贝尔（Behl）、J.德格（J. Deger）、赫尔（Hell）、霍夫•里格勒（Hoffauer Riegler）、舍特伯格（Schaitberger）、A.J.斯塔德勒（A. J. Stadler）、奥特•盖布哈德（Ott Gebhard）、津纳（Zinner）和艾伦伯格（Ellenberger）]主要生产烟斗配件和木制烟斗，纽伦堡的商人曾参与海泡石营销[297]。

除鲁拉外，另一个大型海泡石加工中心是莱姆戈。莱姆戈的制斗师只使用海泡石，而图林根的制斗师主要从莱姆戈采购所需的海泡石废料。十九世纪中叶，由于鲁拉的竞争，人们对海泡石的需求下降，他们也试图使用再生海泡石，以便利用废料生产出时髦的匈牙利烟斗。这一时期，纽伦堡的商人也可能出售他们的产品[298]。

烟斗上的日期，只不过是那个时代时尚需要的一种“象征”。最初，烟斗的真正日期只增加不过十到二十年，但大批量生产和竞争加剧导致烟斗雕刻师走向极端。刚开始，工厂可能将刚生产出来的第一把烟斗标注为斯皮罗（Spiro）制作，第二把烟斗标注为内梅茨（Nemetz）制作，第三把烟斗可能标注为在1880年至1890年间由佐留姆的塔卡奇（Takács）制作。后来发展成把刚生产的烟斗日期标注为1680年（SZ.MFM: 54.31.sz.）或1707年（O: 0193.-0194.sz.）。但内行人还是可以从银斗盖上的银匠标志，或1867年以前所制烟斗斗颈末端的盖板了解到真正的年代。在狄安娜头像的银质标志出现之后，只有铜匠的组合文字才能为我们提供生产日期的指引。不过，为了使这点提示发挥作用，我们或多或少也必须知道银盖或铜盖产自何处。对于这一点，我们只能得出尚不完美的结论。在匈牙利、维也纳和布拉格，海泡石只在雕刻前浸泡很短一段时间，而莱姆戈的海泡石在干燥状态下进行加工，鲁拉的海泡石在加工前已完全变软。鲁拉的雕工柔软、线条细腻，哈布斯堡王朝的烟斗雕工粗糙，莱姆戈的烟斗则刻有类似图形的硬朗线条。鲁拉使用的油脂和油处理使得斗口变暗，波兰烟斗具有相似的特点，而维也纳烟斗和莱姆戈烟斗的颜色较浅，匈牙利烟斗则为中度色调。在维也纳和其他受其影响的地方，烟斗下方的装饰采用巴洛克风格，而巴洛克式装饰在莱姆戈几乎毫无意义，粗糙分割的线条使它更像一根松枝。

印有字母 AW、NT、MD、STEIN 和 BECK 的斗盖出产自佩斯，匈牙利制斗师很可能也使用了这些缩写符号：IF、IK、IS、KA、NJ、PA、SM 和 SJ。可以肯定的是，缩写符号 HF、LG、JH、NS 和 PK 来自维也纳，我曾在邦德遇见过 DM、FP、KL、LK 和 WILD KN GROMP 符号，PG 缩写符号一定来自莱姆戈。

标有虚假日期的烟斗形制、大小、传播情况和采用的工艺都清楚地表明，烟斗所具有的地方特色在十九世纪下半叶消失不见。相反，这些标有虚假日期的烟斗却成为那个时代的大众时尚。二十世纪初，奥匈帝国也出现了这种地方烟斗本应具有的地方特色逐渐消失的情况。

维也纳的制斗师

维也纳是各种地方风格的大熔炉。奥地利、捷克、德国和意大利贵族在维也纳享受宫廷的奢华，他们在这里消费并建设宫殿，他们将维也纳宫廷语言变成了母语，各种元素交织而成的宫廷习俗形成了日常的生活特色。匈牙利权贵很少会舍弃维也纳的繁华而选择长留祖国发展事业，他们只有在动物发情期、狩猎和葡萄收获时才会回来。而当他们再回到维也纳时，也会带上具有各个国家特色和异域情调的各种物品。这些奇异和陌生的事物包括：吉卜赛的音乐、红酒、烟斗、免税烟草、东方风格的服饰，以及少有的精通各项技术又能满足其怀旧需求的仆人。

在这种背景下，本身就是多个国家抽烟工具融合产物的匈牙利海泡石烟斗走进了维也纳，在相互交织的宫廷生活中变成了一种美观且时尚的物品。

在十九世纪二十年代，维也纳的大师级手艺人迪克（Deáky）声名鹊起，不过为了吸引匈牙利人的好奇心，其客户将他的姓名“维也纳化”，变成了迪亚基（Dëaki）或蒂亚戈（Tiagi）[299]。从存世作品外形来看，他的烟斗属于纯匈牙利风格，是德布勒森类型，在口柄接口孔旁印有迪克（DEÁKY）字样（MNM: D. 1974.381.sz.）。银质装饰性覆盖物和斗盖在维也纳制成，刻有 IL 印记，在烟斗正面，天使举着贵族客户的盾形纹章。另外一个烟斗（MNM: D.1974.19.sz.）外形也属于匈牙利风格，刻有姓名缩写 AG，此外我们还可以看到来自伦巴底的维也纳大师维加托（VEGIATO）的名字。银质配件由维也纳的格罗斯制作。

维加托最初在米兰从事手工艺职业，四十年代的时候他在维也纳拥有一家商店。毋庸置疑，当奥地利在 1866 年失去伦巴底时，手艺人仍然受到客户的追捧：

“我现在必须想办法谋生，意大利有哪些人需要烟斗呢？”300

他产出最高的时期大概是1840年至1851年，不过我们知道，他从1885年才开始制作刻有其姓名缩写的烟斗（O:0320）。他的大多数烟斗以纹章和字母组合为主题，但有的烟斗也有图案雕刻（MNM: D.1974.172.）。在三十年代，他采用浪漫主义的早期哥特式风格。由于哥特式风格的窗饰没有得到人们的欢迎，销路不好，后来烟斗上就采用了乏味粗糙的简单装饰，例如刻有名字的牌子和在拱形壁龛中站岗、穿着盔甲的士兵（MNM: D.1974.109）。

浪漫主义哥特式风格很容易让人将其与乌尔姆烟斗的海豚底座和德布勒森烟斗的细长斗钵联系起来，与不知名的维也纳制斗师制作的猎人烟斗形成鲜明、简约的统一。

三十年代和四十年代的时候，西蒙•诺特兹（Simon Noltze）在劳伦茨伯格大街（Laurentzerberger Strasse）的烟斗业务蓬勃发展。其早期作品受到浪漫主义哥特式风格的影响（MNM: D.1974.15.），该烟斗的整体结构是巴洛克风格匈牙利盾形纹章包裹在葱郁的树叶之中，丝带上有匈牙利语题词：

“祝愿祖国繁荣昌盛！”

烟斗的银质配件由使用IK缩写的维也纳银匠制作的。1835年左右，这把烟斗由塞切尼•艾米利亚（Széchenyi Emilia）伯爵夫人送给塞切尼•伊斯特万（Széchenyi Istvan）伯爵。当时，贵族约瑟夫在布拉迪斯拉发的集会上为塞切尼举行庆典，此外还收到了特兰西瓦尼亚贵族赠送的一支精美的银质钢笔，以及其他人赠送的各种礼物。在以佩奇（Pécsy）家族纹章为主题的1840年烟斗上，我们可以看出新巴洛克式装饰的兴盛，这种风格很长一段时间都是维也纳烟斗制造业最典型的特征之一。

在维也纳，惠斯特[①]兄弟会成员惯于互相展示以玩家纹章为装饰的烟斗。1841年，诺尔策（Noltze）为内德（Neydte）、克洛德尼基（Klodnicki）、斯坦巴赫（Steinbach）和温特（Wendt）等几位男爵制作了一款这种风格的烟斗（MNM: 1974.65.sz.）。

从1842年诺尔策制作的桥形烟斗（MNM: D.1974.402.sz.）可以看出，维也纳大师们的新巴洛克风格烟斗进入了全盛时期（日期刻于底部）。斗钵的正面引进维也纳宫殿的S标志作为装饰，并与相同风格的卷须、树叶装饰交织，形成刻在斗钵和斗颈末端的饰面边框。

十八世纪[②]五十年代，诺尔策的产品风格发生了变化，线条精致、场景柔和的温馨神话图案丰富了巴洛克式装饰。描绘勒达的雕刻烟斗制作于1852年，天鹅形态的宙斯温柔地拥抱着迷人的斯巴达王后（德奥古利、卡斯托尔和波鲁克斯以及海伦之母）（MNM: 1958.159.sz.）。用作图案边框的树叶装饰延伸到烟斗的桥接头，到底部“消失”后变成工厂的常规装饰。毋庸置疑，这把烟斗由诺尔策工厂制作。但是，从图形和装饰部分的差异以及模型的制作水平可以明显看出，除了大师本人之外，还有其他具有相似艺术

① 一种由两对游戏者玩的纸牌游戏。

② 应为十九世纪。

能力水平的雕刻师，与他一起完成了这件作品。那么，参与制作勒达烟斗的专业艺术家是谁？这一问题或许可以通过另外一支拥有巴奇•伊斯特万（Bárczy István）纹章装饰和雕刻有飞马的烟斗得到解释（MNM: D.1974.81.sz.）。烟斗饰面绘有直冲云霄的长着翅膀的飞马，让人想起与勒达和天鹅场景中相同的丝滑柔和感；在下方，飞马图案的左侧，艺术家的姓名爱德华•舒伯特（Eduard Schubert）刻在海泡石中。这位舒伯特就是后来接手劳伦岑贝格街（Laurentzenberger Street）工厂运营的人（N°9）。

佩斯-布达的制斗师

诺尔策和舒伯特之间的关系让人想起另一个重要的时期。随着工厂营业额和规模不断扩大，需要聘请外界艺术家提供协助。这一点，佩斯的梅迪兹•约瑟夫（Medetz József）应该考虑到了。梅迪兹最初以烟草商的身份进入佩斯，于1835年获得公民身份[301]。一开始，他只出售自己制作的香烟，但是到了五十年代，他也在自己的商店中销售海泡石烟斗。在1843年第二届手工艺品展览期间，他以香烟“持有人兼制作人”的身份参展；在1846年的展览上，他同时还展示了制作的海泡石烟斗[302]。

在他制作的一支烟斗[现为B. 拉帕波特（B. Rapaport）藏品]的斗钵上，可以看到一个穿着匈牙利服饰的男人。斗钵通过花环桥接头与斗颈相连，斗颈上有老鹰装饰。在老鹰抓住的丝带中，可以看到模糊不清而且拼写有误的匈牙利语：A HAS ZAMER。德国雕刻师本来想写的应该是“A HAZAMERT”，意思是“致敬祖国”。烟斗的银质斗盖上覆盖着武器和四个银质徽章：两匹马、赫耳墨斯、一辆火车和一艘船。这四个徽章明显象征着塞切尼•伊斯特万的四大成就：伊斯特万在匈牙利组织养马和赛马活动，开发了贸易和铁路系统以及多瑙河船舶导航系统。这支烟斗很可能制作于1835年到1845年之间，是送给塞切尼的礼物，就像伯爵夫人请诺尔策为伯爵制作的烟斗那样[303]。

松博特海伊的施密德博物馆有一支梅迪兹烟斗，斗钵上装饰了诙谐的猎鹿场景。斗钵上的IK标志（维也纳？）也表明梅迪兹不过是一位精明的商人，将订单外包给了其他工厂。布满1878年维也纳戳记的银质斗颈明显是在斗盖雕刻好之后加上去的，因为盖子上标注的日期更早：

“由杰德林斯克•山陀尔（Jedlinszki Sándor）[韦切什（Vecsés），1840年11月10日]颁给狩猎比赛中最敏捷的灰狗。”①

还有一把1847年的烟斗，铭刻着：

“波索德的科夫德（Kövesd）灰狗狩猎奖”。

烟斗饰面的前鞍桥上悬挂着兔子，马后面跟着两条灰狗以及穿着匈牙利服饰的骑马者，描绘了打猎的场景（MNM: D.1974.84.），与1840年左右制作的另一支以女性肖像、一条狗和两匹马为主题的烟斗相似。这两支烟斗都产自维也纳，分别刻有IN和IM的标记。还有一个烟斗也产自维也纳，它制作于1845年，印着LW印记，并刻有伯爵的双家徽，现在属于奥地利烟草公司博物馆。

① 身体细长、腿长、毛滑、善跑的大赛犬。

永久性地在烟斗上记录重大时事是当时的一种时尚做法。当埃迪•帕尔菲（Erdődy Pálffy）伯爵迎娶道恩（Daun）公爵长女并获准使用双姓（Palffy-Daun）时，他为自己定制了刻有联合家徽和伯爵冠冕的烟斗。后来，在获得蒂亚诺公爵头衔时，他又有了一个桥接头上刻着女性肖像和双家徽，上方有银质公爵冠冕的烟斗（O: 0046和0652）。

在十九世纪末到二十世纪初（1890—1908），古文物收藏家多纳特•山陀尔（Donáth Sándor）偶尔会聘请烟斗雕刻师制作烟斗[304]。其广告不言而喻：专营“海泡石和琥珀商品”。此外，他还自己制作海泡石烟斗。他的确曾请斯皮罗•埃米尔（Spiro Emil），以瓦格纳•山陀尔（Wagner Sándor）1859年的历史油画（MNM: D.1974.17. sz.）、“三女神”（MNM: D. 1974.431 sz.）、“抽烟斗的牧马人”为蓝本，模仿伊佐•米克洛斯（Izsó Miklós）雕塑（MNM: D. 1974.516.sz.）的线条，

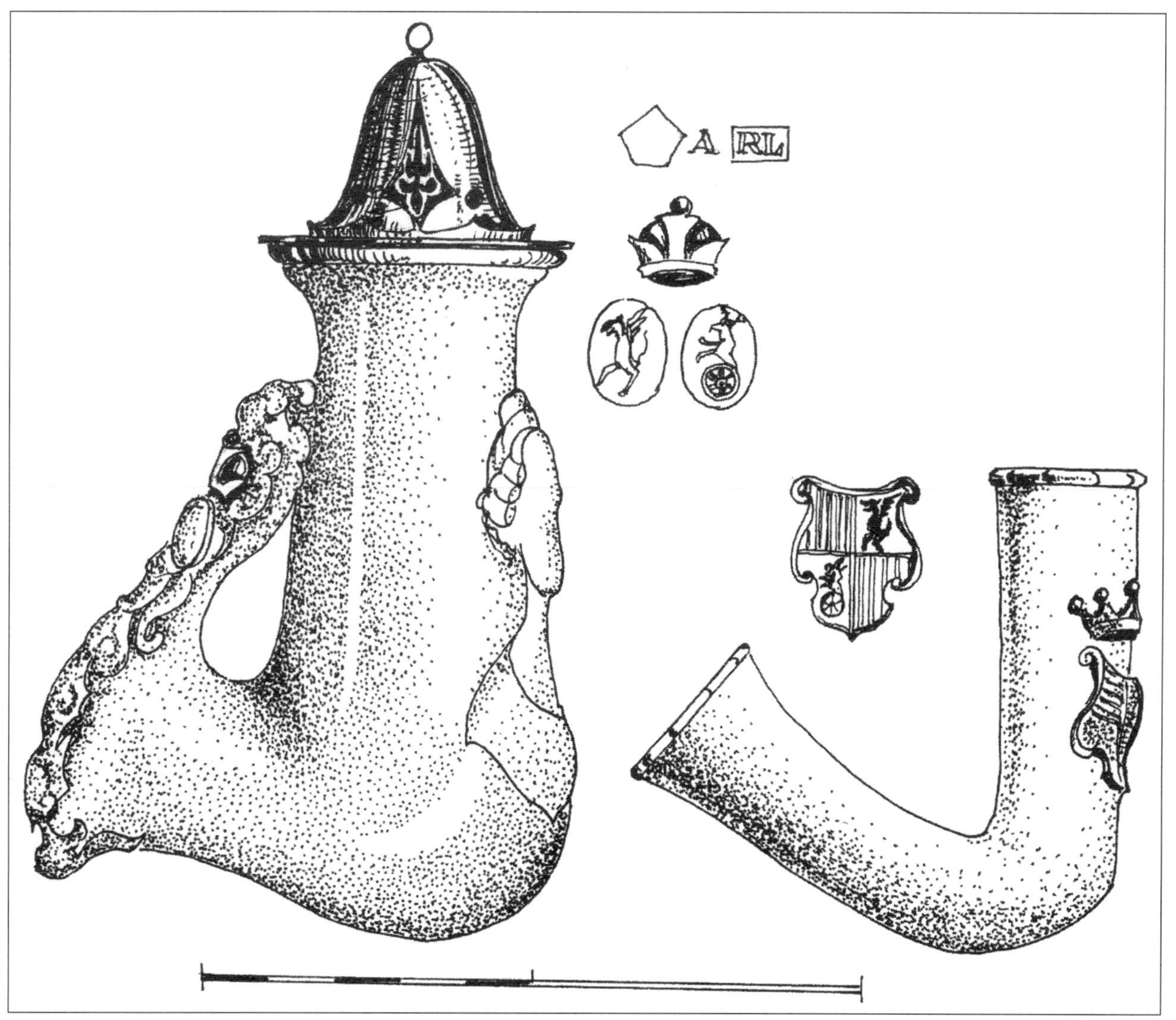

埃迪•帕尔菲伯爵的烟斗（奥斯科藏品）。

制作杜戈维奇•蒂图斯（Dugovics Titusz）烟斗；此外，还以曼尤基（Mányoki）的油画（MNM: D. 1974.494.sz.）为基础，制作了拉科奇肖像烟斗。另一方面，我们应将有棱纹斗钵、海泡石斗柄和维也纳标记的1880年烟斗视为他亲手所制（X/5）。

斯皮罗还为费尔德斯堡的西格蒙德（Feldsberg Zsigmond）商店工作，其烟斗装饰具有阿德勒工厂风格。那把融合了维也纳元素的海泡石长柄烟斗制作于1889年左右（Rhein: XVII.2.）。1889年，他创立了属于自己的瓦西街（Váci Street）商店，后来儿子也加入经营和制作烟斗。

斯皮罗•埃米尔是匈牙利烟斗雕刻领域的重要人物。其家族拥有希腊血统，最知名的家庭成员是义德（Ede，1790—1856）。义德曾在意大利学习，其子孙在维也纳和伯拉第斯拉瓦工作，都继承了他精致严谨的作风以及对历史的兴趣。最初，埃米尔以未经授权的业余者身份从事烟斗雕刻，后来为多个制斗师制作烟斗（总是标上姓名缩写）。1859年，他为多纳特•山陀尔工作，负责以瓦格纳•山陀尔著名的历史油画《杜戈维奇•提图斯的献身》为蓝本制作烟斗，成就了一件技艺精湛的作品。伊佐的浪漫主义同样巧妙地反映在“抽烟斗的牧马人”中。他把本楚•久拉（Benczur Gyula）的《瓦伊克的洗礼》制作成海泡石烟斗时，创作灵感来源于布达城堡马提亚斯教堂的舒莱克•马蒂亚斯（Schulek Mátyás）装饰（MNM: D. 1974.106.sz.）。“三女神”的灵感可能来源于其父亲的某幅油画。“骑马的匈牙利人”（MNM: D.1974.415.sz.）创作灵感来源则不得而知，它展示出了一定的自然主义风格和匈牙利浪漫现实主义的印记。在这些人物作品之外，他还制作了非常简约的海泡石烟斗。

匈牙利女性制斗师斯皮罗•埃特尔卡（Spiro Etelka）制作的烟斗。

在斯皮罗家族，烟斗雕刻成为一种世代传承的手艺。据说亚历山德拉将工厂开在哈特瓦尼（Hatvani）和马盖尔（Magyar）大街转角处，康斯坦丁也在多布（Dob）街建立了工厂，而康斯坦提亚的工厂位于多汉尼（Dohány）（意思是烟草）街。斯皮罗•埃特尔卡（Spiro Etelka）的作品遵循麦格-迈尔（Megyer-Meyer）应用艺术学院的艺术精神。现为罗森（Rösen）藏品的烟斗上铭刻了制斗师的全名，镶嵌彩色珍珠的德布勒森袋形烟斗也可以通过其典型特征判断出是她的作品。

鉴于本书的篇幅，我们无法对阿尔巴恰里•大卫（Albachari Dávid）、贝格•伊格纳克（Berger Ignác）、布莱尔•伯纳特（Bleyer Bernát）、大卫•

山陀尔（Dávid Sándor）、加斯帕里克·贾诺斯（Gasparek János）、加尔维茨（Gallwitz）、克维哈兹·佐尔坦（Keveházi Zoltán）、山陀尔（Sándor）、拉特科（Latzkó）、明库斯·伊格纳克（Minkus Ignác）、明库斯·戴维（Minkus Dávid）、齐格蒙德（Zsigmond）、内梅茨（Nemetz）、诺瓦（Novágh）、奥本海默（Oppenheimer）、佩奇·塞贝斯蒂安（Pécsi Sebestyén）、瑞奇（Rettich）、罗斯（Roth）、施密特·理查德（Schmidt Richárd）、维克·阿道夫（Week Adolf）、韦斯·阿明（Weisz Ármin）、齐格勒·山陀尔（Ziegler Sándor）等佩斯所有的制斗师制作的烟斗一一展开研究。如果还要涉及佩斯城外的制斗师，那么这份名单就似乎永无止境，比如兹桑（Csang）、赫曼（Hermann）、拉珀尔（Rappel）和伯拉第斯拉瓦的舒尔茨（Schulz）、埃格尔的霍夫曼（Hoffmann）、松博特海伊的布鲁克纳（Bruckner）、德布勒森的施瓦茨·丹尼尔（Schwartz Dániel）等等[305]。

但是我们不能忽略马蒂尼·亨里克（Martiny Henrik）和他的儿子。1815 年，亨里克的父亲克里斯托弗（Kristóf）离开伯拉第斯拉瓦搬到佩斯，继续从事烟草贸易。亨里克在协助父亲经营烟草的同时学习车工技能。1859 年，他们开了一家名为马蒂尼父子（F. & H. Martiny）的商店。1867 年，亨里克收购了位于基拉伊（Király）大街的工厂，并于 1875 年接手管理瓦茨（Váci）街商店。1889 年他辞掉了车工公司的工作，1890 年开始在手工艺人联盟担任咨询专家一职。在千禧年展览会上，他是金匠和银匠商品主席会成员。

海泡石的崛起、兴盛和衰落

市场的发展潮流见证了海泡石烟斗的兴盛和衰落。马蒂尼在基拉伊大街的工厂拥有大量助手和各种设备。烟斗形制几乎完全相同，刻有狮子、天使和纹章，以非凡的机械化加工精度和批量的复制品生产为特征。其中，复制生产帕里逊·J. 索莫（Parisian J. Sommer）为纪念 1859 年战争而制作的烟斗（现为迈克·克拉克藏品）就是一个很好的例证，那支烟斗上刻着：

“索尔菲利诺、马真塔、蒙特贝罗，为祖国赢得了荣耀（Solferino-Magenta- Montebello-Honeur et patrie）①。”

这把烟斗的同款作品可以在匈牙利国家博物馆看到。1941 年，为了躲避法西斯恐怖主义，索莫（Sommer）兄弟、齐格勒（M. Ziegler）和古尔奇（Goltsch）想尽办法，最终从维也纳来到了巴黎的盖奥特（H. G. Guyot）工厂，成为最后一批到达巴黎的避难者[306]。他们和赖兴费尔德（Reichenfeld）、诺尔策（Noltze）、斯科佩克（Skopec）、海曼（Heimann）一样，都是匈牙利和奥地利犹太人的后裔。

十九世纪下半叶，拥有一把奢华的雕刻烟斗成为时尚潮流，这种潮流起源于维也纳。1850 年，维也纳有大约五十家公司从事生产烟斗，

① 1859 年，在法国支持下，意大利发动了第二次独立战争，在索尔菲利诺（Solferino）、马真塔（Magenta）、蒙特贝罗（Montebello）三个地方同侵略者进行了惨烈的战斗，奥匈帝国的军队被逐出了伦巴底。这次战争推动了意大利民族解放运动，人民起义浪潮席卷意大利中部北部，为国家的完全独立奠定了基础。

每一家公司雇用了十到十五名工人。同年，巴黎 GBD[甘纳瓦尔 - 邦迪耶 - 唐宁格（Ganneval-Bondier -Donninger）] 公司雇用了来自维也纳的烟斗大师和手工艺人；马蒂斯 - 卡登公司（Mathisse and Cardon & Co.）于 1852 年、梅森 • 兰塞尔（Maison Lancel）公司于 1880 年也雇用了来自维也纳的烟斗制作工人。在那个美好时代，有大约八十名制斗师在塞纳河沿岸的都会区工作。1862 年，英国爱德华公司也雇用了维也纳制斗师 [307]。

玛利安温泉市的西门农（Simenon）、布拉格的约瑟夫 • 多尔扎尔（Joseph Dolezal）、布鲁塞尔的 E.R. 拉贝（E.R. Rabe）、德累斯顿的乔治 • 科普（Georg Kopp）、莱比锡城的亚瑟 • 施耐德（Arthur Schneider）、不莱梅的施纳利（Schnally），尤其是弗朗茨和卡洛里 • 海斯（Franz and Károly Hiess）、路德维希 • 哈特曼（Ludwig Hartmann）、海因里希 • 席林（Heinrich Schilling），他们都雇用来自维也纳的烟斗制作工人从事烟斗生产 [308]。

1855 年，美国人 F.J. 卡登伯格（F. J. Kaldenberg）结识了亚美尼亚人贝德罗斯（Bedrossian），他们一起在纽约开了一家烟斗制作工厂，并将海泡石材料带到了美国用于制作烟斗 [309]。威廉 • 德穆斯（William Demuth）公司（WDC）在皇后区里士满希尔开了一家海泡石烟斗制作工厂。从艺术的角度来说，最重要的手工艺人是古斯塔夫 • 菲舍尔（Gustav Fischer），他于 1881 年从维也纳移居美国，在马萨诸塞州和纽约州为埃里希公司（E.P Ehrlich Company）效力。其子小古斯塔夫 • 菲舍尔在波士顿开了一家烟斗商店。老菲舍尔于1930年离世，享年89岁，生前从事烟斗制作 50 年。到他儿子于 1975 年去世时（享年 88 岁），他们家族从事烟斗生产制造和销售已经长达 74 年 [310]。

另外一位知名的海泡石制斗师是纽约奥查德帕克(Orchard Park)的亚瑟•C. 菲舍尔(Arthur C. Fischer)。他的祖父奥盖斯特（August）1867 年移居美国，曾祖父 1742 年前后曾在萨克森的皇家制斗厂工作。菲舍尔家族在布鲁克林获得立足之地，后来搬到了罗切斯特和布法罗。他们制作的海泡石烟斗在 1901 年布法罗全美展览会上展出，取得了巨大成功。奥盖斯特的两个儿子古斯塔夫（Gustav）和奥托（Otto）最初在 WDC 工作，后来古斯塔夫接管了布法罗菲舍尔之家（House of Fischer）的运营，而奥托在纽约开了一家商店。从 1956 年开始商店由保罗 • 菲舍尔管理，1979 年以后亚瑟 • 菲舍尔继承了家族传统业务 [311]。

十九世纪末最有特色的海泡石烟斗，就是为匈牙利千禧年以及弗朗茨 • 约瑟夫皇帝向韦

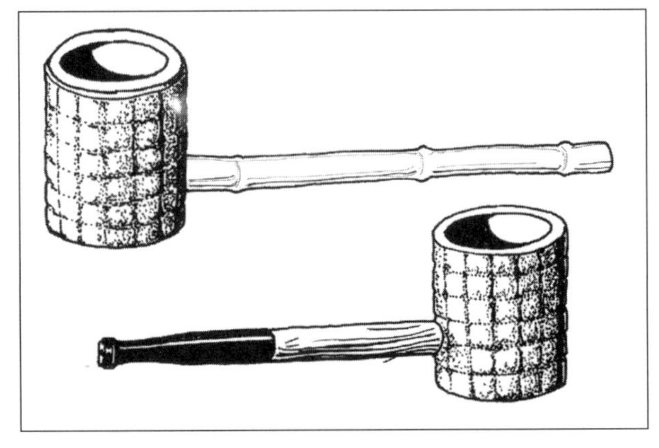

采用玉米棒制成的“密西西比海泡石烟斗”。

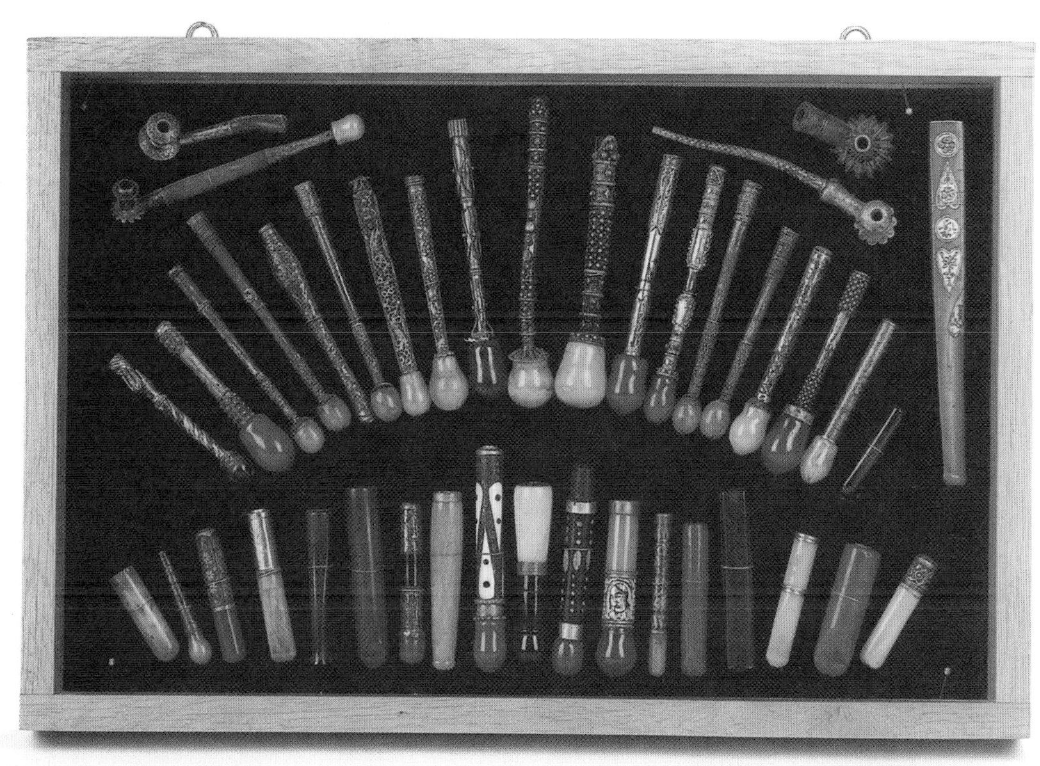

雪茄和卷烟烟斗。多数有银质雕花，带有琥珀咬嘴，有些镶嵌着金属。它们是十九世纪巴尔干学生引以为傲的东西。这是奥斯科藏品的一部分。

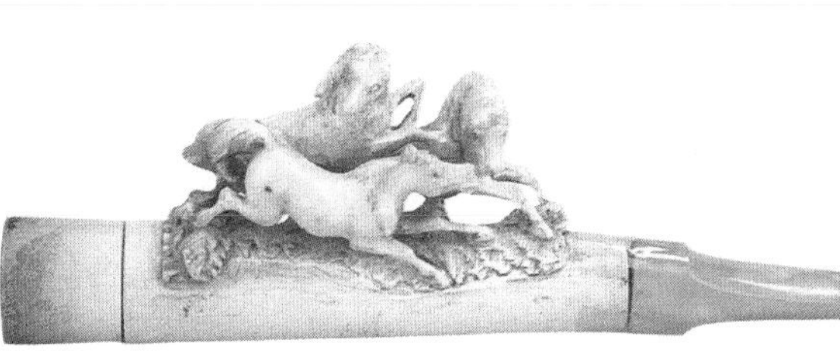

海泡石雪茄烟斗。在圆柱形的斗柄上可以看到两匹奔驰的骏马，其中一匹被拿着弓箭的亚马孙女战士骑着。琥珀烟嘴。O.C.

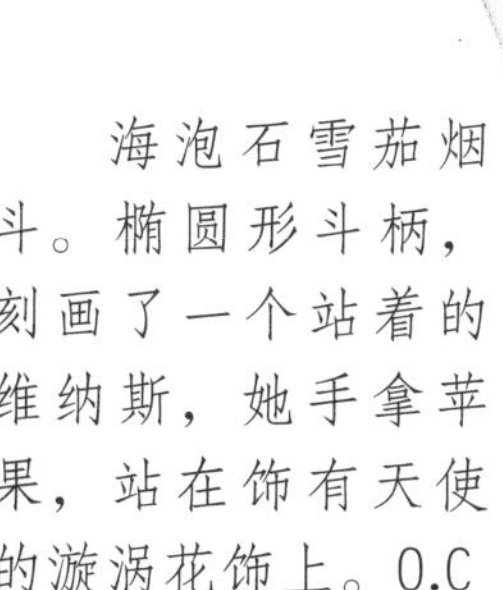

海泡石雪茄烟斗。椭圆形斗柄，刻画了一个站着的维纳斯，她手拿苹果，站在饰有天使的漩涡花饰上。O.C

海泡石雪茄烟斗。烟斗上是雕刻精美的盾徽：两只狮子之间有一个装饰性头盔，头盔上放着王冠。O.C.

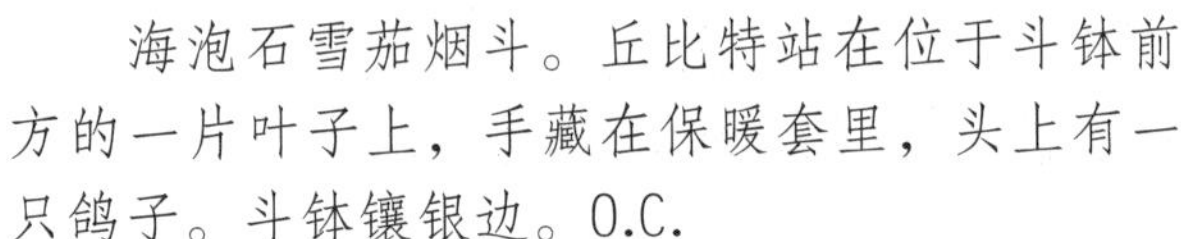

海泡石雪茄烟斗。丘比特站在位于斗钵前方的一片叶子上，手藏在保暖套里，头上有一只鸽子。斗钵镶银边。O.C.

T型海泡石雪茄烟斗。口柄上是猎狗追逐驯鹿的场景。斗钵镶银边。O.C.

紫檀烟斗。圆柱形斗钵上有森林、猎人、鹿和狗的浮雕。刻有名称首字母缩写TG。银质斗盖。十九世纪早期。O.C.

海泡石烟斗。匈牙利小说家乔凯的头像。布达佩斯。O.C.

烟斗架，最多可容纳八个烟斗。十九世纪晚期。O.C.

海泡石烟斗。德布勒森式，烟囱状的斗钵上有两只岩羚羊。斗钵和短口柄镶银边，斗盖为银质八边形金字塔。O.C.

橡木雕刻的烟斗架，可以安放三十五个烟斗。镂空雕刻着别具风格的烟叶，斗架上所有烟斗的饰面都是匈牙利历史事件。制作于布达佩斯。O.C.

烟斗支架。比德迈风格，胡桃木贴面，可容纳约十四个烟斗，下有三个抽屉用来放置清洁工具。O.C.

放置泰式烟斗和鸦片烟斗的托架。清迈制造，这些烟斗是清迈北部山区慕斯人所使用的。O.C.

带桌子的烟斗座椅，位于奥斯科藏馆一角。专为“前后反坐”的长柄烟斗抽烟者设计。带镶板的椅背用于支撑前臂，可以向上翻转，使抽烟者能够拿到烟草和烟具。

烟斗托架。使用胡桃木贴面，这是一个非常有趣且吸引人的展品。可容纳二十四个烟斗，包括一个用于放置烟斗清洁工具的抽屉。O.C.

带银盖的木雕烟斗。斗钵正面是匈牙利纹章和王冠。左边饰有横幅和加农炮，右边是一本打开的书、一个墨水台和一个沙盒。斗盖上有许多标识。布达佩斯，1800 年左右。O.C.

带银盖的木雕烟斗。圆柱形斗钵上有九个人像：一个国王被准备宴会的臣民围绕着。斗脚上装饰着精美的树叶。金银丝做工和完美的雕刻显示出这是优秀的大师级工匠的作品。银边上有许多标识。O.C.

带银盖的紫檀木烟斗。雕刻程度极为精致，由此可以看出工匠的才华。斗钵上刻画了六个人像，其中一个是身穿长袍、手持宝剑的国王。他面前跪着一个女性，身后是身着安茹王朝时期服饰的两个贵族和两个本笃会修士。O.C.

带镀铜斗钵的木质烟斗。口柄和斗钵都是来自托卡伊的藤根。十九世纪初。O.C.

各种各样的乌尔姆烟斗。外形独特，带有做工精美的银质斗盖。R.C.

各种各样的乌尔姆烟斗。制作于十九世纪末，斗盖设计精美，银饰斗钵。R.C.

乌尔姆木雕烟斗。雕刻有精美的海豚和鹰。为十九世纪富裕的中产阶级制作。R.C.

乌尔姆木雕烟斗。拥有精美纹理的精心之作，银斗盖。R.C.

十九世纪末的乌尔姆木雕烟斗，装饰华丽，银斗盖。R.C.

乌尔姆木雕烟斗。拥有精美纹理的精心之作，斗盖饰有银丝。十九世纪。R.C.

大型乌尔姆木雕烟斗。高30厘米，宽22厘米。由美丽的葡萄藤根制作而成，铜盖带有镂孔。虽然已经被使用过，但其最初的制作目的可能是作为烟斗商店的橱窗陈列品吸引顾客。O.C.

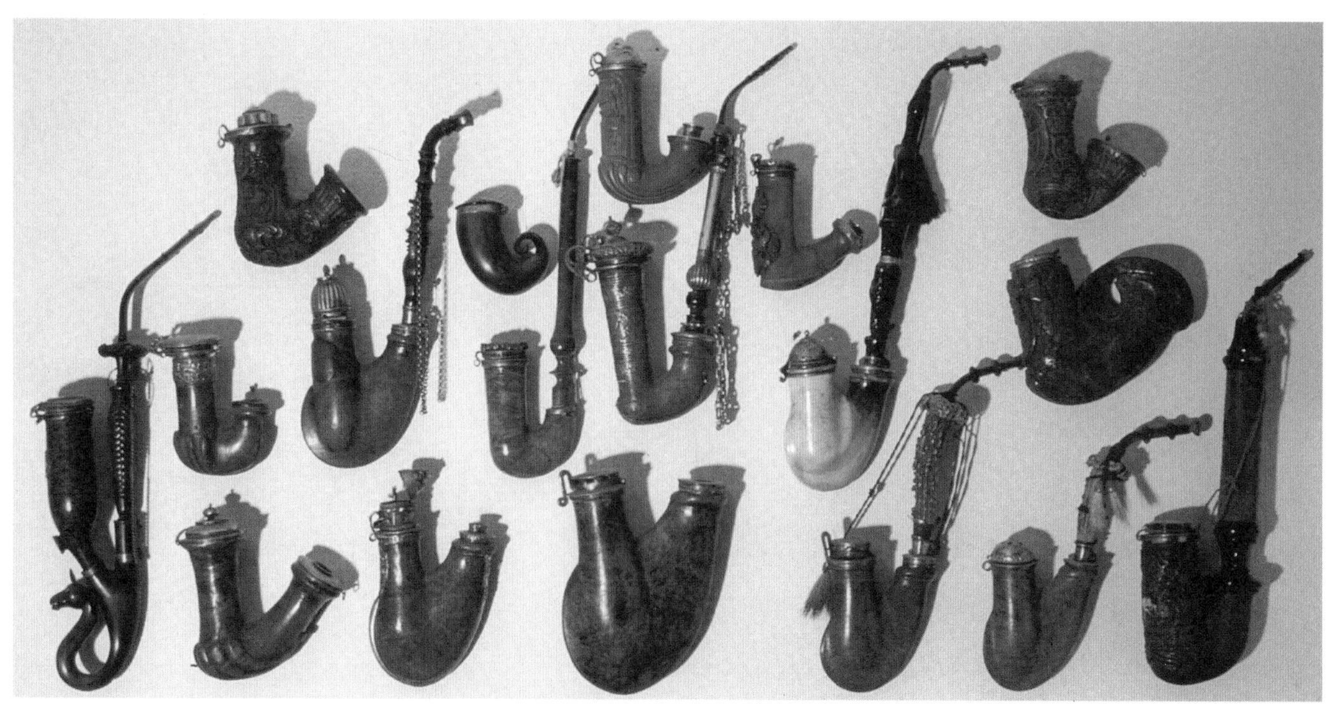

乌尔姆木雕烟斗。形制各异，大多带有富丽的银饰。O.C.

鹿角烟斗。在管状斗钵上，可以看到深棕色的森林背景和白色的驯鹿（骨质）。斗柄雕刻有狍子。斗盖上躺着一条灰狗。O.C.

鹿角烟斗。圆柱形斗钵上有三个人像，烟斗下方呈贝壳状，中间部分采用陶瓷制作。精致的维也纳作品。O.C.

上面两个烟斗放在一起。O.C.

十九世纪中期，法国陶瓷烟斗。R.C.

十九世纪晚期的两个陶瓷烟斗，上面有手绘的花卉和人像。两个烟斗都有非常精美的银斗盖。德国制造，有蓝色标记。R.C.

带有装饰性银盖的陶瓷烟斗，制作于十九世纪初。麦森标记。R.C.

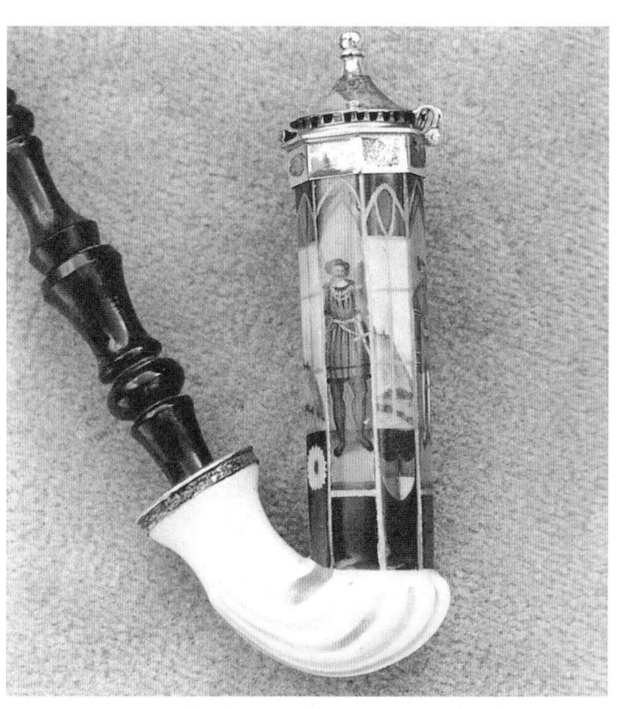

十八世纪末德国制造的烟斗。八角形的斗钵装饰着手绘图案。底部为贝壳状，银斗盖。R.C.

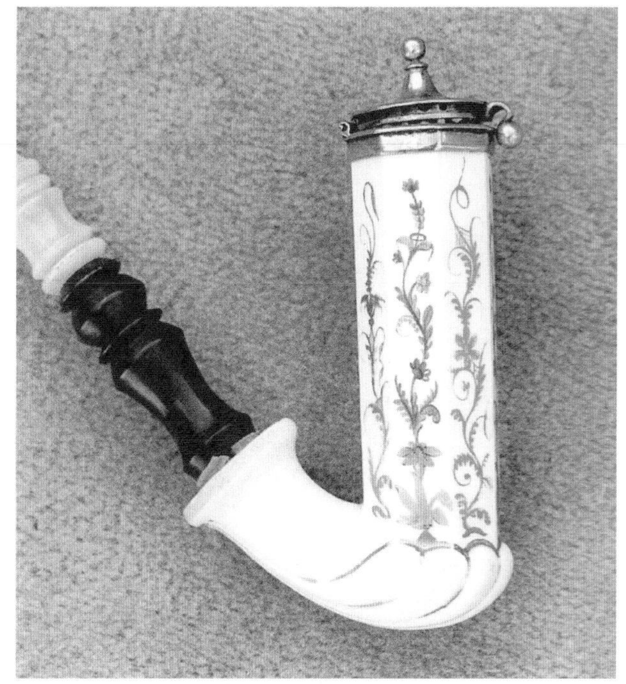

两个陶瓷烟斗为十九世纪上半叶制造，均带银斗盖。德国制造，有蓝色标记。R.C.

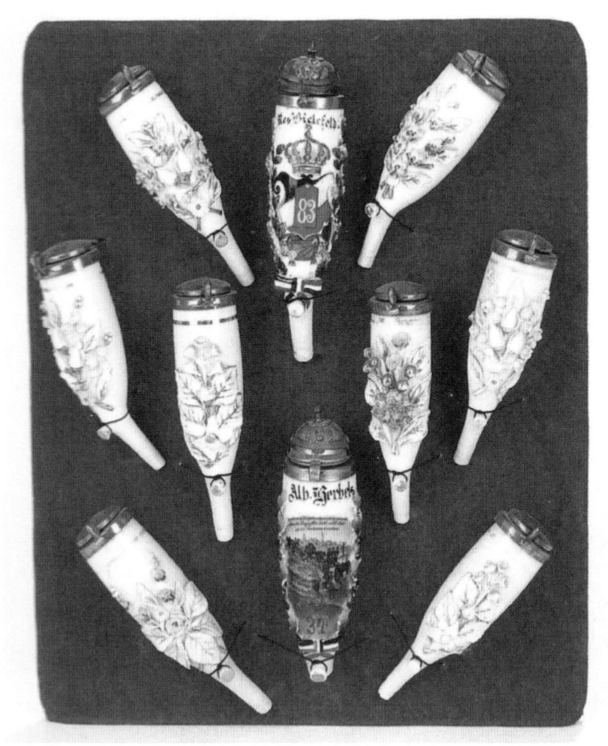

十九世纪晚期的陶瓷烟斗。烟斗顶部是老式的。斗钵上有凸起的花卉装饰。银质和其他金属斗盖。O.C.

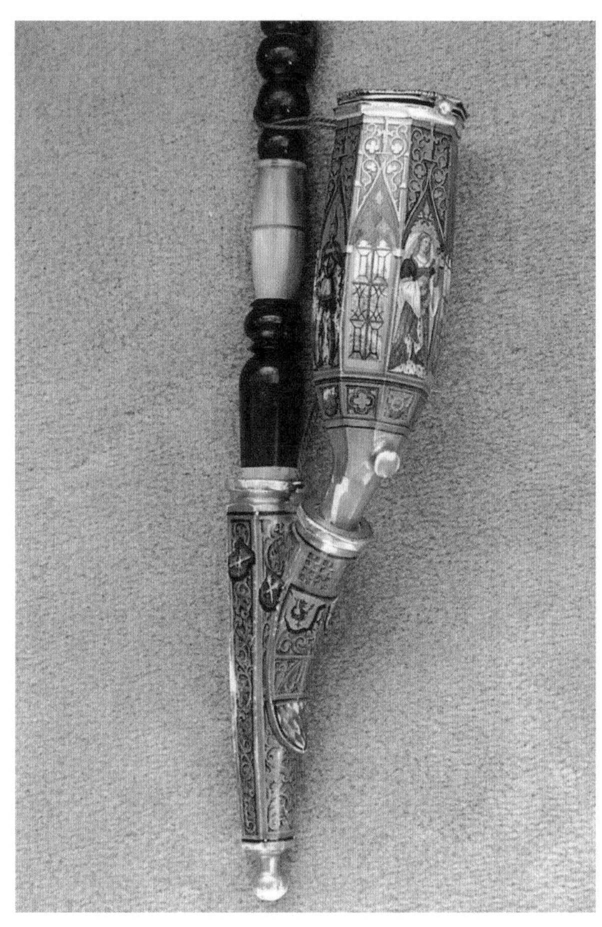

十八世纪末的陶瓷烟斗。八面都装饰着手绘圣人画像。扁平银斗盖。R.C.

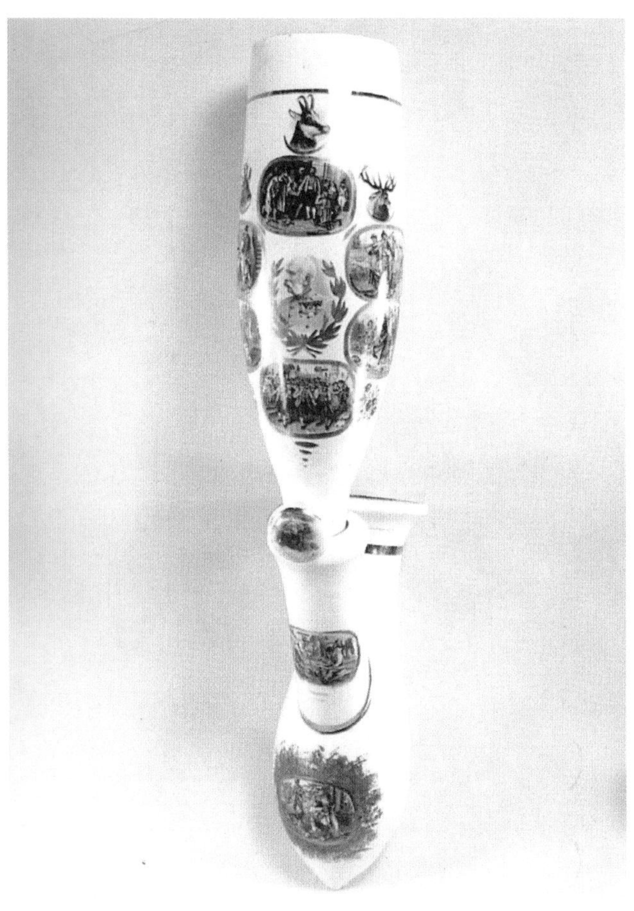

巨大的陶瓷烟斗。高63厘米，斗钵直径12.5厘米。斗钵中央绘有年迈的弗朗茨•约瑟夫（Franz Joseph），周围环绕着六幅椭圆形肖像：1.罗英格林（Lohengrin）；2.圣•利奥波德（Saint Leopold）；3.安德斯•霍弗（Andrds Hofer）；4.提洛尔的叛乱；5.提洛尔人风俗画——选择自己的伴侣；6.收获归来的农民和家人。上面装饰着羚羊、狍子和马鹿的头。底部汇聚焦油部分的外面，下方的偷猎者暴露了，一个农民正在磨刀，他的妻子拿着一把耙子。O.C.

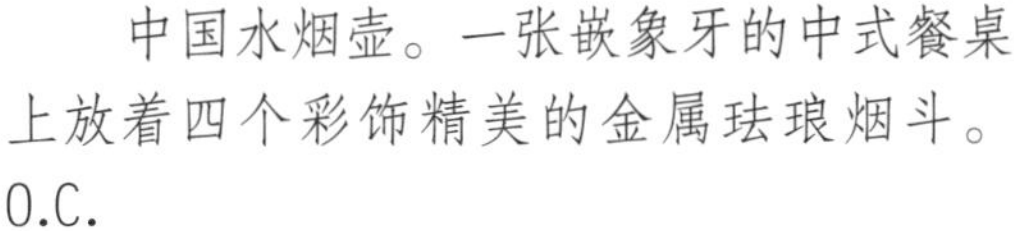

中国水烟壶。一张嵌象牙的中式餐桌上放着四个彩饰精美的金属珐琅烟斗。O.C.

水烟壶。左边是来自阿富汗的陶瓷烟斗，上面有手绘的微型画（阿富汗领导人的肖像）。中间银水烟壶为印度制造，重三公斤。右边和右下图为同一个印度水烟壶。O.C.

不同形状和材质的水烟壶，都是尼泊尔制造。左边的烟斗主体部分采用椰子制作，上面有丰富的银饰。其他为铜制。O.C.

珐琅铜水烟壶，印度制造。主体部分的上方和下方是十二幅女性肖像。各部分用金银丝隔开。O.C.

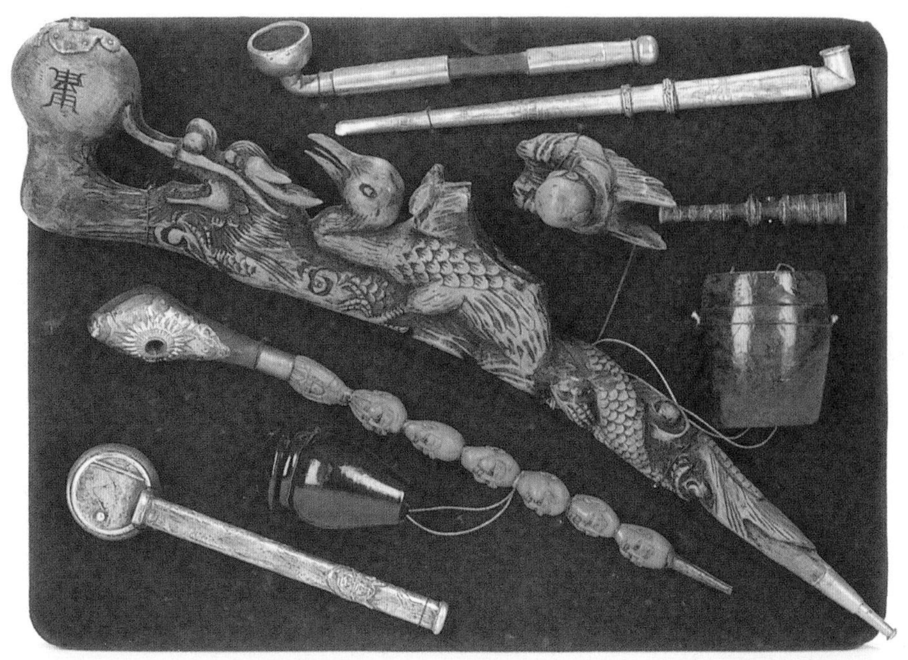

中国和日本的鸦片烟斗。中间两个烟斗采用木雕工艺，造型活泼可爱；其他大部分是金属制作。奥斯科藏品的一部分。

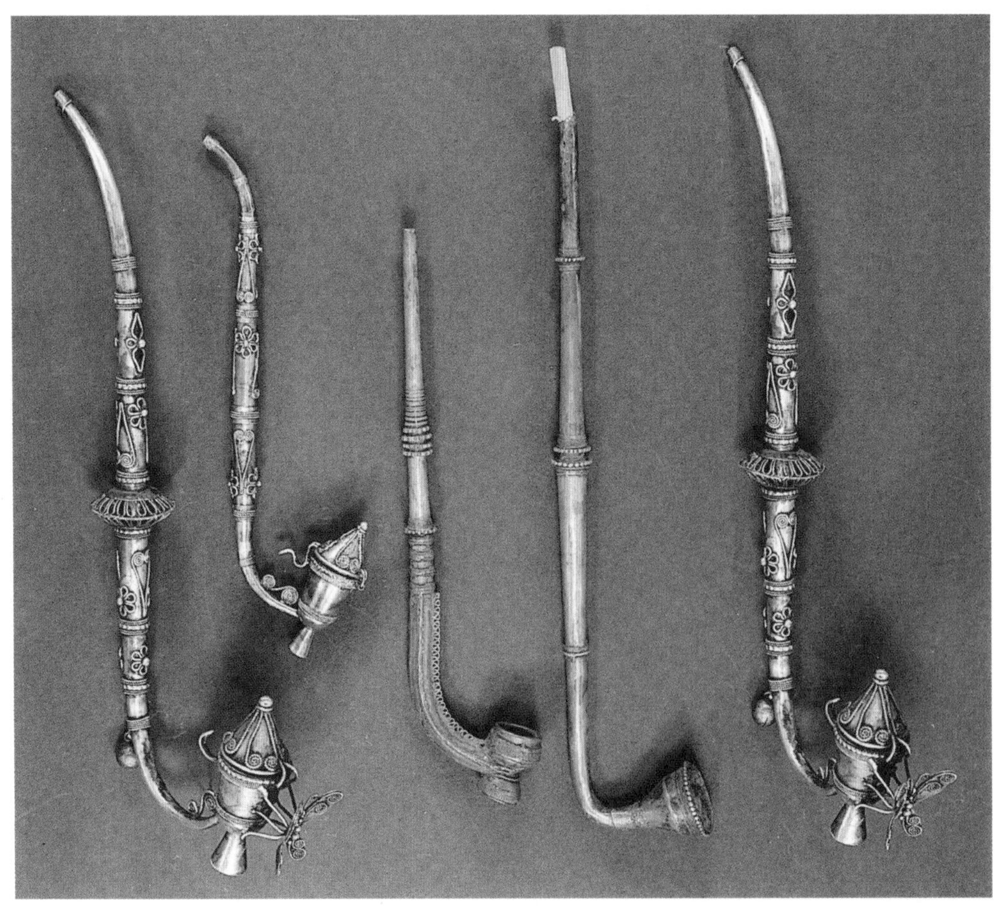

泰国制造的金银丝和陶制烟斗。O.C.

不同规格的德布勒森陶土烟斗，配以黑釉和盘形装饰。由米哈伊·塞雷斯制造。O.C.

巨大的陶土烟斗。六把独立的烟斗组合成一个“和平烟斗”。由德布勒森陶工米哈伊·塞雷斯制作。着黑釉。标注日期为1837年。非常罕见的作品。O.C.

产自阿富汗的陶瓷水烟壶。手绘装饰。O.C.

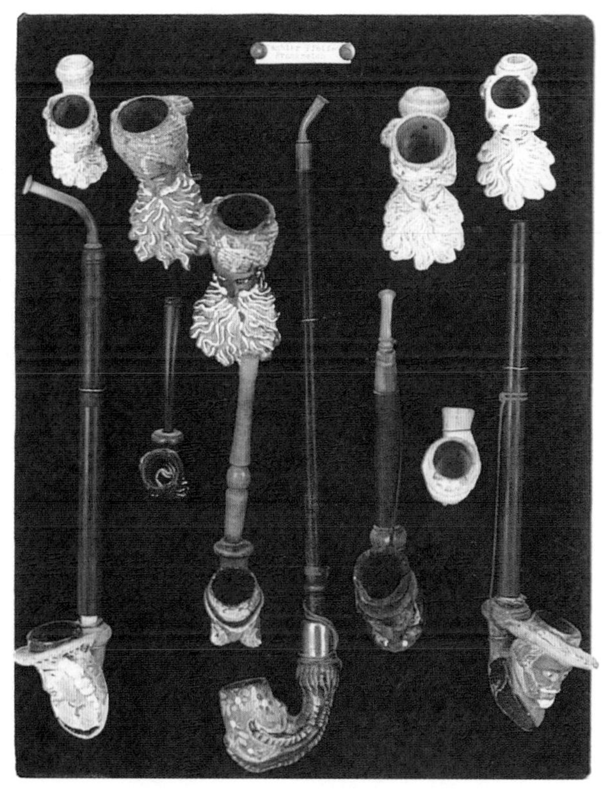

法国十九世纪的陶瓷烟斗，由冈比尔制造。O.C.

非洲陶土烟斗。直圆柱斗钵顶部开槽。木纹装饰。O.C.

巨大的非洲陶土烟斗。斗钵深30厘米，上有木纹装饰。喀麦隆。O.C.

非洲陶土烟斗，塑成独具风格的人物头像。烧制成棕褐色。喀麦隆。O.C.

不同规格和形状的非洲陶土烟斗。喀麦隆制造。O.C.

尔梅佐致敬制作的阿德勒烟斗。奥地利烟草公司博物馆的巨型海泡石烟斗就是这种风格的产品，烟斗以雕刻精美的雕像为装饰，拱形结构重新采用了托斯卡纳哥特艺术的形式。斗身的镂空雕刻饰以银质配件，嵌入宝石，进一步予以丰富。斗盖的顶部以奥地利皇冠为装饰。1871 年，为维多利亚女王之女路易斯女大公的婚礼制作的一把 46 厘米长的海泡石烟斗，以类似的丰富雕刻为特色，多颗珍珠加上衬垫，被镶入斗盖上的王冠里（登喜路藏品，伦敦）[312]。有一把为俄罗斯沙皇家族制作的用男性人物象征莱茵河的烟斗，其制作者可能是维也纳大师级的工匠（杜威•埃格伯茨藏品）[313]；此外还有阿斯特利藏品中的一把“利兹”（Lizzi）烟斗，用美人鱼

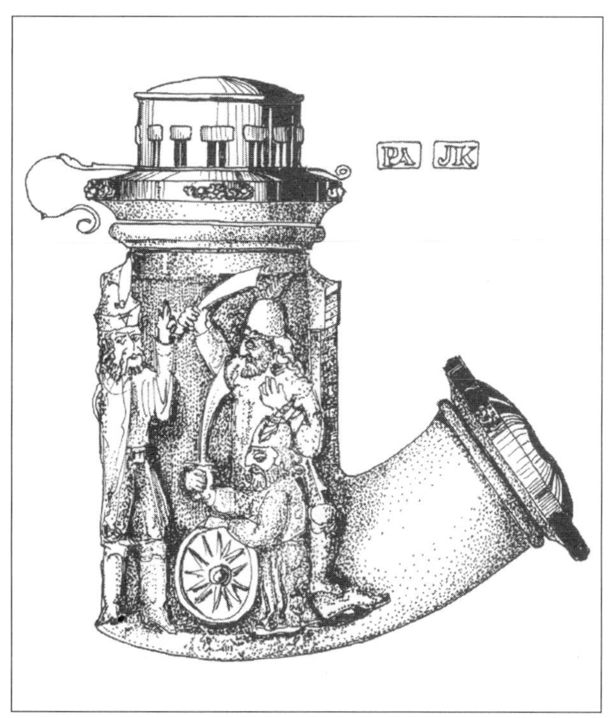

千禧年烟斗（奥斯科藏品）。

代表莱茵河。另外一位奥地利艺术家卡洛里•库切拉（Karoly Kutschera），在纽约雕刻了一把巨大的海泡石烟斗，用于纪念在 1876 年小巨角河战役中阵亡的人①。古斯塔夫•菲舍尔以 A. 杜利特尔（A. Doolittle）的邦克山战役油画为蓝本制作的烟斗，也是一件伟大的作品。

海泡石烟斗即将走完它的发展历程。在古董收藏艺术家的眼中，海泡石烟斗已经变成巨大的、有代表性的收藏艺术品，成为放入玻璃展柜中进行展览的展品，不再是单纯的烟斗用具。雕刻艺术家们喜欢以知名艺术家的素描或油画为蓝本制作烟斗。施温德•莫里兹（Schwind Móritz，1804—1871），融合了德国浪漫主义与比德迈术风格的奥地利最著名的画家，维也纳歌剧院壁画的创作者，也会制作烟斗。他将他的想法画成了一个完整的画样。在其中一个设计中，烟斗的斗钵是个袋炉，而斗颈处靠着一个用长柄烟斗抽烟的人。在另一个设计中，斗钵代表着避难所，周围坐着快乐的人群。施温德还设计出了具有中世纪城堡和吊桥的烟斗。在马丁•弗里德曼（Martin Friedman）的藏品中可以找到这种海泡石烟斗，采用相同主题的木质烟斗则由匈牙利国家博物馆收藏[314]。

在艺术家的眼中，烟斗或多或少地体现为一种静态的艺术形式。但是，商业和工业的世界通过广告推销导致海泡石烟斗所具有的艺术性发生了质变。在1896年前后，维也纳的科普（J. Kopp，简称“JK”）生产了具有浪漫主义、历史主义观点的系列烟斗，生动地反映了白日梦般的纸醉金迷、追逐权力与荣耀的上流社会生

① 1876 年小巨角战役中，2000 名印第安勇士全歼了卡斯特骑兵团。

活：盾牌上的阿帕德、歃血为盟的场面、匈牙利开国国王圣•伊斯特万的加冕礼等，再次成为烟斗雕刻的流行主题。但是，科普烟斗也逃不脱昙花一现的命运，因为粗制滥造的工艺品无法带来真实的艺术愉悦感，无论是对于真正的烟斗客还是不抽烟者来说都是如此。事实上，在“重烟斗轻烟草的国家”，消费者们也不再执着于追逐烟斗，而是加入了抽吸雪茄和香烟的队伍。烟斗被当作纪念祖先的物品放在家中，但在其他方面，它们与插着布满灰尘的孔雀羽毛的马卡特风格室内花瓶一样，都成了过往时代的代名词。

在向海泡石烟斗道别之前，关于用烟斗抽烟还有最后一点需要说明——拉马佐蒂（Ramazotti）的一件典型轶事。大约在1825年，巴黎有两个闻名的海泡石烟斗着色大师，一个是裁缝穆尼耶（Meunier），另一个是咖啡店主泰西耶（Teissier）。匈牙利贵族拉马佐蒂听说了这两人后，来到巴黎向他们发出挑战。比赛在证券交易所的咖啡厅进行，匈牙利贵族使用新烟斗，每天吸十一盎司的烟草，而泰西耶每天只吸五盎司。匈牙利贵族对新烟斗的着色“处理”进行了三十天，而法国人只用了十五天。最后却是法国人赢得了比赛，因为其烟斗变成了一种更加迷人的颜色[315]。

这个故事当然是杜撰的，但可以肯定的是，新海泡石烟斗的实际使用方式是影响着色的重要因素，而且每位严谨的烟斗客都有自己的着色方法。当时，有的抽烟者从中发现了商机：他们为客户提供新烟斗着色服务，以此来获取大额酬劳[316]。1845年出版了关于这个主题的书籍，其中巴泰勒（Barthélemy）的图书还被翻译成了西班牙语：

“成功的、完美的着色烟斗成为全国性的话题，就像柯伊诺尔钻石一样。人们会一起谈论，某个地方或者其他地方有一个人，例如拉德万尼（Radvány）的拉德万斯基男爵，或者扎博尔奇斯（Szabolcs）的安德斯•雷斯基，拥有无瑕的红褐色烟斗，像圣女罗莎莉亚（St. Rozália）一样纯洁。”

而现在呢？现在我们只能翻阅书籍，看着烟斗的图片，寻找没落的科学。

木制烟斗

木制烟斗的历史犹如抽烟本身一样古老。如果略过西印度群岛印第安人用其他作物包裹烟草卷制的“雪茄”，以及蒙特祖玛国王的涂漆镀金烟管，那么，烟斗书籍的作者最先提及的可能就是登喜路收藏馆引以为傲的沃尔特•雷利爵士的烟斗。这名有爵位的探险家的烟斗用红木雕刻，根据木材的“自然形态”制成，外观维持了木材本身的树根、树杈及其结节形态，只将凸起部分雕刻成了人和动物头颅。

许多收藏馆都收藏了类似的烟斗，奥地利维也纳的烟斗博物馆中便有一个。这支加拿大烟斗也是用红木雕刻的，其历史可以追溯到十七世纪上半叶。这种烟斗的形状取决于木材的自然形态，差别就在于利用木结刻出的怪异面孔或“面具”，因而得名为马斯克隆（Maskarone）——源自马斯格拉（maschera）或马斯隆（mascerone）[1]。

木料材质

由制作材质的自然形态激发灵感，无论何时何地都在发生。每个烟斗收藏馆中都可以找到利用自然形态的烟斗，这些烟斗由工匠们凭借树枝结节或树根外形激发的灵感制成。在森林中游荡的猎人、伐木工人和修剪藤蔓的葡萄种植者，在发现这些大自然的馈赠时都欣喜万分，因为只需稍加改动，便可制成一把具有异乎寻常美感的烟斗。

木材的自然特性不仅决定了它被发现时的模样，而且决定了所制烟斗的形状。木材或树根烟斗最重要的因素始终在于制斗时选择的材料，而选材审美各有高下之分。

虽然木材的切割、存储和处理方式对烟斗的品质和美观非常重要，但主要还是取决于木材的自然特征及其是否适合雕刻。木材越坚硬、越致密、越健康，就越适合制成烟斗；纹理和颜色越好，就越适合进行艺术雕刻；气味越芳香，用其抽烟的愉悦感越佳。烟斗制造商自然会关注许多较小的细节，但最看重的还是木材结构的致密度，越致密则越方便使用简单工具进行加工。

在湿度适中的土壤中生长的树木健康、耐用、结构致密且容易分割，在潮湿的土壤中生长的树木则相当柔软、轻便且容易腐烂。生长环境干湿适度、土壤肥力适中的树木可以提供良好的木材。最好的木材则都来自生长于干燥的石质土壤中的树木，这些树木长期经历风吹、日晒、雨淋，因而经久耐用且抗压。树干北侧的木材更适合制作烟斗，其年轮密度更高。一棵孤立的直树树干，树枝上有结节、凸起和不规则纹理，比森林中生长的树木更适合雕刻。山林树木优于沼泽树木，生长在风沙平原的金合欢优于肥沃平原上的那些。

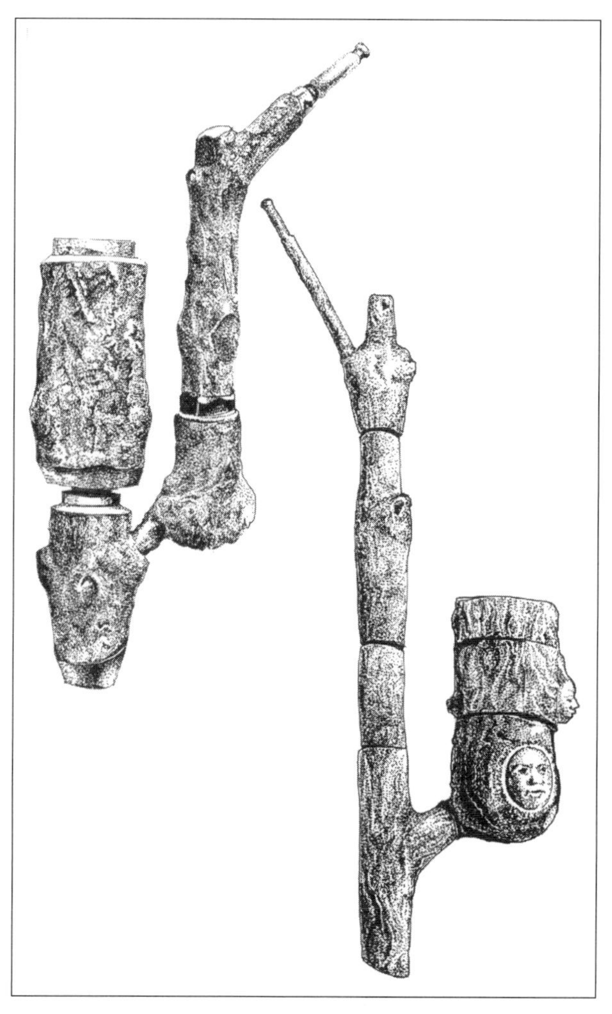

饰以怪诞面孔（Mascarone）的十七世纪木制烟斗。

除了自然气候和天气条件外，树木的年龄及其砍伐时间也至关重要。充分成长的树木比年轻的树木更成熟、更重。与结构松散的外层相比，树

① maschera 是一种威尼斯面具，上面布满麻子，看起来极其恶心。

心木材更适用。木材在寒冷和干燥的情况下会变得更加致密。横切比纵切要好，根材优于从多纤维的树干上切下的木材。因此，烟斗制造商很少购买整个树干，而是选择更适合制作烟斗的树桩。

人们很早就发现纹路美观的硬木最适合制作烟斗。金合欢、桤木、白蜡树、山毛榉、桦木、黑莓木、黄杨、香柏、樱桃木、鼠李木、山茱萸、榆树、榛树、石楠、角树、七叶树、枫树、酸樱桃树、橄榄、杨树、紫檀木、悬铃木、藤根和胡桃木都被用来制作烟斗。烟斗客的需求量越高，烟斗制造商提供的选择就越多。一本德国手册列举了二十七种可用于制作烟斗的树木，每种都各有原因。首选是那些能够承受雕刻和耐烟草燃烧的木材，这类木材适合抛光、纹路可喜，再者便是能增强烟味的木材。木材中最受欢迎的部分是其结节和奇形怪状的根部，其厚度和硬度适合车削，抛光后无需装饰性雕刻即赏心悦目。经过干燥、煮沸和油脂浸泡加工的木制烟斗，在欧洲烟斗行业经历了长达五百年的发展。

“我会制作乌尔姆烟斗”——乌尔姆的工匠

十六世纪的德国是欧洲经济强国。但是，三十年战争逐渐削弱了德国各邦国的经济实力。根据 1648 年达成的《威斯特伐利亚和约》，德国被裂解成为二百九十六个独立的宗教和世俗公国，在各公国极端保守与自私的经济政策之下，德国人民经历了严峻的经济困难。

一个非常典型的例子是，1696 年 5 月，盖斯林根制斗师沃尔夫冈（Wolfgang）与马修（Matthew）向乌尔姆镇的治安法官请愿：

“众所周知，盖斯林根的众多工匠和其他手艺人，许多人赚的钱不足以养家糊口。在我们锅炉和毛毡制作行业，师傅和学徒人数增加到如此之多的地步，人们的生活充满艰难困苦。这些年国家正被摧毁，已经完全不可能搜集到足够的食物来维持我们的生命。因此，我们一两年前就开始制作烟斗，通过辛勤工作与不懈努力，我们达到了一定的行业水准，我们用白色和黄色金属（银和铜）将许多配件巧妙地组装在一起做成的烟斗大受欢迎。我们制作的烟斗方便好用，受到形形色色的人的认可，尤其是军人中的抽烟者。我们的应变能力得到了上帝的保佑，我们可以轻易地以此谋生……而且，从我们手中采购烟斗销往各地的工匠和商人亦是如此，这一贸易还为我们的国家带来了可观的收入。有鉴于此，我们觉得，应该允许发展上述手工艺。我们坚信，若无章程，这一切便不可能。我们请求您制定出对我们友好的规章。”[318]

然而，治安法官约翰•乌尔里希•巴尔丁格（Johann Ulrich Baldinger）与来自丘芬根的阿尔布雷希特•贝瑟勒（Albrecht Besserer）不允许盖斯林根（距该镇有一刻钟的距离）的制斗师成立同业工会。1715 年，大约有 50 个包括雕刻师和铜匠在内的人再次请愿，但再次被驳回，理由是：这些参与烟斗制作的人，所采用的工艺并非通过正式的培训以及师徒之间的经验传授学到，而是经由自己的努力获得，制作烟斗对他们来说只是工作之外的业余活动，因此不能获批。这是人人都可参与的，镇长也没有干涉的意图。

这项决定表明了公国的烟草政策充满虚伪和暴利。1652 年，鉴于存在火灾隐患，抽烟被禁止了；但是，邻国烟草正在涌入，数量是如此巨大以至于根本无法禁止。公国自身也于 1700 年和 1736 年在符腾堡和路德维希分别设立了烟草厂。

至于第一支乌尔姆烟斗是怎样的，眼下还没有无可辩驳的资料。现存最早的乌尔姆烟斗是 1865 年从古堡的墙体中挖出的，这是一支英国 - 荷兰形制的陶土烟斗，1621 年被封砌在墙体中[319]。

乌尔姆博物馆中有一幅十九世纪的木刻，刻画的是当地的一家烟斗制作厂。在最突出的位置，师傅在用斧头、锯子和凿子给烟斗做粗修，在他背后一个学徒在用钻头钻孔。粗模固定在台钳上，然后打磨出烟斗的大致形状，再用凿子和粗锉做更细的成形加工。在作为店铺橱窗且面向大教堂的窗户边，可以看到完工的烟斗挂在长绳上。在 1830 年出版的小册子中，这些烟斗被称为“匈牙利式烟斗”（Ungarnkopf）[320]。

独特的乌尔姆木制烟斗革新应归功于雅各布 • 戈克伦（Jakob Göcklen），他放弃了自己的织工职业，在 1733 年开始制作烟斗。此后，

十九世纪乌尔姆烟斗制作厂场景，木刻。

在1794到1808年德雷赫大街举行的著名乌尔姆展销会上，我们第一次见到了来自帕彭海姆（Pappenheim）的制斗师迈克尔·斯特拉斯纳（Michael Strassner），以及他带来的饰有银质配件的海泡石烟斗和用海泡石排列点缀的木制烟斗。有些烟斗带有乌尔姆风格，他也销售经过精心绘制的柏林烟斗，以及带有人物和小镇景色的匈牙利烟斗。同时，来自米兰的柯西兄弟出售鼻烟盒，而来自乌尔姆的阿道夫·莱茵内克（Adolf Rheineck）在招标制作烟管。1801年，艺术品经销商尼布林（Nübling）出售红色和黑色的匈牙利陶土烟斗，很显然这些烟斗来自德布勒森。1816年，约翰·雅各布·格林德（Johann Jakob Gminder）出售自己制作的乌尔姆烟斗；希洛尼缪斯·海因斯泰特（Hieronymus Heinstedt）也是如此，他的部分烟斗带有白银和顿巴黄铜配件，此外还出售斗柄由柳木制成、长度常达一米半的土耳其烟斗[321]。

1797年到1812年间，乌尔姆有多达四十五人参与烟斗制作，我们知道一些制斗师的名字。其中，最著名的莫过于马丁·莱宾格（Martin Leibinger），他雇用了十一名雕工，还承接其他制斗师委托的工作。这些人包括：塞尼利斯（Schills）父子，来自朗格瑙的斯塔布（Staib），来自雷希贝格的施华蔻（Schwarzkopf）和他的姐妹，以及来自布朗霍夫的约瑟夫·索尼（Josef Sohnee）。约翰·莱宾格（Johann Leibinger）雇用了八个人：来自雷希贝格的鲍姆豪尔（Baumhauer）三兄弟，康拉德·鲁普（Konrad Rupp）和他的两个兄弟，以及来自索夫林根的菲利普·斯皮德尔（Philipp Speidel）和他的助手。莱宾格工厂制作的烟斗上印有JL标志。当时还有一位著名的女性制斗师芭芭拉·纳平（Barbara Knappin）。

1836年左右最著名的制斗师有约翰·鲍尔莱本（Johann Bauerleben）、乔治·曼（Georg Mann）、莫尔芬特（Molfenter）三兄弟，约翰·弗里德里希（Johann Friedrich）、安德烈亚斯（Andreas）和雅各布（Jakab）、加斯帕·谢菲尔（Gaspar Scheifele）和斯蒂芬·西尔伯霍恩（Stefan Silberhorn）。此外，我们知道1840年代有雅各布·迈耶（Jakob Maier），1860年代有伯恩哈德·埃伯勒（Bernhard Eberle）以及弗里德·诺兹（Friedrich Notz），1870年代有莱昂哈德·埃伯勒（Leonhard Eberle）以及克萨韦尔·雷斯蒂勒（Xaver Reismiller）。

乌尔姆烟斗的形制

在一则印刷品广告中，我们可以看到约翰·莱宾格烟斗产品录的第一页（连续编号1-11）。题词是这样描述的：

> “乌尔姆烟斗斗钵，由乌尔姆鹿屋（Deerhouse）附近的约翰·莱宾格制造。”[322]

引人注目的是，在这一页中，“匈牙利式烟斗”占主导地位，这表明它们可能来自同一个初始模型。除了独特的、形制各异的斯瓦比乌尔姆烟斗，还能很容易地认出斗颈较短且斗钵狭窄的卡尔玛什式烟斗以及匈牙利式的烟斗，后者的底座以及圆柱或方形斗钵带有巴洛克风格装饰，与德国陶制烟斗相关。

到了大约 1840 年，有 114 种乌尔姆烟斗被人们提及。哈贝勒（Häberle）尝试从多项收藏中搜集材料，打造一个乌尔姆制斗师产品的终极典藏。各种各样的商品宣传单令人信服地证明了这一手工艺的多样性，原因在于它开始满足一个不断发展的商业网络需求，而这个商业网由反映遥远地区和外国人品味的诸多要素组成。各种商品宣传单并非旨在做好分类，而是反映经营的烟斗商品丰富多样。

乌尔姆烟斗的最基本特征是，外观有型、紧凑，采用封闭形式。可以将其分为两种不同的基本类型：

（1）圆柱形斗钵向下插入类似圆盘状的水袋，结合处形成了具有动感的弯曲斗颈。斗钵和斗颈有机共存，圆形的斗体稍微突出基部。根据命名法，它的意思是在奥地利文学中偶尔出现的“公羊的阴囊”，但这毫无事实根据。虽然空间性完全没有得到重视，但这使圆柱形的斗钵与烟斗扁平底部的连接显得流畅而柔顺[323]。

（2）垂直斗口和斗颈与水平水袋连接，形成一个圆角矩形。这一外形变得更加紧凑，只有斗口和斗颈从基础形状中突出。

这种紧凑外形有一个功能性目的，主要为日常频繁使用烟斗的普通男人设计。这就解释了为何采用扁平形状：方便放在口袋或烟草袋中。斗柄长度证实了这一假设的正确性，乌尔姆最初制造烟斗时斗柄很短，不超过斗钵的长度，之后才进行延长和装饰，造成了斗体形状的演变。

最初，烟斗的愉悦感来自材质本身的简单美，主要是经过精心抛光磨制之后突出的木结，雕刻和人像装饰仅占一小部分。到了十九世纪，装饰才开始变得时髦。另一方面，金属斗口——通常是银制——以及斗盖的艺术造型和口柄的丰富性受到了极大关注。口柄起初较短，后来逐渐变长，采用硬质木材或鹿角制成。对于后者，獐鹿的角是首选。后来，随着烟斗向大型化方向发展，才开始使用体型更大的马鹿的鹿角。咬嘴一直都在变化，自十九世纪中期起，流行用一个灵活的柔性导管将咬嘴与垂直口柄连接起来。

满足实际需要这一常识尤其反映在咬嘴外观的不断变化之中。频繁使用之后，经常会出现这样的情况：烟斗客的牙齿逐渐磨损了细薄的角质

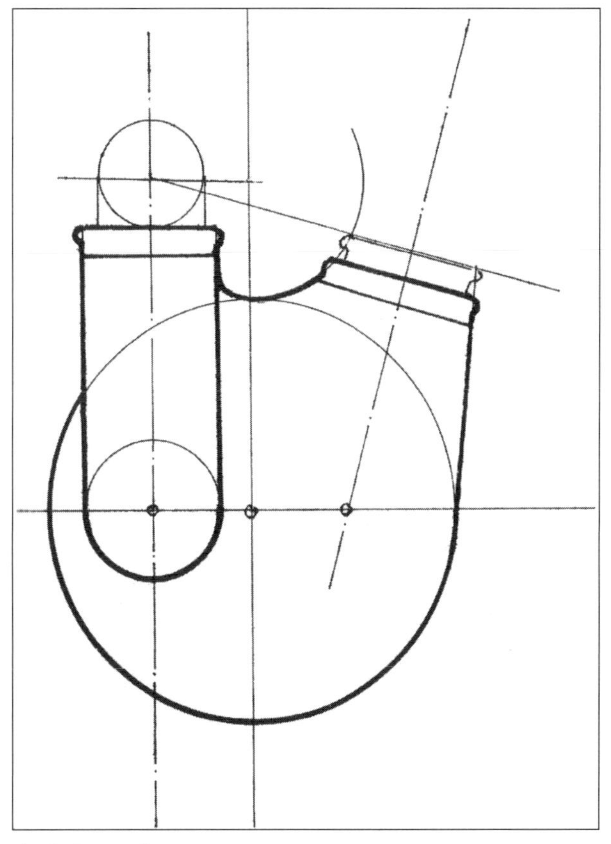

乌尔姆烟斗图示。

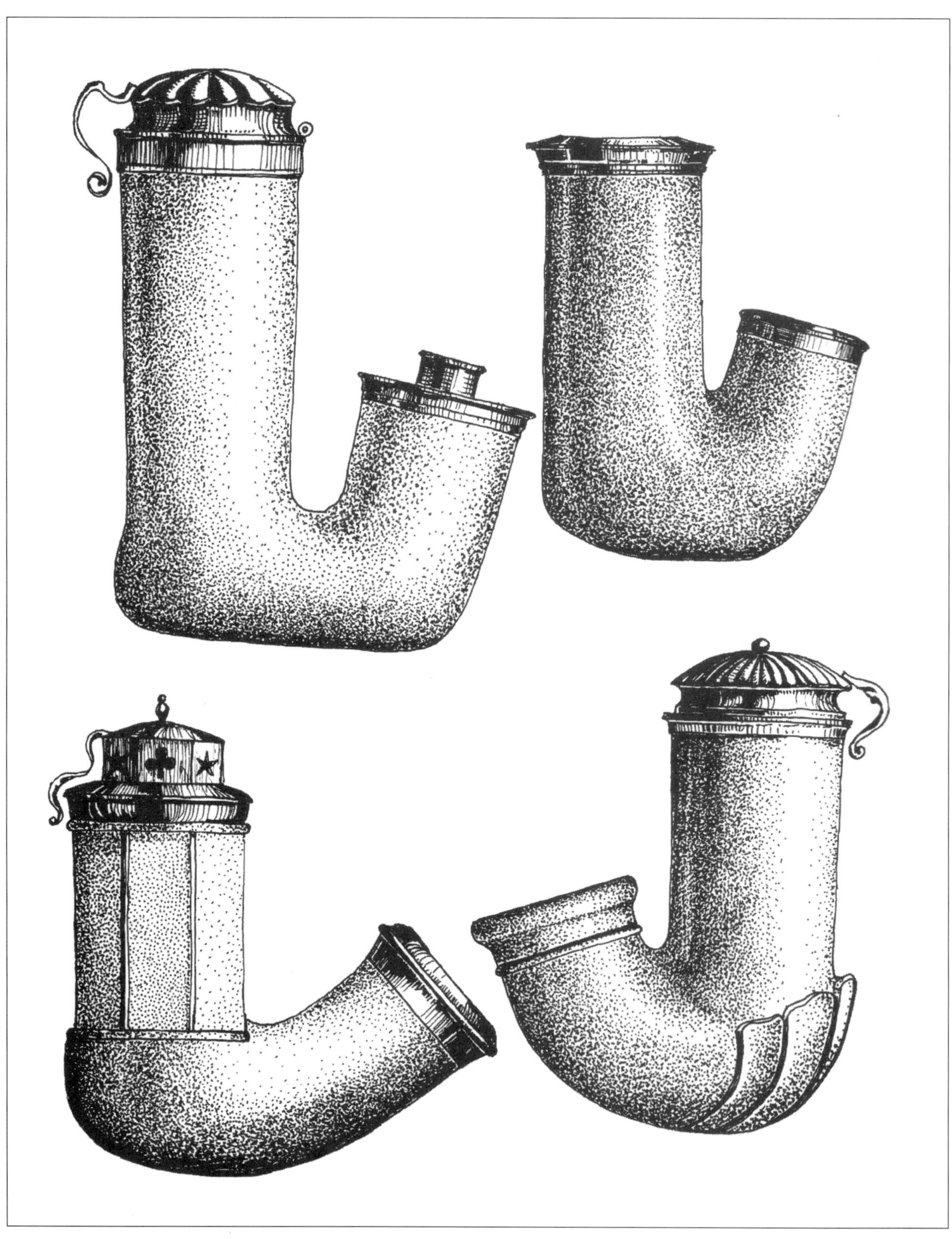

乌尔姆烟斗形制Ⅰ。

咬嘴，最终导致齿扣崩裂。为应对这种情况，乌尔姆制斗师发明了一连串的齿扣（通常是五个或六个，但有时候多达十九个，甚至二十个），试图创造一种“经久耐用的烟斗”[324]。当然，口柄的制作涉及另一种工艺，它们是经车工加工后再提供给制斗师进行装配的。我们知道来自戈特弗里德的迈克尔·多布勒（Michael Dobler）从事这种职业，他的商品目录发布于1809年，其中有一页是多种经车床加工过的口柄和咬嘴广告[325]。

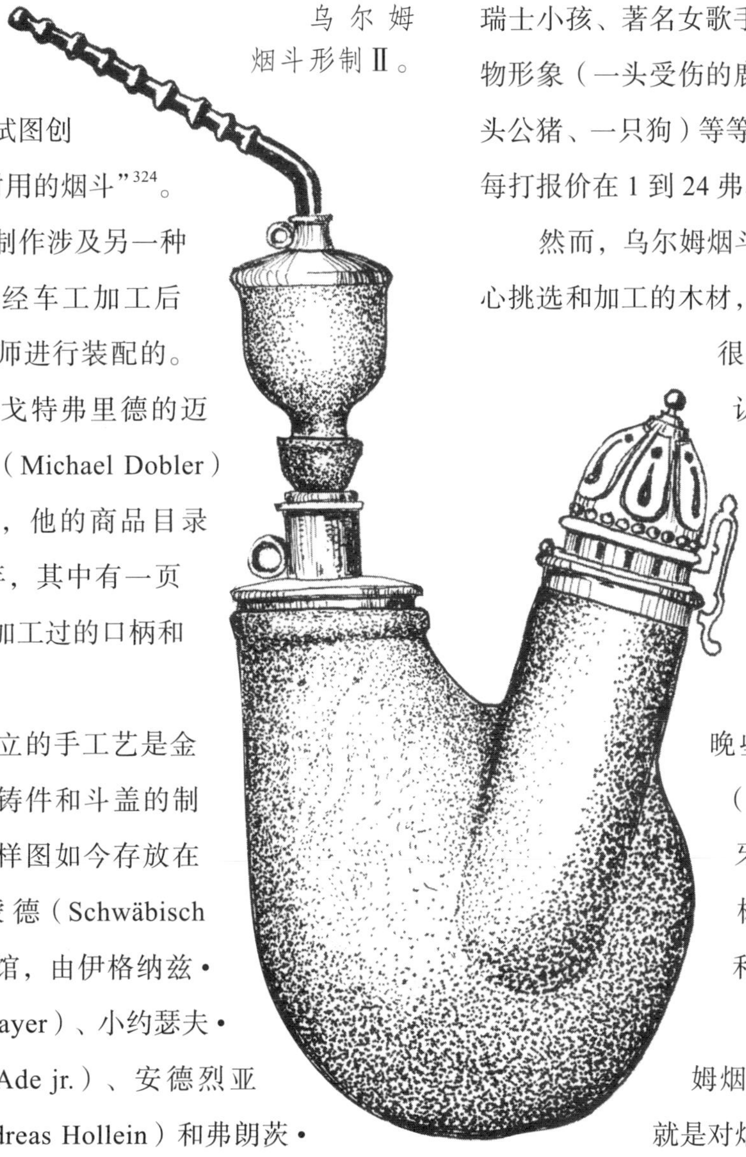

乌尔姆烟斗形制Ⅱ。

另一种独立的手工艺是金属斗钵、斗颈铸件和斗盖的制作。这些设计样图如今存放在施瓦比·格蒙德（Schwäbisch Gmünd）博物馆，由伊格纳兹·梅耶（Ignaz Mayer）、小约瑟夫·阿德（Joseph Ade jr.）、安德烈亚斯·霍林（Andreas Hollein）和弗朗茨·鲁道夫（Franz Rudolf）绘制，确证了符腾堡制斗师在制造引人注目的烟斗配件中付出了极大心血。如果罗特（Rott）、沃尔特与福斯特（Walter & Förster）公司发布于1830年左右的价目表能作为一种参照标准，那么施瓦比·格蒙德可能已经成为铜制烟斗制造业的中心。这份价目表宣传了各种各样的烟斗盖，它们用玫瑰形花样、树叶、贝壳、神话人物（刻瑞斯、狄安娜、密涅瓦、甘布里努斯）、头像（教皇、波兰男人、苏特林少妇、瑞士小孩、著名女歌手）、马背上的拿破仑和动物形象（一头受伤的鹿、三只雄獐、一匹马、一头公猪、一只狗）等等进行装饰，共有约60种，每打报价在1到24弗罗林之间。

然而，乌尔姆烟斗的最佳材料应该是经过精心挑选和加工的木材，并辅以优质耐用的装饰。很长一段时间内，人们普遍认为（虽然是假的）烟斗采用金钟柏制成，但实际上，它们是由多瑙河沿岸的赤桦木结制成的，此外还经常运用榛树、野梨树、稠李、红木，再晚些时候也采用地中海地区（达尔马提亚、希腊、西班牙、科西嘉岛和撒丁岛）的树根，甚至还有来自非洲和加那利群岛的木材[326]。

除了标准的外观，乌尔姆烟斗还有一个主要特征，那就是对烟斗的精心打磨方式，以此展现木材纹路的自然美，以至于有了“乌尔姆纹理”这个词来形容这个特征。天然木材之美正是乌尔姆烟斗纹理的精华。银质外壳加上形制丰富的斗盖，也越来越成为精心加工的烟斗的重要组成部分。据推测，部分钢盔形状的斗盖可能是某个客户的特殊要求。有时候是所用的木材

各式各样的乌尔姆烟斗。

决定了烟斗形状。十九世纪出现了各种外形的烟斗，但它们通常都经过精心设计和打磨，以便与乌尔姆传统烟斗的形制协调一致。

十八世纪中期，带有装饰和人物造型的烟斗开始出现，此后越来越频繁。这种表面浓缩了各种场景的烟斗受到贵族和日益富有的资产阶级追捧，导致了更大的市场需求。最终的结果是烟斗的基本形制得到彻底解放。最初，可以观察到烟斗的整体几何结构和表面发生着改变；后来，烟斗表面被装饰上各种藤蔓或人像；再后来，装饰越来越丰富，整个场景甚至系列场景都被雕刻上去。

十八世纪，带有海豚 - 狮鹫 - 狮子特征的烟斗形成了一个独特的派系。口柄从海豚张开的大口中突出，海豚身体形似水袋，尾巴或多或少环抱着斗钵，再用展翅的狮鹫或装饰框内的盾牌进行装饰，辅以狮像，包含一些主人的身份特征：他的名字字母组合，或者他的同业工会徽章，或者他的家族盾形纹章。通常，最主要的装饰是一只贴着斗钵的鹰。海豚与鹰同时出现，使人联想到巴洛克风格的象征性图像：海豚和鹰分别象征着大海与天空[327]。

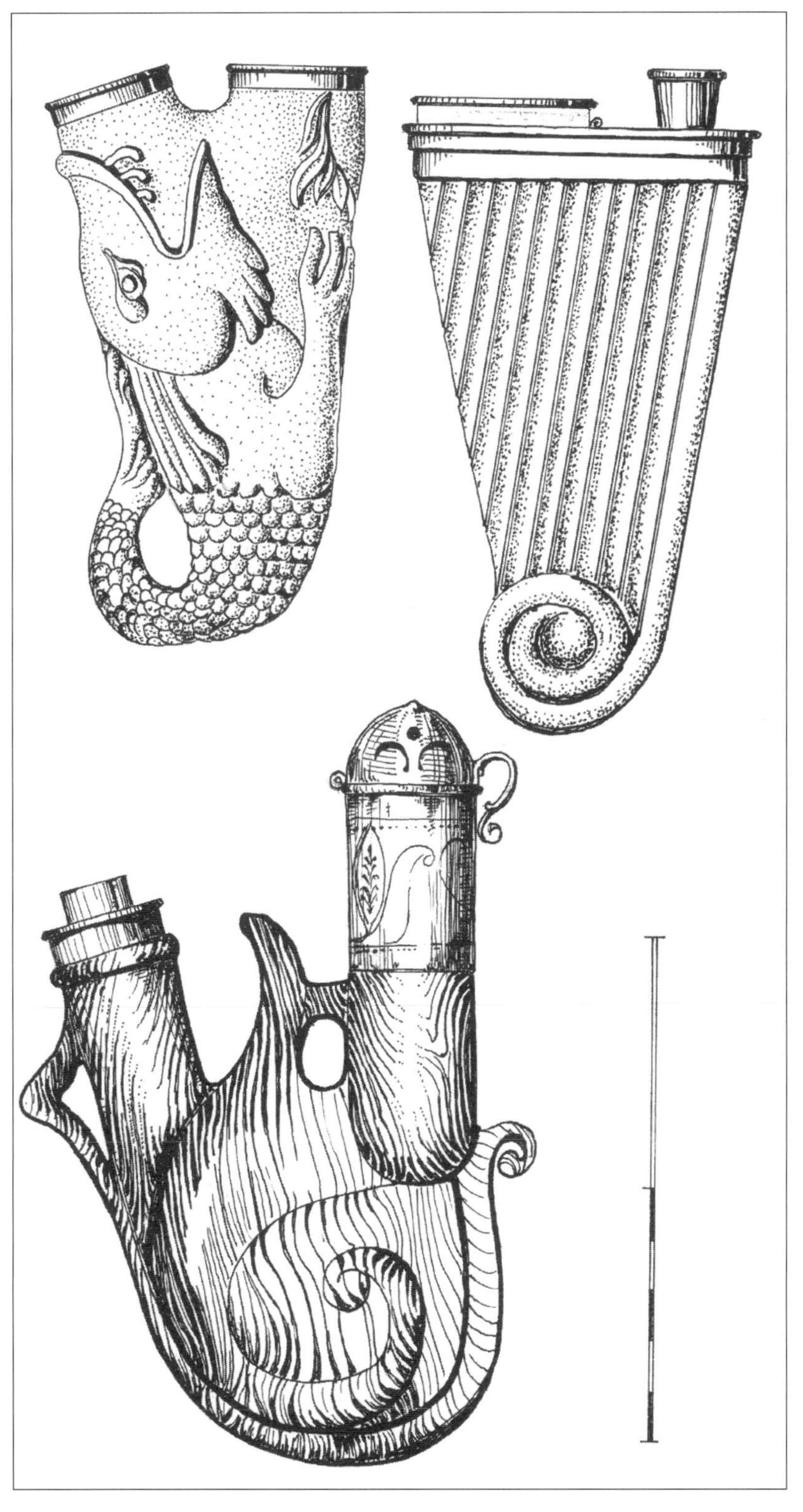

乌尔姆烟斗形制Ⅲ。

生产地和严格的时期划定（例如某一年）都不是判定“乌尔姆烟斗”的标准。它更是一个轮廓分明的外形，不仅在乌尔姆近郊流行，在更远的地方也很受欢迎，像巴伐利亚、瑞士和奥地利阿尔卑斯山区，尤其是在模仿乌尔姆的蒂罗尔。它不仅仅是一个功能性物品，还是一种身份地位的象征，是主人财富的代表性配饰，象征其身为富裕的资产阶级社会成员。装饰形式和主题的范围越来越广：有神话场景，例如女猎手狄安娜或海神之间的战争；有历史场景，例如反映骑士精神或威廉•退尔（William Tell）的传奇故事[1]；有狩猎场景；哥萨克骑兵；对话片段；森林场景中的情侣。从正规的、艺术的角度来看，可以说烟斗饰面变得越来越丰富。而且，喜欢采用保守、简单而生硬的装饰性雕刻的制斗师，开始被大量经过艺术学院教育的雕刻师所取代，它们的技术成就比得上采用上乘象牙制作的烟斗。从一些烟斗雕刻中可以看出其精湛技艺，例如在里德博物馆有这么一支烟斗，海神和美人

① 威廉•退尔是瑞士民间传说中的英雄，在十三世纪的史书中有记载，席勒（1804）、罗西尼（1829）的同名歌剧使其闻名世界。

鱼吹响螺号，骑兵在怒海的白浪中驰骋。有时候，这种纹饰占据了斗体的绝大部分，以至于摧毁了曾经明确界定的烟斗原有形态，达到了喧宾夺主的程度[328]。

位于纽伦堡的日耳曼国家博物馆里，有一把品质上乘、登记号为 T5205 的烟斗。它的装饰没有破坏典型的乌尔姆外观，表面的微缩版人物情景剧（冬天，伐木；夏天，收获、畜禽）不与根木的纹理相矛盾。网状斗盖与烟斗下方的叶须设计，使烟斗的微型装饰更具吸引力。微型人物画像是乌尔姆烟斗的特征属性之一：从微型场景中可以发现一种行业场景，例如奥斯科馆藏系列中的屠夫烟斗，奥地利国家博物馆烟斗中阿尔卑斯山上的骑兵、看台、街道场景（F 11 228）。生动的细节实际上来源于报纸记者报道公众参加赛马的娱乐场景[329]。

乌尔姆烟斗在材料、类型一致性、饰面风格等方面没有任何限制，因此年代顺序元素不能作为判断乌尔姆烟斗真实性的依据。普通的木制烟斗形制变得风靡一时，在创新需求的推动下，后来又被能工巧匠采用其他材料所替代，例如海泡石。莱茵馆藏系列中的海泡石烟斗，很可能是 1850 年到 1870 年间在维也纳制成的，在结构、斗柄接口和斗盖上完全遵照早期的乌尔姆烟斗形制[330]。各种风格的寿命也被以下事实证明，即十七世纪早期开发的乌尔姆烟斗形制，在当代烟斗雕刻工艺中依然存在，例如，福伊赫特的制斗师科尼普（Knüpfer）最近制作的烟斗就采用了这种形制[331]。通过 1807 年圣•克洛德的珍妮特产品目录，可以看出这一外观形状非常受消费者欢迎。在布拉迪斯拉发也有经过雕刻的、装饰丰富的乌尔姆烟斗，从十九世纪中期起，这种形制在海泡石烟斗中也经常见到。

烟斗制作艺术

木制烟斗由各种木材和树根制成，因各地自然资源而异。木烟斗一般以白铁皮或海泡石镶边，搭配镀铜盖或直接无盖销售。

制斗木材通常早在砍伐之前数年即已选好修形：树木生长中的枝丫分叉和盘绕卷曲情况足以透露伐锯之后可得的形状特征。砍伐前一年，在树木开始新一季生长之前的早春，先将根部以上的树皮剥下，形成一英尺宽的白木圈，然后将输水主根挖断。直到来年冬季树木完全干死之后方才进行砍伐。届时将树锯倒，置于宽敞但有顶的仓库和房屋中贮藏几年，使其继续晾干。有时也会将砍伐后的树木在活水之中浸透，以延长干燥过程。然后用水煮最适宜制斗的木料，以增加木材的硬度和耐久性。十八世纪中期熏蒸法传入，蒸煮方法由此成为首选，广为传播。应用此方法时，木材被置于一个木制盒子之中，利用蒸气熏煮。熏蒸过程持续至从盒中出来的水完全清澈为止。待到干透之后，木材还要在特制的烟熏室中熏制[332]。

干透的木材已经不含水分和树胶，首先用手锯将其从中锯开。然后，制斗师开始雕刻烟斗。雕刻工具与前文介绍的海泡石雕刻工艺所用工具相同（刻刀、凿刀）。在最终成形后，用木锉彻底锉平表面。然后嵌油灰，修补个别的表面瑕疵。

油灰材料多种多样，包括铅白、铅丹、烧棕土和些许白银；或者使用精细白垩与湿鳔胶的混合物，抑或用松节油烧制过、变成棕色的树脂和蜂蜡。

在嵌完油灰之后，用锋利钢刀、鱼皮和马鬃将烟斗磨平，然后用海泡石粉、精磨砖粉和毛料抛光。将鹿茸粉掺进亚麻籽油，用一片毛毡擦磨烟斗，直至光泽透亮。可以采用各种材料制备的漆营造烟斗表面的光泽，比如上乘的鱼肝油、头发粉末、锻烧酒石或虫胶、柯巴脂或龙血掺以纯酒精，即俗称的英式漆[333]。

许多名声响亮的制斗师在德国工作，有时整个村庄都靠制斗谋生。除了纽伦堡和鲁拉两大产地，很大一部分比例恰当、有饰刻或无饰刻的烟斗产于迪多夫和克林斯的埃森纳赫（Eisenach）、梅宁根附近的诺伊恩豪斯（Neuenhaus）、乌尔姆市的科堡（Coburg）、沃德斯特登（Waldstetten）和哥廷根等地。另外，纽伦堡、施韦比施 - 格明德（Schwäbisch-Gmünd）、雷希贝格（Rechberg）、艾巴赫（Eybach）、沃德斯特登、沃斯切博伊伦（Wäscherbeuern）、鲁拉和维也纳等地出产的烟斗也颇有名气。其他地区已知的最古老烟斗也是木制的。在塔皮欧塞莱的布拉什科维奇城堡博物馆中，陈列着俄国沙皇彼得大帝所刻的木制烟斗，这位沙皇曾在荷兰学习木工。搭配银盖的木制烟斗 1807—1810 年左右产自匈牙利德布勒森。从圣佩特里•约瑟夫（Széntpeteri József）的自传中我们得知，他在卡萨当学徒时刻制过镶白铁皮的木烟斗。烟斗雕刻不仅是一种职业，也是贵族的一种消遣方式。众所周知，十九世纪下半叶著名的匈牙利政治家戴阿克•费伦茨（Déak Ferenc）曾经制作烟斗，其中一件精雕细刻的烟斗现藏于匈牙利国家博物馆[334]。

在十九世纪中期——极有可能在匈牙利佩斯，有一位技艺非凡的匿名制斗师，雕刻艺术绝

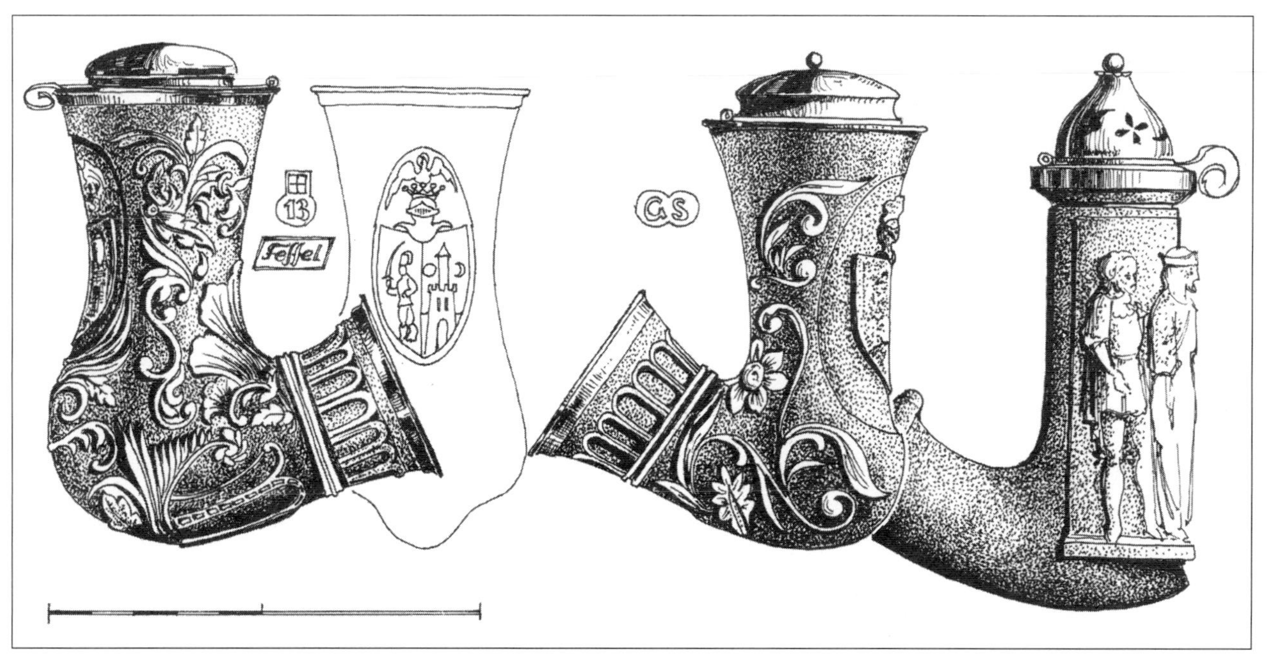

十九世纪的匈牙利紫檀烟斗。

非浪得虚名。他所制作的烟斗，无论是典型元素（曲面锥形斗钵、棱角鲜明的斗底、漏斗状衣领式斗颈），还是不拘一格的装饰，都显示出这是一位独具一格的艺术家。这些烟斗饰有历史场景，大多是个人预先定制。他制作的一个烟斗 (O. coll.) 上，斗钵正面饰有匈牙利盾形纹章，左边是横幅和加农炮，右边则是一方墨水台，置于一本翻开的书和一支带沙盒的笔上方。在斗盖上，一个 SR 标记清晰可辨。就目前所知，这种烟斗存在各种不同的纹章版本。有一个烟斗 (Sz: 52.621.1.) 刻的是执剑星月纹章，而另一个烟斗刻的是一个盾徽——右边是日月之下的一座城堡高塔，左边是一位穿着匈牙利服饰的持剑人。在头盔装饰上方，可以看到一只展翅的鹈鹕。此人烟斗作品中的一个极佳例子见于奥斯科藏品——一支饰有匈牙利盾形纹章的烟斗。在这个藏品系列中，还有一支描述“歃血盟誓”场面的匈牙利木制烟斗。

维也纳的奥地利烟草博物馆有一支雕刻内容丰富的哈布斯堡时期两段式烟斗，特别有名。这是约瑟夫·施耐德（Josef Schneider，1869—1941）为 1910 年在维也纳举行的国际狩猎展雕刻的作品。这支烟斗由垂枝桦木制成，70 厘米高，饰有 300 多个单独人物构成的画面。在斗钵上部，可见鲁道夫·哈布斯堡在迪恩克鲁特（Dürnkrut）战役中的画面。烟斗装配了由王国领土构成的王冠状银质斗钵盖，上面布满骑手。施耐德还在水囊上雕刻过鲁道夫，不过这次是寓意死亡：

“何为生？活着是一场无休无止的抗争。我们在上下求索永恒真理的途中，全都逃脱不了死亡的支配。”

这位大师出身于一个历代制斗的家族。这支装饰性强于功能性的巨型烟斗恰如其分地代表了他的雕刻艺术。

石楠（根）烟斗

在讲德语的地区，最重要的烟斗是乌尔姆木制烟斗。类似地，在讲英语和法语的地区，边讷河畔的圣·克洛德近来成为引领石楠烟斗风潮的中心。

这座靠近瑞士边境的法国汝拉省小镇早在中世纪时期便是闻名遐迩的朝圣之地，在十五六世纪时尤为鼎盛。此镇在十二世纪后以圣·克洛迪斯（Saint Claudius）的名字命名，当时整个地区还是边讷河和塔肯河交汇处一座修道院下辖的独立小邦[1]。镇上人口大多从事纪念品生产，依靠整个基督教世界的朝圣风俗谋生。随着烟草传播而来，镇上开始兴建烟草厂，不仅生产鼻烟，还向瑞士、德国和奥地利等国出口黄杨木、骨头、动物兽角和琥珀等质地的口柄。中世纪图像学将圣·克洛迪斯视为玩具制造商的守护神，因而圣·克洛德成为名副其实的小饰品生产中心，盛产纪念品、镶嵌宝石、精雕烟斗等，其中石楠烟斗雕刻尤负盛名。

根据当地传说，石楠烟斗的发明与一位名叫大卫的圣·克洛德车工有关。据说，大卫在博凯尔集市上买到一块黄杨根瘤，并得知生活在马基群落（灌木地带）的心灵手巧的慢生活牧羊人用

① 圣·克洛德大审判发生地。

它来雕刻精致的装饰品。人们认为大卫是利用石楠这一硬质木料制作烟斗的第一人[335]。

然而，民间还有另外一则关于石楠烟斗诞生的地道法国传说，这个版本更加精致讲究。许多法国朝圣者造访拿破仑的家乡小镇，其中就有一位制斗师。他来考察在阿雅克肖发现的一种优质木材，碰巧摔坏了自己的海泡石烟斗，在遍寻各种材料后，采用科西嘉石楠木临时制作了一把烟斗。

当时，圣•克洛德的“纪念品工业”已然具备石楠烟斗发展所需的一切产业先决条件。许多人员在这里从事木雕和制斗职业，其中包括让特（Jeantet）的商行，其主营业务包括烟斗贸易。他们1807年的产品目录包括各类德国陶瓷烟斗、乌尔姆木制烟斗、海泡石烟斗以及当地木材和动物兽角制成的特色烟斗。

烟斗的外形完全取决于工艺：由木材车削中的多种典型要素构成。1841 年，三大制斗公司大概雇用了二十名工匠[336]。大约在 1854 年，石楠烟斗应运而至，它继承了英国 - 荷兰形制式陶土烟斗的主导地位。当然，这并不意味着陶土烟斗的消亡。一如往常，变革是渐进发生的，新事物永远无法一开始就在圣•克洛德占据绝对主导地位。实际上，古老的民间传统继续存活着，并且特色木制烟斗现今仍然按照早期传统制作，不过有所简化，以适应新风格的鲜明表达。

除普通的木制烟斗外，圣•克洛德还出产另一种特色鲜明的烟斗——带人物雕像的手工烟斗。带有人面或兽首的烟斗，或自然写实或怪诞夸张，在法国及其邻国瑞士一直比较盛行。这种烟斗的风潮植根于巴比松学派民间艺术，对吉申（里尔）[Gischon (Lille)]、弗奥利特（Fiolet）和冈比尔（Gambier）等地的烟斗生产有着重大影响。意大利木制烟斗也反映出同样的趋势，其中那不勒斯尤甚。

埃里卡（Erica）石楠是地中海沿岸马基群落土生土长的灌木。石楠的法文名字 bruyere 来自凯尔特语 brug 的拉丁译文 brugaria。这种植物一般生长于森林被砍伐后茂密的灌木丛中。

石楠与栓皮栎、金松和矮柏相伴生长。这种分枝稀疏的两栖树木最高可以长到 2.5—3.0 米。某些不具雌花的植株的残根会骤然增粗，这些根结通常在土壤深处，但有时就在土壤下

圣•克洛德的镟木烟斗。

面的根颈部位。

根部增粗的发生率只有 15%—20%，因此大部分生物学家认为这属于生长中的畸变现象。这些外观异常、表面粗糙似贝壳、带有节疤和扭捩纹的根结是否真正适合用来雕刻烟斗，只有到了制作烟斗的时候才能确定。这类根结防火吸湿，在打磨抛光之后，复杂多变的纹理颇为诱人。当然，坦白地说，这类根结存在若干缺陷，比如雕刻难度大，包藏一些土石，以及遇火或遭虫害后容易变形等。

石楠原产于法国、意大利、西班牙、科西嘉、阿尔巴尼亚和希腊等地。在加那利群岛，石楠长得异常高，可达 15—20 米。石楠根的采伐时机通常是在树龄 30 年至 50 年之间，这时木材最好加工处理。在冬季将根结挖出，去除瑕疵后贮存在坑洞之中继续阴干。清洗和干燥之后，将根结切成适合切割机加工处理的小木块。在车工的车床上，这些木块会被加工成标准尺寸。人们普遍认为，只有一百年以上的石楠根才能制成好的石楠烟斗，但是这更有可能是制斗师为抬高市价而捏造的传说。为了除湿去脂，木料需要在铜壶中煮三十个小时左右。然后是为期几周的干燥过程。蒸煮过程会把木料人工做旧，产生独具特色的红色光泽。

法国石楠烟斗。

在准备过程完成后，还需要精心挑选。第一步是找出必然会有的包藏物：在锯下木材后，部分之前遮蔽的瑕疵会显露出来，因而会损失 25%—30% 的木料。另外，有时根结会暴露出血红根心，这部分木料质地更软，而且耐热性较差，不宜用来制斗。这时，烟斗制造商们凭借独到的眼光，根据石楠木的纹理挑选出最好的材质。要觅得一块纵横网格纹理或直纹的木料很难，这跟买彩票赢头奖一样罕见。而且，即使成功找到，木料的内部或有损坏，等到加工时才会发现，需要填充。树龄越老，木料内部遭虫害的概率也越大。没有任何填补的木制烟斗非常稀少，相应地价格高昂[337]。近些年，随着意大利制斗工业的发展，大量马基群落中的石楠木被用于制作烟斗。埃里卡石楠大量生长于西西里佩罗里塔（Peloritani）的山坡上、卡拉布里亚（Calabria）、撒丁岛的努奥罗（Nuoro）和萨萨里（Sassari）周边地区、坎帕尼亚（Campania）的萨莱诺（Salerno）地区，以及巴斯利卡塔（Basilicata）。埃里卡石楠根重约 0.8 千克时——即树龄达到 20 至 30 年，即可挖出它的根结。1930 年，莫里杰拉蒂曾挖出重达 50 千克的石楠根，1938 年西诺波利（雷焦 • 卡拉布里亚）、1939 年科索利托挖出过 55 千克的，1939 年马里纳 • 萨利纳 [墨西

斗形怪异的法国和瑞士木制烟斗。

拿（Messina）] 挖出过 110 千克的，1944 年卡梅罗塔（萨莱诺）挖出过 7.5 千克的，1949 年拉梅塔（墨西拿）挖出过 40 千克的，1949 年阜姆迪尼斯（也属墨西拿）挖出过 37 千克的。

石楠根的纹理可能是：

（1）大理石花纹；或者

（2）火焰纹、石榴纹、鹧鸪眼纹[338]。

鸟眼纹状的木块会被归入不同的质量级别，主要根据纹路的完美度和瑕疵数目来区分。例如，在英国和法国，要求石楠烟斗纹理的瑕疵不能超过三个。

下一步制作流程是将木块切割成适宜的形状。石楠成型需要辅以精心设计的模具，在制作经典烟斗过程中需要敏锐地保护其形制[339]。

首先将锯好的木块加工成斗钵上部的形状，然后制作斗颈和钻孔，再将各个部件手工装配在一起。在做好明确的外形后，利用磨削和喷砂技术对表面进行抛光处理。然后添加一个烟嘴，再对斗口进行上色和上漆——特别是商用产品。在送到客户手上之前，烟斗一共需要历经四十至八十道工序。

石楠木烟斗的首要决定元素是口柄线条。直式烟斗最为常见。这种烟斗富有运动感，显得青春有活力，易于清洗，在设计上与早期的陶土烟斗非常相近（伦敦形式）。弯式烟斗也很流行，由于良好的重量分布，它不会给牙齿造成负担；烟斗不大，不会妨碍烟斗客工作，而且烟气冷凝机制也更加优越。直式烟斗在社交场合更加常见，而弯式烟斗一般在家中使用。自然而然，还有一个介于中间的形制——半弯式烟斗。这种设计赋予烟斗青春而有活力的苗条造型。

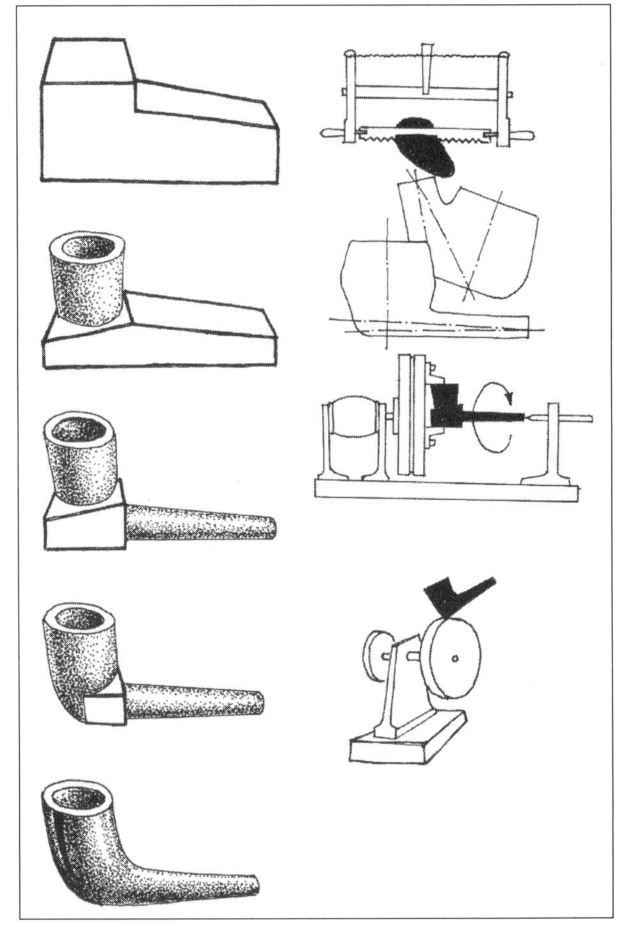

石楠烟斗的制作流程。

斗颈和口柄装配是制斗流程中的另一个重要环节。大多烟斗配有楔子，锥形头的口柄也很常见。斗颈末端有时会接一个军用热插拔金属环作为保护，以免开裂。

斗颈本身可以是圆形、椭圆形或方形，而咬嘴或为扁嘴或为马鞍嘴[340]。咬嘴末端形状多样，都是为了提供良好的咬合位置。有些斗客把烟斗放在膝上，也有人用牙齿扣挂。咬嘴上的扣件也形状各异，具体取决于斗客的牙齿是天然健康的还是假牙[341]。

烟斗大小、口柄长度和斗颈与咬嘴比例需通

过精细度量确定。经典款烟斗全长在13—15厘米之间，斗颈大约4厘米长，搭配反向咬嘴。海地烟斗全长13厘米。极短的烟斗，比如法国“灼嘴”（brule-gueule）烟斗，长度仅有11—13厘米。为避免烟斗烫伤脸部，短柄烟斗的钵壁更厚，因而比正常长度的轻瘦型烟斗更重。轻瘦型烟斗的烟气到达嘴边时较凉，而且更容易清洗[342]。

烟斗的容量由斗钵决定：中等大小的斗钵可以容纳持续抽一个小时的烟草量，偏大的斗钵可以持续一个半小时，而小型斗钵够抽半小时。大斗钵适合在家中使用，比如阅读、听音乐、案头工作或者单纯地抽着烟斗做自己的白日梦时。有经验的烟斗客一般直接用手指查看斗钵的容量：若只能插入小指，就是小斗钵；若能勉强塞进食指，则是中等大小；若能够轻松插入食指，则是大斗钵。至于斗口，制斗师采用四种近似大小形制：

1. 小型——外径27mm、高35mm
2. 中等——外径34mm、高45mm
3. 大型——外径36—42mm、高42—52mm
4. 巨型——大小超过大型烟斗

在细而高的烟斗中，烟草均匀而欢快地燃烧；在宽而低的烟斗中，烟草中部迅速燃烧但侧边无法完全燃烧。斗钵壁面的厚度影响烟斗重量，钵壁越厚重量越重，烟气劲道越小。对大多烟斗而言，这意味着钵壁厚度为4—5mm。一把13cm长的小烟斗的适当重量为25g，一把14cm长的中等大小直嘴烟斗重约35g至45g，而一把弯式大烟斗可重达70g[343]。

经典斗型

关于烟斗的文献认定了十二款经典斗型。最常见的“经典款”烟斗是直柄式（Billiard）。这种斗型的斗口由垂直线条决定，传承了伦敦斗型。口柄平直，一般呈渐缩圆锥状。在美国，这种斗型也有方形和马鞍型咬嘴。在曲柄斗之中，弯式（Bent）烟斗是经典斗型。这种斗型拥有渐缩圆锥状口柄。都柏林（Dublin）烟斗是直柄式中的一种，斗钵略微倾斜，也带曲柄。直柄式的另一种变型为罗瓦式（Lovat）烟斗：口柄较长，咬嘴为马鞍形。罐式（Pot）也是直柄烟斗的一种，长斗钵、直柄或曲柄皆有。苹果和王子[加勒式（Galles）]烟斗非常流行，有两种造型。苹果式烟斗斗钵呈圆形，而王子式斗钵略扁平。两种斗型的口柄曲直皆有。椭圆式烟斗斗钵扁平，专为歌剧或音乐会观众设计，方便斗客将烟斗收放在晚礼服的衣袋里。这种烟斗不易点燃。同样，这种斗型也有直柄和曲柄之分。伍德斯托克式烟斗[Woodstock，也称小王冠（Cornette）]的口柄稍有弯曲。直立扑克式（Stand-up-Poker）或扑克式斗钵呈圆柱形，斗底扁平，是最适合工作时使用的斗型，因为它可以立在桌案上。教会执事式（Churchwarden）烟斗趋于保守，最完好地保留了传统的长柄英式陶土烟斗形制。这种斗型的口柄长而弯曲，斗钵则是直柄式或都柏林式的形状。这种斗型的烟到嘴边时比较凉，是斗客阅读或专注看电视时的极佳伴侣！斗牛犬式（Bulldog）烟斗的主要客户群是打高尔夫者、游艇主或驾驶者、露营者、司机和猎人。这种斗型的斗钵呈椭

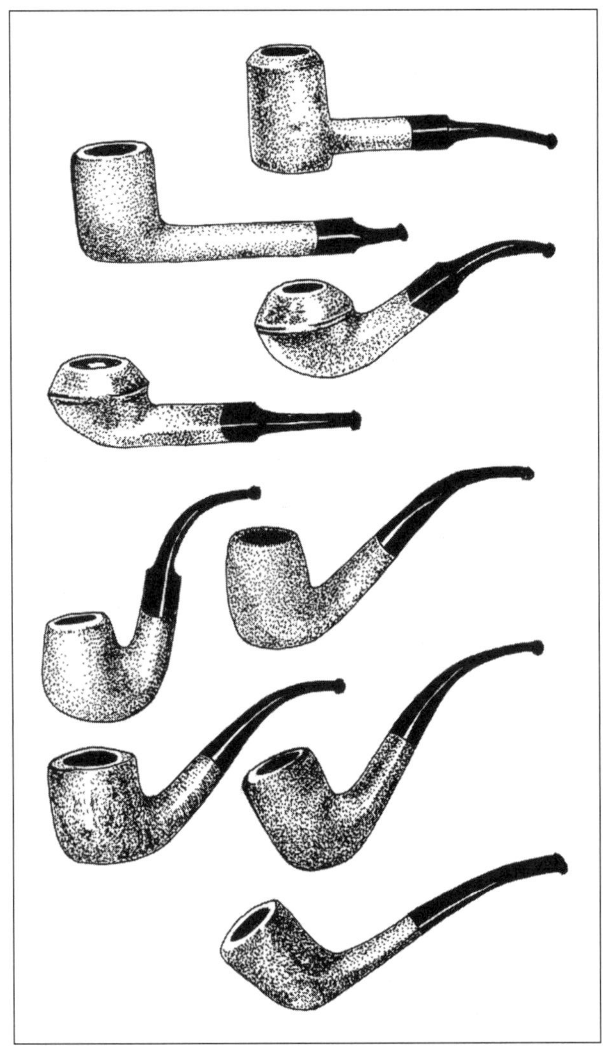

石楠烟斗经典形制之一。

圆形，在上部三分之一处收窄。上下两个表面以细而斜的沟槽分割开来，直柄或曲柄拉长，搭配马鞍形咬嘴。

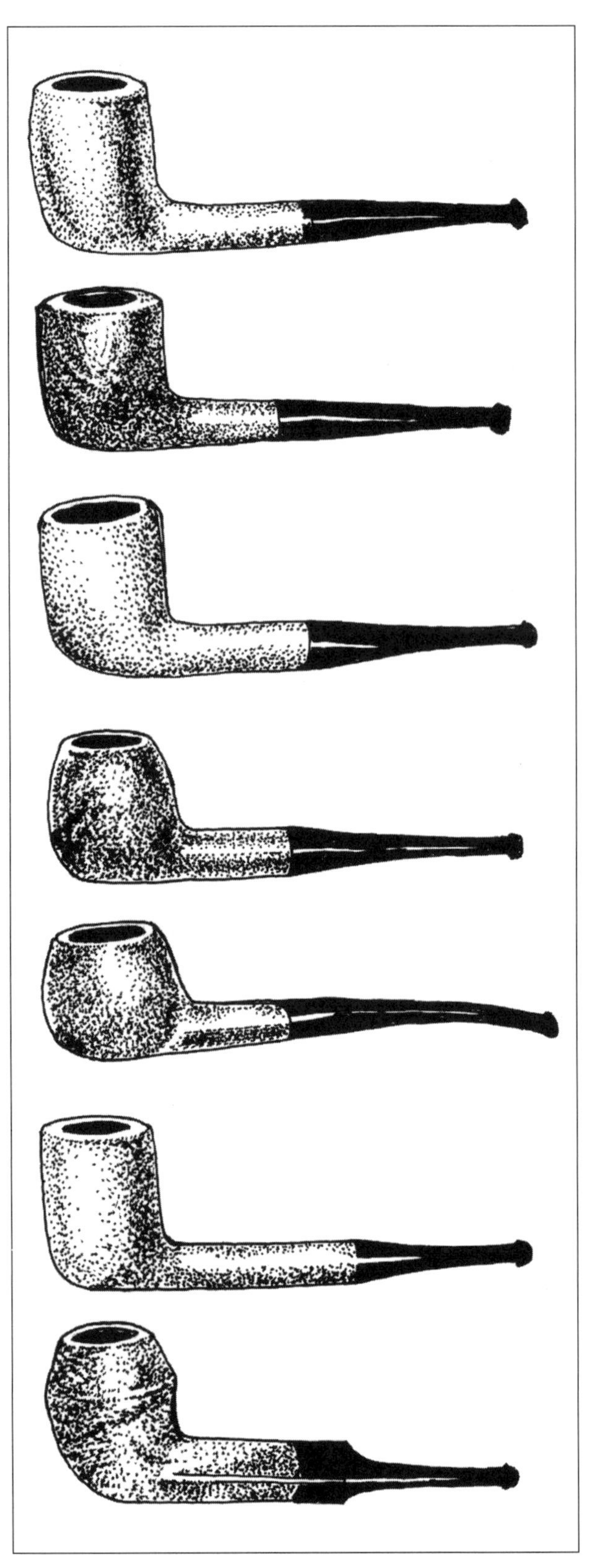

石楠烟斗经典形制之二。

半经典斗型

罗德西亚式（Rhodesian）和斗牛犬式类似，只是斗钵更矮、更宽也更大。曲柄烟斗就是弯式罗德西亚式。克特式（Cad）或海地式是小斗钵，是斗牛犬式烟斗的变型。利物浦式（Liverpool）烟斗有渐缩形咬嘴，模仿罗瓦式烟斗。军用式（Army）烟斗是英国陆军最喜欢的一种斗型，它的特征是直柄式斗钵，斗颈镶有一个保护环，以防裂开，另有一个圆锥形的咬嘴。具有异域风情的弯式阿尔伯特式（Albert）斗型为曲柄，咬嘴呈马鞍形，斗钵呈漏斗状，造型模仿非洲葫芦式烟斗。长斗柄“全根”加拿大式斗型是罗瓦式烟斗中非常受欢迎的一个款型。萨克斯（萨克斯管）式烟斗拥有典型弯式斗柄、马鞍形咬嘴。

在意大利，直柄式烟斗斗钵倾斜，模仿著名的热那亚陶土烟斗，为了纪念陶土烟斗的先驱，保留了热那亚的名字。白兰地式（Brandy）斗钵宽展，直柄或曲柄，让人一见就想起白兰地酒杯。

石楠随型斗和时尚石楠斗的前身是椭圆形和梨形烟斗，配合直柄和曲柄，能演变出很多形制的烟斗。

经典斗型还有多面斗钵。钵面可以是椭圆形（方形直柄式）、马铃薯形（方形王子式），或者在钵缘处接合（方形苹果式）。卵石形的设计形制也可见于方形牛帽式（Bullcap）上方的三分之一处。

现存烟斗形制

医学一直在揭露吸烟的危害，而且并非没有成效。十九世纪以来，始终不离手的香烟让烟斗退居幕后。十九世纪匈牙利浪漫主义小说家莫尔•乔凯（Mór Jókai）认为，相比谨慎可靠的烟斗客，紧张不安的香烟客

“甚至在警察眼中都是可疑的……围绕在昔日烟斗客身边的一切……皆与他在特定阶段的人文素养息息相关：那是他的沉思”。

随着工业革命兴起，技术发展扫荡了封建制度，也消除了以往的传统生活方式。正是这些变革催生了香烟和新的奴隶：尼古丁成瘾者。

“二十世纪的人抽烟不仅为了吞云吐雾带来的口感和香味，他们渴望尼古丁本身的效果，而这正是医生试图阻止人们避免受到的危害。其实，这是有道理的。但是，人们无法想象，在人类文明挑起的种种事态面前，若没有兴奋剂的帮助，自己怎么能够生存下去？”[344]

目前，香烟中的尼古丁是第一大健康危害。在抽烟时，每分钟有60—70毫升的烟气进入人体；由于抽烟者会把烟气吸入肺中，肺就成了烟气荼毒的直接目标。与抽吸香烟者相比，烟斗客和抽雪茄者仅抽燃烧中的烟草，将烟气吸进嘴里然后吐出，从而减少了受到的伤害。因此

“可以预期，抽烟的未来在于风险最小化——老式吸法：复兴抽烟斗，在一定程度上辅以抽雪茄”[345]。

越来越多的烟民必然会认识到，他们的昂贵爱好对健康有害，而且即使无法戒掉烟瘾，他们也可转而采用这些方式替代香烟。这是烟斗复兴的其中一个原因。另一个原因是，人们厌倦了现今无休无止的忙碌，产生了怀旧心理，想要寻求更加宁静、悠闲而人性化的生活方式。

在今时今日，机器和技术处于支配地位，不仅带来人类生活方式的变革，而且通过机械化复制不断催生许多私人的新需求。而在早前，这些

需求

“在手工生产的世界中尚不为人所知”[346]。

人与环境和谐共存是每种早期文化的一个显著特征，不论是农业文化、中产阶级文化还是贵族文化，因为手工制作器物的工具是由自然材料决定的，也需要遵守相应的自然法则。现代化批量生产让早年发展起来的技术显得贫乏而低劣，或者至少让打造敏感手工制品的双手显得笨拙。一直以来，技术发展忽视了材料使用规则，而且服务于至高无上的商业利益，用合成的黄金、大理石和木材欺骗大众。

在我们所属世纪（二十世纪）的五十年代，反感破坏材料质量和材料形式的倾向催生出新的设计概念。但是，服务于速成的美国大产业注定要将设计概念变成一种让大众消费越来越多商品的手段。阿蒂利奥•马可里（Attilio Marcolli）对这种倾向的描述一针见血。他说，即使是最常用的日常工具生产，其设计理念也要高于仅仅满足人们的基本需求。

“工业设计从一开始即具有模棱两可的特点，因为它一直强调，在现代生活特有的实用主义和机械化面前，人们有权也有需要享有一定程度的人性化。”

那些意大利和瑞士设计师技艺精湛、在手工业领域根基深厚，他们的个性化产品很容易在工业上实现规模化的制作。因此，当出于商业目的和强化竞争能力时，他们的设计就会比较激进[347]。

奥利维蒂（Olivetti）品牌的例子也表明，对艺术原则的孜孜追求并没有将商业成功拒之门外：马切洛•尼佐利（Marcello Nizzoli）在奥利维蒂工厂中设计出的款型可以实现美感与功能性的理想交融，形成一种超然于国别限制之上、能够发展转变为国际性气质、符合普世人文价值的特殊个性化风格[348]。

意大利烟斗类型

具有手工艺传统的意大利和斯堪的纳维亚为抽烟者带来了福音，两地出品的烟斗形制既表达了当代人类的需求，又符合追求专业精致细节的艺术要求，沙芬烟斗即是一个完美范例。一百多年前，阿奇力•沙芬（Achille Savinelli）在米兰市中心提契诺门附近的维阿•欧里菲（Via Orefici）成立了自己的工厂。他母亲在那里经营一家烟草店，而年轻的阿奇力还为一家快餐店打工，贴补自家店铺并不稳定的微薄收入。1881年他接手店铺，他的两个兄弟也尝试与热那亚商人进行烟草贸易。他们所销售的烟斗大多为海泡石材质，但是阿奇力也开始制作石楠木烟斗。由于商品种类稀少，他在店面陈列柜上摆满各种纸质烟斗招揽生意。儿子卡罗（Carlo）1920年开始参与经营店铺，1924年正式接手，为自家烟斗印上沙芬（Savinelli）标志。他起居皆在小店的阁楼上，有时会在小店后台工作到很晚。就是在那里，第三代沙芬掌门人、另一位小阿奇力慢慢长大。小阿奇力在店中旁听对话，耳濡目染，从父亲那里学到了专业手艺，然后开始琢磨、绘制和打造自己的烟斗形制，力求在设计上满足烟斗客的一切需求。然而不久之后，战争暂时中断了他的烟斗设计师之路。后来，他在莫利纳·迪·巴拉索（Molina di Barasso）建立了工厂，就是在这里，首批真正意义上的沙芬烟斗——由瓦雷索托（Varesotto）发展而来——应运而生。如今，他家在伦敦、纽约和东京等地皆设有店铺，沙芬烟斗也可与业内顶尖烟斗品牌一较高下。

沙芬家族可视为意大利制斗师的典范。另有一位第三代制斗师是瓦雷泽的多瑞里奥·罗韦拉（Dorelio Rovera）——罗韦拉家族 1911 年起就从事烟斗制作。他家的烟斗造型绝对奇特，埃里（Erre）、维利尔（Venere）和 ARDOR[安吉洛·罗韦拉（Angelo Rovera）+ 多里洛·罗韦拉（Dorielo Rovera）的缩写] 烟斗上的肖像画带有讽刺漫画般的恣肆。洛伦佐·塔格里亚布（Lorenzo Tagliabue）的工厂建于 1900 年，创始人是他的叔父，厂址位于拉娜·加拉拉泰（Lana Gallarate）。他的父亲 1922 年接管了企业，开始出口时髦有名的洛伦佐（LORENZO）烟斗。马里奥·加斯帕里尼（Mario Gasparini）和他的两位艺术界朋友一起组建烟斗厂，厂址就是他在卢维纳泰的家，向西欧和美国出口烟斗。非系列型加斯帕里尼烟斗由乔万尼·克雷帕迪（Giovanni Crepaldi）设计。而在莫利纳·迪巴拉索，毛罗·阿梅里尼（Mauro Armellini）和他的六位助手制作传统的经典风格烟斗。带有马斯特罗·达·派亚（MASTRO DA PAIA）商标的烟斗，吉安尼诺·斯帕多尼（Giannino Spadoni）和伊里奥·巴朗蒂尼（Ilio Barontini）[利沃诺（Livorno）] 设计的烟斗，以及罗西（Rossi）兄弟（号称制斗王朝）设计的烟斗，它们之间风格迥异、各树一帜。意大利斗型在迪诺·达·坎皮奥（Dino da Campione）烟斗中融入了瑞士追求高精密度的制作精神。

意大利烟斗具有的一般特点是辩证平衡，即不仅讲究民间传统与国际化英式斗型融合，也注重外加创新性的民间形制改进。这一首创并不遵循审美规律，而是对基本技术原理的魅力重塑。

英式烟斗

英式烟斗形制的特点是保守，坚守源于法式的原始斗型（圣·克洛德）、制作近乎标准的经典斗型。英式斗型在全球市场上占据主导地位，1863 年以后受到伦敦查·拉坦父子商行（F. CHA-RATAN & SON）的精心维护，1869 年以后受到另一家伦敦商行 GDB、1907 年以后受到派克·哈德 - 卡斯泰尔（PARKER-HARD CASTLE）[现已改组为登喜路（DUNHILL）] 的精心维护。然而，保守主义并不意味着拒绝引入新技术，而是审慎有序地实施结构性变革，比如登喜路（Alfred Dunhill）品牌烟斗采取表面喷砂处理工艺。英式烟斗完全不受爱尔兰都柏林商行卡普·彼得森（KAPP & PETERSON）烟斗系统烟道创新带来的影响。其他驰名产品包括滨海利的公民（CIVIC）烟斗（商标 BBB）和海马克特的罗意威（LOEWE）烟斗（商标 LOEWE）；法尔坎（FALCON）烟斗的斗钵可更换，金属斗柄呈螺旋形，这些创意值得一提。

法国制斗商的产品特点是热衷英式斗型。比如，贝罗德 - 里佳德（BERROD-REGARD）公司出品的布茨-乔坤（BOUTZ-CHOQUIN）烟斗，以及基恩特（JEANTET）、拉克罗（LACROIX）和罗普（ROPP）烟斗，这些制斗商同时维持了圣•克洛德风格的制斗传统。

在参与国际市场竞争的德国烟斗形制之中，最著名的要数瓦恩（VAUEN）工厂生产的烟斗：埃克斯克鲁（Exclusiv）、因特斯泰尔（Interstyle）和索尼特尔（Solitaire）烟斗的烟气过滤器是专利产品，专利权人为佩尔（Perl）博士。德式斗型的魅力体现在对斯堪的纳维亚风潮有克制的接纳和可靠精密的工艺上。

斯堪的纳维亚烟斗风格

该地区烟斗形制的特点是摆脱了保守的国际化斗型，勇于在烟斗制作上迈出革命性的一步。丹麦哥本哈根风格的领先品质引人注目，这在索伦•安德森（Soren Andersen）的温德伯格（SVENDBORG）烟斗以及斯威•邦（Sviend Bang）、舒努维奇（Chonovitsch）、乔治•杰森（Georg Jensen）、斯温德•克鲁德森（Svend Knudsen）、W. Ø. 拉尔森（W. Ø. Larsen）、琼•迈克（Jørn Mike）和安妮•朱丽叶•拉姆森（Anne Julie Rasmussen）设计的烟斗上体现得最为显著。除了优质木材、精雕细琢和一丝不苟的手工，斯堪的纳维亚完全拒绝因循守旧，正因如此，丹麦烟斗的典范才会如此受到市场追捧。赛克斯汀•伊瓦森（Sixten Ivarsson）随型烟斗已经宣告了形式与功能的完美平衡，同时兼顾新旧斗型的融合需要。斯坦威尔（STANWELL）烟斗和卡尔•埃里克（KARL ERIK）烟斗借助现代保守主义主导了市场。木盒中的烟斗（Pipe in the Bloc）——从木块中煞费苦心地挖制出烟斗，木块就用作烟斗盒——代表了市场对奢侈烟斗日益增长的需求。斯堪的纳维亚设计先锋人物 G.Ø. 拉尔森（G. Ø. Larsens）来自挪威的利勒哈默尔，他的设计体现了浓郁的丹麦制斗创新精神[349]。

后 记

本书至此收尾多少显得笨拙而粗糙……我今年七十七岁了，直到现在，我才能明了这些“考古文物”，这些个人激情凝结而成的艺术品的难以捉摸的历史。我原本打算继续谱写的交响曲尚未完成……

衷心希望我的朋友伊纳克•奥斯科博士在未来很长一段时间内能通过多种形式继续整理我所热爱的这些遗物。我们两人都热爱生活，也相信热爱艺术的本质就是为了使生活变得更加美好。

我深信，烟斗这种用具也会在较长的历史时间内，继续给被它蓝色烟气萦绕的信徒们带来不少乐趣。我也相信，年轻一代的烟斗爱好者未来有望纠正这部未完之作的错误之处，将烟斗的故事续写下去……

我自己还有一项任务是编写年代顺序表，这是我在本书开头向读者做出的承诺。年代顺序表可以帮助读者快速查找相关信息（不需要读者成为真正的烟斗客！），也有助于敏锐的收藏家们掌握更多的综合知识。

附录：由本书作者编写并绘图的奥斯科藏品烟斗目录表

"MÚZSAVEZETŐ APOLLÓ" Óbudai munka : 182o.	tajték ezüst	P0293
Nagyon könnyü, világos szinü /kissé rózsaszines/ tajtékból faragott pipa, kosara és csutoraszára leveles ezüst foglalattal. A kosár derekán Apollót láthatjuk a Helikon hegyén a kilenc Muzsa között. Apollo jobbjában ijjat tart vállán puzdra látható nyilvesszőkkel, baljában lyrát tart. ElőtteTerpsychoré táncol, kezében táncdobbal. Szemben vele Erato ül konyvvel az ölében, jobbjával tollat fog, baljában lyrát tart. Mögötte a szárnyas Eros áll. Fölötte Tháliát látjuk, kezében álarc és emberfejes bunkósbot. Mellette Euterpe áll / a lyrai költészet muzsája/ fuvolával a kezében. A jobb szélen az ülő Melpomenét látjuk, jobbjában kard, baljában korona és jogar, ölében tragikus álarc. Apollo jobbján Kalliopé ül és Polyhymnia térdel /a hősköltemény és a zenét kisérő ének muzsái/. Fölöttük Klio áll, baljával az ég felé mutat. A balszélen Uránia ül, jobbját éggömbön	ø60 124 ø56 112	
Talpa barokk virág mintákkal faragott, a pipához méltó kivitelben.	CSUTORATÁNYÉRON: ML beütés + SzJ vésés WURZINGER JOSEPH, SZENTPÉTERI JÓZSEF	KOSÁRTÁNYÉRON: 13 PA PHILIPPUS ADLER

nyugtatja. – Elsőrendü müvészi munka, mesterének bélyegzője a csutoraszár tányérán látható : ML monogramm. Teljesen korbailló á talp későbarokk virágkosara. – A kosárfoglalaton 182o-as óbudai mesterjegy 13-as finomsági jellel. A gótikus PA monogramm szerint Adler Fülöp mühelyében készült, az ötvös valószinüleg Szentpétery József / a csutoraszár foglalatán látható SzJ monogramm alapján.

5

"MOHÁCSI ÜTKÖZET"

Tajtékpipa 1890. k.

tajték

réz kupakkal és csutora-védővel

P0292

0292

A sárgás alppszinü, egyenletesen kiszivott pipa törzsén a mohácsi ütközet van kifaragva; balra a zászlót tartó Lajos király, koronával a fején. Előtte ugyancsak szászlót tartó idős férfi-alak, aki előtt térdelő alak védekezik, karddal a kezében. A csoport jobb oldalán a törököket láthatjuk: Szulejmán lovon ülv-e vágtat előre, jobbjával előre mutat a magyarokra

A réz kupakon IM és SK beütés, valószinüleg óbudai rézmüvesek jele.

A pipa talpán S alaku ornamens a futó állat-alakos pipák faragójának modorában.

Gazdagon faragott szárát futó állatalakok, virágok diszitik. A csutora közelében T G monogrammaa.

"BUDAVÁR VISSZAFOGLALÁSA" tajtékpipa

1736 k.

Tajték,ezüst

P0290

0290

A pipa kúpos kosarának homlokoldalán lovon ülő Lotharingiai Károly főherceg sasos zászlóval a kezében.Mögötte huszárok lovagolnak,lándzsájukon "A" betüs zászlóval. A várfalakon ostromlók és lóháton a védekező budai basa,Abdurraman. - A kosár talpán kétlóvas hadiszekéren a római hadisten: Mars. A rajz a nyakra is átterjed:két sas között földgömb, s egy levágott török fej, lehulló turbánnal.
Kosár- és csutoraperemezése fedéllemezes,cakkos szélü ezüstlemez.A turbán formájú kupakon félhold és csillag alakú áttörések. Oromdisze félhold. A kupakot sodrott és sima szemekből formált lánc kapcsolja aszárgyürühöz.

Készülhetett az 1686-os ostrom félszázados évfordulója körül.

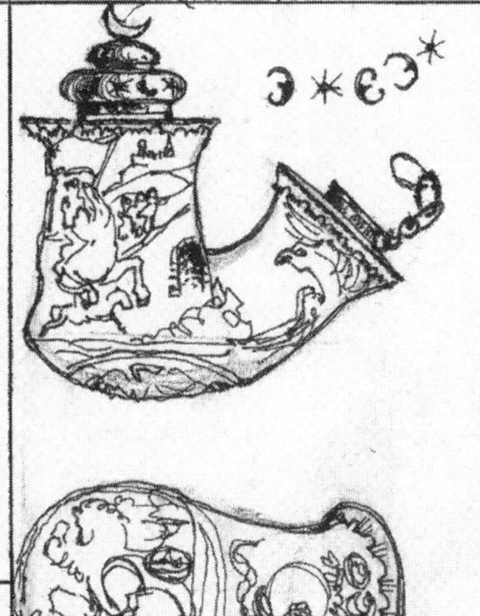

rózsafa/ezüst

Ivesen formált, öblös talpban végződő kosár, tölcséres csutora, rokokós ornamentikával boritva homlokán ovális mezőben függőlegesen osztott cimer: jobbra vártorony, balra kivont kardu, magas csákoju katona. Sisakdisze koronával, mellét tépő pelikánnal. Csutorája és kosara fedéllemezes gyöngysoros cakkos szélü peremezéssel Mindkettőn ~~Tésfel~~ (13) jellel. Lencsekupakján 2 levélből formált zár.

~~Tósfel~~ Tésfel (13) = Kőnegy 1613-15 Pécs

[Vö: Szegedi Múzeum teljesen hasonló (alaki,tartalmi és méretben) pipáját: 52.621.1 (4751) ©Ⓢ

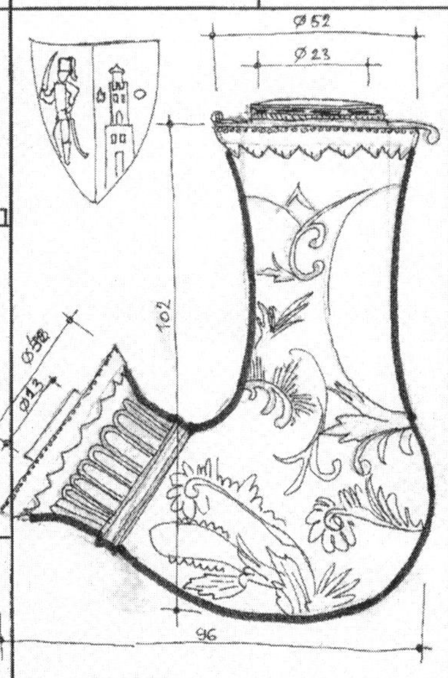

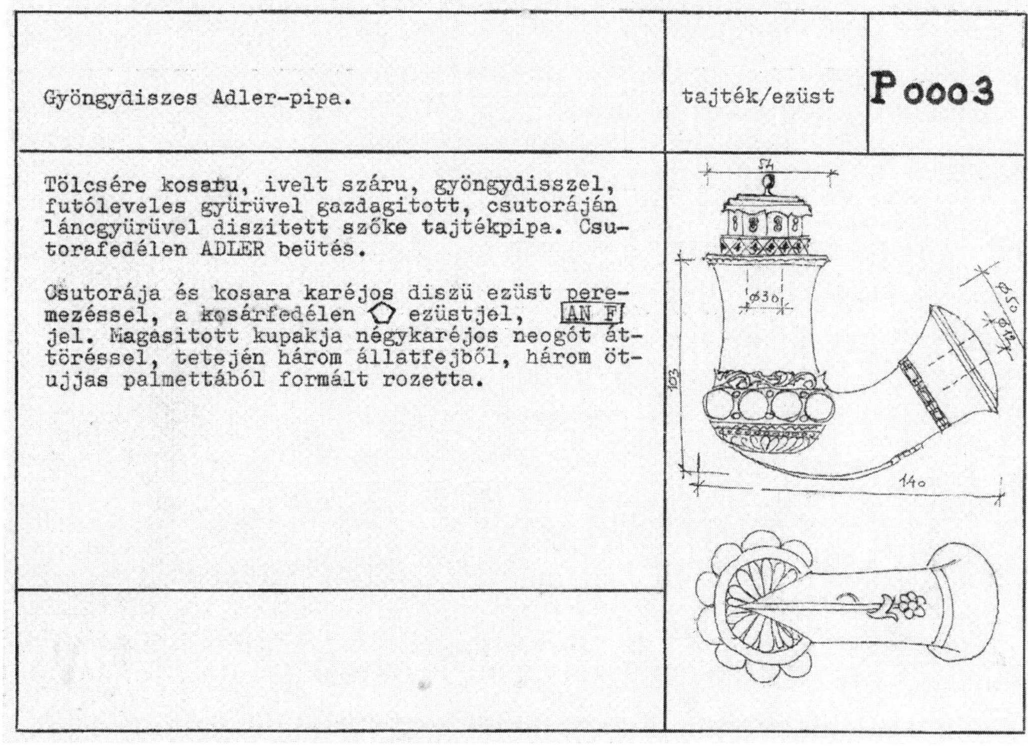
Gyöngydiszes Adler-pipa.
tajték/ezüst
P ooo3
Tölcsére kosaru, ivelt száru, gyöngydisszel, futóleveles gyürüvel gazdagitott, csutoráján láncgyürüvel diszitett szőke tajtékpipa. Csutorafedélen ADLER beütés.
Csutorája és kosara karéjos diszü ezüst peremezéssel, a kosárfedélen ezüstjel, AN F jel. Magasitott kupakja négykaréjos neogót áttöréssel, tetején három állatfejből, három ötujjas palmettából formált rozetta.
54
103
140

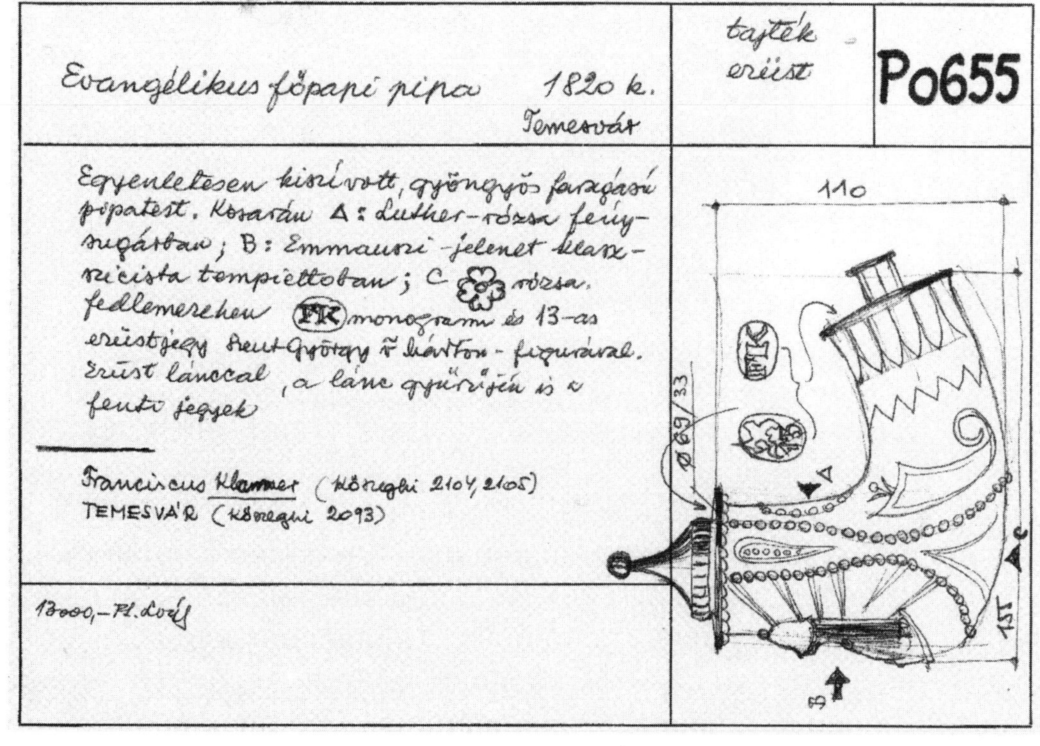
Evangélikus főpapi pipa 1820 k.
Temesvár
tajték
ezüst
Po655
110

参考文献与标注

当死神突然把费伦茨•勒瓦迪从我们身边带走的时候，他即将完成对这部作品中大量参考资料的最后一次检查。剩下的少量资料他也已尽力提供。

作者在长期研究过程中收集了大量的文学材料，包含完整索引的手稿现为奥斯科藏品，研究人员事先提出申请即可进行查阅。

最常涉及的出版物包括：

ASCHENBRENNER = Aschenbrenner, Helmuth: Tabak von A bis Z. - M. Brinkmann AG. - Bremen,1966.

ATKINSON - OSWALD = Atkinson, David - Oswald, Adrian: London Clay Tobacco Pipes. - In: The Journal of the British Archaeological Association. 1969. 23. - 171 - 227.

BASTIEN = Bastien, André - Paul: Von der Schönheit der Pfeife. - William Heyne Verlag. - München, 1976.
No page number. German translation of the book La pipe by same author(Paris, 1973.).

BÖSE = Böse, Georg: Im blauen Dunst: Eine Kulturgeschichte des Rauchens. - Deutsche Verlagsanstalt - Stuttgart, 1957.

CORTI = Conte Corti, E. C.: Geschichte des Rauchens. Die trockene Trunkenheit: Ursprung, Kampf, und Triumph des Rauchens. - Insel Verlag - Leipzig, 1930.

CUDELL = Cudell, Robert: Das Buch vom Tabak. - Verlag Haus Neuerburg. Köln, 1927.

DAVEY = Davey, Peter: The Archaeology of the Clay Tobacco Pipe.
I. Britain: The Midlands and Eastern England. 1979.
II. The United States of America. 1979.
Ⅲ. Britain: The North and West. 1980.
IV. Europe 1. 1980.
V/1 - 2. Europe 2. 1981.
In: British Archaeological Reports. - Oxford.

DUNHILL - P = Dunhill, Alfred: The Pipe Book. A&C Black. - London, 1924.

DUNHILL - S = Dunhill, Alfred H.: The Gentle Art of Smoking. - Max Reinhardt Ltd. - London, 1972.

ECSEDI = Ecsedi István: A debreceni cseréppipa. - Debrecen, 1932.

EHWA = Ehwa, Carl: The Book of Pipes and Tobacco. - Random House. - New York, 1974.

FRANK = Frank, Joachim A.: Pfeifen - Brevier oder von der Kunst genüiβlich zu rauchen. - Paul Neff Verlag. - Wien, 1969.

HOCHRAIN ABC = Hochrain, Helmut: Das ABC des Pfeifenrauchers. Wilhelm Heyne Verlag. - München, 1977.

HOCHRAIN = Hochrain, Helmut: Das grosse Buch des Pfeifenrauchers. - Wilhelm Heyne Verlag - München, 1973.

KALMAR = Vogel, C. A.: Jagdschätze in Schloss Fuschl. - Drömer Knaur Verlag. - München, 1974.

OSWALD = Oswald, Adrian: Clay pipes for Archaeologist. - Oxford, 1975.

RAMAZOTTI = Ramazotti, Eppe: Introduzione alla pipa. - Martello - Milano, 1975.

RAPAPORT = Rapaport, Benjamin: A Complete Guide to Collecting Antique Pipes. - Schiffer Publishing Company. - Exton, 1979.

REEMTSMA = Reemtsma, H. F. und Ph. Reemtsma GmbH und Co.: Tabaco: Ein Bilderbuch vom Tabak und den Freuden des Rauchens. - Verlag F. Bruckmann KG. - München, 1960.

REMETHEY = Remethey Fülepp Dezső: A nagy szenvedély: A dohányzás története. - The author's publication - Budapest, 1937.

TIEDEMANN = Tiedemanm. Friedrich: Geschichte des Tabaks und anderer ähnlicher Genussmittel. - Heinrich Ludwig Brönner. - Frankfurt am Main, 1854.

1. missing in the manuscript
2. missing in the manuscript
3. FRANK. - 11.
4. Herodotos: Historiae lib. - I. c. 4., II. c. 74 - 75.
   Pomponius Mela: De situ orbis - 1. 2. c. 2.
   Plutarchos: Fragmenta et spuria. - 1. Ⅲ . c. 3.
   Plinius: Naturalis historia. - 1. XXVII. c. 3.
5. Huber, E. - In: Umschau. Heft 36. 711 - sk. 11. L.
   Becker, Lothar. Ein Rechenexempel für diejenigen, welche der alten Welt den Tabak vor 1492 n. Chr. abstreiten. - In: D. T. Z. 189. 3.
   Reber, B.: Les pipes antiques de la Suisse: Anzeiger für Schweiz. - In: Altertumskunde. Heft 4. (1914.). - 287 - 303; Heft 1. (1915.). - 39 - 44.
   CORTI. - 20 - 22.
6. FRANK. - 15 - 16, 11.
7. REMETHEY. - 6 - 17.
   BASTIEN.
   Aschenbrenner, H. - Stahl, G.: Handbuch des Tabakhandels. - Verlag Richard Gahl. Berlin, 1950. - 17 - 19.
   Bernardini: Tobacco. - In: Enc. Ital. - XXX Ⅲ . - 139 - 155.
8. CORTI. - 22 - 23.
9. Radin, Paul: The story of the American Indian. - London, [s. a.].
10. REMETHEY after Cronau. - 86.
11. Hennepin: Nouvelle découvert d'un tres grand pays situè dans I'Amerique. - Utrec, 1967.
    Charlevoix: Histoire et description generale de la Nouvelle France - Paris, 1744.
12. Catlin, G.: Letters and Notes on the Manners, Customs and Condition of the North American Indians, written during eight years travel amongst the wild tribes of Indians of North America. - London, 1841.
13. BASTIEN.
    REMETHEY. - 37.

14. Das Buch der Erfinder... 18... V. k. 90.
15. CUDELL. - 16 - 21.
16. Dimt, Heidelinde: Tabak als Heilpflanze. In: Dimt, G. - Dimt, H.: Schnupfen und Rauchen: Tabakgenuβ im Wandel der Zeiten. - Linz, 1980. - 5 - 9.
17. Hernandez de Oviedo y Valdes, Gonzalo: Historia general y natural de las Indias, islas y terra ferma, dal Mar Ocean. - Toledo, 1526.
    Also published in Seville in 1535 and in Salamanca in 1547. Latest publication: Madrid, 1853. 130.
18. Benzoni, Girolamo: Historia del mondo nuovo. - Venezia, 1565.
19. Monardes, Nicolás: Duos libros. El uno trata de todas las cosas que traen de nuestras Indas Occidentales, que sirven al uso de Medicina ... El otro libro, trata de dos medicinas meravillosas que son contra todo Veneno, la Piedra Bezoar, y la Yerua Esquerconera ... - Sevilla (Sebastian Trugillo), 1565.
    Hernandez, F.: Qatro libros de la naturaleza y virtutes de las plantas y animales, que estan recevidos en el uso de la Medicina en la Nueva Espana, que el Doct. Francisco Hernandez escrivio en lengua latina. Traduito per Fra Francisco Ximenes. - Mexico, 1615.
20. Bustamente, C. M.: Historia general del as casas de Nueva Espagna, que doce libros y dos Volumes escribeo E1R. P. Bernardino Sahagun data a luz con notas y suplementos Carlos Maria Bustamente. - Mexico, 1830.
21. Bernal Diaz del Castillo: Historia de la Conquista de la Nuova Espagna. Denkwürdigkeiten oder wahrhafte Geschichte der Entdeckung und Eroberung von Neu - Spanien, übersetzt von Reyfues. - Bonn, 1838.
22. BASTIEN.
    Cartier, J.: Descours d'un voyage fait aux Terres nouves de Canada ou nouvelle France. - Rouen, 1598. - c. 10.
23. Thévet, A.: Les Singularites de la France Antarctique. - Anvers, 1558.
    Thévet, A.: Cosmographie universell. - Paris, 1575.
    CORTI. - 52.
24. BASTIEN.
    REMETHEY. - 24.
25. TIEDEMANN. - 50.
    CO RTI. - 50 - 54.
    Hochrain, H.: Das Taschenbuch des Pfeifenrauchers. - Wilhelm Heyne Verlag - München, 1972. - 41.
    CUDELL. - 67 - 68.
26. The experiences of the physician Charles Etienne were published by his son - in - law, Jean Liebault in L'Agriculture et la maison(Paris, 1570). A German version was published in Strassbourg in 1588 under the title Carolus Stephanus - Joh. Libart us, XV. Bücher von dem Feldbaw, translated by Melchior Sebizio.
    Dalechamps, J.: Historia plantarum. - Paris, 1584.
27. Monardes, Nicolás: see 19.
    His work - trasated by Gehorry - was also published in 1572, in Paris. In 1579 the Latin version illustrated by Clusius appeared in Antwerp, the English version coming out in 1577. The most recent publication was in 1970,NewYork.
    Dimt. - 5 - 9.
28. CUDELL. - 36 - 38.
29. Neander, J.: Tabacologia: hoc est Tabaci seu nicotianae descriptio medico - chiurgico - pharmaceutica vel cius praeparatio et usus in omnibus ferme corporis humani incommodis. - Bremen, 1622.
30. Cited by CORTI. - 58.
31. Der newen Weldt und indianischen Köngreichs newe und wahrhaffte History ... Erstlch durch Hieronymum Bentzon is welscher sprach beschrieben ... - Basel, 1572. - LXX1X.
32. Colerus, John: Oecconomia ruralis ac domestica. Darin das gantz Ampt aller trewen Hausz - Vaetter, Hausz - Muetter bestaendiges und allgemeines Hausz - Buch vom Hausz - Halten, Wein - Acker, Garten Blumen und Feld - Bau

begriffen. - Mayntz, 1665. - 45., 245.

33. Barcley, William: Nephentes or the Virtues of Tobacco. - Edinburgh, 1614.
34. Sylvester, Joshua: Little Bartas: or Briefe Meditations, on the Power, Providence, Greatness, and Goodness of God. Tabacco Battered; and the Pipes Shattered(About the Eares That Idlely Idolise so Base and Barbarous a Weed; Or at Least - Wise Over - Love so Loathsome Vanitie:) by a Volley of Holy Shot Thundered From Mount Helicon. - London, 1614 - 20.
    CORTI - 130.
35. Abraham a Santa Clara(Ulrich Megerle) Merck Wienn Dess wütendenTodts Eine umständige Beschreibung (Wien, 1680.) cited by CORTI. - 181 - 182.
36. KALMAR. - 100.
37. Duby, G. - Mandrou. R.: A francia civilizáció ezer éve. - Bp. 1975. - 288 - 292.
    Original title: Historie de la civilization Francoise. - Paris, 1968.
38. Apperson, G. L.: The Social History of Smoking. - Martin Secker and Waburg Ltd. - London, 1914. - 12.
39. TIEDEMANN.
    CORTI. - 66 - 69.
    CUDELL. - 72
40. FRANK. - 22.
41. OSWALD. - 7 - 8.
    ATKINSON - OSWALD. - 172.
42. Misocapnus sive de Abusu Tobacci ludus regius. - Londini, 1603.
43. Barcley: see 33.
44. DUNHILL - P.
45. Bacon. Francis: Historia vitae et mortis. - London, 1623. - 226.
46. CORTI. - 95 - 99.
47. CUDELL. - 58.
48. Cited from Metamorphosis Europae(1627. 145.) by Rusdorf, Johann Joachim v. by Dimt: see16. - 10.
49. BASTIEN.
50. Dimt: see16. - 11.
51. CORTI. - 105.
52. Zieglerus, Jacobus: Tabac, von dem gar heilsamen Wundtkraut Nicotiana, oder Beinwelle: welches Gott, der Herr der Artzney und Krankheiten von etlichen Jahren zu nütz vieler Krancken auch in unseren Landen sehen lassen. - Johann Rodolff Wolffen - Zürich, 1616.
53. From the complaints of the synod of Zurich(May 9 1666) cited by CORTI. - 129.
54. CORTI. - 186.
55. Takács Sándor: A dohány elterjedése hazánkban. - In: Művelödéstörténeti tanulmányok a XVI - XVII. századból. - Bp., 1961. - 256 - 257.
56. CORTI. - 147 - 148.
57. Benkő László: Szalay Lószló és a porta. - Pest, 1870. - 271.
58. Wieser, Franz: Über die Produktion, den Konsum und die Besteuerung des Tabaks im Kronland Salzburg usw. Fachiche Mitteilungen der Österreichische. - Tabakregie. V Ⅲ . 1. Heft(1908. März) .
59. CUDELL. - 148 - 150.
60. HOCHRAIN ABC. - 115.
61. CORTI. - 220.
62. CORTI. - 154 - 155.
    Based on Satow: The Introduction of Tobacco into Japan. (Transact. Asiat. Soc. of Japan VI. I. 68.)
63. Debrecen város levéltáta: Corpus Statutorum II

Published by ECSEDI. - 61
64. Acsády Ignác: Magyarország Budavára visszafoglalása korában. - Bp., 1886. - 275.
65. Benkő : see 57.
66. Takács: see 55.
67. mázsa = quintal.
68. Magyar Gazdaságtörténeti Szemle, 1897. - 389., 393., 396.
1 okha = 130kg.
69. Takács: see 55.
70. Apor Péter: Metamorphosis Transsilvaniae, azaz Erdélynek változása (1736). - Helikon. - Budapest, 1972.
Thaly Kálmán: Ötvösművészeti és skófiumhímzési adatok 1709 - 1710 - ből. - In: Archaeológiai Értesítő. 1878. - 163.
Thaly Kálmán: A hazai képzőművészet, műipar, nemzeti viselet, fegyvertár és háztartés történetéhez II. Rákóczi Ferenc udvarában és korában 1706 - 1711. - In: Történeti. 1882. - 574.
Bánkuti Imre: Egy görög kereskedőtevékenysége Kecskeméten és a Délalföldön. - In: Cumania. 1975. - 94 - 97.
Takács Lajos: A dohánytermesztés Magyarországon. - Bp., 1964.
Takács Lajos: “A rendes pipázásnak privilégiumjai.”. - In: Ethnográfia. 65. évf. (1954.). - 210 - 221.
71. Epistolae et Indicia Claissimorum aliquot Medicorum De Tabaco. - Ultrajecti, 1644.
72. Hahn, Adam: Tabacologia sive de tobaco. - Jena, 1667.
73. Isambert: Recueil géneral des anciennes lois franÇaises. 16. vol - Paris, 1927. 169. - 347.
74. CORTI. - 160.
75. CORTI. - 161 - 162.
76. Dimt: see16. - 11 - 13.
77. Szekfü Gyula: Magyar történet. 4. k. - Bp. - 36.
78. Reimann, E. P.: Das Tabakmonopol Friedrichs des Grossen. - Duncker und Humbolt - München; Leipzig, 1913. - 20.
79. BÖSE. 78 - 79.
80. From the letters of Seckendorf to Eugene Savoy, quoted by CORTI. - 209.
81. Hohberg, Wolf Helmhard: Georgica curiosa. Teil II. - Nürnberg, 1701. - 83 -
82. Sezkfü: see77. - 423., 536., 539.
83. Stauber Franz X.: Historische Ephemeriden über die Wirksamkeit der Stände von Österreich ob der Enns. - Linz, 1884. - 464.
84. CORTI. - 227.
85. Cardon, E.: La musée de fumeur: Traitant du tabac et de la pipe et comprenant le recit du voyage de I’auteur en orient. - Maison E. Cardon et Illat. - Paris, 1866. quoted by CORTI. - 202.
86. Saint Simon: Mémories completes et autentiques du Duc de S. - S. sur le siecle de Louis XIV. et la régence. - Paris, 1829. - I. 38., II. 47.
87. Helmholt, Hans F.: Briefe der Herzogin Elisabeth Charlotte von Orleans. Leipzig, 1924. - 355.
88. Isambert: see 73. - 19. vol., 785., 145.
89. BASTIEN.
90. BASTIEN.
91. Dimt: see16. - 22 - 23.
92. CORTI. - 234 - 236.
93. Las Casas: Memorial de St. Hélene. 2. vol. - Paris, 1923. - 410.
94. BASTIEN.
95. BÖSE. - 158.
96. Apperson, G. L.: The Social History of Smoking. - New York, 1923. - 176.
97. BÖSE. - 53 - 54.

98. CORTI. - 278 - 280.
99. Davidoff Zino: Zigarren - Brevier - oder was raucht der Connaisseur.
Paul Neff Verlag. - Wien, 1975.
100. CORTI. - 270 - 277.
101. Duby, Georges - Mandrou, Robert: Historie de la civilisation françaises. - Paris, 1968.
102. BASTIEN.
103. BASTIEN.
RAMAZOTTI.
Bizio Grandenigo, Andrea: La vera storia e le origini delle pipe di Schemnitz. - In： Il club della Pipa. 1972. - 16 - 17.
Pichňa, J.: Banskoštiavnické fajkárstvo. - In: Pamiatky a múzeá. VI. (1957.). - 46 - 47.
Boscolo, Giorgio: La pipa chioggiotta. Chioggia, 1980. - 31 - 32.
ECSEDI.
104. Walker, Iain C.: The Central European Origins of the Bethabara, Noth Carolina Clay Tobacco Pipe Industry. -
In: DAVEY IV/1. - 11 - 69.
Sudbury, Byron: Historic Clay Tobacco Pipemakers in the USA. - In: DAVEY II. (1979) - 151 - 332.
105. Molnár László: Iparegyesület es az iparkiállítások. - In: Művészettört. Ért. 14. évf. 1. sz. (1965). - 25 - 39.
106. 1. Valentine Museum(Richmond)
EHWA. - 77 - 79.
2. Magyar Nemzeti Múzeum.
3. WTM.
4. Tinder Box International Ltd.
RAPAPORT. - 85.
5. The Wiles Collection of Tobacco Antiquities
(Bristol, London).
EHWA. - 90.
107. REEMTSMA. - 76 - 77.
BÖSE. - 67.
108. BÖSE. - 67 - 68.
109. REEMTSMA. - 81., 83.
A trader made unsuccessful attempts to produce cigarettes, first in 1624 in France and later in Hamburg.
110. Dimt: see 16. - 23.
111. Slapnicka, Harry: Geänderte Rauchgewohnheiten. (Ms. f. ORF - Sendung v. 22. 2. 1975.). Cited by Dimt - 24.
112. BÖSE. - 74., 54.
113. CORTI. - 283.
114. BÖSE. - 291 - 292.
CORTI. - 161 - 162.
115. BÖSE. - 228 - 229.
116. Vilusz László: A dohányipar nemzetközi helyzetének áttekintése. - Bp., 1979.
117. Report of the Commission of Corporations on the Tobacco Industry. - Washington, 1909. - 226.
118. BÖSE. - 169.
119. BÖSE. - 173 - 184.
120. Kelemen Sándor: A dohányról higgadtan, tárgyilagosan. - Bp., 1974. - 19 - 27.
Sacra, Alberto. - In: Amici della Pipa. 4. n. 2. (1981). - 8.
121. Amici della Pipa. 4. n. 3. (1981). - 36.
122. Pohlisch, Kurt: Tabak, Betrachtung über Genuss - und Rauschpharmaka. - Stuttgart, 1954. Cited by BÖSE - 184.
123. Jaspers, Karl: Die geistige Situation der Zeit.

124. BÖSE. - 183.
125. Csaba György: A modern ember biológiai paradoxonja. - Bp.: Medicina, 1978. - 19 - 26.
126. Csaba: see125. - 7 - 8.
127. FRANK. - 11.
128. Lafiteau, Joseph François: Moeurs des Sauvages Americains comparées aux moeurs des premiers temps. 2. Vol. - Paris. 1724.
129. Bastiann, A.: Der Mensch in der Geschichte. - 1859.
130. Frobenius, Leo: Erlebte Erdteile. 7. vol. - Frankfurt, 1925. - 29.
Gräbner, Fr.: Methode der Ethnologie - Leipzig, 1912.
Menghin, O.: Weltgeschichte der Steinzeit - Wien, 1931.
West, George A.: Tobacco, Pipes and Smoking Customs of the American Indians. - In: Bulletin of the Public Museum of the City of Milwaukee. 17. (1934.).
131. FRANK. - 14.
132. DUNHILI - P. - 12 - 42.
133. BASTIEN.
134. West: see 130. - 129 - 154.
135. West: see 130. - 231 - 290.
136. McGuire, Joseph D.: Pipes and Smoking Customs of the American Aborigines Based on Material in the U. S. National Museum. - In: Annual Report of Regents of the Smithsonian Institution for the year ending June 30, 1897.: 1896 - 97. - Washington, 1899. - 351 - 645.
West: see 130. - 127 - 305.
137. West: see 130. 128.
138. West: see 130. - I/A. app. - 4 - 5. ;3. app. - 11. ;7. app. - 2 - 3.
139. Benartzik, H. A.: Die grosse Völkerkunde. Ⅲ . - Leipzig, 1939. - 73.
Gordon, R. Willy: Das alte Amerika. - In: Propyläen Kunstgeschichte. 18. - Bp., 1974. - 355.
Quick, Richard: Primitive Art as Exemplified in Tobacco Pipes. - In: The Studio. - 133.
140. West: see 130. - 355., 358.
141. West: see 130. - 356 - 357.
142. Catlin, George: North American Indians. 2. - Edinburgh, 1903. - 229.
143. Bureau of American Ethnology - Bull. 30. (1907)I. - 217.
West: see 130. - 330.
West: Pipestone Quarries of Baron Country. - In: Wisconsin Archaeologist. 1910. 9. - 31 - 34.
144. West: see 130. - 335 - 350.
Murray, Robert A.: Pipes on the Plains. - Pipestone, 1965.
145. Dawson, J. W.: Fossil Men. - Montreal, 1881. - 92.
McGuire: see 136. - 489 - 490.
146. Morgan, Lewis H.: League of the Iroquois. - New York, 1922. - II. 6.
West: see 130. - 290 - 292.
Rutsch, Eduard S.: Smoking Technology of the Aborigines of the Iroquois Area of New York State. Fairleigh - Dickinson University Press. - Cranbury, 1973.
Encyclopédie du Tabac et des Fumeurs. - Les Editions du Temps. - Paris, 1975. - 137.
147. Rhein. - XXIX/4.
148. Le Tabac dans I'art, I'historie et la vie. - in: Connaisance de Arts, 119., Janvier 1962. Supplement, 93. - Paris, 1962. - No. 320., 999. ;19.
149. RAPAPORT. - 178.
150. The origin of the word: tomehagan in Algonquin, tamoihecah in Delaware, otomahuc (Knock him down!) and

otomahwaw(He has been knocked down!)in Cree. McGuire in Handbook of American Indians. Bureau of Am. Ethn. Bull. 30. (1907.)II. 773 - 775.
Compare Beauchamp, W. M.: Metallic Implements of the New York Indians. - In: New York State Mus. Bull. 1902. 55. - 60.
151. West: see 130. - 316 - 317.
152. BASTIEN.
153. West: see 130. - Pictures 11 - 13., 7 - 10., 14.
154. West: see 130. - 317.
155. DUNHILL - P.
EHWA.
HOCHRAIN ABC. - 116.
156. RAPAPORT. - 147.
157. Rhodes, D.: Clay and Glazes for the Potter.
Hamer, F.: The Potter's Dictionary of Materials and Techniques.
158. Kalona, Imre: Amagyar kerámia és porcelán. - Képzőművészei Alap Kiadóvállalata. - Budapest, 1978.
159. OSWALD. - 11 - 12.
160. Hartwig, D. L.: Bearbeitung der Erd - und Steinarten. In: Sprengels, P. N.: Handwerke und Künste in Tabellen: IX.: Sammlung. - Berlin, 1772. - 290.
161. Hartwig: see 160. - 190 - 191.
162. Randle, Home: The Academy of Armory. - Chester, 1688. - Sect. IV. ch. 22.
Walker, I. C: The Manufacture of Dutch Clay Tobacco Pipes. North East. - (Hist. Arch.) . - Rhode Island. - L. No. 1.
Houghton, John: A Collection for the Improvement of Husbandry and Trade. - Jan. 1963. No. 76.
163. Hartwig: see160. - 293 - 301.
164. ECSEDI. - 19 - 24.
165. 1573. In there daies the taking in of the smoke of the Indian herbe called "Tobacco" by an instrument formed like a little ladel, whereby it passeth from the mouth into the hed and stomach, is gretlie taben - up and used in England. Quoted by OSWALD. - 3.
DUNHILL. - P. - 206.
166. Walker, L. C.: Some notes on the Westminster and London Pipemakers' Guild. - In: Trans. Lond. And Metdx. Arch. Soc. 23., Pt. 1. 1971.
ATKINSON - OSWALD. - 172.
OSWALD. - 7 - 8.
167. DAVEY. - I - IV/2.
168. Harley, Lawrence: The clay tobacco - pipe in Britain with special reference to Essex and East Anglia. - Essex Field Club, at Stratford. - Stratford; Essex, 1963. - 5.
169. The English researchers worked out a statistical method for the evaluation of borings of the numerous stem - fragments of findings:
Walker, J. C.: Statistical Methods for dating clay pipe fragments. - In: Postmedieval Archaeology. 1967. 1. - 99 - 101.
Harrington, J. C.: Dating stem fragments of 17th and 18th Century Tobacco Pipes. - In: Bull. Arch. Soc. Virginia. 1954. 9.
Chalkey, J. E.: A critique and rebuttal of the paper "Dating stem fragments etc. ". - Bull. Arch. Soc. Virginia. 9. (1955.).
Omwake, H. G.: Date - Bore Diameter Correlation in English White Kaolin Pipestems - Yes or No?. - Bull. Arch. Soc. Virginia. 11. (1956.).
Binford, L. R.: A New Method of Calculating Dates from Kaolin Pipestems Samples. - Hist. Site Arch. Paper. Ocumulgge Nat. Monument. 1961. nov. 30.
170. Brongers, Georg A.: Pijpen en tabak. - Uitgeverij C. A. J. Van Dishoeck. - Bussum, 1964. - 27.

Düco, Don H.: De Kleipijp in de Zeventiende leuwse Nederlanden oon historisch - archaeologische studie van de uit witbabende klei nervaardigde roolpipp. - In: DAVEY. - V/2.

171. Düco: see 170. - 374.

172. Düco: see 170. - 378.

173. Goedewaagen, D. A.: Een figuurpijp met historie. - In: Mededelingenblad Vrieden van de Nederlande Ceramiek. No. 15.
Oswald, A.: Marked Clay Pipes from Plymouth, Devon. - In: Postmedieval Archaeology. 1969. 3. - 140.

174. The 'Sir Walter - pipe' with the inscription IO S belonging to the Pritchard - collection (Bristol City Museum) can also prove that it is a representation of Jonah. Compare Walker. Iain C.: Some Notes on the Westminster and London Tobacco - Pipe Maker's Guild. - 1971. - 88. (see 166.).

175. Düco, sec 170. - 384.

176. Compare the eulogy of tobacco in the song - book of Jan van Gijsen.
Brongers: see 170. - 148.

177. Kovács Béla: A Dobó István Vármúzeum cseréppipái. - In: Egri Múzeum Évkönyve. 1963. 1 - 2. - 242.
Kalmár János: A füleki (Filakovo) vár XV - XVII. századi emlékei. - In: Régészeti Füzetek. Ser. II - 4. - Bp., 1959. - 37., LXXV Ⅲ . t.

178. Thon, Christian Fr. Gottlieb: Gründliche und vollständige, auf richtige Erfahrungen gestützte Anleitung, nicht allein alle Arten meerschaumener Pfeifenköpfe, als ächte und unächte Talg - und Waschköpfe, ächte und unächte bunte Oelköpfe, braune kurländische Pfeifenköpfe, sogennante gemelogte Köpfe u. a. m., sondern auch hölzerne, sowohl gemaserte Ulmer - , als wimerige Göttinger Pfeifenköpfe fabrikmässig zu verferigen, zu beschlagen und ihnen durch gute Politur ein schönes, glänzendes und dauerhaftes Anschn zu geben... - Ilmenau,1803. - 5.

179. RAPAPORT - 22.
Le Tabac. 13. 1447.

180. RAPAPORT
BASTIEN

181. BASTIEN
Jean - Leo: Les Pipes en Terre Françaises du 17me siecle a nos jours. - Le Grenier du Collectionneur. - Bruxelles, 1971. - 37 - 54.

182. Ramazotti, Giuseppe: "Classical Clays". - In: Pipe World. 1969. 1. - 27.

183. RAPA PORT.

184. Rusdorf, Joachim: Metamorphosis Europae. - 1627. - 145.

185. CORTI. - 72., 100.

186. KALMAR. - 100.

187. Grimmelshausen John. Jakob Christoph(1622 - 76) .

188. HOCHRAIN. - 44 - 45.

189. Seelbach, Helmut: 1 1 des guten Tons. Die älteste Form der Pfeifenherstellung: Die Tonpfeifenbächerei. Eine Geschichte von ihren Anfängen bis zur Gegenwart. - In: Die Tabak Zeitung 1982. jan. 29. 4. - 6.

190. Seelbach: see 189.

191. missing in the manuscript

192. Boscolo, Giorgo: see 103.

193. Marella, Angelo: Annotazioni parceresche. - Chioggia, 1891.
Boscolo made use of the manuscript 'Memorie e curiosita chioggiotte' by Felice Nordio from the end of the XIX. century.

194. Thon: see178. - 6.

195. missing in the manuscript

196. Kocabas, H: Tophane lüleciligi. - In: Turkish Etnografya Dergisi 1962. - 12 - 13.

Hayses, J. W: Turkish clay pipes: A provisional typology. - DAVEY IV/1. - 3 - 10.

197. CORTI. - 143 - 147.
Compare Hammer - Purgstall, Josef: Geschichte des Osmanischen Reiches. - Pest, 1827 - 1835. - V., 533.

198. Kalmár: see 177.
Kovács: see 177.

199. Kovacs: see177. - 239., 255.

200. Éri István - Bálint Alajos: Muhi elpusztult középkori falu tárgyi emlékei: Leszik Andor ásatásai. - In: Régészeti Füzetek Ser. II. - 1959. 6. - 43. XVI.

201. Drenko, Zoltan: Archeologicky vyskum levickeho hradu. - In: Zbornik Národnohé Múzea 70. (1976.) 113 - 128. 72 - 79.

202. Benkő: see 57. - 271.

203. ECSEDI quotes: Debrecen város levéltára: Corpus Statutorum II. (1957.) 504.

204. Magyar Simplicissimus. - Bp., 1956. - 190.

205. Kovács: see 177. - 255., 248.

206. Kovács: see177. - Ⅲ . t.
Kalmár: see 177. - LXXV Ⅲ . t.

207. Kovács: see177. - 240.

208. Kovács: see 177. - Ⅲ . t. 4. (inventory n.: 62. 41. 44.)

209. Kovács: see 177.
Nagy József: Eger története. - Bp., 1978. - 155.

210. ECSEDI - 13. 2.: Debrecen város levéltára: Jegyzőkönyv
1676. 77., 252.
Zoltai Lajos: Debrecen a török uralom végén. - Bp., 1905. - 130.

211. Gyárfás István: A jász - kunok története.

212. Debrecen város levéltára: Jegyzőkönyv 1683., 813.

213. ECSEDI. - 19.

214. Debrecen város levéltára: Jegyzőkönyv 1703., 605.

215. Korabinszky, J. M.: Geographisch - historisches und Produkten Lexikon von Ungarn. - 1786. - 110.
Schwartner, Martin: Statistik des königreiches Ungarn, - Ofen, 1798. - I. 236 - 258.

216. Fényes Elek: Magyarország leírása. 2. - Pesten, 1847. - 389.
Szűcs István: Debrecen szab. kir. Város története. 3. - Debrecen, 1873. - 991.

217. My knowledge of pipe types is based upon ECSEDI's publication(27 - 32); newspaper article by Zoltai Lajos: Debreceni pipák. - In: Debrecen(1990 jan. 17.); the study by Nyárády Mihály: Pipakészségek Szabolcs megyében. - In: A Nyíregyházi Jósa András Múzeum II. Évkönyve (Bp., 1961. 113 - 125.); and information by Nyitrai Lajos, attendant of the museum.

218. Il Club della Pipa 8/1965/n. 2. ; 12/1969/n. 5.

219. See their detailed description in the chapters discussing the wood - and meerschaum pipes.

220. The major part of the valuable findings is in the possesion of Pituk Tivadar who allowed me to study them. I am indebted for his information, too.

221. Correspondance de Marie Luise, 1799 - 1847: Lettres inedites à la comtesse Colloredo et à Mlle de Poutet depuis 1810 comtesse Creneville. - Vienne, 1887.
Szmercsényi Miklós: Eger művészetéről. - Bp., 1937. - 153 - 171.

222. We know about good clay sources in the surroundings of Terezin in Bohemia. Apart from Karlovy Vary, Teplice, Duchov, the, the small town developed in the time of Joseph II. had well - known ceramic products. The assumption is - based upon the pipe type from Theresienfeld - that Benjamin Annert got to Selmec from the small town on Elba, and brought the pipe form of the Netter workshop from there. It determined the basic forms

of the Selmec pipe.

223. Czobor László: Hetven évvel ezelott. - In: Selmeciek emlékkönyve. - Bp., 1936. - 78.
Takač, Tibor: K problematike fajkárstva Banskej Štavnici Zborník Slovenskeho Banskeho Múzea 1979. 9. - 245 - 278.
Kachelmann Károly: Schemnitz.
224. Pichňa, J.: Banskoštiavnické fajkárstvo. - In: Pamiatky a múzeá 1957. 6. - 46.
Sprušanský, Svetozar: Fajčiarske potreby v zbierkach SNM v Bratislave. - In: Zborník Slovenskeho Národného Múzeá. Historia 7, 1967. 61. - 243 - 270.
Buzzati, Dino. - In: Il Club della Pipa. 1965. 2.
Ramazotti, G. - In: Il Club della Pipa. 1969. 5.
Bizio Gradenigo, Andrea: La vera storia e le origini della pipa di Schemnitz. In: Il Club della Pipa. 1972. - 16 - 18.
225. Bizio Gradenigo, Andrea: Come venivano fabbricate le vere pipe di Schemnitz. - In: Il Club della Pipa. 1972. 2. - 16 - 17.
226. See the description and illustration in the publication by Sprušansky(see 224) 254 - 262 for the forms, decoration, size and stamps of pipes.
227. I am indebted to my friend Alfred Hajós for this information.
228. Pichňa: see 224. - 46 - 47.
Malkiewicz, K. - Zambrzicka. A.: Fajczarstwo na Podhalu. In: Polska sztuka ludowa. 1956. 10. - 208 - 218.
Walker, Iain C.: The Central European Origins of the Bethabara, North Carolina, Clay Tobacco - Pipe Industry. - In: DAVEY IV/1. - 11 - 69.
Sudbury, Byron: History Clay Tobacco Pipe makers in the United States of America. - In: DAVEY II. - 151 - 332.
229. Sudbury: see 228.
230. Sedlmayer, Hans: Epochen und Werke. - Wien - München, 1960. - II. 188 - 193.
231. The book "Premier livre de forme rocquaille et cartel" by Jean Mondon was published in 1736!
232. HOCHRAIN. - 56 - 57.
HOCH RAIN ABC. 140 - 141.
A Veteran of Smokedom: The Smokers Guide, Philosopher and Friend. - London, 1876. - 72 - 73.
Cundall, J. W.: Pipes and Tobacco Being a Discourse on Smoking and Smokers. - Greening and Co. Ltd - London, 1901.
233. Honey, W. B.: Dresden China. - NewYork, 1946. - 60.
Fresco - Corbu, Roger: German Porcelain Pipes. - In: Collectors Guide. 1972. July. - 60 - 63.
Kohl, W.: Linzer bemalt Porzellanpfeifen im Zeichen der k. u. k. Nostalgie, in Linzer Rundschau 1980. Jan 17.
234. Farkas Zoltán: Abiedermeier. - Bp. 1962.
CUDELL. - 149 - 152.
HOCH RAIN.
235. Fresco - Corbou: see 233. - 60.
Fairholt, F. W.: Tobacco: Its History and Association. Including an Account of the Plant and its Manufacture. - Chapman and Hall. - London, 1859.
RAPA PORT. - 42.
236. Rhein, J. - Ch.: L'art de la pipe. - Roto - Sadag. - Geneve, 1978. - Planche I - II.
237. Rhein: see236. - Planche. I.
238. BASTIEN.
Christ: Ludwigsburger Porzellanfiguren. - München, 1921.
239. Dimt: Schnupfen und Rauchen 101(117): Oberösterr. Landesmuseum(F. 11245).
240. Rhein: see 236. - Pl. IV/1.
241. Rhein: see 236. - Pl. Ⅲ /4.

242. Rhein: see 236. - Pl. Ⅲ /14., 13.
243. Kohl, W: see 233.
244. Mihalik Sándor: Szentpéteri József ötvösmester élete, önéletírása, művei. - Bp.: Képzőműv. Alap, 1954. - 39 - 40.
245. Judging by its Viennese goldsmith's sign the mounting might have been made in the workshop of PD. Szentpéteri an admirer of Napoleon, arrived in Vienna in August 1805 on his way to France. There he worked with the goldsmith Wirth. It is charasteristic that he wrote his autobiography upon the request of Kubinyi Ferenc's brother Agoston.
246. HOCHRAIN ABC. - 162.
Thon: see 178. - 20 - 21.
An Old Smoker: Tobacco Talk. - The Nicot Publishing Company. - Philadelphia, 1894. - 86.
Szterényi: Pallas lexikon. 15. - Bp., 1896. - 888.
RAPAPORT. - 49.
247. Beckmann, Johann: De spuma maris e qua capitula ad fistulas nicotianas finguntur. - In: Commentationes Societatis Regiae Scientiarum Göttingensis per annum. 1741. vol 4. - 46.
248. Thon: see 178. - 19 - 20.
249. Journal für Fabrik, Manufaktur, Handlung und Mode. - Leipzig., 1797. 8. - 412.
250. Thon: see 178. - 22 - 24.
251. Kees, Stephan Edlem von: Darstellung des Fabriks - und Gewerbewesens. - In: Österreichischen Kaierstate. 2. Teil. - Wien, 1822.
Beschreibung der Fabrikate, welche in Fabriken, Manufakturen und Gewerben des Österreichschen Kaiserstaten erzeugt werden. - Wien, 1823. - 510., 710.
252. HOCH RAIN ABC. - 152.
253. Thon: see 178. - 27.
Beckmann: see 247.
254. Thomas, T. A.: Praktische Anleitung Meerschaum - Pleifenköpfe zu verfertigen. - Erlangen: Johann Jakob Palm, 1799.
255. Thon: see 178.
Ziegler, Alexander: Geschichte des Meerschaumes mit besonderer Berücksichtigung der Meerschaumgrube bei Eski Schehr in Kleinasien und der betreffenden Industrie zu Ruhla in Thüringen. - Carl Höckner. - Dresden, 1883.
Raufer, G. M.: Die Meerschaum - und Bernsteinwaren Fabrikation. - A. Hartleben Verlag - Wien; Pest; Leipzig.1876.
Reineke, H.: Die Meerschaumindrustrie. - Bremerhaven, 1930.
Sobotka Lajos: A tajtékról. - Bp., 1885.
Moris, Fritz: The Making of Meerschaums - In: Technical World. 1909. 4. - 191 - 196.
256. Thon: see 178. - 77 - 83.
257. Saturation was complete when the edges of the pipe had become transparent to the depth of 0,25mm.
258. Thon: see 178. - 91 - 103.
259. Thon: see 178. - 103 - 109.
260. Thon: see 178. - 110 - 111.
261. Thon: see 178. - 110 - 114.
262. Tar László: A kocsi története. - Bp., 1968. - 5.
Based upon the book by Johann Christian Ginsrot "Die Wagen und Fahrwerke der Griechen und Römer und anderer alten Völker" published in 1817.
263. RAPAPORT. - 50.
HOCHRAIN ABC. - 95.
Peroni, Baldo: L'arte e il piacere di fumare di pipa. - Il Castello, Collane Tecniche. - Mino, 1977. - 45.
EHWA. - 70.

264. CUDELL. - 144 - 147.
265. Peroni: see 263. - 45 - 46. after Hochrain: Das Taschenbuch des Pfeifenrauchers.
266. Wurzhach, Constantin: Biographisches Lexikon des Kaisertums Österreich. Teil 26. - Wien. 1874. - 396.
267. In: Augsburger Sonntagsblatt, No. 40. von 5. October 1873.
268. RAPAPORT - 50.
KALMAR. - 109 - 110.
269. Brion, M.: Pierre Puget. - Paris 1930.
270. Reid Duncan, E.: Mysteries of Meerschaum. - In: Pipe Love. 1949. Jan. 8.
271. Illyefalvy I. Lajos: Pest és Buda polgárjogot nyert lakosai 1688 - 1840 között I. k. - Bp., 1932.
272. Mikszáth Kálmán: A Noszty fiú esete Tóth Marival.
273. Pipás Péter: Híres tajtékpipafaragó. - In: Kedveskedő, 1824. - II. 310.
274. Häberle, Adolf: Die berühmten Ulmer Maserpfeifenköpfe in ihrer Kultur und wirtschaftsgeschichtichen Bedeutung. - Verlag Otto Wirth - Amberg, 1950. - 38. Abb. 3.
275. The inscription: 1te Blatt von 1 bis 11.
Häberle: see 277. - Abb. 4.
276. Häberle: see274. - 16.
277. ASCHENBRENNER.
278. Kees: see 251. - 919 - 920.
279. Szekfü Gyula: Magyar történet. - Bp., 1939. - V., 175.
280. Lyka Károly: A táblabíró világ művészete. - Bp.: Corvina, 1981. - 5 - 13.
281. Lyka: see 280.
282. Archiv für Geographie, Historie, etc. I. (1821).
Tudományos Gyüjtemény Ⅲ. (1821) 124.
283. Ehrenreich, A.: Icones principum, Procerum ac praeter hos illustrium Vivorum, Matronarumque Veteris ac praesentis aevi, quibus Hungaria et Transsylvania clarent. - 1823.
Geiger, Johann Nep.: Magyar és Erdély ország történelmi rajzolatokban. - 1822 - 40.
284. RAMAZOTTI. - 51.
285. Akantisz: Régi magyar pipák. - In: Uj idők. 1895. 1. - 18.
286. Levárdy Ferenc: A magyar templomok művészete. - Bp.: Szent István Társulat, 1982. - 209 - 210.
287. Kőszeghy Elemér: Magyarországi ötvösjegyek a középkortól 1867 - ig. - Bp., 1936. - 300.
288. Fényes Elek: Magyarország statisztikája. 1. k - Pest., 1842. - 82.
289. Pipe Makers: Blau Salamon, Braun Izsák, Hoslinger Izsák, Kellner Jakab, Lichtenstern József, Rosenberg Simon, the four Steiner siblings(Aron, Simon, Sámuel and Lipót) ; Kohn József, the pipemaker, who employed 10 lads (Konskription Buch oder Selenbeschreinburg, 1848. Főv. Lvt. 1/19) .
290. Lyka: see 280. - 83., 92., 166., 237., 301, 307.
ECSEDI. 9 - 11 - 12.
291. n. b.: Jubilál a tajtékpipa. - In: Magyar Hírlap. 1935. jún. 29. - 4.
292. Brestyánszky Ilona, P.: A Pest - Budai ötvösség - Bp.: Műszaki, 1977. - 222 - 223.
TB: pipes of inventory numbers 67. 238. 1, 67. 271. 1, 67. 287. 1., 67. 288. 1., 67. 314. 1., 67. 347. 1.
293. Kazinszy Ferenc levelezése. XV Ⅲ. 236. (Ferenczy Istvánhoz 1823).
294. Kossuth - pipes have disappeared. In 1914, when Prince Hohenlohe died, 60 - 70 pieces of Kossuth pipes turned up out of his collection of 16000pipes.
Pásztor Mihály: Tajtékpipa. - In: Magyar Hírlap. 1933. máj. 7. - 6.
295. Haider mising in the manuscript.
296. Az 1896 - iki Ezredéves Országos Kiállítás Közleményei. - Bp., 1897. - 198.
n. b.: see 291.

297. Compare Ziegler, Alexander: Geschichte des Meerschaums. - Dresden, 1878. - 79 - 80.
Soldan, Sigmund: Handels - Adressbuch von Nürberg - Nürnberg. 1867.
Michel, H.: Adressbuch des gesamten Handels - , Fabrik - und Gewerkbestandes der Stadt Nürnberg. - Nürnberg, 1875
To survey the industry of Nuremberg I was instructed by Mr. Wolfgang Oppelt whose helpful professional cooperation I highly appreciate.
298. Meier, Karl: Geschichte der Stadt Lemgo. - Lemgo, 1962. - 212 - 213.
299. Pipás Péter: see 263.
300. Cited by Haider from A Füst 1929. december 3.
301. He had his shop in the house in 20, Váci St. in 1864.
302. Tárgyjegyzék a Második Magyar Iparműkiállításhoz(Pest. 1943. augusztus 25.)
Tárgyjegyzék az 1946 - dik Évi iparműkiállításhoz.
Hetilap. 1846. - 1601.
303. RAPAPORT. - 87.
304. Haider: see 295.
305. See data in detailes in Haider: see 295.
306. RAPAPORT. - 56.
307. RAPAPORT. - 53., 56.
308. RAPAPORT. - 57.
309. Morris: see 255. - 194 - 195.
310. RAPAPORT. - 61.
311. RAPAPORT. - 63 - 65.
EHWA.
312. Illustrated London News, 1871. April 1.
313. RAPAPORT. - 68.
314. New Almanach von Radierungen 1844.
publication: Rauchgebilde - Rebenblätter. - Zürich: Rotapfel, 1952.
315. RAMAZOTTI. - 90 - 91.
316. Dictionaire de la conversation V Ⅲ (1865) .
Barthélemy, August Marseille: L'art de fumer, ou La pipe e cigare; pöeme en trois chants, suivi de notes. - Lallemande - Lepine Editeur. - Paris, 1845.
Traite théorique et pratique du culottage des Pipes. Oeuvre posthume de Culot. - Etienne Sausset. - Paris, 1866.
317. Tom back is a yellow copper alloy with low zinc content(5 - 10%red； 10 - 15%middle； 15 - 20%light) .
318. Cited by Häberle: see 274. - 20 - 21.
319. Mauch, Eduard: Schriften des Ulmer Altertumvereins. - 1865.
320. Die Fabrikation der Rauchtabakpfeifen aus Holzmasern, Meerschaum, Ton - und Türkenerde, und die chemischen Feuerzeuge nebst Unterricht beim Beschlagen, Einkauf, Anrauchen, Behandeln usw., der Pfeifenköpfe; sowie auch Diätik und Vorsichtsmaβregeln für Raucher, Schnupfer und Biertrinker. - Ulm, 1830.
Without author.
321. Häberle: see 274. - 24 - 25.
322. Häberle: see 274. - 35. Figure 4.
323. Dimt: see 16. - 105. (n. 759 - 760.), 102. (n. 730 - 731.).
The form - designation used for the pipe number 734(Konsolenförmig) is not adequate either. It is obvious that this pipe is a developed form of those mentioned above.
324. Güthlein, Hans: Die Sammlung von Tabakpfeifen im Feuchtwanger Heimatmuseum. - 100.
Separate print without date.
325. Schwäbisch Gmund, Städtische Museum: Musterbuch des Michael Dobker am Gottfried v. J. 1809. (No: 1740).

I owe Mr. Oppert thanks for permitting me to include these in illustration.

326. KALMÁR. - 102.
ASCHENBRENNER. - 82.
Häberle: see 274. - 24 - 25.
RAPAPORT. - 93 - 96.

327. Güthlein: see 324. - 100.
Compare Praz, Mario: Studies in Seventeenth Century Imagery. - Roma, 1964.
Rhein: see 147. - XXX/1.

328. Innviertel Landesmuseum, Ried: 646. (Turn of XV Ⅲ - XIX. c.)

329. Dimt: see 16. - 81.

330. Rhein: see 147. - XI/4., X/1., XXI/5 - 7.

331. Güathlein: see 324. - 101.

332. Thon: see 178. - 174 - 180.

333. Thon: see 178. - 180 - 190.

334. RAPAPORT. - 99. Ed Cliff Collection.
Mihalik: see. - 47.

335. HOCHRAIN. - 24 - 28.
HOCHRAIN ABC. - 154.
EHWA. - 104 - 106.
BASTIEN.
RAPAPORT. - 104.

336. RAPAPORT. - 107., 110.

337. Mariosa, Vincenzo: La radice, questa sconosciuta. De produzione e utilizzazione dell'Erica arborea. - In: Amici della Pipa. 4. No. 5. (1981.) - 31 - 34.

338. HOCHRAIN ABC. - 80 - 81., 93.

339. Verdauger, Joaquin: Die Kunst Pfeife zu rauchen. - München, 1974.

340. Zuccari, Gianmassimo: Delle forme. - In: Smoking. 6. (1980)No. 2. - 32.

341. HOCHRAIN ABC. - 114 - 115., 202.

342. Peroni, Baldo: see 263. - 27 - 31.

343. Peroni: see 263. - 33 - 38.

344. Braun - Feldweg, Wilhelm: Ipar és forma. - Bp., 1978. - 29.
BÖSE. - 183.

345. Kelemen Sándor: A dohányzásról higgadtan, tárgyilagosan. - Bp., 1974. - 56 - 57.

346. Braun - Feldweg: see 344. - 62.

347. Braun - Feldweg: see 344. - 69 - 70.

348. Gassio - Talabot, Gérald: A design és a mai irányzatok. - In: Morant, Henry de: Az iparművészet története a kezdetektől napjainkig. - Bp., 1976. - 457 - 484.

349. Apart from the relevant entries in the HOCHRAIN ABC, most recent data has been gleaned from articles appearing in "Tabakzeitung", "Smoking", "Amici della Pipa" (including the series "The World Pipes" by László Nyitrai), product product catalogues and from correspondence with pipe carvers.